AF474522

ATELIER LAURENCHET

2008

TRAITÉ ÉLÉMENTAIRE

DE

CALCUL DIFFÉRENTIEL

ET DE

CALCUL INTÉGRAL.

Paris. — Imprimerie de Mallet-Bachelier, rue de Seine-Saint-Germain, 10, près l'Institut.

TRAITÉ ÉLÉMENTAIRE

DE

CALCUL DIFFÉRENTIEL

ET DE

CALCUL INTÉGRAL,

PAR S.-F. LACROIX.

SIXIÈME ÉDITION,

REVUE ET AUGMENTÉE DE NOTES

Par MM. HERMITE et J.-A. SERRET,

MEMBRES DE L'INSTITUT.

TOME PREMIER.

PARIS,

MALLET-BACHELIER, IMPRIMEUR-LIBRAIRE

DE L'ÉCOLE IMPÉRIALE POLYTECHNIQUE, DU BUREAU DES LONGITUDES,

Quai des Augustins, 55.

1861

AVERTISSEMENT DE L'ÉDITEUR.

Cette nouvelle édition du *Traité élémentaire de Calcul différentiel et de Calcul intégral* de Lacroix est exactement conforme à la précédente publiée en 1837 sous les yeux de l'auteur; elle en diffère seulement par les Notes qui ont été ajoutées et que MM. Hermite et J.-A. Serret ont bien voulu rédiger. Ces Notes se rapportent à diverses questions importantes d'analyse; leur étendue est telle, qu'il a paru indispensable de diviser l'ouvrage de manière à en composer deux volumes. Le premier volume comprend les *Éléments du Calcul différentiel et du Calcul intégral*, et l'on a réuni dans le second volume l'*Appendice* relatif à la *théorie des différences et des séries*, les *Notes* de Lacroix qui faisaient partie de la précédente édition, et enfin les Notes nouvelles de MM. Hermite et Serret.

TABLE DES MATIÈRES.

PREMIÈRE PARTIE.

CALCUL DIFFÉRENTIEL.

SECONDE PARTIE.

CALCUL INTÉGRAL.

Application du Calcul intégral à la quadrature des courbes et à leur rectification, à l'évaluation des volumes terminés par des surfaces courbes et à la quadrature de leurs aires.

De l'intégration des équations différentielles à deux variables.

De l'intégration des équations différentielles contenant trois ou un plus grand nombre de variables.

De la méthode des variations.

---

3 Planches (Calcul différentiel),

2 Planches (Calcul intégral).

FIN DE LA TABLE DES MATIÈRES DU PREMIER VOLUME.

TRAITÉ ÉLÉMENTAIRE

DE

CALCUL DIFFÉRENTIEL

ET DE

CALCUL INTÉGRAL.

PREMIÈRE PARTIE.

CALCUL DIFFÉRENTIEL.

Notions préliminaires et principes de la différentiation des fonctions d'une seule variable.

1. Dans cette partie de l'Analyse, on prend pour sujet le passage d'une ou plusieurs quantités par différents états de grandeur, et les changements qui en résultent dans d'autres quantités dont la valeur dépend de celle des premières (*).

2. Pour exprimer qu'une quantité dépend d'une ou de plusieurs autres, soit par des opérations quelconques, soit même par des relations impossibles à assigner algébriquement, mais dont l'existence est déterminée par des conditions certaines, on dit que la première est *fonction* des autres. L'usage de ce mot en éclaircira la signification.

(*) L'ordre et la brièveté m'ont paru demander qu'on réduisît le plus possible les notions préliminaires, et qu'on séparât ces notions, purement analytiques, des applications géométriques; mais le lecteur qui voudrait prendre d'abord une idée de l'origine du Calcul différentiel et de ses usages, pourra consulter, à la fin du livre, la Note A, formant une sorte d'introduction à ce Traité.

On emploie souvent une lettre comme signe ou *caractéristique* du mot fonction ; ainsi les symboles

$$u = f(x), \quad v = F(x), \quad z = \varphi(x)$$

expriment que u, v et z sont diverses fonctions de x.

3. La quantité considérée comme changeant de grandeur, ou pouvant en changer, est appelée *variable ;* et l'on donne le nom de *constante* à celle qui conserve toujours la même valeur dans le cours du calcul. On voit d'après cela que c'est la nature de la question proposée qui détermine quelles sont les quantités qu'on doit regarder comme variables ou comme constantes.

4. Pour éclaircir ceci, je vais donner quelques exemples. Soit $u = ax$, a désignant une constante ; u est une fonction de x, de l'ordre le plus simple, puisque c'est une quantité proportionnelle à cette variable. Si l'on suppose que x devienne $x + h$, et qu'on représente par u' la nouvelle valeur de u, on aura $u' = ax + ah$, d'où $u' - u = ah$; et en divisant les deux membres par h, il viendra $\frac{u' - u}{h} = a$, c'est-à-dire que le rapport de l'accroissement de la fonction à celui de la variable est indépendant de leur valeur particulière.

Je passe à la fonction un peu plus compliquée $u = ax^2$; en y mettant $x + h$ au lieu de x, il vient $u' = a(x^2 + 2xh + h^2)$, et en retranchant la première équation de la seconde, $u' - u = 2axh + ah^2$; divisant les deux membres par h, on aura $\frac{u' - u}{h} = 2ax + ah$. Ici le rapport des accroissements de la fonction et de la variable est composé de deux parties ; l'une ne dépend point de la valeur particulière des accroissements, et l'autre est affectée de h. Si l'on conçoit que cette dernière quantité aille en diminuant, le résultat s'approchera sans cesse de $2ax$, et n'y atteindra qu'en supposant $h = 0$; en sorte que $2ax$ est la *limite* du rapport $\frac{u' - u}{h}$, c'est-à-dire *la valeur vers laquelle ce rapport tend à mesure que la quantité* h *diminue, et dont il peut approcher autant qu'on le voudra.*

Il est aisé de voir que la différence $u'-u$ s'anéantit toujours en même temps que h, puisque c'est l'existence seule de cette dernière quantité qui donne lieu à la première; cependant leur rapport ne s'anéantit pas : il est de l'espèce de quantités indiquée dans le n° 70 des *Éléments d'Algèbre*.

Lorsque $u=ax^3$, on a, par la substitution de $x+h$ au lieu de x,

$$u'=a(x+h)^3=ax^3+3ax^2h+3axh^2+ah^3;$$

en retranchant la première équation de la seconde, on trouve $u'-u=3ax^2h+3axh^2+ah^3$, et prenant le rapport des accroissements, $\frac{u'-u}{h}=3ax^2+3axh+ah^2$. On voit encore ici un terme indépendant de toute valeur particulière des accroissements, et vers lequel leur rapport tend sans cesse, lorsque h diminue, en sorte que ce rapport a aussi une limite qui est $3ax^2$.

Soit encore $u=\frac{a}{x}$; il viendra $u'=\frac{a}{x+h}$, puis $u'-u=\frac{a}{x+h}-\frac{a}{x}=-\frac{ah}{x^2+xh}$, en réduisant au même dénominateur les deux termes du second membre; on trouve ensuite que le rapport des accroissements $\frac{u'-u}{h}=-\frac{a}{x^2+xh}$, valeur qui ne s'évanouit pas quand $h=0$, mais atteint la limite $-\frac{a}{x^2}$.

Cet exemple diffère des précédents, en ce que la limite $-\frac{a}{x^2}$ ne se montre point à part de l'expression générale; mais pour isoler cette limite, il suffit d'ajouter et de retrancher en même temps $-\frac{a}{x^2}$ au second membre de l'équation ci-dessus, qui devient alors

$$\frac{u'-u}{h}=-\frac{a}{x^2}+\frac{a}{x^2}-\frac{a}{x^2+xh},$$

et de réduire les deux derniers termes au même dénominateur; car on obtient

$$\frac{u'-u}{h}=-\frac{a}{x^2}+\frac{ah}{x^3+x^2h},$$

valeur complète, dont le premier terme est la limite, et dont le second s'évanouit quand $h=0$.

Ce premier terme, ou cette limite, n'est pas particulier aux fonctions que je viens d'examiner : l'exposition des procédés par lesquels on l'obtient pour toutes les fonctions employées dans les éléments de Mathématiques, et ensuite la considération des courbes (58, 59) montreront évidemment qu'il se rencontre dans toute fonction en général. Ainsi, *lorsque les accroissements respectifs d'une fonction et de sa variable s'évanouissent, leur rapport ne s'évanouit pas, mais il atteint une limite dont il s'est approché par degrés; et il existe, entre cette limite et la fonction dont elle dérive, une dépendance mutuelle qui détermine l'une par l'autre.*

5. Je ferai d'abord connaître les signes par lesquels on exprime les nouvelles relations que les notions précédentes établissent entre les grandeurs. Pour en montrer la convenance, je reprends la fonction $u=ax^3$, déjà considérée dans le n° 4.

En y mettant $x+h$, au lieu de x, et retranchant la quantité ax^3 du résultat, on a obtenu, dans l'expression

$$u'-u=3ax^2h+3axh^2+ah^3,$$

le développement de la *différence* des deux états de la fonction u, ordonné suivant les puissances de l'accroissement h qu'on suppose à la variable x; et la limite $3ax^2$ du rapport des accroissements $u'-u$ et h ne dépend que du premier terme $3ax^2h$ de cette différence (4). Ce premier terme, qui n'est qu'une portion de la différence, s'appelle *différentielle;* et on le désigne par du, en se servant de la lettre d, initiale du nom, comme d'une caractéristique : on aura donc, dans l'exemple proposé, $\mathrm{d}u=3ax^2h$.

Pour passer de là à $3ax^2$, qui est la limite cherchée, il faudra diviser par h, et l'on obtiendra $\frac{\mathrm{d}u}{h}=3ax^2$; mais quand il s'agit d'une variable simple, comme la quantité x, qui se change en $x' = x + h$, on a $x' - x = h$; la différence et la différentielle ne sont alors qu'une même chose : on remplace en conséquence la quantité h par le signe dx, afin de mettre de l'uniformité dans les calculs, et il vient

$$du = 3ax^2 dx, \quad \frac{du}{dx} = 3ax^2.$$

La première expression sera la différentielle de u ou de ax^3, et la seconde, qui appartient à la limite du rapport des changements simultanés de la fonction et de sa variable, prendra le nom de *coefficient différentiel,* parce que la quantité qu'elle représente n'est autre chose que le multiplicateur de la différentielle dx dans l'expression de la différentielle du. Il suit de là que *la limite du rapport des accroissements, ou le coefficient différentiel, s'obtiendra en divisant la différentielle de la fonction par celle de la variable;* et réciproquement, *on obtiendra la différentielle, en multipliant la limite du rapport des accroissements, ou le coefficient différentiel, par la différentielle de la variable.*

Cette remarque est importante, parce qu'il y a des fonctions dont le coefficient différentiel se trouve plus facilement que la différentielle. En effet, pour parvenir immédiatement à cette dernière, *il faut écrire* x + dx *au lieu de* x, *dans la fonction proposée, développer le résultat suivant les puissances de* dx, *en s'arrêtant au terme affecté de la première, et retrancher du résultat l'expression primitive.* On voit que cette méthode suppose qu'on sache développer la fonction proposée, ce qui peut demander des secours étrangers, dont la considération des limites dispense le plus souvent.

D'après ces notions, on peut dire que *le Calcul différentiel est la recherche de la limite du rapport des accroissements simultanés d'une fonction et de la variable dont elle dépend.*

6. Il faut bien se garder de confondre en général la différentielle du avec la différence $u' - u$. En effet, dans l'exemple du n° 4, l'une est $3ax^2h$, et l'autre

$$3ax^2h + 3axh^2 + ah^3;$$

mais on voit que lorsque la quantité h est très-petite, la différentielle $3ax^2h$ forme la partie la plus considérable de la différence $u'-u$, et que celle-ci s'approche de plus en plus de la différentielle, à mesure que h diminue. En général, *il y a d'autant moins d'erreur à prendre la différentielle pour la différence, que l'on suppose plus petite la valeur de l'accroissement de la variable.*

La même conséquence se tire aussi de la considération des limites; car si le rapport des accroissements simultanés $u'-u$ et h a pour limite une fonction p, et que pour une valeur quelconque de h, on ait

$$\frac{u'-u}{h}=\mathrm{P}, \quad \text{ce qui revient à} \quad \frac{u'-u}{h}=p+(\mathrm{P}-p),$$

il faudra que la quantité $\mathrm{P}-p$ diminue en même temps que h, et s'évanouisse quand $h=0$: l'équation $\frac{u'-u}{h}=p$ sera donc d'autant plus exacte, que l'accroissement h sera plus petit, et, dans cette hypothèse, on peut faire $u'-u=ph$ (*).

De là résulte la forme des premiers termes du développement du second état u'. En effet, la quantité $\mathrm{P}-p$, s'évanouissant avec h, doit nécessairement avoir cet acccroissement au nombre de ses facteurs; et ce qu'on peut faire de plus général est de supposer que $\mathrm{P}-p=\mathrm{Q}h^n$, l'exposant n étant positif, mais quelconque d'ailleurs, et Q ne devenant pas infini lorsque $h=0$: alors l'équation

$$\frac{u'-u}{h}=p+\mathrm{Q}h^n \quad \text{donne} \quad u'=u+ph+\mathrm{Q}h^{n+1}.$$

7. Il est aisé de voir que deux fonctions égales ont des différentielles égales; car, lorsque deux fonctions sont égales entre elles, quelle que soit la valeur de la variable dont elles

---

(*) C'est sur ce principe que Leibnitz a fondé le Calcul différentiel, en regardant les différentielles comme des différences infiniment petites; mais il ne faut pas perdre de vue que l'équation $du=ph$, fondée sur la définition de la différentielle (5), est toujours vraie, quelle que soit h, quantité arbitraire, dont p est indépendant, et qui reste indéterminée, tant qu'il ne s'agit que du rapport des différentielles.

dépendent, il faut que les changements respectifs qu'elles reçoivent en conséquence de celui qu'on attribue à cette variable soient toujours égaux. Si, par exemple, u et v désignent des fonctions de x telles que $u = v$, quel que soit x, et que quand x devient $x + \mathrm{d}x$, u se change en u' et v en v', on aura encore $u' = v'$; retranchant de cette équation la précédente, il en résultera

$$u' - u = v' - v;$$

puis divisant par $\mathrm{d}x$, on obtiendra

$$\frac{u' - u}{\mathrm{d}x} = \frac{v' - v}{\mathrm{d}x},$$

quels que soient x et $\mathrm{d}x$. Si donc p et q désignent les limites respectives des rapports ci-dessus, les valeurs générales de ces rapports pourront, d'après ce qui précède, être représentées par $p + \alpha$, $q + \beta$, p et q ne dépendant pas de $\mathrm{d}x$, tandis que α et β décroissent et s'évanouissent en même temps que $\mathrm{d}x$; et l'on aura

$$p + \alpha = q + \beta, \quad \text{d'où} \quad p - q = \beta - \alpha.$$

Il suit de là que $p = q$; car si l'on supposait $p - q = \mathrm{D}$, il en résulterait que la quantité $\beta - \alpha$ ne pourrait pas tomber au-dessous de D, tandis qu'elle s'évanouit : il faut donc que $\mathrm{D} = 0$ (*) : donc $p\,\mathrm{d}x = q\,\mathrm{d}x$ et $\mathrm{d}u = \mathrm{d}v$, en observant que, d'après le n° 5, $p\,\mathrm{d}x$ et $q\,\mathrm{d}x$ sont les différentielles des fonctions u et v.

L'inverse de cette proposition n'est pas généralement vraie, et l'on aurait tort d'affirmer que deux différentielles égales appartiennent à des fonctions égales. En effet, si l'on avait $a + bx$, en substituant $x + \mathrm{d}x$ à x, on obtiendrait $a + bx + b\,\mathrm{d}x$, et en retranchant $a + bx$, on trouverait $b\,\mathrm{d}x$, résultat dans lequel il ne reste aucune trace de la constante a. La différentielle $b\,\mathrm{d}x$ appartient donc également à $a + bx$ ou à bx, et elle convient en général aux différents cas que présente la fonction $a + bx$, lorsqu'on donne à a toutes les valeurs pos-

(*) Ceci prouve que *lorsque deux quantités sont la limite d'une même quantité variable, elles sont égales entre elles.*

sibles. On voit aisément par là que lorsqu'on différentie une fonction quelconque, toutes les constantes séparées des variables par les signes + et — disparaissent, tandis que les autres restent dans la différentielle.

8. Avant de passer à la recherche des différentielles par les limites, il faut remarquer

1°. Que *la limite du produit de deux quantités variables en même temps est le produit de leurs limites correspondantes;* 2°. Que *la limite du quotient des mêmes quantités est aussi le quotient de leurs limites.*

En effet, soient P et Q les deux quantités proposées, p et q leurs limites correspondantes; les premières, considérées dans leur état général, peuvent être représentées par $p + \alpha$, $q + \beta$, en désignant par α et β des quantités susceptibles de s'évanouir en même temps, après avoir passé par tous les degrés de petitesse (4) : on aura donc en général

$$PQ = (p + \alpha)(q + \beta) = pq + p\beta + q\alpha + \alpha\beta.$$

Le second membre de cette équation se réduit à pq, lorsque, pour prendre les limites, on fait $\alpha = 0$, $\beta = 0$. On voit d'ailleurs qu'en donnant aux quantités α et β des valeurs convenables, on peut rendre aussi petite qu'on voudra la différence

$$PQ - pq = p\beta + q\alpha + \alpha\beta.$$

Maintenant, si l'on fait $PQ = R$, et $pq = r$, r sera la limite de R; mais puisque $Q = \frac{R}{P}$, et $q = \frac{r}{p}$, il s'ensuit que la limite du quotient est aussi le quotient des limites.

9. Au moyen des remarques précédentes on obtient le coefficient différentiel d'une fonction rapportée à une variable dont elle ne dépend pas immédiatement. Soient, en effet, trois quantités v, u, x, telles, que la première soit une fonction de la seconde, et celle-ci une fonction de la troisième, c'est-à-dire qu'on ait

$$v = \mathrm{f}(u), \quad u = \mathrm{F}(x);$$

il semble d'abord qu'il faudrait, par l'élimination de u, obtenir l'expression immédiate de v en x; mais on va voir qu'il n'en est pas besoin. En effet, si ces quantités passent simultanément à un nouvel état de grandeur, représenté par v', u', x', ou prennent les accroissements respectifs

$$v'-v,\quad u'-u,\quad x'-x,$$

on aura

$$\frac{v'-v}{x'-x}=\frac{v'-v}{u'-u}\times\frac{u'-u}{x'-x};$$

et les limites des trois rapports

$$\frac{v'-v}{x'-x},\quad \frac{v'-v}{u'-u},\quad \frac{u'-u}{x'-x}$$

étant représentées par

$$\frac{\mathrm{d}v}{\mathrm{d}x},\quad \frac{\mathrm{d}v}{\mathrm{d}u},\quad \frac{\mathrm{d}u}{\mathrm{d}x},$$

on conclura de la première remarque du numéro précédent que

$$\frac{\mathrm{d}v}{\mathrm{d}x}=\frac{\mathrm{d}v}{\mathrm{d}u}\times\frac{\mathrm{d}u}{\mathrm{d}x}\ (^*).$$

Pour bien montrer le sens de cette expression, je vais l'appliquer à un exemple, en faisant

$$v=bu^3,\quad u=ax^2.$$

On trouve d'abord, par les nos 4 et 5,

$$\frac{\mathrm{d}v}{\mathrm{d}u}=3\,bu^2,\quad \frac{\mathrm{d}u}{\mathrm{d}x}=2ax,$$

et la formule ci-dessus donne ensuite $\frac{\mathrm{d}v}{\mathrm{d}x}=6\,abu^2x$, résultat où l'on peut remplacer u^2 par sa valeur a^2x^4, et qui devient alors $6a^3bx^5$. Ainsi l'on a, dans ce calcul, transposé l'élimination de u après la différentiation.

En indiquant cette élimination avec les symboles généraux

(*) On pourrait croire d'abord que ce résultat est évident par lui-même, si l'on ne faisait pas attention à la différence qui existe entre le du diviseur de dv, et le du divisé par dx. Le premier est un accroissement simple, complet et indépendant du second, qui n'est qu'une partie de l'accroissement que reçoit u à cause de celui de x (5) : ce n'est qu'en les considérant tous deux comme infiniment petits qu'on pourrait les prendre dans la même acception (6).

employés au commencement de cet article, on aura

$$v = f[F(x)],$$

ce qui veut dire que v est une fonction d'une autre fonction de x; et, d'après ce qui précède, *le coefficient différentiel d'une fonction de fonction s'obtiendra en multipliant l'un par l'autre les coefficients différentiels de ces fonctions, rapportées chacune à sa variable immédiate.*

Lorsque deux quantités u et x sont liées par une dépendance mutuelle, on peut dire également que u est fonction de x, ou bien que x est fonction de u, selon que l'on veut regarder u comme déterminé par x, ou x comme déterminé par u. Le coefficient différentiel peut aussi se présenter sous chacun de ces points de vue; et comme

$$\frac{x'-x}{u'-u} = \frac{1}{\frac{u'-u}{x'-x}},$$

il suit de la seconde remarque du numéro précédent que

$$\frac{dx}{du} = \frac{1}{\frac{du}{dx}},$$

puisque l'unité étant une quantité constante, est elle-même sa limite.

Soit, par exemple, $u = x^3$, d'où $x = \sqrt[3]{u} = u^{\frac{1}{3}}$; on aura

$$\frac{du}{dx} = 3x^2, \quad \text{et} \quad \frac{dx}{du} = \frac{1}{3x^2},$$

valeur qui revient à $\frac{1}{3u^{\frac{2}{3}}} = \frac{1}{3\sqrt[3]{u^2}}$.

Plus généralement encore, lorsqu'on suppose $v = f(u)$, $x = F(u)$, c'est-à-dire que deux des variables sont exprimées par la troisième, on a $\frac{v'-v}{x'-x} = \frac{\frac{v'-v}{u'-u}}{\frac{x'-x}{u'-u}}$, et par conséquent, à la limite,

$$\frac{dv}{dx}=\frac{\frac{dv}{du}}{\frac{dx}{du}}.$$

10. Je vais appliquer maintenant ce qui précède à la recherche des différentielles des fonctions qui se présentent dans les Éléments d'Algèbre, c'est-à-dire des sommes, des différences, des produits, des quotients, des puissances et des racines.

Premièrement, lorsque plusieurs quantités dépendantes de x, et dont on sait trouver la différentielle, sont jointes ensemble par addition et soustraction comme dans $u+v-w$, si la substitution de $x+dx$, au lieu de x, fait changer

$$u \text{ en } u+\alpha,\quad v \text{ en } v+\beta,\quad w \text{ en } w+\gamma,$$

l'expression $u+v-w$ deviendra

$$u+v-w+\alpha+\beta-\gamma.$$

Son changement, formé des termes $\alpha+\beta-\gamma$, et comparé à l'accroissement dx de la variable x, donnera

$$\frac{\alpha}{dx}+\frac{\beta}{dx}-\frac{\gamma}{dx},$$

quantité dont la limite sera

$$p+q-r,$$

en désignant par p, q, r, les limites respectives des rapports particuliers $\frac{\alpha}{dx}$, $\frac{\beta}{dx}$, $\frac{\gamma}{dx}$; et si l'on multiplie par dx la quantité $p+q-r$, le résultat $p\,dx+q\,dx-r\,dx$ sera la différentielle de la fonction proposée (5); mais $p\,dx$, $q\,dx$, $r\,dx$, sont les différentielles propres de chacune des fonctions u, v et w, et on les représente par du, dv, dw: on aura donc

$$d(u+v-w)=du+dv-dw,$$

c'est-à-dire que *la différentielle d'une fonction de* x, *composée de plusieurs termes, s'obtiendra en prenant la différentielle de chaque terme avec le signe dont ce terme est affecté.*

11. Secondement, si dans le produit des deux fonctions u et v, u se change en $u+\alpha$, v en $v+\beta$, ce produit devient

$$uv+u\beta+v\alpha+\alpha\beta;$$

et son accroissement

$$u\beta+v\alpha+\alpha\beta,$$

comparé à dx, donne l'expression

$$u\frac{\beta}{dx}+v\frac{\alpha}{dx}+\frac{\alpha}{dx}\beta.$$

En désignant comme ci-dessus, par p et q, les limites respectives des rapports $\frac{\alpha}{dx}$, $\frac{\beta}{dx}$, puis faisant attention que l'accroissement β s'évanouit en même temps que dx, dont les quantités u et v sont d'ailleurs indépendantes, on reconnaît que la limite du terme $\frac{\alpha}{dx}\beta$ est $p.o$, par conséquent zéro (8), et que celle des deux autres est

$$uq+vp.$$

On conclut de là (5) que la différentielle de uv est

$$uq\,dx+vp\,dx;$$

mais $q\,dx$ et $p\,dx$ sont représentés par dv et du : donc $d.uv=u\,dv+v\,du$ (*).

La formule $d.uv=u\,dv+v\,du$ nous apprend que *pour avoir la différentielle du produit de deux fonctions, il faut multiplier chacune par la différentielle de l'autre, et ajouter ensemble les deux résultats.*

Quand l'un des facteurs est constant, u par exemple, on a $du=o$, et par conséquent $d.uv=u\,dv$.

Pour obtenir immédiatement cette dernière formule, il ne faut que changer v en $v+\beta$, d'où il résulte l'accroissement $u\beta$, et ensuite le rapport $u\frac{\beta}{dx}$, dont la limite $uq=u\frac{dv}{dx}$, et par conséquent $d.uv=u\,dv$.

(*) Lorsque l'on trouve un point après la caractéristique d, cela veut dire qu'elle porte sur tout ce qui la suit immédiatement; ainsi $d.uv$ est la même chose que $d(uv)$, et $d.x^n$ la même chose que $d(x^n)$.

Si l'on divise les deux membres de l'équation

$$\mathrm{d}.uv = u\,\mathrm{d}v + v\,\mathrm{d}u$$

par la fonction primitive uv, on trouvera

$$\frac{\mathrm{d}.uv}{uv} = \frac{\mathrm{d}u}{u} + \frac{\mathrm{d}v}{v};$$

ce qui conduira facilement à l'expression de la différentielle d'un produit composé d'autant de facteurs qu'on voudra. Pour y parvenir, on supposera que $v = ts$; il viendra

$$\frac{\mathrm{d}v}{v} = \frac{\mathrm{d}.ts}{ts} = \frac{\mathrm{d}t}{t} + \frac{\mathrm{d}s}{s},$$

et par conséquent

$$\frac{\mathrm{d}.uts}{uts} = \frac{\mathrm{d}u}{u} + \frac{\mathrm{d}t}{t} + \frac{\mathrm{d}s}{s};$$

on trouvera de la même manière que

$$\frac{\mathrm{d}.utsr\text{ etc.}}{utsr\text{ etc.}} = \frac{\mathrm{d}u}{u} + \frac{\mathrm{d}t}{t} + \frac{\mathrm{d}s}{s} + \frac{\mathrm{d}r}{r} + \text{etc.}$$

Si l'on fait évanouir les dénominateurs dans l'équation

$$\frac{\mathrm{d}.uts}{uts} = \frac{\mathrm{d}u}{u} + \frac{\mathrm{d}t}{t} + \frac{\mathrm{d}s}{s},$$

on trouvera $\mathrm{d}.uts = ts\,\mathrm{d}u + us\,\mathrm{d}t + ut\,\mathrm{d}s$, et l'on verra aisément que, *quel que soit le nombre des facteurs, la différentielle de leur produit sera égale à la somme des produits de la différentielle de chacun, multipliée par tous les autres.*

12. On obtient la différentielle de $\frac{u}{v}$ en faisant $\frac{u}{v} = t$; car il vient alors $u = vt$, et d'après ce qui précède, $\mathrm{d}u = v\,\mathrm{d}t + t\,\mathrm{d}v$: prenant la valeur de $\mathrm{d}t$, et substituant au lieu de t la fraction $\frac{u}{v}$, on aura $\mathrm{d}t = \frac{\mathrm{d}u}{v} - \frac{u\,\mathrm{d}v}{v^2}$, ou, en réduisant au même dénominateur,

$$\mathrm{d}t = \frac{v\,\mathrm{d}u - u\,\mathrm{d}v}{v^2},$$

d'où il résulte que *pour trouver la différentielle d'une frac-*

tion, il faut multiplier le dénominateur par la différentielle du numérateur, retrancher de ce produit celui du numérateur par la différentielle du dénominateur, et diviser le tout par le carré du dénominateur.

Quand le numérateur de la fraction proposée est constant, u, ne dépendant point de x, n'a point de différentielle, c'est-à-dire que $\mathrm{d}u = 0$, et il vient seulement

$$\mathrm{d}t = -\frac{u\,\mathrm{d}v}{v^2}.$$

13. La fonction u^n désignant, lorsque n est un nombre entier positif, le produit de n facteurs égaux à u, on déduira du n° **11**,

$$\frac{\mathrm{d}.u^n}{u^n} = \frac{\mathrm{d}.uuuu\ldots}{uuuu\ldots} = \frac{\mathrm{d}u}{u} + \frac{\mathrm{d}u}{u} + \frac{\mathrm{d}u}{u} + \frac{\mathrm{d}u}{u} + \ldots,$$

où le dernier membre renfermera autant de fois $\frac{\mathrm{d}u}{u}$ qu'il y a de facteurs dans u^n, c'est-à-dire n : on aura donc

$$\frac{\mathrm{d}.u^n}{u^n} = \frac{n\,\mathrm{d}u}{u},$$

d'où l'on conclura $\mathrm{d}.u^n = nu^{n-1}\mathrm{d}u$.

Si le nombre n est fractionnaire, en le représentant par $\frac{r}{s}$, on fera $u^{\frac{r}{s}} = v$, d'où $u^r = v^s$; et comme les nombres r et s sont supposés entiers, on aura, d'après ce qui précède (7),

$$ru^{r-1}\mathrm{d}u = sv^{s-1}\mathrm{d}v;$$

d'où l'on tirera

$$\mathrm{d}v = \frac{ru^{r-1}}{sv^{s-1}}\mathrm{d}u = \frac{ru^{r-1}}{su^{\frac{r}{s}(s-1)}}\mathrm{d}u.$$

En réduisant, on trouve

$$\mathrm{d}v = \frac{r}{s}u^{\frac{r}{s}-1}\mathrm{d}u,$$

ce qui revient encore à $\mathrm{d}.u^n = nu^{n-1}\mathrm{d}u$, n étant égal à $\frac{r}{s}$.

Enfin le nombre n étant négatif, on a $u^{-n} = \frac{1}{u^n}$, d'où l'on tire, par la dernière formule du nº 12,

$$\mathrm{d}.u^{-n} = \mathrm{d}.\frac{1}{u^n} = \frac{-d.u^n}{u^{2n}};$$

et comme, d'après ce qui précède, $\mathrm{d}.u^n = nu^{n-1}\mathrm{d}u$, dans tous les cas où n est positif, on a donc

$$\mathrm{d}.u^{-n} = \frac{-nu^{n-1}\mathrm{d}u}{u^{2n}} = -nu^{-n-1}\mathrm{d}u.$$

De cette énumération, on conclut que *pour différentier une puissance quelconque d'une fonction, il faut la multiplier par son exposant, diminuer ensuite cet exposant d'une unité, et multiplier le résultat par la différentielle de la fonction* (*).

14. Les règles énoncées dans les nos 10, 11, 12, 13, suffisent pour différentier toutes les fonctions où la variable n'est engagée que par addition, soustraction, multiplication, division, élévation aux puissances entières ou fractionnaires, positives ou négatives, fonctions qui, résultant des opérations algébriques, se nomment par cette raison *fonctions algébriques*. On n'a besoin que de se rappeler que la différentielle de la simple variable x est $\mathrm{d}x$ (5).

D'abord, pour la fonction monôme, $u = ax^n$, dans laquelle a désigne une constante, la règle des produits (11) donne $\mathrm{d}u = a\mathrm{d}.x^n$, et la règle des puissances (13) conduit à $\mathrm{d}u = nax^{n-1}\mathrm{d}x$.

Passons maintenant aux fonctions complexes; soit

1°. $u = a + b\sqrt{x} - \frac{c}{x}$; en prenant séparément la différentielle de chaque terme de cette fonction, le premier disparaît

(*) J'aurais pu déduire immédiatement du développement du binôme $(x + \mathrm{d}x)^n$, la différentielle de x^n, puisque ce développement étant $x^n + nx^{n-1}\mathrm{d}x +$ etc., si l'on en retranche x^n, le premier terme de la différence sera $nx^{n-1}\mathrm{d}x$; mais je n'ai pas voulu supposer la démonstration de la formule du binôme, parce que le Calcul différentiel en fournit une très-générale et très-simple.

parce qu'il est constant (7); le second, mis sous la forme $bx^{\frac{1}{2}}$, donne, par l'application de la règle du n° 13, $\frac{1}{2} bx^{\frac{1}{2}-1} bx$, ou $\frac{b\,dx}{2\sqrt{x}}$; le troisième, $-\frac{c}{x}$, conduit à $+\frac{c\,dx}{x^2}$ (12); réunissant ces résultats partiels (10), on trouvera

$$du = \left(\frac{b}{2\sqrt{x}} + \frac{c}{x^2}\right)dx \text{ et } \frac{du}{dx} = \frac{b}{2\sqrt{x}} + \frac{c}{x^2}.$$

2°. $u = a + \frac{b}{\sqrt[3]{x^2}} - \frac{c}{x\sqrt[3]{x}} + \frac{e}{x^2}$; en écrivant cette fonction comme il suit,

$$u = a + bx^{-\frac{2}{3}} - cx^{-1-\frac{1}{3}} + ex^{-2},$$

l'application de la règle du n° 13 donnera

$$du = -\frac{2}{3}\frac{b\,dx}{x^{\frac{5}{3}}} + \frac{4}{3}\frac{c\,dx}{x^{\frac{7}{3}}} - \frac{2e\,dx}{x^3},$$

ce qui revient à $du = -\frac{2b\,dx}{3x\sqrt[3]{x^2}} + \frac{4c\,dx}{3x^2\sqrt[3]{x}} - \frac{2e\,dx}{x^3}$.

3°. $u = (a + bx^m)^n$; cette fonction ne peut être décomposée en monômes, sans un développement préalable, mais qui n'est pas nécessaire pour sa différentiation, parce qu'en faisant $a + bx^m = z$, elle prend la forme monôme $u = z^n$, et en y appliquant la règle des puissances (13), on trouve

$$\begin{aligned} du &= nz^{n-1}dz = n(a + bx^m)^{n-1}d(a + bx^m) \\ &= n(a + bx^m)^{n-1} \times mbx^{m-1}dx = mnbx^{m-1}dx\,(a + bx^m)^{n-1}. \end{aligned}$$

15. Comme on a souvent besoin de différentier des radicaux du second degré, on a formé, pour ces fonctions, une règle à part qui résulte du calcul suivant :

Soit

$$v = \sqrt{u}, \quad \text{d'où} \quad v = u^{\frac{1}{2}};$$

il vient

$$dv = \frac{1}{2}u^{\frac{1}{2}-1}du = \frac{1}{2}u^{-\frac{1}{2}}du = \frac{du}{2\sqrt{u}};$$

et, par consequent, *la différentielle d'un radical du second degré s'obtient en divisant celle de la quantité qui se trouve sous le signe, par le double du radical.*

16. La règle donnée pour différentier les produits (11), étant appliquée à la fonction

$$u = x(a^2 + x^2)\sqrt{a^2 - x^2},$$

conduit à

$$\begin{aligned} \mathrm{d}u = \mathrm{d}x\,(a^2 + x^2)\sqrt{a^2 - x^2} + x\sqrt{a^2 - x^2}\,.\,\mathrm{d}\,(a^2 + x^2) \\ + x\,(a^2 + x^2)\,\mathrm{d}\sqrt{a^2 - x^2}. \end{aligned}$$

Les deux derniers termes de cette expression renferment des opérations qui ne sont qu'indiquées, mais qui s'effectuent successivement, en observant que

$$\mathrm{d}\,(a^2 + x) = \mathrm{d}\,(x^2) = 2x\,\mathrm{d}x,$$

$$\mathrm{d}\sqrt{a^2 - x^2} = \frac{\mathrm{d}\,(-x^2)}{2\sqrt{a^2 - x^2}} = \frac{-x\,\mathrm{d}x}{\sqrt{a^2 - x^2}};$$

et l'on trouve ensuite

$$\mathrm{d}u = \left[(a^2 + x^2)\sqrt{a^2 - x^2} + 2x^2\sqrt{a^2 - x^2} - \frac{x^2(a^2 + x^2)}{\sqrt{a^2 - x^2}}\right]\mathrm{d}x;$$

réduisant tous les termes au même dénominateur, on a enfin

$$\mathrm{d}u = \frac{(a^4 + a^2x^2 - 4x^4)\,\mathrm{d}x}{\sqrt{a^2 - x^2}}.$$

La règle concernant la différentiation des fractions, appliquée à la fonction $u = \dfrac{a^2 - x^2}{a^4 + a^2x^2 + x^4}$, donne immédiatement

$$\mathrm{d}u = \frac{(a^4 + a^2x^2 + x^4)\,\mathrm{d}\,(a^2 - x^2) - (a^2 - x^2)\,\mathrm{d}\,(a^4 + a^2x^2 + x^4)}{(a^4 + a^2x^2 + x^4)^2},$$

d'où l'on tire

$$\mathrm{d}u = \frac{-2x\,(2a^4 + 2a^2x^2 - x^4)\,\mathrm{d}x}{(a^4 + a^2x^2 + x^4)^2}.$$

Je terminerai ces exemples par la fonction

$$u = \sqrt[4]{\left(a - \frac{b}{\sqrt{x}} + \sqrt[3]{(c^2 - x^2)^2}\right)^3},$$

qui renferme plusieurs opérations algébriques à effectuer successivement. Pour en faciliter la différentiation, on peut faire

$$\frac{b}{\sqrt{x}}=y,\quad \sqrt[3]{(c^2-x^2)^2}=z,$$

et l'on aura

$$u=\sqrt[4]{(a-y+z)^3}=(a-y+z)^{\frac{3}{4}};$$

la règle du nº 13 donnera

$$\begin{aligned}\mathrm{d}u&=\tfrac{3}{4}(a-y+z)^{\frac{3}{4}-1}\mathrm{d}(a-y+z)\\&=\tfrac{3}{4}(a-y+z)^{-\frac{1}{4}}(-\mathrm{d}y+\mathrm{d}z)=\frac{-3\,\mathrm{d}y+3\,\mathrm{d}z}{4\sqrt[4]{a-y+z}};\end{aligned}$$

on trouvera ensuite

$$\mathrm{d}y=\mathrm{d}\left(\frac{b}{\sqrt{x}}\right)=-b\,\frac{\mathrm{d}\sqrt{x}}{x}=\frac{-b\,\mathrm{d}x}{2\,x\sqrt{x}},$$

$$\begin{aligned}\mathrm{d}z&=\mathrm{d}(c^2-x^2)^{\frac{2}{3}}=\tfrac{2}{3}(c^2-x^2)^{\frac{2}{3}-1}\mathrm{d}(c^2-x^2)\\&=\tfrac{2}{3}(c^2-x^2)^{-\frac{1}{3}}\times(-2\,x\,\mathrm{d}x)=\frac{-4\,x\,\mathrm{d}x}{3\sqrt[3]{c^2-x^2}};\end{aligned}$$

en substituant ces valeurs et celles de y et de z dans l'expression de $\mathrm{d}u$, il viendra

$$\mathrm{d}u=\left\{\frac{\dfrac{3\,b}{2\,x\sqrt{x}}-\dfrac{4\,x}{\sqrt[3]{c^2-x^2}}}{4\sqrt[4]{a-\dfrac{b}{\sqrt{x}}+\sqrt[3]{(c^2-x^2)^2}}}\right\}\mathrm{d}x.$$

Des différentiations successives.

17. Le coefficient différentiel étant une nouvelle fonction de x, peut être soumis à la différentiation, et donner, par la limite du rapport de son accroissement à celui de la variable x, son propre coefficient différentiel, qui sera aussi une fonction de x. En faisant ainsi succéder des différentiations les unes aux autres, on déduit de la fonction proposée une suite de limites ou de coefficients différentiels, que l'on distingue en ordres, d'après le nombre de différentiations qu'il a fallu effectuer pour les obtenir.

Si l'on fait $\frac{\mathrm{d}u}{\mathrm{d}x}=p$, $\frac{\mathrm{d}p}{\mathrm{d}x}=q$, $\frac{\mathrm{d}q}{\mathrm{d}x}=r$, etc., p représentera le coefficient différentiel du premier ordre de la fonction proposée, q celui de la fonction p, ou le coefficient du second ordre de la fonction proposée, r celui de la fonction q, ou le coefficient du troisième ordre de la fonction proposée, etc.

Il faut observer d'abord que les coefficients q, r, etc., se tirent des différentielles successives de $\mathrm{d}u$, prises en y regardant l'accroissement $\mathrm{d}x$ comme une constante. En effet, les équations

$$\frac{\mathrm{d}u}{\mathrm{d}x}=p,\quad \frac{\mathrm{d}p}{\mathrm{d}x}=q,\quad \frac{\mathrm{d}q}{\mathrm{d}x}=r,\ \text{etc.},$$

donneront

$$\mathrm{d}u=p\,\mathrm{d}x,\quad \mathrm{d}p=q\,\mathrm{d}x,\quad \mathrm{d}q=r\,\mathrm{d}x,\ \text{etc.};$$

mais si l'on différentie $p\,\mathrm{d}x$ sans y faire varier $\mathrm{d}x$, on aura $\mathrm{d}p\,\mathrm{d}x$, expression qui devient $q\,\mathrm{d}x^2$ (*), lorsqu'on y met pour $\mathrm{d}p$ sa valeur $q\,\mathrm{d}x$, et qu'il suffit de diviser par $\mathrm{d}x^2$ pour en tirer celle de q. Soient donc

$$\mathrm{d}(\mathrm{d}u)=\mathrm{d}\mathrm{d}u=\mathrm{d}^2u,\quad \mathrm{d}(\mathrm{d}^2u)=\mathrm{d}^3u,\ \text{etc.},$$

les symboles des différentielles successives de $\mathrm{d}u$, prises en y regardant $\mathrm{d}x$ comme constant; et rappelons-nous toujours que l'exposant qui affecte la caractéristique d, indique une opération répétée, et non pas une puissance de la lettre d, qui n'est jamais considérée comme une quantité, mais seulement comme un signe d'opération : nous aurons alors, au moyen des valeurs précédentes de $\mathrm{d}p$, $\mathrm{d}q$, etc., les équations

$$\mathrm{d}u=p\,\mathrm{d}x,\quad \mathrm{d}^2u=\mathrm{d}p\,\mathrm{d}x=q\,\mathrm{d}x^2,$$
$$\mathrm{d}^3u=\mathrm{d}q\,\mathrm{d}x^2=r\,\mathrm{d}x^3,\ \text{etc.},$$

desquelles nous tirerons

$$p=\frac{\mathrm{d}u}{\mathrm{d}x},\quad q=\frac{\mathrm{d}^2u}{\mathrm{d}x^2},\quad r=\frac{\mathrm{d}^3u}{\mathrm{d}x^3},\ \text{etc.}$$

18. Si la fonction proposée était, par exemple, ax^n, on trouverait $\mathrm{d}.ax^n=nax^{n-1}\,\mathrm{d}x$ (14); les facteurs na et $\mathrm{d}x$ étant regardés comme constants dans la différentielle première $nax^{n-1}\,\mathrm{d}x$, il suffit, pour obtenir la différentielle seconde, de

(*) Il faut bien prendre garde que les expressions $\mathrm{d}x^2$, $\mathrm{d}x^3$,..., sont équivalentes à $(\mathrm{d}x)^2$, $(\mathrm{d}x)^3$,..., et non pas à $\mathrm{d}.x^2$, $\mathrm{d}.x^3$,.... (*Voyez* la note page 12.)

différentier x^{n-1} et de multiplier le résultat par $na\,\mathrm{d}x$; mais $\mathrm{d}.x^{n-1} = (n-1)\,x^{n-2}\,\mathrm{d}x$: on aura donc

$$\mathrm{d}^2.\,ax^n = n\,(n-1)\,ax^{n-2}\,\mathrm{d}x^2.$$

On trouvera d'une manière semblable,

$$\mathrm{d}^3.\,ax^n = n\,(n-1)\,(n-2)\,ax^{n-3}\,\mathrm{d}x^3,$$
$$\mathrm{d}^4.\,ax^n = n\,(n-1)\,(n-2)\,(n-3)\,ax^{n-4}\,\mathrm{d}x^4,$$
etc.,

et les coefficients différentiels auront les valeurs suivantes :

$$\frac{\mathrm{d}.\,ax^n}{\mathrm{d}x} = nax^{n-1},$$

$$\frac{\mathrm{d}^2.\,ax^n}{\mathrm{d}x^2} = n\,(n-1)\,ax^{n-2},$$

$$\frac{\mathrm{d}^3.\,ax^n}{\mathrm{d}x^3} = n\,(n-1)\,(n-2)\,ax^{n-3},$$

$$\frac{\mathrm{d}^4.\,ax^n}{\mathrm{d}x^4} = n\,(n-1)\,(n-2)\,(n-3)\,ax^{n-4},$$

etc.

On remarquera sans peine que dans le cas où l'exposant n est un nombre entier positif, la fonction ax^n n'a qu'un nombre limité de différentielles dont la plus élevée est

$$\mathrm{d}^n.\,ax^n = n\,(n-1)\,(n-2)\ldots1\,.\,a\,\mathrm{d}x^n;$$

expression qui n'est plus susceptible de différentiation, puisqu'elle ne contient plus de variables : on aura donc alors pour le dernier coefficient différentiel,

$$\frac{\mathrm{d}^n.\,ax^n}{\mathrm{d}x^n} = n\,(n-1)\,(n-2)\ldots1\,.\,a,$$

c'est-à-dire une quantité constante.

19. Les différentiations manifestent dans les fonctions des propriétés qui en facilitent beaucoup le développement. Rien n'est plus aisé que de déduire de ce qui précède un développement de l'expression $(x+y)^n$; mais au lieu de nous arrêter à ce cas particulier, nous allons nous occuper d'une fonction quelconque du même binôme $x+y$. Nous ferons d'abord remarquer qu'*une fonction quelconque du binôme* x + y *donne le même coefficient différentiel, quelle que soit celle des deux* *quantités* x, y *qu'on prenne pour variable.* Si par exemple cette fonction est $(x+y)^n$, on trouve, dans l'un et l'autre cas, $n(x+y)^{n-1}$. En général, si l'on fait $x+y=x'$, dans une fonction quelconque $\mathrm{f}(x+y)$, elle devient $\mathrm{f}(x')$, et l'on a $\mathrm{df}(x')=p'\,\mathrm{d}x'$, le coefficient différentiel p' étant une fonction de x' dans laquelle $\mathrm{d}x'$ n'entre pas, et qui demeure par conséquent la même, soit qu'on prenne $\mathrm{d}x'=\mathrm{d}x$, en faisant varier x, ou $\mathrm{d}x'=\mathrm{d}y$, en faisant varier y.

20. Cela posé, si l'on fait

$$\mathrm{f}(x+y)=\mathrm{L}+\mathrm{M}y^{\alpha}+\mathrm{N}y^{\beta}+\mathrm{P}y^{\gamma}+\text{etc.},$$

L, M, N, P, etc., étant des fonctions inconnues de x, sans y, et α, β, γ, etc., des exposants indéterminés, il est d'abord évident qu'aucun de ces exposants ne peut être négatif; car un terme de la forme $\mathrm{M}y^{-\alpha}$ ou $\dfrac{\mathrm{M}}{y^{\alpha}}$, par exemple, devenant infini lorsque $y=0$, rendrait infini le second membre de l'équation ci-dessus, tandis que le premier se réduirait à $\mathrm{f}(x)$; mais si les exposants sont tous positifs, on aura alors $\mathrm{L}=\mathrm{f}(x)$. Formant ensuite le coefficient différentiel du développement de $\mathrm{f}(x+y)$, en prenant d'abord x pour variable, on trouvera

$$\frac{\mathrm{dL}}{\mathrm{d}x}+\frac{\mathrm{dM}}{\mathrm{d}x}y^{\alpha}+\frac{\mathrm{dN}}{\mathrm{d}x}y^{\beta}+\frac{\mathrm{dP}}{\mathrm{d}x}y^{\gamma}+\text{etc.},$$

puis prenant y pour variable, au lieu de x, on obtiendra le résultat

$$\alpha\mathrm{M}y^{\alpha-1}+\beta\mathrm{N}y^{\beta-1}+\gamma\mathrm{P}y^{\gamma-1}+\text{etc.},$$

qui devra être identique avec le précédent, quel que soit y, ce qui ne peut arriver sans que les exposants des puissances de y et leurs coefficients ne soient les mêmes dans l'un et dans l'autre. Or, si les exposants sont rangés par ordre de grandeur dans le premier, ils le seront dans le second: il faudra donc qu'on ait

$$\alpha-1=0,\quad \beta-1=\alpha,\quad \gamma-1=\beta,\quad \text{etc.},$$

d'où

$$\alpha=1,\quad \beta=2,\quad \gamma=3,\ \text{etc.};$$

et la comparaison des coefficients donnera les équations

$$M = \frac{dL}{dx}, \quad N = \frac{1}{2}\frac{dM}{dx}, \quad P = \frac{1}{3}\frac{dN}{dx}, \text{ etc.,}$$

desquelles, en faisant

$$f(x) = u \quad \text{et} \quad f(x+y) = u',$$

on tirera

$$L = u, \quad M = \frac{1}{1}\frac{du}{dx}, \quad N = \frac{1}{1.2}\frac{d^2u}{dx^2}, \quad P = \frac{1}{1.2.3}\frac{d^3u}{dx^3}, \text{ etc.,}$$

$$u' = u + \frac{du}{dx}\frac{y}{1} + \frac{d^2u}{dx^2}\frac{y^2}{1.2} + \frac{d^3u}{dx^3}\frac{y^3}{1.2.3} + \text{etc.}$$

Telle est la formule appelée *Théorème de Taylor*, du nom du géomètre anglais qui l'a découverte (*).

21. Ce théorème donne tout de suite le développement de $(x+y)^n$; car, dans ce cas,

$$u = x^n, \quad \frac{du}{dx} = nx^{n-1}, \quad \frac{d^2u}{dx^2} = n(n-1)x^{n-2}, \text{ etc.,}$$

d'où l'on conclut

$$(x+y)^n = x^n + \frac{n}{1}x^{n-1}y + \frac{n(n-1)}{1.2}x^{n-2}y^2 + \frac{n(n-1)(n-2)}{1.2.3}x^{n-3}y^3 + \text{etc.}$$

Les règles de la différentiation ayant été établies ci-dessus, sans supposer le développement de la puissance n du binôme, on doit le regarder maintenant comme prouvé pour tous les cas où l'exposant n est entier ou fractionnaire, positif ou négatif.

(*) La démonstration ci-dessus revient, pour le fond, à celle que Lagrange a donnée dans les *Mémoires de l'Académie de Berlin*, année 1772, page 187, et depuis, dans la *Théorie des fonctions analytiques*; mais l'emploi des signes différentiels l'abrége et la simplifie beaucoup.

Le théorème de Taylor étant devenu la base des applications du Calcul différentiel, on en a donné beaucoup de démonstrations; j'en ai rapporté plusieurs dans mon *Traité du Calcul différentiel et du Calcul intégral*, in-4°; *voyez* la deuxième édition, tome I, pages 160 et 277; tome III, pages 60, 396 et 399 (note).

En mettant, par exemple, les expressions

$$\left.\begin{array}{l}\sqrt{a^2+x^2}\\[2ex] \sqrt[3]{(a^2-x^2)^2}\\[2ex] \dfrac{1}{a+x}\\[2ex] \dfrac{1}{\sqrt[4]{a^4+x^4}}\end{array}\right\}\text{ sous la forme }\left\{\begin{array}{l}a\left(1+\dfrac{x^2}{a^2}\right)^{\frac{1}{2}}\\[2ex] a^{\frac{4}{3}}\left(1-\dfrac{x^2}{a^2}\right)^{\frac{2}{3}}\\[2ex] a^{-1}\left(1+\dfrac{x}{a}\right)^{-1}\\[2ex] a^{-1}\left(1+\dfrac{x^4}{a^4}\right)^{-\frac{1}{4}}\end{array}\right.$$

on en obtient le développement, suivant le procédé indiqué dans le n° 144 des *Éléments d'Algèbre;* mais alors la formule ne se termine plus : on tombe dans une *série infinie*, comme celle que l'on a fait remarquer dans le n° 236 de l'ouvrage cité.

22. Si l'on fait $x=0$, et qu'on désigne par U, U′, U″, U‴, etc., les valeurs particulières que prennent

$$u,\quad \frac{du}{dx},\quad \frac{d^2u}{dx^2},\quad \frac{d^3u}{dx^3},\ \text{etc.},$$

dans cette supposition, qui change $f(x+y)$ en $f(y)$, il viendra

$$f(y)=U+U'\frac{y}{1}+U''\frac{y^2}{1.2}+U'''\frac{y^3}{1.2.3}+\text{etc.};$$

mais cette équation ayant lieu quel que soit y, on pourra écrire x au lieu de y, ce qui ne changera rien aux quantités U, U′, U″, U‴, etc., qui ne contiennent point cette lettre, et l'on aura alors la formule

$$f(x)\quad\text{ou}\quad u=U+U'\frac{x}{1}+U''\frac{x^2}{1.2}+U'''\frac{x^3}{1.2.3}+\text{etc.},$$

qui exprimera le développement de $f(x)$ suivant les puissances *ascendantes* de x.

En faisant $u=(a+x)^n$, d'où il résulte d'abord

$$\frac{du}{dx}=n(a+x)^{n-1},\quad \frac{d^2u}{dx^2}=n(n-1)(a+x)^{n-2},\ \text{etc.},$$

valeurs que $x=0$ change en

$$U=a^n,\quad U'=na^{n-1},\quad U''=n(n-1)a^{n-2},\ \text{etc.},$$

on obtient encore

$$(a+x)^n = a^n + \frac{n}{1} a^{n-1} x + \frac{n(n-1)}{1.2} a^{n-2} x^2 + \text{etc. } (*).$$

23. Le théorème de Taylor donne aussi le développement du second état d'une fonction quelconque $u = \mathrm{f}(x)$, lorsque x devient $x+h$, puisqu'en changeant y en h, on a $\mathrm{f}(x+h)$, ou

$$u' = u + \frac{du}{dx}\frac{h}{1} + \frac{d^2u}{dx^2}\frac{h^2}{1.2} + \frac{d^3u}{dx^3}\frac{h^3}{1.2.3} + \text{etc.}$$

Il suit de là que les divers coefficients différentiels ont encore la propriété remarquable de former, lorqu'on les divise respectivement par les produits

$$1, \quad 1.2, \quad 1.2.3, \quad \text{etc.},$$

les multiplicateurs des puissances de l'accroissement h, dans

---

(*) Peacock a fait remarquer que le développement de $\mathrm{f}(x)$ rapporté ci-dessus, et faussement attribué au géomètre anglais Maclaurin, avait été donné dès 1717 par son compatriote Stirling, dans ses *Lineæ tertii ordinis Newtonianæ*, Prop. III. La manière dont Stirling y parvient ne diffère de la suivante que par la notation.

Soit

$$u = A + Bx + Cx^2 + Dx^3 + Ex^4 + \text{etc.},$$

A, B, C, D, E, etc., étant des coefficients constants et indéterminés; si l'on passe aux coefficients différentiels

$$\frac{du}{dx} = B + 2Cx + 3Dx^2 + 4Ex^3 + \text{etc.},$$

$$\frac{d^2u}{dx^2} = 1.2C + 2.3Dx + 3.4Ex^2 + \text{etc.},$$

$$\frac{d^3u}{dx^3} = 1.2.3D + 2.3.4Ex + \text{etc.}$$

etc.,

et qu'on y fasse $x = 0$, ainsi que dans u, en désignant par U, U', U'', U''', etc., les valeurs que prennent alors cette fonction et ses coefficients différentiels, sous leur forme non développée, on aura

$$A = U, \quad B = \frac{1}{1} U', \quad C = \frac{1}{1.2} U'', \quad D = \frac{1}{1.2.3} U''', \quad \text{etc.},$$

et, par conséquent,

$$u = U + U'\frac{x}{1} + U''\frac{x^2}{1.2} + U'''\frac{x^3}{1.2.3} + \text{etc.}$$

le développement complet de la différence

$$u'-u=\frac{\mathrm{d}u}{\mathrm{d}x}\frac{h}{1}+\frac{\mathrm{d}^2u}{\mathrm{d}x^2}\frac{h^2}{1.2}+\frac{\mathrm{d}^3u}{\mathrm{d}x^3}\frac{h^3}{1.2.3}+\text{etc. } (*).$$

Ce développement, lorsqu'on y change h en $\mathrm{d}x$, devient (17)

$$u'-u=\frac{\mathrm{d}u}{1}+\frac{\mathrm{d}^2u}{1.2}+\frac{\mathrm{d}^3u}{1.2.3}+\text{etc.},$$

formule très-simple qui montre comment la différence de u, correspondante à l'accroissement quelconque $\mathrm{d}x$, se compose avec les différentielles des divers ordres, relatives au même accroissement.

De la différentiation des fonctions transcendantes.

24. Les fonctions qui ne sont pas comprises dans l'énumération faite au n° **14** se nomment *transcendantes*. La fonction exponentielle $u=a^x$ est la plus simple de ce genre. Lorsqu'on y substitue $x+\mathrm{d}x$ au lieu de x, on trouve le rapport des accroissements

$$\frac{a^{x+\mathrm{d}x}-a^x}{\mathrm{d}x}=a^x\frac{(a^{\mathrm{d}x}-1)}{\mathrm{d}x};$$

pour le développer suivant les puissances de $\mathrm{d}x$, on fait $a=1+b$, et il vient

$$a^{\mathrm{d}x}=(1+b)^{\mathrm{d}x}=1+\frac{\mathrm{d}x}{1}b+\frac{\mathrm{d}x(\mathrm{d}x-1)}{1.2}b^2$$
$$+\frac{\mathrm{d}x(\mathrm{d}x-1)(\mathrm{d}x-2)}{1.2.3}b^3+\text{etc.},$$

puis

$$\frac{a^{\mathrm{d}x}-1}{\mathrm{d}x}=\frac{b}{1}+\frac{\mathrm{d}x-1}{1.2}b^2+\frac{(\mathrm{d}x-1)(\mathrm{d}x-2)}{1.2.3}b^3+\text{etc.};$$

(*) On voit dans cette expression deux signes différents, savoir $\mathrm{d}x$ et h, qui représentent des accroissements de x; mais il faut se rappeler que le premier n'étant introduit dans le calcul que pour former les différentielles (5), et disparaissant par la division indiquée pour passer aux coefficients différentiels, reste toujours indéterminée; l'accroissement h, au contraire, désigne ici une quantité qui peut être déterminée lorsqu'on se propose de calculer le changement effectif que subit la fonction u pour un changement assigné à x.

Rien ne s'oppose cependant à ce que l'on écrive $\mathrm{d}x$ au lieu de h; mais alors les coefficients différentiels se changent dans les différentielles, comme on le voit plus loin.

et si l'on fait $\mathrm{d}x = 0$, dans le second membre de cette équation, il restera, pour la limite

$$\left(\frac{b}{1} - \frac{b^2}{2} + \frac{b^3}{3} - \text{etc.}\right).$$

Remettant pour b sa valeur $a-1$, il en résultera (5)

$$\frac{\mathrm{d}.a^x}{\mathrm{d}x} = a^x\left[\frac{a-1}{1} - \frac{(a-1)^2}{2} + \frac{(a-1)^3}{3} - \text{etc.}\right];$$

ainsi, en prenant

$$k = \frac{a-1}{1} - \frac{(a-1)^2}{2} + \frac{(a-1)^3}{3} - \text{etc.},$$

on aura $\mathrm{d}.a^x = ka^x\,\mathrm{d}x$. Telle est la forme de la différentielle de la fonction proposée; et l'on trouvera bientôt une nouvelle expression du nombre constant k.

25. Il est visible que

$$\begin{aligned} \mathrm{d}^2.a^x &= k\,\mathrm{d}x\,\mathrm{d}.a^x = k^2 a^x\,\mathrm{d}x^2, \\ \mathrm{d}^3.a^x &= k^3 a^x\,\mathrm{d}x^3, \\ &\cdots\cdots\cdots\cdots\cdots \\ \mathrm{d}^n.a^x &= k^n a^x\,\mathrm{d}x^n; \end{aligned}$$

et il suit de là que

$$\frac{\mathrm{d}u}{\mathrm{d}x} = ka^x, \quad \frac{\mathrm{d}^2 u}{\mathrm{d}x^2} = k^2 a^x, \quad \frac{\mathrm{d}^3 u}{\mathrm{d}x^3} = k^3 a^x, \text{ etc.}$$

Lorsque $x = 0$, la fonction u et ses coefficients différentiels deviennent

$$\mathrm{U} = 1, \quad \mathrm{U}' = k, \quad \mathrm{U}'' = k^2, \quad \mathrm{U}''' = k^3, \text{ etc.};$$

on obtiendra donc (22)

$$a^x = 1 + \frac{kx}{1} + \frac{k^2 x^2}{1.2} + \frac{k^3 x^3}{1.2.3} + \text{etc.}$$

26. Le développement de la fonction a^x, trouvé ci-dessus, servira pour reconnaître de quelle quantité la série représentée par k tire son origine.

Si l'on suppose $x = \frac{1}{k}$, il viendra

$$a^{\frac{1}{k}} = 1 + \frac{1}{1} + \frac{1}{1.2} + \frac{1}{1.2.3} + \text{etc.};$$

et en désignant par e la valeur du second membre, dont les douze premiers termes convertis en décimales donnent

$$e = 2,7182818,$$

on aura l'équation

$$a^{\frac{1}{k}} = e, \quad \text{d'où l'on tirera} \quad a = e^k;$$

prenant alors le logarithme de chaque membre, on obtiendra

$$\mathrm{l}a = k\,\mathrm{l}e \quad \text{et} \quad k = \frac{\mathrm{l}a}{\mathrm{l}e}.$$

On aura donc par là

$$\mathrm{d}.a^x = ka^x\,\mathrm{d}x = \frac{\mathrm{l}a}{\mathrm{l}e}a^x\,\mathrm{d}x \ (^*).$$

27. Le nombre e se présente souvent dans les recherches analytiques; on le prend pour base d'un système logarithmique, que j'ai appelé *Népérien*, du nom de Néper, inventeur des logarithmes, et que je représente par la caractéristique l′ (**) : on

---

(*) Élégant et simple, le procédé suivi ci-dessus pour parvenir à ce résultat, et employé par Lagrange, a paru défectueux à quelques géomètres, à cause que la série trouvée d'abord pour k (**24**) n'est convergente que quand a diffère peu de l'unité. Mais outre que ce premier développement ne sert qu'à obtenir la forme de la différentielle cherchée, on peut toujours partir d'une exponentielle dont la base soit très-voisine de l'unité; il ne faut, pour cela, que changer a^x en $a^{\frac{1}{m}\cdot mx}$. Posant alors $a^{\frac{1}{m}} = a'$, $mx = x'$, on aura $a^x = a'^{x'}$; en donnant à m une valeur suffisamment grande, on pourra rendre $\sqrt[m]{a}$, ou a', aussi peu différent de l'unité qu'on le voudra, et l'on en conclura

$$\mathrm{d}.a^x = \mathrm{d}.a'^{x'} = \frac{\mathrm{l}a'}{\mathrm{l}e}a'^{x'}\,\mathrm{d}x';$$

mais $\mathrm{l}a' = \frac{\mathrm{l}a}{m}$, $\mathrm{d}x' = m\,\mathrm{d}x$; donc $\mathrm{d}.a^x = \frac{\mathrm{l}a}{\mathrm{l}e}a^x\,\mathrm{d}x$, quel que soit a.

(**) Ces logarithmes étaient connus sous les noms fort impropres de *logarithmes naturels* ou *hyperboliques*. Ils ne sont pas tout à fait identiques avec ceux que Néper a calculés en premier lieu, mais ils n'en diffèrent que par l'ordre de leur succession. Ils résulteraient de l'équation $\frac{u}{A} = e^{-\frac{x}{A}}$, A étant 10000000. Ces logarithmes sont décroissants et négatifs, le log A est zéro. (*Voyez* dans le *Journal des Savants*, 1835, 1er semestre, ou dans la *Connaissance des Temps* pour 1838, additions, page 3, un Mémoire de M. Biot sur ce sujet.

a alors $l'e = 1$, et il vient

$$d.a^x = a^x dx.l'a,$$

$$a^x = 1 + \frac{x(l'a)}{1} + \frac{x^2(l'a)^2}{1.2} + \frac{x^3(l'a)^3}{1.2.3} + \text{etc.} \quad (25)$$

Si l'on faisait $a = e$, on aurait seulement

$$e^x = 1 + \frac{x}{1} + \frac{x^2}{1.2} + \frac{x^3}{1.2.3} + \text{etc.},$$

expression où il n'entre plus de logarithmes.

Si l'on prend a pour base d'un système de logarithmes, alors $la = 1$, $x = lu$, et, par conséquent,

$$u = 1 + \frac{1}{1}\frac{lu}{le} + \frac{1}{1.2}\left(\frac{lu}{le}\right)^2 + \frac{1}{1.2.3}\left(\frac{lu}{le}\right)^3 + \text{etc.},$$

série qui fait connaître le nombre u par son logarithme, et qui finit toujours par être convergente.

En effet, si l'on pose, pour abréger, $\frac{lu}{le} = M$, deux termes consécutifs, pris dans un rang quelconque, étant représentés par

$$\frac{M^n}{1.2.3...n} + \frac{M^{n+1}}{1.2.3..n(n+1)},$$

seront dans le rapport de 1 à $\frac{M}{n+1}$; mais le nombre n augmentant avec celui des termes de la série, finira toujours par l'emporter sur M, qui ne change point de valeur, et ces termes deviendront de plus en plus décroissants.

28. On peut obtenir maintenant la différentielle de la fonction logarithmique, au moyen du second théorème du n° 9, car ayant trouvé $\frac{du}{dx} = \frac{la}{le}a^x$, lorsqu'on regarde u comme fonction de x, dans l'équation $u = a^x$, il s'ensuit que $\frac{dx}{du} = \frac{le}{la}\cdot\frac{1}{a^x}$, lorsqu'on regarde x comme fonction de u, ce qui répond à l'équation $x = \frac{lu}{la}$; mais alors a étant la base du système, $la = 1$, et l'on a seulement

$$\frac{dx}{du} = \frac{le}{a^x} = \frac{le}{u},$$

d'où il résulte

$$\frac{\mathrm{dl}u}{\mathrm{d}u}=\frac{\mathrm{l}e}{u} \quad \text{et} \quad \mathrm{dl}u=\mathrm{l}e\,\frac{\mathrm{d}u}{u}.$$

Pour passer du système dont la base serait e à celui dont la base serait a (*Algèbre*, 250), en désignant ces systèmes par les caractéristiques l′ et l, on aurait

$$\mathrm{l}u=\mathrm{l}e.\mathrm{l}'u;$$

et comme l'on compare tous les systèmes de logarithmes au système népérien, on appelle *module* le nombre le, par lequel il faut multiplier l′u, pour obtenir le logarithme correspondant dans un autre système : on dit en conséquence que *la différentielle du logarithme, ou la différentielle logarithmique, est égale au produit du module, par la différentielle du nombre, divisée par le nombre même* (*).

29. Si l'on voulait passer de là au développement de x en u, ou du logarithme, suivant les puissances du nombre, on trouverait que les quantités

$$x,\quad \frac{\mathrm{d}x}{\mathrm{d}u},\quad \frac{\mathrm{d}^2x}{\mathrm{d}u^2},\ \text{etc.},$$

deviennent infinies par la supposition de $u=0$, et l'on en conclurait que le logarithme ne saurait se développer dans la forme

$$x=\mathrm{A}+\mathrm{B}u+\mathrm{C}u^2+\mathrm{D}u^3+\text{etc}.$$

C'est aussi ce qu'il est facile de reconnaître à priori, en observant que la fonction x devient infinie lorsque $u=0$ (*Algèbre*, 251), ce qui ne résulte pas de la série ci-dessus, qui se réduit alors à $x=\mathrm{A}$.

Il n'en serait pas de même si l'on changeait u en $1+u$; car

(*) Borda et quelques autres géomètres prennent pour module l'inverse $\frac{1}{\mathrm{l}e}$; ils posent $\mathrm{l}u=\frac{1}{\mathrm{M}}\mathrm{l}'u$; alors, quand $u=a$, on a $1=\frac{1}{\mathrm{M}}\mathrm{l}'a$; d'où $\mathrm{M}=\mathrm{l}'a$, et ensuite $\mathrm{l}u=\frac{\mathrm{l}'u}{\mathrm{l}'a}$.

on aurait

$$x = \mathrm{l}(1+u), \quad \frac{\mathrm{d}x}{\mathrm{d}u} = \frac{\mathrm{l}e}{1+u} = \mathrm{l}e(1+u)^{-1},$$

$$\frac{\mathrm{d}^2x}{\mathrm{d}u^2} = -\mathrm{l}e(1+u)^{-2}, \quad \frac{\mathrm{d}^3x}{\mathrm{d}u^3} = 2\,\mathrm{l}e(1+u)^{-3}, \text{ etc.;}$$

faisant alors $u = 0$ et $\mathrm{l}e = \mathrm{M}$, on obtiendrait

$$\mathrm{l}(1+u) = \mathrm{M}\left(u - \frac{u^2}{2} + \frac{u^3}{3} - \frac{u^4}{4} + \frac{u^5}{5} - \text{etc.}\right) \ (*).$$

30. La série du second membre n'est assez convergente (*Algèbre*, 236) pour être employée au calcul des logarithmes, que lorsque u est une fraction; mais on a trouvé des moyens de la transformer en d'autres qui s'appliquent, avec plus ou moins d'avantage, aux différents cas. On a observé d'abord qu'en changeant $+u$ en $-u$, il venait

$$\mathrm{l}(1-u) = \mathrm{M}\left(-u - \frac{u^2}{2} - \frac{u^3}{3} - \frac{u^4}{4} - \frac{u^5}{5} - \text{etc.}\right),$$

et en retranchant cette équation de la précédente, on a trouvé

$$\mathrm{l}(1+u) - \mathrm{l}(1-u) = \mathrm{l}\left(\frac{1+u}{1-u}\right) = 2\mathrm{M}\left(\frac{u}{1} + \frac{u^3}{3} + \frac{u^5}{5} + \text{etc.}\right);$$

(*) On aura remarqué sans doute que l'équation $k = \dfrac{\mathrm{l}a}{\mathrm{l}c}$ du nº **26**, jointe à l'expression du nº **24**,

$$k = \frac{(a-1)}{1} - \frac{(a-1)^2}{2} + \frac{(a-1)^3}{3} - \frac{(a-1)^4}{4} + \text{etc.},$$

conduit à

$$\mathrm{l}a = \mathrm{l}e\left[\frac{(a-1)}{1} - \frac{(a-1)^2}{2} + \frac{(a-1)^3}{3} - \text{etc.}\right];$$

et, en faisant $a = 1+u$, on retombe sur le développement obtenu ci-dessus.

Lagrange a montré qu'on pouvait rendre cette série convergente en observant que $\mathrm{l}a = m\,\mathrm{l}\sqrt[m]{a}$, d'où

$$\mathrm{l}a = m\,\mathrm{l}e\left[\frac{\sqrt[m]{a}-1}{1} - \frac{\left(\sqrt[m]{a}-1\right)^2}{2} + \frac{\left(\sqrt[m]{a}-1\right)^3}{3} - \text{etc.}\right],$$

parce que $\sqrt[m]{a}-1$ décroît plus rapidement que m n'augmente. Il suit de là qu'en prenant m très-grand, on aura de plus en plus exactement,

$$\mathrm{l}a = m\,\mathrm{l}e\left(\sqrt[m]{a}-1\right).$$

faisant ensuite $\frac{1+u}{1-u} = 1+\frac{z}{n}$, ce qui donne $u = \frac{z}{2n+z}$, et observant que $l\left(1+\frac{z}{n}\right) = l\left(\frac{n+z}{n}\right) = l(n+z) - ln$, il en est résulté

$$l(n+z) - l\,n = 2M\left[\frac{z}{2n+z} + \frac{1}{3}\left(\frac{z}{2n+z}\right)^3 + \frac{1}{5}\left(\frac{z}{2n+z}\right)^5 + \text{etc.}\right],$$

d'où l'on a conclu

$$l(n+z) = l\,n + 2M\left[\frac{z}{2n+z} + \frac{1}{3}\left(\frac{z}{2n+z}\right)^3 + \frac{1}{5}\left(\frac{z}{2n+z}\right)^5 + \text{etc.}\right].$$

Cette série, qui fait connaître le logarithme de $n+z$, lorsqu'on a celui de n, donne, en y supposant $n=1$ et $z=1$,

$$l\,2 = 2M\left(\frac{1}{3} + \frac{1}{3.3^3} + \frac{1}{5.3^5} + \text{etc.}\right),$$

puisque $l\,1 = 0$. Elle est déjà très-convergente et le devient encore plus pour un nombre plus grand. Si l'on prend $M=1$, on trouve $l'\,2 = 0{,}693147180$.

Le module M s'obtient en calculant le logarithme d'un même nombre dans le système qu'on veut adopter, et dans le système népérien, et en prenant le rapport des deux résultats (28). On arrive assez promptement au module des logarithmes ordinaires, en calculant d'abord le logarithme népérien de 5 par celui de 4, qu'on déduit de celui de 2, puisque $l\,4 = 2\,l\,2$; puis connaissant $l'5$ et $l'2$, on a $l'\,10 = l'\,5 + l'\,2$. On trouve ainsi

$$l'\,10 = 2{,}302585093\,;$$

et divisant par ce dernier logarithme l'unité, qui est le logarithme ordinaire de 10, on a, pour le module cherché,

$$M = 0{,}434294482.$$

Tel est le nombre par lequel il faut multiplier les logarithmes népériens pour obtenir les logarithmes ordinaires (ou de Briggs).

Réciproquement, pour revenir aux logarithmes népériens, il faut diviser les logarithmes ordinaires par ce nombre, ou les multiplier par

$$\frac{1}{0{,}434294482} = 2{,}302585093.$$

31. Je vais donner quelques exemples de l'application des règles de la différentiation des fonctions logarithmiques; mais pour plus de simplicité, je supposerai dorénavant que les logarithmes sont népériens, à moins que je n'avertisse expressément du contraire.

Soit 1°. $u = \mathrm{l}\left(\frac{x}{\sqrt{a^2+x^2}}\right)$; en faisant $\frac{x}{\sqrt{a^2+x^2}} = z$, on aura $u = \mathrm{l}\,z$, $\frac{\mathrm{d}u}{\mathrm{d}x} = \frac{\mathrm{d}u}{\mathrm{d}z}\frac{\mathrm{d}z}{\mathrm{d}x}$ (9), d'où $\mathrm{d}u = \frac{\mathrm{d}z}{z}$, puisque $\frac{\mathrm{d}u}{\mathrm{d}z} = \frac{1}{z}$ (28);

mais

$$\mathrm{d}z = \frac{\mathrm{d}x\sqrt{a^2+x^2} - \dfrac{x^2\,\mathrm{d}x}{\sqrt{a^2+x^2}}}{a^2+x^2} = \frac{a^2\,\mathrm{d}x}{(a^2+x^2)^{\frac{3}{2}}};$$

donc $\mathrm{d}u = \frac{a^2\,\mathrm{d}x}{x(a^2+x^2)}$.

2°. $u = \mathrm{l}\left(\frac{\sqrt{1+x}+\sqrt{1-x}}{\sqrt{1+x}-\sqrt{1-x}}\right)$; on fera

$$\sqrt{1+x}+\sqrt{1-x} = y, \quad \sqrt{1+x}-\sqrt{1-x} = z,$$

ce qui donnera

$$u = \mathrm{l}\left(\frac{y}{z}\right) = \mathrm{l}\,y - \mathrm{l}\,z, \quad \mathrm{d}u = \frac{\mathrm{d}y}{y} - \frac{\mathrm{d}z}{z};$$

mais on a

$$\mathrm{d}y = \frac{\mathrm{d}x}{2\sqrt{1+x}} - \frac{\mathrm{d}x}{2\sqrt{1-x}} = \frac{-\mathrm{d}x}{2\sqrt{1-x^2}}(\sqrt{1+x}-\sqrt{1-x})$$
$$= -\frac{z\,\mathrm{d}x}{2\sqrt{1-x^2}},$$

$$\mathrm{d}z = \frac{\mathrm{d}x}{2\sqrt{1+x}} + \frac{\mathrm{d}x}{2\sqrt{1-x}} = \frac{\mathrm{d}x}{2\sqrt{1-x^2}}(\sqrt{1+x}+\sqrt{1-x})$$
$$= \frac{y\,\mathrm{d}x}{2\sqrt{1-x^2}},$$

d'où l'on tire

$$\frac{\mathrm{d}y}{y} - \frac{\mathrm{d}z}{z} = -\frac{z\,\mathrm{d}x}{2y\sqrt{1-x^2}} - \frac{y\,\mathrm{d}x}{2z\sqrt{1-x^2}} = \frac{-(y^2+z^2)\,\mathrm{d}x}{2yz\sqrt{1-x^2}};$$

et en observant que $y^2+z^2=4$, $yz=2x$, on trouvera enfin

$$du=-\frac{dx}{x\sqrt{1-x^2}}.$$

Cet exemple est remarquable par les réductions qu'éprouve la différentielle, et par sa simplicité, eu égard à la fonction dont elle dérive; il sera facile maintenant d'effectuer le calcul des exemples suivants, dont je ne rapporterai que les résultats.

3°. $u=l(x+\sqrt{1+x^2})$, $\quad du=\frac{dx}{\sqrt{1+x^2}}$;

4°. $u=\frac{1}{\sqrt{-1}}l(x\sqrt{-1}+\sqrt{1-x^2})$, $\quad du=\frac{dx}{\sqrt{1-x^2}}$;

5°. $u=l\left(\frac{\sqrt{1+x^2}+x}{\sqrt{1+x^2}-x}\right)^{\frac{1}{2}}$, $\quad du=\frac{dx}{\sqrt{1+x^2}}$.

Si l'on avait $u=(lx)^n$, en faisant $lx=z$, on trouverait

$$u=z^n,\quad du=nz^{n-1}dz;$$

et remettant au lieu de z et de dz leurs valeurs, il viendrait

$$d.(lx)^n=n(lx)^{n-1}\frac{dx}{x}.$$

Soit enfin $u=l.lx$, c'est-à-dire le logarithme du logarithme de x; posant, comme ci-dessus, $lx=z$, on aura d'abord

$$u=lz,\quad du=\frac{dz}{z},\quad dz=d.lx=\frac{dx}{x},$$

d'où l'on déduira ensuite $du=\frac{dx}{x\,lx}$.

32. La considération des logarithmes facilite beaucoup la différentiation des formules exponentielles, lorsqu'elles sont compliquées.

1°. Soit, par exemple, $u=z^y$, z et y étant deux fonctions quelconques de x; en prenant le logarithme de chaque membre, on aura $lu=y\,lz$, et différentiant ensuite, on obtiendra

$$\frac{du}{u}=dy\,lz+y\,d.lz=dy\,lz+y\frac{dz}{z}\ (\mathbf{11},\mathbf{28}),$$

et de là

$$du=u\left(dy\,lz+y\frac{dz}{z}\right),\quad d.z^y=z^y\left(dy\,lz+y\frac{dz}{z}\right).$$

2°. Soit $u = a^{b^x}$; on fera $b^x = y$, et l'on aura

$$u = a^y, \quad \mathrm{d}u = a^y \mathrm{d}y \, \mathrm{l}\, a \ (27);$$

mais $\mathrm{d}y = \mathrm{d}.b^x = b^x \mathrm{d}x \, \mathrm{l}\, b$: donc

$$\mathrm{d}u = a^{b^x} b^x \mathrm{d}x \, \mathrm{l}\, a \, \mathrm{l}\, b.$$

3°. Soit $u = z^{t^s}$, z, t et s étant des fonctions de x; on fera $t^s = y$; il viendra

$$u = z^y, \quad \mathrm{d}u = z^y \left(\mathrm{d}y \, \mathrm{l}\, z + \frac{y\,\mathrm{d}z}{z}\right), \quad \mathrm{d}y = t^s \left(\mathrm{d}s \, \mathrm{l}\, t + \frac{s\,\mathrm{d}t}{t}\right),$$

et par conséquent

$$\mathrm{d}u = z^{t^s} t^s \left(\mathrm{d}s \, \mathrm{l}\, t \, \mathrm{l}\, z + \frac{s\,\mathrm{d}t \, \mathrm{l}\, z}{t} + \frac{\mathrm{d}z}{z}\right).$$

Au moyen de ces formules, on trouvera facilement la différentielle d'une fonction exponentielle quelconque.

33. Les sinus, les cosinus, les tangentes et les autres lignes trigonométriques, considérées par rapport à l'arc de cercle dont elles dépendent, sont aussi des fonctions transcendantes; on les nomme assez ordinairement *fonctions circulaires*.

Cherchons d'abord la différentielle de $\sin x$; pour cela prenons les équations

$$\sin(a + b) = \frac{\sin a \cos b + \sin b \cos a}{\mathrm{R}},$$

$$\sin(a - b) = \frac{\sin a \cos b - \sin b \cos a}{\mathrm{R}} \quad (\textit{Trig.}\ 11),$$

et retranchons la seconde de la première, pour obtenir

$$\sin(a + b) - \sin(a - b) = \frac{2 \sin b \cos a}{\mathrm{R}},$$

au moyen de quoi nous trouverons

$$\sin(x + \mathrm{d}x) - \sin x = \frac{2 \sin \frac{1}{2} \mathrm{d}x \cos\left(x + \frac{1}{2}\mathrm{d}x\right)}{\mathrm{R}},$$

en faisant

$$a + b = x + \mathrm{d}x \quad \text{et} \quad a - b = x.$$

Passant ensuite au rapport des accroissements de x et de

$\sin x$, nous aurons

$$\frac{\sin(x+dx)-\sin x}{dx}=\frac{2\sin\frac{1}{2}dx\cos(x+\frac{1}{2}dx)}{Rdx}$$
$$=\frac{\sin\frac{1}{2}dx}{\frac{1}{2}dx}\cdot\frac{\cos(x+\frac{1}{2}dx)}{R},$$

en divisant par 2 le numérateur et le dénominateur du second membre. Pour passer à la limite, il faut chercher ce que deviennent les deux facteurs lorsque l'accroissement dx s'évanouit (**8**), circonstance qui réduit d'abord le second facteur à $\frac{\cos x}{R}$.

Quant au premier, $\frac{\sin\frac{1}{2}dx}{\frac{1}{2}dx}$, sa limite est l'unité; car de $\tang a=\frac{R\sin a}{\cos a}$, on déduit $\frac{\sin a}{\tang a}=\frac{\cos a}{R}$; et puisque $\cos a=R$, lorsque $a=0$, le rapport entre le sinus et la tangente a donc l'unité pour limite, quand l'arc s'évanouit; or, l'arc étant moindre que la tangente, et plus grand que le sinus, le rapport $\frac{\sin a}{a}$ sera toujours compris entre $\frac{\sin a}{\tang a}$ et 1, et aura par conséquent aussi 1 pour limite.

On aura donc, en vertu de ces remarques,

$$\frac{d.\sin x}{dx}=\frac{\cos x}{R}\quad\text{et}\quad d.\sin x=\frac{dx\cos x}{R}.$$

34. Cette différentielle obtenue, les autres s'en déduisent sans peine; car

1°. $\cos x=\sin(1^q-x)$, $d.\cos x=d.\sin(1^q-x)$: mais, par ce qui précède,

$$d.\sin(1^q-x)=\frac{1}{R}d(1^q-x)\cos(1^q-x)=-\frac{1}{R}dx\cos(1^q-x),$$

et $\cos(1^q-x)=\sin x$; donc

$$d.\cos x=-\frac{dx\sin x}{R};$$

2°. $\sin.\text{verse}\,x=R-\cos x$: donc

$$d.\sin.\text{verse}\,x=-d.\cos x=\frac{dx\sin x}{R};$$

3°. $\operatorname{tang} x = \frac{R \sin x}{\cos x}$,

$$d.\operatorname{tang} x = \frac{R \cos x\, d.\sin x - R \sin x\, d.\cos x}{\cos x^2}$$

$$= \frac{(\cos x^2 + \sin x^2)\, dx}{\cos x^2} \quad (12);$$

mais $\cos x^2 + \sin x^2 = R^2$: donc

$$d.\operatorname{tang} x = \frac{R^2\, dx}{\cos x^2};$$

4°. $\cot x = \frac{R^2}{\operatorname{tang} x}$,

$$d.\cot x = -\frac{R^2\, d.\operatorname{tang} x}{\operatorname{tang} x^2} = -\frac{R^4\, dx}{\operatorname{tang} x^2 \cos x^2} = -\frac{R^2\, dx}{\sin x^2},$$

en mettant pour $\operatorname{tang} x$ sa valeur;

5°. $\operatorname{séc} x = \frac{R^2}{\cos x}$,

$$d.\operatorname{séc} x = -\frac{R^2\, d.\cos x}{\cos x^2} = \frac{R\, dx \sin x}{\cos x^2} = \frac{dx \operatorname{tang} x \operatorname{séc} x}{R^2},$$

puisque $\frac{R \sin x}{\cos x} = \operatorname{tang} x$ et $\frac{R^2}{\cos x} = \operatorname{séc} x$;

6°. $\operatorname{coséc} x = \frac{R^2}{\sin x}$,

$$d.\operatorname{coséc} x = -\frac{R^2\, d.\sin x}{\sin x^2} = -\frac{R\, dx \cos x}{\sin x^2} = -\frac{dx \cot x \operatorname{coséc} x}{R^2}.$$

Dans l'usage ordinaire on fait le rayon $R = 1$, ce qui simplifie les formules ci-dessus, et donne

$$d.\sin x = dx \cos x, \quad d.\cos x = -dx \sin x,$$

$$d.\operatorname{tang} x = \frac{dx}{\cos x^2}, \quad d.\cot x = -\frac{dx}{\sin x^2}.$$

35. Avec ces formules, on peut trouver la différentielle de toute expression renfermant des sinus, cosinus, tangentes, etc.; il faudra pour cela différentier en regardant ces quantités comme des fonctions particulières, et mettre, au lieu de leurs différentielles, les résultats ci-dessus : je n'en donnerai qu'un seul

exemple, savoir, $u = \cos x^{\sin x}$. On fera

$$\cos x = z, \quad \sin x = y;$$

on aura $u = z^y$ et

$$du = d.z^y = z^y \left(dy\,l z + \frac{y\,dz}{z}\right)$$
$$= dx \cos x^{\sin x} \left(\cos x\,l.\cos x - \frac{\sin x^2}{\cos x}\right) \quad (32).$$

36. Après avoir traité les sinus, cosinus, etc., comme des fonctions de l'arc, il convient de regarder l'arc successivement comme une fonction de son sinus, de son cosinus, etc., et d'en déterminer la différentielle sous ces divers points de vue. Pour cela, soit x la fonction proposée et u la variable dont cette fonction dépend : 1°. à cause de $\sin x = u$ et $\cos x = \sqrt{R^2 - u^2}$, l'équation $d.\sin x = \frac{dx \cos x}{R}$ donne $du = \frac{dx\sqrt{R^2 - u^2}}{R}$, et, par conséquent, $dx = \frac{R\,du}{\sqrt{R^2 - u^2}}$ (9) : telle est la valeur de la différentielle de l'arc exprimée par le sinus et par sa différentielle.

2°. Si l'on voulait exprimer la différentielle de l'arc par son cosinus, il faudrait partir de l'équation

$$d.\cos x = -\frac{dx \sin x}{R},$$

qui donne, en faisant $\cos x = u$,

$$du = -\frac{dx\sqrt{R^2 - u^2}}{R} \quad \text{et} \quad dx = -\frac{R\,du}{\sqrt{R^2 - u^2}}.$$

Pour passer de là au sinus verse, on ferait $u = R - y$, puisque $\cos x = R - \text{sin.verse}\, x$; on aurait, par conséquent, $du = -dy$ et $dx = \frac{R\,dy}{\sqrt{2Ry - y^2}}$.

3°. Soit $\tang x = u$; l'équation $d.\tang x = \frac{R^2 dx}{\cos x^2}$ donne $du = \frac{R^2 dx}{\cos x^2}$ et $dx = \frac{du \cos x^2}{R^2}$; mais comme $\text{séc}\, x = \frac{R^2}{\cos x}$, on a $\cos x^2 = \frac{R^4}{\text{séc}\, x^2}$, par conséquent $dx = \frac{R^2 du}{\text{séc}\, x^2}$; et, à cause que séc $x^2 = R^2 +$ tang $x^2 = R^2 + u^2$, il vient enfin

$$dx = \frac{R^2 du}{R^2 + u^2}.$$

En faisant $R = 1$, les trois expressions de dx obtenues ci-dessus en du se réduisent à

$$dx = \frac{du}{\sqrt{1 - u^2}}, \qquad dx = -\frac{du}{\sqrt{1 - u^2}}, \qquad dx = \frac{du}{1 + u^2}.$$

Je terminerai cet article par l'exemple suivant.

Soit x un arc ayant pour sinus la fonction $2u\sqrt{1 - u^2}$; on fera

$$2u\sqrt{1 - u^2} = z;$$

on aura

$$dx = \frac{dz}{\sqrt{1 - z^2}}:$$

mais

$$dz = \frac{2du(1 - 2u^2)}{\sqrt{1 - u^2}}$$

et

$$\sqrt{1 - z^2} = 1 - 2u^2;$$

donc

$$dx = \frac{2du}{\sqrt{1 - u^2}}.$$

37. On peut, par le moyen des expressions différentielles obtenues précédemment, former les développements des principales fonctions circulaires.

1°. Pour $\sin x$, on a

$$\frac{du}{dx} = \cos x, \quad \frac{d^2u}{dx^2} = -\sin x, \quad \frac{d^3u}{dx^3} = -\cos x, \quad \frac{d^4u}{dx^4} = \sin x, \text{ etc.};$$

faisant $x = 0$, il viendra, par le n° 22, $U = 0$ et

$$U' = 1, \quad U'' = 0, \quad U''' = -1, \quad U'''' = 0, \quad \text{etc.},$$

d'où l'on conclura

$$\sin x = \frac{x}{1} - \frac{x^3}{1.2.3} + \frac{x^5}{1.2.3.4.5} - \text{etc.}$$

2°. On trouvera pour $\cos x$

$$\frac{du}{dx} = -\sin x, \quad \frac{d^2u}{dx^2} = -\cos x, \quad \frac{d^3u}{dx^3} = \sin x, \quad \frac{d^4u}{dx^4} = \cos x, \text{ etc.};$$

faisant $x = 0$, il en résultera $U = 1$ et

$$U' = 0, \quad U'' = -1, \quad U''' = 0, \quad U'''' = 1, \quad \text{etc.},$$

ce qui donnera

$$\cos x = 1 - \frac{x^2}{1.2} + \frac{x^4}{1.2.3.4} - \text{etc.}$$

Ces deux formules, dont la loi est très-évidente et très-simple, offrent une des méthodes les plus exactes et les plus expéditives pour calculer le sinus et le cosinus correspondant à un arc donné, surtout lorsque cet arc n'est pas très-grand. On en trouvera d'analogues pour la tangente et les autres lignes trigonométriques ; mais la loi de ces dernières formules n'est pas aussi simple que celles des précédentes, et elles sont beaucoup moins commodes dans l'application que les relations qui donnent la tangente, la sécante, etc., par le moyen du sinus et du cosinus : c'est pourquoi je ne m'y arrêterai pas; mais je ferai remarquer que les premières, finissant toujours par devenir convergentes (27), s'étendent aux arcs surpassant même la circonférence.

38. On pourrait former de même le développement de l'arc, soit par le sinus, soit par la tangente; mais, dans ce cas, l'expression des coefficients différentiels, se compliquant à mesure que leur ordre s'élève, laisserait difficilement apercevoir la loi qu'ils suivent, inconvénient que n'a pas le procédé ci-dessous.

Le coefficient différentiel de l'arc considéré comme fonction du sinus étant

$$\frac{dx}{du} = \frac{1}{\sqrt{1-u^2}} = (1-u^2)^{-\frac{1}{2}} \ (36),$$

on peut le développer en série par la formule du binôme (21); et, en ne faisant aucune réduction aux coefficients numériques, on trouve

$$\frac{dx}{du} = 1 + \frac{1}{2}u^2 + \frac{1.3}{2.4}u^4 + \frac{1.3.5}{2.4.6}u^6 + \text{etc.}$$

Ce développement, ne contenant que des puissances paires de u, montre que celui de x n'en doit contenir que d'impaires;

et il faut poser en conséquence

$$x = Au + Bu^3 + Cu^5 + Du^7 + \text{etc.},$$

sans terme indépendant de u, afin que l'arc x s'évanouisse quand $u = 0$; cela fait, en différentiant, on obtient

$$\frac{dx}{du} = A + 3Bu^2 + 5Cu^4 + 7Du^6 + \text{etc.},$$

et, comparant à la première série, on trouve

$$A = 1, \quad 3B = \frac{1}{2}, \quad 5C = \frac{1.3}{2.4}, \quad 7D = \frac{1.3.5}{2.4.6}, \quad \text{etc.},$$

d'où

$$x = \frac{u}{1} + \frac{1}{2}\frac{u^3}{3} + \frac{1.3}{2.4}\frac{u^5}{5} + \frac{1.3.5}{2.4.6}\frac{u^7}{7} + \text{etc.}$$

Comme on ne peut pas prendre $u > 1$, on voit que la série ci-dessus ne saurait donner pour x une valeur plus grande que le quart de la circonférence ; cette expression de l'arc par son sinus est donc moins générale que celles du sinus et du cosinus par l'arc.

Pour exprimer l'arc par la tangente, il faut développer d'abord

$$\frac{dx}{du} = \frac{1}{1 + u^2} = (1 + u^2)^{-1} \ (36),$$

ce qui donne

$$\frac{dx}{du} = 1 - u^2 + u^4 - u^6 + \text{etc.};$$

et, posant,

$$x = Au + Bu^3 + Cu^5 + Du^7 + \text{etc.},$$

d'où il résulte

$$\frac{dx}{du} = A + 3Bu^2 + 5Cu^4 + 7Du^6 + \text{etc.},$$

il vient

$$x = \frac{u}{1} - \frac{u^3}{3} + \frac{u^5}{5} - \frac{u^7}{7} + \text{etc.}$$

Ce dernier développement donne une expression remarquable de l'arc $0^q,5$, dont la tangente est, comme l'on sait, égale à 1; en effet, si l'on suppose $u = 1$, il vient

$$0^q,5 = 1 - \tfrac{1}{3} + \tfrac{1}{5} - \tfrac{1}{7} + \tfrac{1}{9} - \text{etc.}$$

Cette série est trop peu convergente pour être employée; mais on peut calculer le même arc en plusieurs parties, dont chacune, ayant une tangente plus petite que l'unité, sera exprimée par une série très-convergente. Le géomètre anglais Machin a trouvé que l'arc de $0^q,5$ est égal à quatre fois celui qui a pour tangente $\frac{1}{5}$, moins l'arc dont la tangente est $\frac{1}{239}$, ce dont il est aisé de s'assurer en observant que si $\operatorname{tang} a = \frac{1}{5}$, il en résulte (*Trig.*, 27)

$$\operatorname{tang} 2a = \frac{2 \operatorname{tang} a}{1 - \operatorname{tang} a^2} = \frac{5}{12},$$

$$\operatorname{tang} 4a = \frac{2 \operatorname{tang} 2a}{1 - (\operatorname{tang} 2a)^2} = \frac{120}{119}.$$

Le dernier nombre, un peu plus fort que l'unité, tangente de $0^q,5$, montre que $4a > 0^q,5$. Faisant donc

$$4a = \mathrm{A}, \qquad 0^q,5 = \mathrm{B},$$

on a, pour la différence $4a - 0^q,5$ ou $\mathrm{A} - \mathrm{B}$,

$$\operatorname{tang}(\mathrm{A} - \mathrm{B}) = \frac{\operatorname{tang} \mathrm{A} - \operatorname{tang} \mathrm{B}}{1 + \operatorname{tang} \mathrm{A} \operatorname{tang} \mathrm{B}} = \frac{1}{239};$$

et, posant $\mathrm{A} - \mathrm{B} = b$, il vient $0^q,5 = 4a - b$.

Or, en prenant successivement $u = \frac{1}{5}$, $u = \frac{1}{239}$, on trouve les valeurs de a et de b, et ensuite

$$0^q,5 = \left\{ \begin{array}{l} 4\left[\frac{1}{5} - \frac{1}{3.5^3} + \frac{1}{5.5^5} - \frac{1}{7.5^7} + \text{etc.}\right] \\ -\left[\frac{1}{239} - \frac{1}{3(239)^3} + \frac{1}{5(239)^5} - \text{etc.}\right] \end{array} \right\},$$

d'où l'on déduira promptement que la demi-circonférence $= 3,141592653$.

De la différentiation des fonctions de deux ou d'un plus grand nombre de variables.

39. Soit $\mathrm{f}(x, y)$ une fonction quelconque de x et de y; en supposant d'abord que la variable x change seule et devienne $x + h$, il faudra regarder y comme une constante, et traiter la fonction proposée de même qu'une fonction de x seul : on aura donc par le théorème du nº 23, en faisant, pour abréger,

$f(x, y) = u,$

$$f(x+h, y) = u + \frac{du}{dx}\frac{h}{1} + \frac{d^2u}{dx^2}\frac{h^2}{1.2} + \frac{d^3u}{dx^3}\frac{h^3}{1.2.3} + \text{etc.}$$

Pour trouver ce que devient la fonction proposée, lorsque y seul prend un accroissement k, on regarderait x comme une constante, et $f(x, y)$, ou u, comme une fonction de y seul; par là on aurait

$$f(x, y+k) = u + \frac{du}{dy}\frac{k}{1} + \frac{d^2u}{dy^2}\frac{k^2}{1.2} + \frac{d^3u}{dy^3}\frac{k^3}{1.2.3} + \text{etc.}$$

Dans le cas où les quantités x et y varient en même temps et deviennent $x+h$ et $y+k$, comme on n'a assigné aucune forme particulière à la fonction $f(x, y)$, il n'est pas possible d'y faire à la fois les deux substitutions indiquées; mais il est aisé de voir qu'on parviendra au même résultat en changeant d'abord x en $x+h$, et mettant ensuite $y+k$ pour y, dans le développement qu'on aura obtenu par la première opération.

On a déjà

$$f(x+h, y) = u + \frac{du}{dx}\frac{h}{1} + \frac{d^2u}{dx^2}\frac{h^2}{1.2} + \frac{d^3u}{dx^3}\frac{h^3}{1.2.3} + \text{etc.},$$

u représentant $f(x, y)$. Pour développer les coefficients des différents termes de cette série, en ayant égard au changement arrivé à y, j'observerai d'abord que dans chacun d'eux, x doit être regardé comme une quantité constante, et qu'on doit les traiter par conséquent comme des fonctions de la seule variable y. D'après cela, $f(x, y)$, ou u, deviendra

$$u + \frac{du}{dy}\frac{k}{1} + \frac{d^2u}{dy^2}\frac{k^2}{1.2} + \frac{d^3u}{dy^3}\frac{k^3}{1.2.3} + \text{etc.}$$

Si, dans ce développement, on écrit $\frac{du}{dx}$, au lieu de u, on aura pour résultat ce que devient la fonction $\frac{du}{dx}$, lorsque y se change en $y+k$; c'est-à-dire,

$$\frac{du}{dx} + \frac{d\left(\frac{du}{dx}\right)}{dy}\frac{k}{1} + \frac{d^2\left(\frac{du}{dx}\right)}{dy^2}\frac{k^2}{1.2} + \frac{d^3\left(\frac{du}{dx}\right)}{dy^3}\frac{k^3}{1.2.3} + \text{etc.}$$

où, par $\frac{d\left(\frac{du}{dx}\right)}{dy}$, on entend qu'il faut différentier par rapport aux y qu'elle contient, la fonction $\frac{du}{dx}$, et diviser ensuite le résultat par dy. On voit ainsi qu'à partir de u, il y a deux différentiations faites successivement, la première, en ayant égard à la variabilité de x seule, et la seconde en ne considérant que celle de y. On donne à cette expression une forme plus simple en l'écrivant ainsi : $\frac{d^2u}{dy\,dx}$. On représente de même $\frac{d^2\left(\frac{du}{dx}\right)}{dy^2}$ par $\frac{d^3u}{dy^2\,dx}$; et en général, il faut entendre par $\frac{d^{n+m}u}{dy^n\,dx^m}$, le coefficient différentiel de l'ordre n, déduit de la fonction $\frac{d^mu}{dx^m}$, en n'y supposant que y variable, tandis que cette fonction est elle-même le coefficient différentiel de l'ordre m de la fonction proposée, en n'y supposant que x variable.

Cela posé, la substitution de $y+k$ au lieu de y changera

$$\frac{du}{dx} \text{ en } \frac{du}{dx}+\frac{d^2u}{dy\,dx}\frac{k}{1}+\frac{d^3u}{dy^2\,dx}\frac{k^2}{1.2}+\frac{d^4u}{dy^3\,dx}\frac{k^3}{1.2.3}+\text{etc.},$$

$$\frac{d^2u}{dx^2} \text{ en } \frac{d^2u}{dx^2}+\frac{d^3u}{dy\,dx^2}\frac{k}{1}+\frac{d^4u}{dy^2\,dx^2}\frac{k^2}{1.2}+\frac{d^5u}{dy^3\,dx^2}\frac{k^3}{1.2.3}+\text{etc.},$$

$$\frac{d^3u}{dx^3} \text{ en } \frac{d^3u}{dx^3}+\frac{d^4u}{dy\,dx^3}\frac{k}{1}+\frac{d^5u}{dy^2\,dx^3}\frac{k^2}{1.2}+\frac{d^6u}{dy^3\,dx^3}\frac{k^3}{1.2.3}+\text{etc.},$$

etc.

En substituant ces valeurs dans le développement de $f(x+h, y)$, et en ordonnant de manière que tous les termes dans lesquels les exposants de h et de k font une même somme, soient placés dans une même colonne, il viendra

$$f(x+h, y+k)=u\left\{\begin{aligned}&+\frac{du}{dy}\frac{k}{1}+\frac{d^2u}{dy^2}\frac{k^2}{1.2}+\frac{d^3u}{dy^3}\frac{k^3}{1.2.3}+\text{etc.}\\&+\frac{du}{dx}\frac{h}{1}+\frac{d^2u}{dy\,dx}\frac{k}{1}\frac{h}{1}+\frac{d^3u}{dy^2\,dx}\frac{k^2}{1.2}\frac{h}{1}+\text{etc.}\\&\qquad\qquad+\frac{d^2u}{dx^2}\frac{h^2}{1.2}+\frac{d^3u}{dy\,dx^2}\frac{k}{1}\frac{h^2}{1.2}+\text{etc.}\\&\qquad\qquad\qquad\qquad+\frac{d^3u}{dx^3}\frac{h^3}{1.2.3}+\text{etc.}\\&\qquad\qquad\qquad\qquad\qquad\qquad+\text{etc.}\end{aligned}\right\}.$$

Pour bien entendre ce que signifie cette formule, il suffit de faire $u = x^m y^n$, et d'en déduire le développement de $(x+h)^m (y+k)^n$, qu'il est aisé de former à priori.

40. On a obtenu le développement précédent en mettant d'abord $x+h$ au lieu de x, et ensuite $y+k$ au lieu de y; mais on aurait pu procéder dans un ordre inverse, et commencer par la substitution relative à y, alors $f(x, y)$ serait devenue

$$f(x, y+k),$$

ou

$$u + \frac{du}{dy}\frac{k}{1} + \frac{d^2u}{dy^2}\frac{k^2}{1.2} + \frac{d^3u}{dy^3}\frac{k^3}{1.2.3} + \text{etc.}$$

La substitution de $x+h$, au lieu de x, dans cette série, aurait d'abord changé

$$u \text{ en } u + \frac{du}{dx}\frac{h}{1} + \frac{d^2u}{dx^2}\frac{h^2}{1.2} + \frac{d^3u}{dx^3}\frac{h^3}{1.2.3} + \text{etc.},$$

et ensuite

$$\frac{du}{dy} \text{ en } \frac{du}{dy} + \frac{d^2u}{dx\,dy}\frac{h}{1} + \frac{d^3u}{dx^2dy}\frac{h^2}{1.2} + \frac{d^4u}{dx^3dy}\frac{h^3}{1.2.3} + \text{etc.},$$

$$\frac{d^2u}{dy^2} \text{ en } \frac{d^2u}{dy^2} + \frac{d^3u}{dx\,dy^2}\frac{h}{1} + \frac{d^4u}{dx^2dy^2}\frac{h^2}{1.2} + \frac{d^5u}{dx^3dy^2}\frac{h^3}{1.2.3} + \text{etc.},$$

$$\frac{d^3u}{dy^3} \text{ en } \frac{d^3u}{dy^3} + \frac{d^4u}{dx\,dy^3}\frac{h}{1} + \frac{d^5u}{dx^2dy^3}\frac{h^2}{1.2} + \frac{d^6u}{dx^3dy^3}\frac{h^3}{1.2.3} + \text{etc.},$$

etc.;

on aurait eu par conséquent

$$\left.\begin{aligned} f(x+h, y+k) = u &+ \frac{du}{dx}\frac{h}{1} + \frac{d^2u}{dx^2}\frac{h^2}{1.2} + \frac{d^3u}{dx^3}\frac{h^3}{1.2.3} + \text{etc.} \\ &+ \frac{du}{dy}\frac{k}{1} + \frac{d^2u}{dx\,dy}\frac{h}{1}\frac{k}{1} + \frac{d^3u}{dx^2dy}\frac{h^2}{1.2}\frac{k}{1} + \text{etc.} \\ &+ \frac{d^2u}{dy^2}\frac{k^2}{1.2} + \frac{d^3u}{dx\,dy^2}\frac{h}{1}\frac{k^2}{1.2} + \text{etc.} \\ &+ \frac{d^3u}{dy^3}\frac{k^3}{1.2.3} + \text{etc.} \\ &+ \text{etc.} \end{aligned}\right\}.$$

Il est évident que ce second développement doit être identique avec le premier; car il est indifférent de changer d'abord

x en $x+h$ et ensuite y en $y+k$, ou de faire les mêmes substitutions dans un ordre inverse, puisque d'une manière ou de l'autre on obtient également $\mathrm{f}(x+h, y+k)$.

Si l'on compare, dans ces deux développements, les termes qui sont affectés des mêmes puissances de h et de k, on trouvera cette suite d'équations,

$$\frac{d^2 u}{dy\,dx} = \frac{d^2 u}{dx\,dy},$$

$$\frac{d^3 u}{dy\,dx^2} = \frac{d^3 u}{dx^2\,dy},$$

$$\frac{d^3 u}{dy^2\,dx} = \frac{d^3 u}{dx\,dy^2},$$

$$\cdots\cdots\cdots\cdots\cdots$$

$$\frac{d^{n+m} u}{dy^n\,dx^m} = \frac{d^{m+n} u}{dx^m\,dy^n},$$

etc.

Il résulte de la première, que *le coefficient différentiel du second ordre d'une fonction de deux variables, pris en différentiant par rapport à l'une d'elles et ensuite par rapport à l'autre, reste le même, quel que soit l'ordre qu'on ait suivi dans les différentiations.*

Soit, par exemple, $u = x^m y^n$; si l'on différentie d'abord en regardant x comme seule variable, on a $\frac{du}{dx} = mx^{m-1}y^n$; différentiant ensuite ce résultat, en ne faisant varier que y, on obtient $\frac{d^2 u}{dy\,dx} = mnx^{m-1}y^{n-1}$: en opérant dans un ordre inverse, on trouve

$$\frac{du}{dy} = nx^m y^{n-1}, \quad \frac{d^2 u}{dx\,dy} = mnx^{m-1}y^{n-1},$$

et l'on voit que le dernier résultat est le même dans les deux cas. Les autres équations rapportées ci-dessus ne sont que des conséquences de la première.

41. En retranchant $\mathrm{f}(x, y)$, ou u, de $\mathrm{f}(x+h, y+k)$, rangeant sur une même ligne les termes compris dans chaque colonne, et les réduisant au même dénominateur, on trouve

$$\left.\begin{array}{l} f(x+h, y+k) - f(x, y) = \frac{1}{1}\left(\frac{du}{dx}h + \frac{du}{dy}k\right) \\ + \frac{1}{1.2}\left(\frac{d^2u}{dx^2}h^2 + 2\frac{d^2u}{dx\,dy}hk + \frac{d^2u}{dy^2}k^2\right) + \text{etc.} \end{array}\right\}.$$

Ici, au lieu d'un terme dans chaque ordre, comme lorsqu'il s'agit des fonctions d'une seule variable (23), il y en a deux pour le premier ordre, trois pour le second, et ainsi de suite; et si l'on change h en dx, k en dy, les termes du premier ordre formeront l'expression

$$\frac{du}{dx}dx + \frac{du}{dy}dy,$$

composée de deux parties, savoir, $\frac{du}{dx}dx$, ou la différentielle prise en regardant x comme seule variable, et $\frac{du}{dy}dy$, ou la différentielle prise en regardant y comme seule variable. La somme de ces différentielles est nommée *différentielle totale*, et se représente simplement par $df(x, y)$ ou du, en sorte que

$$df(x, y) = du = \frac{du}{dx}dx + \frac{du}{dy}dy.$$

Elle s'obtiendra au moyen des règles données (10 et suiv.) pour les fonctions d'une seule variable. Dans le cas présent *on différentiera la fonction proposée, d'abord par rapport à l'une des variables, et ensuite par rapport à l'autre; la somme des deux résultats sera la différentielle totale cherchée.*

42. Je ne crois pas qu'il soit nécessaire de donner beaucoup d'exemples relatifs à la différentiation des fonctions de deux variables, puisqu'elle rentre dans celle des fonctions qui n'en contiennent qu'une : je me bornerai donc aux suivants.

On voit sur-le-champ, d'après la règle ci-dessus, que

$$d(x+y) = dx + dy,$$

$$d.xy = y\,dx + x\,dy,$$

$$d.\frac{x}{y} = \frac{dx}{y} - \frac{x\,dy}{y^2} = \frac{y\,dx - x\,dy}{y^2}.$$

Soit encore 1°. $u = x^m y^n$; on a

$$\frac{\mathrm{d}u}{\mathrm{d}x}\mathrm{d}x = mx^{m-1}y^n\,\mathrm{d}x,$$

$$\frac{\mathrm{d}u}{\mathrm{d}y}\mathrm{d}y = nx^m y^{n-1}\,\mathrm{d}y;$$

donc

$$\mathrm{d}u = mx^{m-1}y^n\,\mathrm{d}x + nx^m y^{n-1}\,\mathrm{d}y = x^{m-1}y^{n-1}(my\,\mathrm{d}x + nx\,\mathrm{d}y);$$

2°. $u = \dfrac{ay}{\sqrt{x^2+y^2}} = ay(x^2+y^2)^{-\frac{1}{2}}$; on a

$$\frac{\mathrm{d}u}{\mathrm{d}x}\mathrm{d}x = -\frac{ayx\,\mathrm{d}x}{(x^2+y^2)^{\frac{3}{2}}},$$

$$\frac{\mathrm{d}u}{\mathrm{d}y}\mathrm{d}y = \frac{a\,\mathrm{d}y}{(x^2+y^2)^{\frac{1}{2}}} - \frac{ay^2\,\mathrm{d}y}{(x^2+y^2)^{\frac{3}{2}}};$$

donc

$$\mathrm{d}u = -\frac{ayx\,\mathrm{d}x}{(x^2+y^2)^{\frac{3}{2}}} + \frac{a\,\mathrm{d}y}{(x^2+y^2)^{\frac{1}{2}}} - \frac{ay^2\,\mathrm{d}y}{(x^2+y^2)^{\frac{3}{2}}},$$

et, en reduisant,

$$\mathrm{d}u = \frac{-axy\,\mathrm{d}x + ax^2\,\mathrm{d}y}{(x^2+y^2)^{\frac{3}{2}}};$$

3°. $u = \text{arc}\left(\text{tang} = \dfrac{x}{y}\right)$, expression qui est celle d'un arc de cercle dont le rayon est 1, et la tangente $\dfrac{x}{y}$; pour la différentier, on fera $\dfrac{x}{y} = z$, d'où il résultera $u = \text{arc}(\text{tang} = z)$, et $\mathrm{d}u = \dfrac{\mathrm{d}z}{1+z^2}$ (36); puis mettant au lieu de z et de $\mathrm{d}z$ leur valeur, on trouvera

$$\mathrm{d}u = \frac{\dfrac{y\,\mathrm{d}x - x\,\mathrm{d}y}{y^2}}{1+\dfrac{x^2}{y^2}} = \frac{y\,\mathrm{d}x - x\,\mathrm{d}y}{y^2+x^2}.$$

43. La manière dont on écrit les différentielles des fonctions qui dépendent de plusieurs variables donne lieu à des remarques importantes. Il ne faut pas confondre alors $\frac{du}{dx}dx$ avec du, comme on pourrait le faire si u ne renfermait que la seule variable x, parce qu'ici le du de l'expression $\frac{du}{dx}$ ne désigne pas la différentielle totale de la fonction u, mais seulement la partie que produit la variation de x (41) ; et comme c'est le diviseur dx qui marque cette restriction (39), il faut le conserver pour distinguer $\frac{du}{dx}dx$ de la différentielle totale représentée simplement par du : il en est de même de $\frac{du}{dy}dy$, par rapport à y (41).

Les quantités $\frac{du}{dx}, \frac{du}{dy}, \ldots, \frac{d^{m+n}u}{dx^m dy^n}$ sont appelées souvent *différences partielles;* mais ce langage n'est pas exact, car les formules qu'on désigne ainsi n'expriment point la différence entre deux quantités.

Les vraies *différences partielles* de u sont d'abord

$$f(x+h, y) - f(x, y),$$
$$f(x, y+k) - f(x, y),$$

la première étant prise en n'ayant égard qu'au changement de x, et la seconde en ne supposant que celui de y. Les expressions

$$\frac{du}{dx}h, \quad \frac{du}{dy}k, \quad \text{ou} \quad \frac{du}{dx}dx, \quad \frac{du}{dy}dy,$$

qui ne sont que les premiers termes des développements de ces différences, doivent être nommées *différentielles partielles* (5) ; $\frac{du}{dx}, \frac{du}{dy}$ resteront toujours les *coefficients différentiels* du premier ordre de la fonction proposée, et en général $\frac{d^{m+n}u}{dx^m dy^n}$ sera, dans l'ordre $m+n$, le coefficient différentiel pris en différentiant m fois par rapport à x, et n fois par rapport à y; mais il faut remarquer qu'une fonction d'une seule variable n'a dans chaque ordre qu'un coefficient différentiel (17), tandis qu'une fonction de deux variables a deux coefficients différentiels pour le premier ordre, trois pour le second, quatre pour le troisième, et ainsi de suite.

44. Voici comment on peut trouver ces divers coefficients, en partant des deux premiers.

On a d'abord

$$du = \frac{du}{dx}dx + \frac{du}{dy}dy;$$

prenant alors la différentielle totale des coefficients $\frac{du}{dx}$ et $\frac{du}{dy}$, qui doivent être traités comme des fonctions de deux variables, et dx, dy étant des constantes, il vient

$$d\frac{du}{dx} = \frac{d^2u}{dx^2}dx + \frac{d^2u}{dy\,dx}dy,$$

$$d\frac{du}{dy} = \frac{d^2u}{dx\,dy}dx + \frac{d^2u}{dy^2}dy.$$

Désignant ensuite par d^2u la différentielle totale de du, on aura

$$d^2u = dx\,d\frac{du}{dx} + dy\,d\frac{du}{dy},$$

d'où

$$d^2u = \frac{d^2u}{dx^2}dx^2 + 2\frac{d^2u}{dx\,dy}dx\,dy + \frac{d^2u}{dy^2}dy^2,$$

en observant que les coefficients différentiels dont les dénominateurs ne présentent que les divers arrangements d'un même produit en dx et dy, sont identiques (40).

Si l'on différentie les coefficients différentiels qui se trouvent dans le résultat précédent, il viendra

$$d\frac{d^2u}{dx^2} = \frac{d^3u}{dx^3}dx + \frac{d^3u}{dy\,dx^2}dy,$$

$$d\frac{d^2u}{dx\,dy} = \frac{d^3u}{dx^2dy}dx + \frac{d^3u}{dy\,dx\,dy}dy,$$

$$d\frac{d^2u}{dy^2} = \frac{d^3u}{dx\,dy^2}dx + \frac{d^3u}{dy^3}dy,$$

et, par conséquent,

$$d^3u = \frac{d^3u}{dx^3}dx^3 + 3\frac{d^3u}{dx^2dy}dx^2dy + 3\frac{d^3u}{dx\,dy^2}dx\,dy^2 + \frac{d^3u}{dy^3}dy^3.$$

On continuera facilement cette formation, et l'on remarquera sans doute l'analogie des résultats avec les puissances du binôme.

Il faut observer que, d'après la notation précédente, la série du n° 41 rentre dans celle du n° 23, lorsqu'on substitue dx à h, et dy à k; en sorte que si l'on désigne $f(x+dx, y+dy)$ par u', on a encore

$$u'-u=\frac{du}{1}+\frac{d^2u}{1.2}+\frac{d^3u}{1.2.3}+\text{etc.},$$

formule tout aussi générale que celle du n° 41, puisque les accroissements dx et dy sont également arbitraires.

45. Il est aisé d'étendre ces considérations aux fonctions d'un nombre quelconque de variables, et de s'assurer que si l'on a

$$u=f(t, x, y, z),$$

il en résulte

$$f(t+g, x+h, y+k, z+l)-f(t, x, y, z)$$
$$=\frac{du}{dt}g+\frac{du}{dx}h+\frac{du}{dy}k+\frac{du}{dz}l+\text{etc.},$$

d'où l'on conclura

$$du=\frac{du}{dt}dt+\frac{du}{dx}dx+\frac{du}{dy}dy+\frac{du}{dz}dz,$$

en désignant par

$$\frac{du}{dt},\quad \frac{du}{dx},\quad \frac{du}{dy},\quad \frac{du}{dz},$$

les coefficients différentiels de la fonction u, pris en y faisant varier seulement t, ou x, ou y, ou z.

Cette notation, due à Fontaine, est la plus simple et la plus expressive de toutes celles qu'on a proposées pour remplir les mêmes indications. Euler, dans la crainte que l'on ne confonde, par exemple, le coefficient différentiel $\frac{du}{dt}$ avec le rapport de la différentielle totale du à la différentielle dt, exprimé par

$$\frac{\frac{du}{dt}dt+\frac{du}{dx}dx+\frac{du}{dy}dy+\frac{du}{dz}dz}{dt},$$

désigne ce rapport par $\frac{du}{dt}$, tandis qu'il indique le coefficient différentiel par $\left(\frac{du}{dt}\right)$. Le sens du discours rend presque toujours cette distinction superflue; Fontaine d'ailleurs avait pourvu au cas où elle était absolument nécessaire, en proposant d'écrire le rapport ainsi : $\frac{1}{dt}\,du$; et comme ce rapport est employé plus rarement que le coefficient différentiel, il avait affecté à ce dernier le signe le plus simple, ce qui est conforme à la théorie de toutes les nomenclatures, et précisément le contraire de ce qu'a fait Euler.

46. Les résultats du Calcul différentiel devant toujours être indépendants des accroissements des variables, le rapport $\frac{1}{dt}\,du$ ne saurait avoir un sens déterminé, qu'autant que les variables x, y, z sont, au moins implicitement, des fonctions de t; et alors du exprime la différentielle d'une fonction composée d'un nombre quelconque d'autres fonctions de la même variable. En effet, si l'on suppose que les variables x, y, z dépendent de la variable t, et que l'on substitue aux accroissements g, h, k, l, des expressions de la forme

$$dt,\quad p\,dt,\quad q\,dt,\quad r\,dt,$$

l'ensemble des termes qui ne contiendront dt qu'à la première puissance, se composera de ceux où les accroissements g, h, k, l ne passent pas cette puissance, et ne se multiplient pas entre eux : on aura donc encore

$$du = \frac{du}{dt}\,dt + \frac{du}{dx}\,p\,dt + \frac{du}{dy}\,q\,dt + \frac{du}{dz}\,r\,dt,$$

ce qui revient à

$$du = \frac{du}{dt}\,dt + \frac{du}{dx}\,dx + \frac{du}{dy}\,dy + \frac{du}{dz}\,dz,$$

en remplaçant $p\,dt$, $q\,dt$, $r\,dt$, par les différentielles dx, dy, dz, que ces quantités expriment.

Ainsi *la différentielle d'une fonction renfermant un nombre quelconque d'autres fonctions d'une seule variable, est la somme des différentielles partielles relatives à chacune de ces fonctions.*

La règle du n° **11** n'est qu'un cas particulier de cet énoncé; car si l'on prend $u = txyz$, il donnera

$$du = xyz\,dt + tyz\,dx + txz\,dy + txy\,dz.$$

De même, quand $u = z^y$, on a

$$\frac{du}{dz}dz = yz^{y-1}\,dz \ (13), \quad \frac{du}{dy}dy = z^y\,dy\,\mathrm{l}z \ (27),$$

et, par conséquent,

$$du = yz^{y-1}\,dz + z^y\,dy\,\mathrm{l}z = z^y\left(dy\,\mathrm{l}z + \frac{y\,dz}{z}\right) \ (32).$$

47. Je dirai ici très-peu de chose sur la manière de réduire en séries les fonctions de deux variables, parce qu'il arrive le plus souvent qu'on ne les développe que par rapport à l'une des variables, en supposant à l'autre une valeur constante, et qu'alors ces fonctions doivent être traitées de même que celles d'une seule variable. Je me bornerai à faire voir que la formule du n° **41** s'emploie à développer les fonctions de deux variables, comme celle du n° **20** s'applique aux fonctions qui n'en renferment qu'une (**22**).

Si l'on fait $x = 0$, $y = 0$, dans la formule du n° **41**, c'est-à-dire dans u et dans chacun de ses coefficients différentiels, elle donnera le développement de $\mathrm{f}(h, k)$, ordonné suivant les puissances des quantités h et k; mais on pourra écrire x au lieu de h, et y au lieu de k, et il en résultera

$$\begin{aligned}\mathrm{f}(x, y) = u &+ \frac{1}{1}\left(\frac{du}{dx}x + \frac{du}{dy}y\right)\\ &+ \frac{1}{1.2}\left(\frac{d^2u}{dx^2}x^2 + 2\frac{d^2u}{dx\,dy}xy + \frac{d^2u}{dy^2}y^2\right)\\ &+ \text{etc.},\end{aligned}$$

en observant de faire x et y nuls, tant dans u que dans les expressions qu'on obtiendra pour chacun des coefficients différentiels (*).

(*) On pourrait encore arriver au développement de $\mathrm{f}(x,y)$ par la différentiation, ainsi qu'on est parvenu à celui de $\mathrm{f}(x)$, dans la note de la page 24;

De la différentiation des équations quelconques à deux variables.

48. Jusqu'ici je n'ai différentié que des *équations séparées*, c'est-à-dire dans lesquelles la variable se trouvait seule dans un membre, et la fonction dans l'autre : telles sont les équations de la forme $Y = X$, Y étant une fonction de y, et X une fonction de x; mais le plus grand nombre des équations que l'on rencontre dans les recherches analytiques ne se présente pas ainsi : la variable et la fonction y sont souvent mêlées ou combinées entre elles.

Lorsqu'on a une équation quelconque $f(x, y) = 0$, entre x et y, son effet est de déterminer y par x, ou x par y, en sorte que l'une de ces quantités est fonction de l'autre; et si l'on change x en $x + h$, et y en $y + k$, il faut encore que l'on ait

$$f(x + h,\ y + k) = 0,$$

d'où

$$f(x + h,\ y + k) - f(x, y) = 0,$$

équation qui, par le n° 41, se développe dans la forme

$$\left.\begin{array}{l}\frac{1}{1}\left(\frac{du}{dx}h + \frac{du}{dy}k\right)\\ + \frac{1}{1.2}\left(\frac{d^2u}{dx^2}h^2 + 2\frac{d^2u}{dx\,dy}hk + \frac{d^2u}{dy^2}k^2\right)\\ + \text{etc.},\end{array}\right\} = 0,$$

u représentant $f(x, y)$.

---

car si l'on suppose

$$u = A + Bx + Cy + Dx^2 + Exy + Fy^2 + \text{etc.},$$

les lettres A, B, C, etc., désignant des quantités indépendantes de x et de y, et qu'on différentie cette équation par rapport à x et par rapport à y plusieurs fois de suite, de manière à former les expressions des coefficients différentiels

$$\frac{du}{dx},\quad \frac{du}{dy},\quad \frac{d^2u}{dx^2},\quad \frac{d^2u}{dx\,dy},\quad \frac{d^2u}{dy^2},\ \text{etc.},$$

on aura, en égalant à zéro x et y, après les différentiations,

$$\frac{du}{dx} = B,\qquad \frac{du}{dy} = C,$$

$$\frac{d^2u}{dx^2} = 1.2D,\quad \frac{d^2u}{dx\,dy} = 1.1E,\quad \frac{d^2u}{dy^2} = 1.2F,\ \text{etc.}$$

La valeur de A se trouvera en cherchant celle de la fonction u lorsque x et y sont nuls.

Cela posé, chercher le coefficient différentiel de y, c'est chercher la limite du rapport $\frac{k}{h}$ (5); or, si dans l'équation ci-dessus, on fait $k = \varpi h$, tous ses termes deviennent divisibles par h; et lorsqu'on pose ensuite $h = 0$, pour passer à la limite demandée, il ne reste plus que

$$\frac{\mathrm{d}u}{\mathrm{d}x} + \frac{\mathrm{d}u}{\mathrm{d}y}\varpi = 0,$$

où ϖ doit être remplacé par sa limite $\frac{\mathrm{d}y}{\mathrm{d}x}$: on aura donc

$$\frac{\mathrm{d}u}{\mathrm{d}x} + \frac{\mathrm{d}u}{\mathrm{d}y}\frac{\mathrm{d}y}{\mathrm{d}x} = 0, \quad \text{ou} \quad \frac{\mathrm{d}u}{\mathrm{d}x}\mathrm{d}x + \frac{\mathrm{d}u}{\mathrm{d}y}\mathrm{d}y = 0.$$

Le dernier résultat, se confondant avec la différentielle totale de la fonction u (41), montre que *pour trouver le coefficient différentiel du premier ordre d'une fonction* y, *donnée par une équation* u = o, *entre deux variables* x *et* y, *il faut différentier le premier membre de cette équation, comme si les variables étaient indépendantes l'une de l'autre, égaler ensuite à zéro le résultat, et prendre la valeur de* $\frac{dy}{dx}$.

Cela fait, si l'on observe que la valeur de $\frac{\mathrm{d}y}{\mathrm{d}x}$, que je représenterai par p, ne contenant que x et y, est, en vertu de l'équation $u = 0$, une fonction de x seul, on en conclura que p doit changer quand on fait varier x, et prendre un accroissement que je désignerai par l; mais alors on peut regarder le premier membrede l'équation

$$\frac{\mathrm{d}u}{\mathrm{d}x} + \frac{\mathrm{d}u}{\mathrm{d}y}p = 0,$$

comme une fonction de x, y et p, égalée à zéro, qui doit toujours rester nulle; et si on la représente par u', on aura, par la formule du n° 45,

$$\left.\begin{matrix}\frac{\mathrm{d}u'}{\mathrm{d}x}h + \frac{\mathrm{d}u'}{\mathrm{d}y}k + \frac{\mathrm{d}u'}{\mathrm{d}p}l \\ + \text{etc.}\end{matrix}\right\} = 0.$$

Or, tous les termes de cette expression deviendront divisibles par h, si l'on y fait $k = \varpi h$, $l = \rho h$; et ceux qui ne sont pas écrits, contenant les quantités h, k et l, à des puissances plus élevées que la première, s'évanouiront lorsqu'on fera $h = 0$, pour passer à la limite où l'on doit remplacer

$$\varpi \text{ par } \frac{dy}{dx} \quad \text{et} \quad \rho \text{ par } \frac{dp}{dx}:$$

il ne restera donc que

$$\frac{du'}{dx} + \frac{du'}{dy}\frac{dy}{dx} + \frac{du'}{dp}\frac{dp}{dx} = 0,$$

ce qui revient à

$$\frac{du'}{dx}dx + \frac{du'}{dy}dy + \frac{du'}{dp}dp = 0,$$

et se confond avec la différentielle totale de la fonction u'. Ainsi, *pour former l'équation qui exprime la relation entre le coefficient différentiel du premier ordre et celui du second, il faut différentier l'équation qui détermine le premier de ces coefficients, en le regardant lui-même comme une nouvelle variable, puis diviser le résultat par* dx.

Faisant ensuite $\frac{dp}{dx} = q$, l'équation qu'on vient d'obtenir pourra être considérée comme une fonction u'' de x, y, p et q, égalée à zéro, et donnera une équation équivalente à $du'' = 0$, qui déterminera le coefficient différentiel r de la fonction q, c'est-à-dire le coefficient différentiel du troisième ordre de y, par les précédents.

On voit par là que *les équations qui expriment les relations des coefficients différentiels d'une fonction donnée par une équation entre deux variables, se déduisent les unes des autres, par des différentiations successives, en traitant chacun de ces coefficients comme une nouvelle variable.*

49. L'exemple suivant éclaircira tout ce qui précède.

Soit l'équation

$$y^2 - 2mxy + x^2 - a^2 = 0;$$

la fonction u est ici $y^2 - 2mxy + x^2 - a^2$: si on la différentie, en y faisant varier x et y, et qu'on égale le résultat à zéro, on trouvera

$$2y\,dy - 2mx\,dy - 2my\,dx + 2x\,dx = 0,$$

ou

(1) $$y\,dy - mx\,dy - my\,dx + x\,dx = 0,$$

en supprimant le facteur commun 2; et l'on en tirera

$$\frac{dy}{dx} = \frac{my - x}{y - mx}.$$

Pour avoir $\frac{dy}{dx}$, en x seul, il faudra substituer dans cette expression la valeur de y, qui, dans l'équation proposée, est

$$y = mx \pm \sqrt{a^2 - x^2 + m^2x^2};$$

et il viendra

$$\frac{dy}{dx} = \frac{-x + m^2x \pm m\sqrt{a^2 - x^2 + m^2x^2}}{\pm\sqrt{a^2 - x^2 + m^2x^2}}$$
$$= m \pm \frac{-x + m^2x}{\sqrt{a^2 - x^2 + m^2x^2}},$$

résultat semblable à celui qu'on déduirait immédiatement de l'expression

$$y = mx \pm \sqrt{a^2 - x^2 + m^2x^2},$$

obtenue en résolvant l'équation proposée.

Maintenant, si l'on fait $\frac{dy}{dx} = p$, d'où il résulte $dy = p\,dx$, l'équation (1) se change en

$$(y - mx)\,p - my + x = 0;$$

et si on la différentie de nouveau, en considérant que y et p sont des fonctions de x, on arrive à

$$(y - mx)\,dp + p\,(dy - m\,dx) - m\,dy + dx = 0;$$

mettant ensuite $p\,dx$ pour dy, $q\,dx$ pour dy, et réduisant, il vient

$$(y - mx)\,q + p^2 - 2mp + 1 = 0,$$

équation qui donne la relation que le coefficient différentiel du second ordre q doit avoir avec celui du premier ordre p, et avec les variables x et y.

En continuant de différentier de la même manière, on formerait l'équation de laquelle dépend le coefficient différentiel du troisième ordre, et ainsi de suite.

50. Si dans l'équation

$$(y - mx)\,q + p^2 - 2mp + 1 = 0,$$

on remplace p et q par leurs symboles différentiels $\frac{dy}{dx}$, $\frac{d^2y}{dx^2}$ (17), elle devient

$$(y - mx)\frac{d^2y}{dx^2} + \frac{dy^2}{dx^2} + 2m\frac{dy}{dx} + 1 = 0;$$

et chassant le dénominateur, on obtient

$$(2) \qquad (y - mx)\,d^2y + dy^2 - 2m\,dx\,dy + dx^2 = 0,$$

résultat que l'on tirerait immédiatement de l'équation (1), en y faisant varier dy aussi bien que y et x.

En général, faire varier les quantités p, q, etc., comme des fonctions de x, c'est prendre les différentielles des expressions équivalentes $\frac{dy}{dx}$, $\frac{d^2y}{dx^2}$, différentielles qui sont respectivement représentées par $\frac{d^2y}{dx}$, $\frac{d^3y}{dx^2}$, etc., c'est enfin regarder les quantités dy, d^2y, etc., comme des fonctions de x.

L'équation (1) est *la différentielle première* de la proposée; l'équation (2) en est la *différentielle seconde*, etc.; et, d'après la remarque ci-dessus, *les différentielles d'une équation* PRIMITIVE *proposée se déduisent les unes des autres par la différentiation, en regardant* y, dy, d^2y, *etc., comme des fonctions de* x, ce qui rentre dans la règle du n° 46.

On passe aux équations qui donnent les coefficients différentiels, en observant que ces coefficients sont représentés par

$$\frac{dy}{dx}, \quad \frac{d^2y}{dx^2}, \text{ etc.,}$$

ou en faisant

$$dy = p\,dx, \quad d^2y = q\,dx^2, \text{ etc.}$$

Par ces dernières substitutions, les différentielles disparaissent, et il ne reste dans les résultats que les fonctions p, q, etc., absolument indépendantes de la valeur de l'accroissement dx.

51. L'équation proposée

$$y^2 - 2mxy + x^2 - a^2 = 0,$$

étant du second degré, donne pour y deux valeurs, par le moyen desquelles l'équation

$$(1) \qquad (y - mx)\,dy - (my - x)\,dx = 0,$$

d'où l'on tire

$$\frac{dy}{dx} = \frac{my - x}{y - mx},$$

donne aussi pour le coefficient différentiel $\frac{dy}{dx}$, deux valeurs correspondantes à celles de la fonction y.

Si, au lieu de résoudre l'équation proposée, pour en tirer la valeur de y, on éliminait cette variable, au moyen de l'équation différentielle (1), on aurait d'abord, en vertu de celle-ci,

$$y = \frac{x(m\,dy - dx)}{dy - m\,dx};$$

substituant dans la première, il viendrait, après les réductions,

$$(x^2 - a^2 - m^2x^2)\,dy^2 - (2mx^2 - 2ma^2 - 2m^3x^2)\,dx\,dy$$
$$+ (x^2 - m^2x^2 - a^2m^2)\,dx^2 = 0$$

Cette dernière étant résolue par rapport à dy, donnerait les mêmes résultats que ceux qu'on obtient en différentiant les valeurs de y (49); et après l'avoir divisée par dx^2, on en tirerait immédiatement celles du coefficient différentiel. On aurait alors

$$(x^2 - a^2 - m^2x^2)\frac{dy^2}{dx^2} - (2mx^2 - 2ma^2 - 2m^3x^2)\frac{dy}{dx}$$
$$+ x^2 - m^2x^2 - a^2m^2 = 0;$$

et en dégageant la seconde puissance du coefficient différentiel, exprimée par $\frac{dy^2}{dx^2}$, on arriverait à

$$\frac{dy^2}{dx^2} - 2m\frac{dy}{dx} + \frac{x^2 - m^2x^2 - a^2m^2}{x^2 - a^2 - m^2x^2} = 0.$$

52. Il est facile d'appliquer ce qui précède à des exemples plus compliqués, et dans lesquels les variables montent à un degré plus élevé. Soit encore l'équation

$$y^3 - 3axy + x^3 = 0;$$

la différentiation donnera

$$3y^2\,dy - 3ax\,dy - 3ay\,dx + 3x^2\,dx = 0,$$

ou, en supprimant le facteur commun 3,

$$(1)\qquad y^2\,dy - ax\,dy - ay\,dx + x^2\,dx = 0,$$

et, par conséquent,

$$\frac{dy}{dx} = \frac{ay - x^2}{y^2 - ax}.$$

La fonction y, dans cet exemple, étant donnée par une equation du troisième degré, doit avoir trois valeurs; et en les substituant successivement dans l'expression de $\frac{dy}{dx}$, on obtiendra un pareil nombre de valeurs pour le coefficient différentiel. On voit en général que ce coefficient aura toujours un nombre de valeurs égal à celui dont la fonction y est susceptible dans l'équation proposée; il en sera de même à l'égard de la différentielle.

Si l'on éliminait y entre les deux équations

$$y^3 - 3axy + x^3 = 0,$$

$$(1)\qquad y^2\,dy - ax\,dy - ay\,dx + x^2\,dx = 0,$$

on aurait pour résultat une équation du troisième degré par rapport à dy, et qui renfermerait les trois valeurs dont cette différentielle est susceptible.

Ayant trouvé l'expression de dy ou celle de $\frac{dy}{dx}$, on parviendra à celles de d^2y et de $\frac{d^2y}{dx^2}$, en différentiant par rapport à dy, à y et à x, suivant la règle établie n° 50, l'équation (1), différentielle première de la proposée. En opérant ainsi et réduisant, on aura

$$y^2\,d^2y - ax\,d^2y + 2y\,dy^2 - 2a\,dx\,dy + 2x\,dx^2 = 0,$$

ou bien

$$(2)\qquad (y^2 - ax)\,d^2y + 2y\,dy^2 - 2a\,dx\,dy + 2x\,dx^2 = 0;$$

voilà la différentielle seconde de l'équation proposée. Si on la combine avec la différentielle première, on pourra éliminer dy, et le résultat donnera l'expression de d^2y en x, dx et y: on chassera, si l'on veut, la fonction y au moyen de l'équation proposée.

En divisant l'équation (2) par dx^2, elle prend la forme

$$(y^2 - ax)\frac{d^2y}{dx^2} + 2y\frac{dy^2}{dx^2} - 2a\frac{dy}{dx} + 2x = 0,$$

et ne renferme plus que les coefficients différentiels $\frac{d^2y}{dx^2}$ et $\frac{dy}{dx}$. Mettant au lieu de $\frac{dy}{dx}$ sa valeur $\frac{ay - x^2}{y^2 - ax}$, tirée de (1), il viendra

$$(y^2 - ax)\frac{d^2y}{dx^2} + 2y\left(\frac{ay - x^2}{y^2 - ax}\right)^2 - 2a\left(\frac{ay - x^2}{y^2 - ax}\right) + 2x = 0,$$

et en réduisant au même dénominateur,

$$(y^2 - ax)^3\frac{d^2y}{dx^2} + 2xy^4 - 6ax^2y^2 + 2x^4y + 2a^3xy = 0;$$

mais la quantité

$$2xy^4 - 6ax^2y^2 + 2x^4y$$

n'est autre chose que

$$2xy(y^3 - 3axy + x^3):$$

elle est donc nulle en vertu de l'équation proposée, et par conséquent on a

$$(y^2 - ax)^3\frac{d^2y}{dx^2} + 2a^3xy = 0,$$

d'où

$$\frac{d^2y}{dx^2} = -\frac{2a^3xy}{(y^2 - ax)^3}.$$

En différentiant l'équation (2) par rapport à d^2y, dy, y et x, on formera la différentielle troisième de l'équation proposée, et l'on en tirera la valeur de d^3y, lorsqu'on aura éliminé d^2y et dy à l'aide des équations (1) et (2); divisant le résultat par dx^3, on aura l'expression du coefficient $\frac{d^3y}{dx^3}$. En continuant ainsi, l'on parviendra aux coefficients différentiels ultérieurs.

53. La remarque du n° 7, sur les constantes qui disparaissent par la différentiation des fonctions, s'applique également aux équations. Si l'on avait, par exemple, $y^2 = ax + b$, la différentielle $2y\,dy = a\,dx$, étant indépendante de b, appartiendrait à

chacune des équations particulières qui résultent de la proposée, en donnant à b toutes les valeurs possibles.

Mais on peut aussi parvenir, dans le cas actuel, à une équation indépendante de a, quoique la différentiation n'ait point fait disparaître cette constante ; il suffit pour cela d'éliminer a entre les deux équations

$$y^2 = ax + b, \quad 2y\,dy = a\,dx,$$

et l'on trouvera

$$y^2\,dx = 2xy\,dy + b\,dx.$$

Quoique cette dernière équation ne soit pas la différentielle immédiate de la proposée, elle en dérive cependant de manière qu'étant divisée par dx, elle exprime la relation qui doit exister entre la variable x, la fonction y et le coefficient $\frac{dy}{dx}$, quel que soit a.

Si la constante qu'on élimine n'est pas au premier degré dans l'équation proposée, le résultat qu'on obtient renferme des puissances de dy et de dx supérieures à la première : je prendrai pour exemple

$$y^2 - 2ay + x^2 = a^2.$$

En différentiant, on trouvera

$$y\,dy - a\,dy + x\,dx = 0,$$

d'où

$$a = \frac{y\,dy + x\,dx}{dy};$$

et substituant dans la proposée, il viendra, après avoir ordonné par rapport à dy et divisé par dx^2,

$$(x^2 - 2y^2)\frac{dy^2}{dx^2} - 4xy\frac{dy}{dx} - x^2 = 0.$$

Telle est la relation qui doit exister entre la variable x, la fonction y et son coefficient différentiel $\frac{dy}{dx}$, indépendamment d'aucune valeur particulière de la constante a.

En résolvant l'équation

$$y^2 - 2ay + x^2 = a^2,$$

par rapport à a, on en aurait tiré

$$a = -y \pm \sqrt{2y^2 + x^2};$$

et a étant alors dégagé des variables x et y, la différentiation seule le fait disparaître : on aurait trouvé

$$-\mathrm{d}y \pm \frac{2y\,\mathrm{d}y + x\,\mathrm{d}x}{\sqrt{2y^2 + x^2}} = 0.$$

En faisant évanouir le radical, on s'assurera que cette équation est la même que celle qui résulte de l'élimination.

54. On peut faire disparaître autant de constantes qu'on voudra, en différentiant un nombre de fois égal à celui de ces constantes. Soit

$$y^2 = m(a^2 - x^2);$$

on aura d'abord

$$y\,\mathrm{d}y = -mx\,\mathrm{d}x;$$

différentiant de nouveau, on trouvera

$$y\,\mathrm{d}^2y + \mathrm{d}y^2 = -m\,\mathrm{d}x^2;$$

substituant pour m sa valeur $-\frac{y\,\mathrm{d}y}{x\,\mathrm{d}x}$, tirée de l'équation précédente, et divisant par $\mathrm{d}x^2$, il viendra

$$xy\frac{\mathrm{d}^2y}{\mathrm{d}x^2} + x\frac{\mathrm{d}y^2}{\mathrm{d}x^2} - y\frac{\mathrm{d}y}{\mathrm{d}x} = 0,$$

résultat indépendant des constantes m et a.

55. La différentiation, combinée avec l'élimination, fournit le moyen de faire disparaître les exposants. Soit par exemple

$$P^n = Q,$$

P et Q étant des fonctions quelconques de x et de y; en prenant la différentielle de cette équation, il viendra

$$nP^{n-1}\mathrm{d}P = \mathrm{d}Q, \quad \text{ou} \quad nP^n\mathrm{d}P = P\,\mathrm{d}Q,$$

en multipliant les deux membres par P; et si l'on met pour P^n sa valeur, on obtiendra

$$nQ\,\mathrm{d}P = P\,\mathrm{d}Q,$$

équation dans laquelle la quantité P est délivrée de l'exposant n.

On parvient au même résultat, en prenant le logarithme de

chaque membre de l'équation proposée; on a successivement

$$n\,\mathrm{l}\,\mathrm{P} = \mathrm{l}\,\mathrm{Q}, \quad n\frac{\mathrm{dP}}{\mathrm{P}} = \frac{\mathrm{dQ}}{\mathrm{Q}} \quad (28),$$

et, par conséquent,

$$n\mathrm{Q}\,\mathrm{dP} = \mathrm{P}\,\mathrm{dQ}.$$

Cette remarque sert à développer, suivant les puissances de x, la fonction

$$(a + bx + cx^2 + dx^3 + ex^4 + \text{etc.})^n,$$

quel que soit l'exposant n. On pose pour cela

$$\begin{aligned}&(a + bx + cx^2 + dx^3 + ex^4 + \text{etc.})^n\\ &= \mathrm{A} + \mathrm{B}x + \mathrm{C}x^2 + \mathrm{D}x^3 + \mathrm{E}x^4 + \text{etc.};\end{aligned}$$

en passant aux logarithmes, il vient

$$\begin{aligned}&n\,\mathrm{l}(a + bx + cx^2 + dx^3 + ex^4 + \text{etc.})\\ &= \mathrm{l}\,(\mathrm{A} + \mathrm{B}x + \mathrm{C}x^2 + \mathrm{D}x^3 + \mathrm{E}x^4 + \text{etc.});\end{aligned}$$

différentiant ensuite, on obtient

$$\begin{aligned}&\frac{n\,(b + 2\,cx + 3\,dx^2 + 4\,ex^3 + \text{etc.})\,\mathrm{d}x}{a + bx + cx^2 + dx^3 + ex^4 + \text{etc.}}\\ &= \frac{(\mathrm{B} + 2\,\mathrm{C}x + 3\,\mathrm{D}x^2 + 4\,\mathrm{E}x^3 + \text{etc.})\,\mathrm{d}x}{\mathrm{A} + \mathrm{B}x + \mathrm{C}x^2 + \mathrm{D}x^3 + \mathrm{E}x^4 + \text{etc.}};\end{aligned}$$

supprimant le facteur commun dx, faisant disparaître les dénominateurs, développant et ordonnant, par rapport aux puissances de x, on a l'équation

$$\left.\begin{array}{r}nb\mathrm{A} + 2nc\mathrm{A}x + 3nd\mathrm{A}x^2 + 4ne\mathrm{A}x^3 + \text{etc.}\\ + \;nb\mathrm{B}x + 2nc\mathrm{B}x^2 + 3nd\mathrm{B}x^3 + \text{etc.}\\ + \;nb\mathrm{C}x^2 + 2nc\mathrm{C}x^3 + \text{etc.}\\ + \;nb\mathrm{D}x^3 + \text{etc.}\end{array}\right\} =$$

$$\left.\begin{array}{r}a\mathrm{B} + 2a\mathrm{C}x + 3a\mathrm{D}x^2 + 4a\mathrm{E}x^3 + \text{etc.}\\ + \;b\mathrm{B}x + 2b\mathrm{C}x^2 + 3b\mathrm{D}x^3 + \text{etc.}\\ + \;c\mathrm{B}x^2 + 2c\mathrm{C}x^3 + \text{etc.}\\ + \;d\mathrm{B}x^3 + \text{etc.}\end{array}\right\},$$

qui doit être identique quelque valeur qu'ait x; il faut donc que les coefficients de chacune des puissances de cette quantité soient les mêmes dans les deux membres : de là résultent les équations

$$\begin{aligned}
&nbA = aB,\\
&2ncA + nbB = 2aC + bB,\\
&3ndA + 2ncB + nbC = 3aD + 2bC + cB,\\
&\text{etc.},
\end{aligned}$$

dont on tirera les valeurs des coefficients B, C, D, etc.

Le coefficient A semble demeurer indéterminé, mais on en trouve la valeur en faisant $x = 0$, dans l'équation

$$(a + bx + \text{etc.})^n = A + Bx + \text{etc.},$$

qui, par cette hypothèse, se réduit à

$$a^n = A.$$

Substituant cette expression dans les équations précédentes, on en conclut

$$\begin{aligned}
&B = \frac{n}{1} a^{n-1} b,\\
&C = na^{n-1} c + \frac{n(n-1)}{1.2} a^{n-2} b^2,\\
&D = na^{n-1} d + \frac{n(n-1)}{1.1} a^{n-2} bc + \frac{n(n-1)(n-2)}{1.2.3} a^{n-3} b^3,\\
&\text{etc.},
\end{aligned}$$

d'où

$$\begin{aligned}
&(a + bx + cx^2 + dx^3 + \text{etc.})^n\\
&= a^n + \frac{n}{1} a^{n-1} bx + \left[na^{n-1} c + \frac{n(n-1)}{1.2} a^{n-2} b^2\right] x^2\\
&+ \left[na^{n-1} d + \frac{n(n-1)}{1.1} a^{n-2} bc + \frac{n(n-1)(n-2)}{1.2.3} a^{n-3} b^3\right] x^3\\
&+ \text{etc.}
\end{aligned}$$

56. On peut faire disparaître aussi les transcendantes d'une équation, en la combinant avec ses différentielles. L'une des plus simples de ces fonctions est

$$l\,(a + bx + cx^2 + dx^3 + \text{etc.});$$

si l'on représente son développement par

$$A + Bx + Cx^2 + Dx^3 + \text{etc.},$$

et qu'on prenne la différentielle de l'équation

$$\mathrm{l}(a + bx + cx^2 + dx^3 + \text{etc.}) = \mathrm{A} + \mathrm{B}x + \mathrm{C}x^2 + \mathrm{D}x^3 + \text{etc.},$$

on trouvera

$$\frac{b + 2cx + 3dx^2 + \text{etc.}}{a + bx + cx^2 + dx^3 + \text{etc.}} = \mathrm{B} + 2\mathrm{C}x + 3\mathrm{D}x^2 + \text{etc.},$$

et l'on déterminera les coefficients A, B, C, D, etc., comme à l'ordinaire.

Soit encore pour exemple

$$\begin{aligned} &\sin(a + bx + cx^2 + dx^3 + \text{etc.}) \\ &= \mathrm{A} + \mathrm{B}x + \mathrm{C}x^2 + \mathrm{D}x^3 + \mathrm{E}x^4 + \text{etc.}; \end{aligned}$$

en faisant, pour abréger,

$$\begin{aligned} a + bx + cx^2 + dx^3 + \text{etc.} &= u, \\ \mathrm{A} + \mathrm{B}x + \mathrm{C}x^2 + \mathrm{D}x^3 + \text{etc.} &= y, \end{aligned}$$

il en résultera $y = \sin u$; et en différentiant, il viendra $\mathrm{d}y = \mathrm{d}u \cos u$. On pourrait éliminer $\cos u$ au moyen de sa valeur $\sqrt{1 - \sin u^2}$, qui donne $\cos u = \sqrt{1 - y^2}$, et l'on aurait alors $\mathrm{d}y = \mathrm{d}u\sqrt{1 - y^2}$; mais il resterait encore à faire disparaître le radical.

Pour éviter cet inconvénient, on différentiera une seconde fois l'équation $\mathrm{d}y = \mathrm{d}u \cos u$, en se rappelant que u est une fonction de x, aussi bien que y; et il viendra $\mathrm{d}^2 y = \mathrm{d}^2 u \cos u - \mathrm{d}u^2 \sin u$; mettant pour $\sin u$ et $\cos u$ leurs valeurs y et $\frac{\mathrm{d}y}{\mathrm{d}u}$, on aura

$$\mathrm{d}^2 y = \frac{\mathrm{d}y}{\mathrm{d}u}\mathrm{d}^2 u - y\,\mathrm{d}u^2, \quad \text{ou} \quad \mathrm{d}u\,\mathrm{d}^2 y - \mathrm{d}y\,\mathrm{d}^2 u + y\,\mathrm{d}u^3 = 0.$$

Il ne s'agit plus maintenant que de substituer à y, $\mathrm{d}y$, $\mathrm{d}^2 y$, $\mathrm{d}u$, $\mathrm{d}^2 u$, $\mathrm{d}u^3$, leurs valeurs; or

$$y = \mathrm{A} + \mathrm{B}x + \mathrm{C}x^2 + \mathrm{D}x^3 + \text{etc.}$$

donne

$$\begin{aligned} \mathrm{d}y &= (\mathrm{B} + 2\mathrm{C}x + 3\mathrm{D}x^2 + \text{etc.})\,\mathrm{d}x, \\ \mathrm{d}^2 y &= (2\mathrm{C} + 2.3\mathrm{D}x + \text{etc.})\,\mathrm{d}x^2; \end{aligned}$$

et pour ne pas m'engager dans de trop longs calculs, je réduirai la fonction proposée à $\sin(a + bx + cx^2)$, en faisant d, e, etc. $= 0$: dans ce cas particulier,

$$\begin{aligned} \mathrm{d}u &= (b + 2cx)\,\mathrm{d}x, \\ \mathrm{d}^2u &= 2c\,\mathrm{d}x^2, \\ \mathrm{d}u^3 &= (b^3 + 6b^2cx + 12bc^2x^2 + 8c^3x^3)\,\mathrm{d}x^3. \end{aligned}$$

Au moyen de ces valeurs, l'équation

$$\mathrm{d}u\,\mathrm{d}^2y - \mathrm{d}y\,\mathrm{d}^2u + y\,\mathrm{d}u^3 = 0,$$

devient divisible par $\mathrm{d}x^3$; et en l'ordonnant par rapport à x, elle prend la forme suivante :

$$\left.\begin{array}{rrrl} 2bC + & 6bDx + & 12bEx^2 + & \text{etc.} \\ + & 4cCx + & 12cDx^2 + & \text{etc.} \\ +\,b^3A & +\,6b^2cAx + & 12bc^2Ax^2 + & \text{etc.} \\ + & b^3Bx + & 6b^2cBx^2 + & \text{etc.} \\ & + & b^3Cx^2 + & \text{etc.} \\ -\,2cB - & 4cCx - & 6cDx^2 - & \text{etc.} \end{array}\right\} = 0.$$

En égalant à zéro les coefficients de chaque puissance de x, on obtiendra les équations qui déterminent C, D, E, etc.; mais pour A et B, il faut recourir aux équations

$$y = \sin u \quad \text{et} \quad \mathrm{d}y = \mathrm{d}u \cos u.$$

Lorsque $x = 0$, il vient

$$u = a, \quad y = A, \quad \mathrm{d}u = b\,\mathrm{d}x, \quad \mathrm{d}y = B\,\mathrm{d}x;$$

et il résulte de ces valeurs,

$$A = \sin a, \quad B = b \cos a.$$

57. Le calcul différentiel, dont nous n'avons encore fait usage que pour le développement des fonctions, peut aussi être utile dans la résolution des équations algébriques; mais ici nous nous bornerons à montrer comment la remarque du n° **18** conduit à la détermination des racines égales.

Soit $V = 0$, une équation ayant un nombre n de racines égales à a; son premier membre V sera nécessairement de la forme

$$V = X(x - a)^n,$$

X contenant les facteurs inégaux; et si l'on différentie, en commençant par le facteur $(x-a)^n$, on trouvera

$$\frac{dV}{dx}=nX(x-a)^{n-1}+\frac{dX}{dx}(x-a)^n,$$

$$\frac{d^2V}{dx^2}=n(n-1)X(x-a)^{n-2}+2n\frac{dX}{dx}(x-a)^{n-1}+\frac{d^2X}{dx^2}(x-a)^n,$$

etc.,

ce qui suffit pour faire voir que le facteur $x-a$ demeurera commun à tous les termes des coefficients différentiels de V, tant que l'exposant de leur ordre sera $<n$. Ces coefficients s'évanouiront donc jusqu'à l'ordre n exclusivement, quand on y fera $x=a$; et les équations

$$V=0,\quad \frac{dV}{dx}=0,\quad \frac{d^2V}{dx^2}=0,\ldots,\quad \frac{d^{n-1}V}{dx^{n-1}}=0$$

auront lieu en même temps, au moyen d'un diviseur commun: pour la première et la seconde, ce diviseur sera $(x-a)^{n-1}$.

On reconnaîtra sans peine que les équations $\frac{dV}{dx}=0$, $\frac{d^2V}{dx^2}=0$, etc., sont précisément celles que l'on a désignées par $A=0$, $B=0$, etc., dans le n° 205 des *Éléments d'Algèbre*.

Ces considérations s'appliqueront aisément au cas où la proposée renfermera plusieurs espèces de racines égales, c'est-à-dire, sera de la forme

$$X(x-a)^n(x-b)^p=0;$$

car en différentiant le premier membre, suivant la règle du n° **11**, on trouvera

$$\left.\begin{array}{l} nX(x-a)^{n-1}(x-b)^p+pX(x-a)^n(x-b)^{p-1} \\ +\frac{dX}{dx}(x-a)^n(x-b)^p \end{array}\right\},$$

quantité qui s'évanouit aussi lorsqu'on fait $x=a$ ou $x=b$, et dont le diviseur commun avec le premier membre de l'équation proposée, est évidemment

$$(x-a)^{n-1}(x-b)^{p-1}.$$

On peut opérer de même, quel que soit le nombre des facteurs $(x-a)^n$, $(x-b)^p$, $(x-c)^q$, etc., et l'on trouvera toujours que le *diviseur commun aux fonctions* V, $\frac{\mathrm{d}V}{\mathrm{d}x}$, *doit contenir les facteurs égaux élevés chacun à une puissance moindre d'une unité, que dans l'équation proposée* $V = 0$.

Application du Calcul différentiel à la théorie des courbes.

58. Les considérations géométriques prouvent d'une manière bien évidente que le rapport des accroissements d'une fonction et de sa variable est en général susceptible de limite.

Toute fonction d'une seule variable peut être représentée par l'ordonnée d'une courbe dont cette variable est l'abscisse (*Trig.*, 86); *et le rapport de l'ordonnée de la courbe avec la soustangente correspond au coefficient différentiel de la fonction.* En effet, si, dans une courbe quelconque CD (*fig.* 1), on mène, par deux points M et M', une sécante MM' prolongée jusqu'à ce qu'elle rencontre en S l'axe des abscisses AB, et par le premier point une tangente MT; qu'on tire les deux ordonnées PM, P'M' et la droite MQ, parallèle à AB, les triangles semblables M'QM et MPS montreront que les rapports $\frac{M'Q}{MQ}$ et $\frac{PM}{PS}$ sont toujours égaux. Mais si l'on conçoit que le point M' se rapproche sans cesse du point M, le point S se rapprochera aussi du point T : la ligne PS tendra donc à devenir égale à la sous-tangente PT; le rapport $\frac{PM}{PS}$ s'approchera de même du rapport $\frac{PM}{PT}$ qu'il aura pour limite, et qui sera par conséquent aussi celle du rapport des accroissements MQ et M'Q, que reçoivent simultanément l'abscisse AP et l'ordonnée PM.

Il suit de là que, lorsque l'expression du rapport $\frac{PM}{PT}$ sera connue, elle fournira le coefficient différentiel de la fonction correspondante à l'ordonnée (7), et que, réciproquement, si cette fonction est connue, son coefficient différentiel déterminera la sous-tangente PT, puisqu'en désignant PM par y, et son coefficient différentiel par p, on aura $p = \frac{y}{PT}$, d'où $PT = \frac{y}{p}$, valeur au moyen de laquelle on mènera la tangente au point M.

59. On voit donc que, par son principe fondamental, le Calcul différentiel résout directement le *problème des tangentes*, pour les courbes dont on a l'équation; aussi est-ce en cherchant la solution de ce problème, que les géomètres sont parvenus au Calcul différentiel, qu'on a présenté depuis sous des points de vue très-variés; mais quelle que soit l'origine qu'on lui assigne, il reposera toujours immédiatement sur un *fait analytique* antérieur à toute hypothèse, comme la chute des corps graves vers la surface de la terre est antérieure aux diverses explications qu'on en a données : et ce fait est précisément la propriété dont jouissent toutes les fonctions, d'admettre une limite dans le rapport que leurs accroissements ont avec ceux de la variable dont elles dépendent. Cette limite, différente pour chaque fonction, et toujours indépendante des valeurs absolues des accroissements, caractérise d'une manière qui lui est propre la *marche* de la fonction dans les divers états par lesquels elle peut passer. En effet, plus les accroissements de la variable indépendante sont petits, plus les valeurs successives de la fonction sont resserrées, plus enfin cette fonction approche d'être soumise à la loi de continuité dans ses changements, et plus leur rapport à ceux de la variable indépendante approche d'être égal à la limite assignée par le calcul. On doit entendre par la *loi de continuité*, celle qui s'observe dans la description des lignes par le mouvement, et d'après laquelle les points consécutifs d'une même ligne se succèdent sans aucun intervalle. La manière d'envisager les grandeurs dans le calcul ne paraît pas d'abord admettre cette loi, puisqu'on suppose toujours un intervalle entre deux valeurs consécutives de la même variable; mais en le faisant évanouir, pour passer à la limite, on exprime qu'il y a continuité.

Il me paraît maintenant très-évident que la métaphysique précédente renferme l'explication philosophique des propriétés du Calcul différentiel et du Calcul intégral, soit par rapport aux recherches sur les courbes, soit par rapport à celles qui concernent le mouvement. La difficulté des unes et des autres ne vient que de ce qu'il y a continuité dans les changements des lignes ou dans ceux des vitesses; et la considération des limites (ou toute autre équivalente), fournit le moyen d'établir cette continuité dans le calcul (*).

60. Lorsque l'on donne à l'abscisse des valeurs successives, les ordonnées qui répondent à ces valeurs déterminent, sur la courbe, des points que l'on peut regarder comme les sommets des angles d'un polygone inscrit à cette courbe.

Si l'on prend, par exemple, sur l'axe des abscisses les points P, P′, P″, etc. (*fig.* 2), distants entre eux d'une même quantité h, on aura

$$AP = x, \quad AP' = x + h, \quad AP'' = x + 2h, \text{ etc.};$$

qu'on élève les ordonnées correspondantes PM, P′M′, P″M″, etc., et que l'on joigne les points M, M′, M″, etc., par des cordes, on formera le polygone MM′M″ etc., qui différera d'autant moins de la courbe proposée, que les points M, M′, M″, etc., se rapprocheront davantage; mais en même temps le nombre de ses côtés augmentera de plus en plus, puisque la distance PP′ sera contenue un nombre de fois de plus en plus grand dans une abscisse déterminée AB. La courbe CD sera évidemment la limite de tous ces polygones, et par conséquent les propriétés qui conviendront à cette limite, conviendront aussi à la courbe proposée (**).

Cela posé, si l'on mène MQ et M′Q′ parallèles à l'axe AB, M′Q sera la différence des deux ordonnées consécutives PM et P′M′, M″Q′ celle des ordonnées P′M′ et P″M″. En prolon-

---

(*) Ceux qui désireraient plus de développement dans ces considérations générales, pourront consulter la Note A, placée à la fin de l'ouvrage.

(**) Leibnitz a toujours envisagé le Calcul différentiel sous un point de vue à peu près semblable.

« Sentio autem et hanc et alias (methodos) hactenus adhibitas, omnes deduci » posse ex generali quodam meo dimetiendorum curvilineorum principio, *quod* » *figura curvilinea censenda sit æquipollere polygono infinitorum laterum;* unde » sequitur, quicquid de tali polygono demonstrari potest, sive ita, ut nullus » habeatur ad numerum laterum respectus, sive ita, ut tantò magis verificetur, » quantò major sumitur laterum numerus, ita, ut error tandem fiat quovis dato » minor; id de curva posse pronuntiari. » (*Acta Eruditorum*, *ann.* 1684, p. 585.)

Il est évident que cette métaphysique est aussi très-lumineuse, et ne diffère de celle que j'ai présentée ci-dessus que parce que la *limite* y est désignée comme un polygone d'un nombre infini de côtés infiniment petits.

geant la droite MM′ jusqu'en N″, on formera les triangles égaux MM′Q, M′N″Q′, qui donneront M′Q = N″Q′; il en résultera

$$M''N'' = N''Q' - M''Q',$$

ou

$$M''N'' = M''Q' - N''Q';$$

et par conséquent $M''Q' - M'Q = \mp M''N''$ selon que la courbe est concave ou convexe vers l'axe des abscisses: M″N″ sera donc la différence des lignes M′Q et M″Q′.

Le calcul différentiel donne l'expression de ces diverses droites; car l'on a successivement (23)

$$PM = y,$$

$$P'M' = y + \frac{dy}{dx}\frac{h}{1} + \frac{d^2y}{dx^2}\frac{h^2}{1.2} + \text{etc.},$$

$$P''M'' = y + \frac{dy}{dx}\frac{2h}{1} + \frac{d^2y}{dx^2}\frac{4h^2}{1.2} + \text{etc.},$$

$$P'M' - PM = M'Q = \frac{dy}{dx}h + \frac{d^2y}{dx^2}\frac{h^2}{2} + \text{etc.},$$

$$P''M'' - P'M' = M''Q' = \frac{dy}{dx}h + \frac{d^2y}{dx^2}\frac{3h^2}{2} + \text{etc.},$$

$$M''Q' - M'Q = \mp M''N'' = \frac{d^2y}{dx^2}h^2 + \text{etc.};$$

d'où il suit que si l'on change h en dx, la valeur de M′Q approchera de plus en plus de la différentielle première dy, celle de M″N″, de la différentielle seconde d^2y, à mesure que l'on prendra dx plus petit. En considérant un quatrième point du polygone, on trouverait de même la ligne correspondante à la différentielle troisième.

61. Les lignes PM, M′Q, M″N″ ont, par rapport au calcul des limites, une subordination marquée par l'exposant dont l'accroissement h est affecté dans leur premier terme, exposant qui est le même que celui de l'ordre de la différentielle à laquelle ils correspondent. On voit en effet que le rapport de M′Q à PM diminue sans cesse et finit par s'évanouir, lorsque $h = 0$, qu'il en est de même du rapport de M″N″ à M′Q; mais que si l'on comparait la première de celles-ci au carré de la seconde, et qu'on supprimât d'abord le facteur h^2, commun aux deux termes du rapport, ce rapport aurait alors une limite assignable qui serait celui de $\frac{d^2y}{dx^2}$ à $\frac{dy^2}{dx^2}$ ou de d^2y à dy^2 (*).

62. On voit en même temps, par ce qui précède, que le coefficient différentiel du premier ordre $\frac{dy}{dx}$, exprimant le rapport $\frac{PM}{PT}$ (*fig.* 1), donne la tangente trigonométrique de l'angle MTP, que fait, avec l'axe des abscisses AB, la droite qui touche la courbe au point M, et caractérise la marche de la courbe aux environs du point M; car si AB désigne le côté positif de l'axe des abscisses, l'angle MTP et sa tangente seront positifs, quand les ordonnées iront en croissant comme dans la *fig.* 1, et négatifs dans le cas contraire.

Cela peut se conclure aussi de l'expression de M′Q, différence des ordonnées consécutives PM et P′M′, en observant qu'il est toujours possible de prendre l'accroissement h assez petit pour que le premier terme, $\frac{dy}{dx}h$, surpassant la somme de tous les autres, détermine alors le signe du résultat de la série. En effet une expression de la forme

$$Ah^\alpha + Bh^\beta + Ch^\gamma + \text{etc.},$$

dans laquelle les exposants α, β, γ, etc., sont tous positifs et vont en croissant, peut être mise sous cette autre,

$$h^\alpha(A + Bh^{\beta-\alpha} + Ch^{\gamma-\alpha} + \text{etc.}),$$

par laquelle on voit que la partie $Bh^{\beta-\alpha} + Ch^{\gamma-\alpha} + \text{etc.}$, du

(*) Ceci fournit une explication bien simple des différents ordres d'infiniment petits que Leibnitz admettait. Il regardait la différentielle première comme infiniment petite à l'égard de l'ordonnée, la différentielle seconde comme infiniment petite à l'égard de la différentielle première, et ainsi de suite. D'après ce principe, il négligeait les unes par rapport aux autres; et c'est en effet ce qu'il faut faire lorsque l'on veut passer aux limites, puisqu'il ne peut rester dans l'expression de la limite du rapport des séries ci-dessus, que les termes où h est au degré le plus bas, et que la différentielle d'un ordre quelconque m, étant nécessairement de la forme $d^m y = t\,dx^m$ (17), est comparable seulement aux expressions différentielles homogènes, ou du même degré, par rapport à l'accroissement dx.

second facteur, décroissant jusqu'à zéro, lorsque h diminue jusqu'à s'évanouir, doit, avant d'arriver à ce terme, devenir plus petite que la quantité A qui est indépendante de h (*). Dans cet état de choses, c'est le signe de A qui détermine celui de toute l'expression, qui sera donc positive si A est positif, et négative dans le cas contraire.

Il suit de là que la fonction y sera croissante ou décroissante, selon que $\frac{dy}{dx}$ sera positif ou négatif.

De plus, si l'on fait attention que lorsque l'ordonnée est positive, la différence $M''Q' - M'Q$ (*fig.* 2) est négative ou positive selon que la courbe est concave ou convexe vers l'axe des abscisses, et que cette circonstance doit avoir lieu quelque près qu'on suppose les points P, P', P'', ou quelque petite que soit h, on en conclura que le terme $\frac{d^2y}{dx^2}h^2$, qui commence le développement de $M''Q' - M'Q$, et qui peut être rendu le plus considérable, doit avoir le même signe que la différence $M''Q' - M'Q$; or, la quantité h^2 étant essentiellement positive, il suit de ce qui précède que $\frac{d^2y}{dx^2}$ est négatif quand la courbe est concave vers l'axe des abscisses, et positif dans le cas contraire.

L'inspection des courbes *cd* placées au-dessous de l'axe des abscisses montre que les signes de $\frac{d^2y}{dx^2}$ doivent être pris dans un ordre inverse quand l'ordonnée est négative, et que par conséquent *une courbe est concave ou convexe vers l'axe des abscisses, selon que l'ordonnée et son coefficient différentiel du second ordre sont de signes contraires ou de même signe.*

63. On suppose ordinairement comme une chose évidente, qu'*un petit arc de courbe peut être pris pour sa corde*, c'est-à-dire que *le rapport de l'arc et de sa corde a pour limite l'unité :* cette proposition, très-importante, a néanmoins besoin d'être démontrée, et peut l'être comme il suit.

(*) On trouvera à la fin de ce Traité un procédé pour assigner les valeurs de h qui remplissent cette condition dans la série de Taylor.

Le triangle rectangle MM′Q (*fig* 3) donne

$$\mathrm{MM}' = \sqrt{\overline{\mathrm{MQ}}^2 + \overline{\mathrm{M}'\mathrm{Q}}^2};$$

on a de plus (60)

$$\mathrm{MQ} = h, \quad \mathrm{M}'\mathrm{Q} = \frac{dy}{dx}\frac{h}{1} + \frac{d^2y}{dx^2}\frac{h^2}{1.2} + \text{etc.}$$

On peut mettre ce développement sous la forme

$$ph + \mathrm{P}h^2,$$

en faisant

$$\frac{dy}{dx} = p, \quad \text{et} \quad \frac{d^2y}{dx^2}\frac{h^2}{1.2} + \frac{d^3y}{dx^3}\frac{h^3}{1.2.3} + \text{etc.} = \mathrm{P}h^2;$$

on obtiendra

$$\mathrm{MM}' = \sqrt{h^2 + (ph + \mathrm{P}h^2)^2} = h\sqrt{1 + (p + \mathrm{P}h)^2}.$$

Menant ensuite la tangente MN, on trouvera

$$\mathrm{NQ} = \mathrm{MQ}\tan\mathrm{g}\,\mathrm{NMQ} = \frac{dy}{dx}h = ph \ (62),$$

$$\mathrm{MN} = \sqrt{h^2 + p^2h^2} = h\sqrt{1 + p^2},$$

$$\mathrm{NM}' = \mathrm{NQ} - \mathrm{M}'\mathrm{Q} = -\frac{d^2y}{dx^2}\frac{h^2}{1.2} - \text{etc.} = -\mathrm{P}h^2;$$

et l'on conclura de là

$$\frac{\mathrm{MN} + \mathrm{NM}'}{\mathrm{MM}'} = \frac{h\sqrt{1 + p^2} - \mathrm{P}h^2}{h\sqrt{1 + (p + \mathrm{P}h)^2}} = \frac{\sqrt{1 + p^2} - \mathrm{P}h}{\sqrt{1 + (p + \mathrm{P}h)^2}},$$

rapport qui a pour limite

$$\frac{\sqrt{1 + p^2}}{\sqrt{1 + p^2}} = 1.$$

Mais l'arc MOM′ est toujours compris entre la corde MM′ et la ligne brisée MN + NM′ : donc, à plus forte raison, le rapport $\frac{\mathrm{MOM}'}{\mathrm{MM}'}$ a pour limite l'unité.

64. Il est évident que l'arc d'une courbe est une fonction de l'abscisse; et pour avoir le coefficient différentiel de cette fonction, il faut chercher la limite du rapport $\frac{\mathrm{MOM}'}{\mathrm{PP}'}$; or

$$\frac{\mathrm{MOM}'}{\mathrm{PP}'} = \frac{\mathrm{MM}'}{\mathrm{PP}'} \times \frac{\mathrm{MOM}'}{\mathrm{MM}'},$$

puis $\frac{\mathrm{MM}'}{\mathrm{PP}'} = \sqrt{1+(p+\mathrm{P}h)^2}$, dont la limite est $\sqrt{1+p^2}$, tandis que celle de $\frac{\mathrm{MOM}'}{\mathrm{MM}'}$ est l'unité; celle de $\frac{\mathrm{MOM}'}{\mathrm{PP}'}$ sera par conséquent $\sqrt{1+p^2}$ (8).

Si donc on nomme z l'arc CM, on aura pour cette fonction de x,

$$\frac{dz}{dx} = \sqrt{1+p^2} = \sqrt{1+\frac{dy^2}{dx^2}}, \quad \text{et} \quad dz = \sqrt{dx^2+dy^2}.$$

Le cercle dont l'équation est

$$x^2+y^2=a^2,$$

donnant

$$x\,dx+y\,dy=0, \quad \text{et} \quad dy=-\frac{x\,dx}{y},$$

on trouve

$$dz=\sqrt{dx^2+\frac{x^2dx^2}{y^2}}=\frac{dx}{y}\sqrt{x^2+y^2}=\frac{a\,dx}{y}=\frac{a\,dx}{\sqrt{a^2-x^2}},$$

résultat qui rentre dans celui du n° 36, lorsqu'on suppose $a=\mathrm{R}$.

65. La différentielle de l'aire du *segment* ACMP (*fig.* 4), d'une courbe, s'obtient en observant que le rapport des rectangles PP′QM et PP′M′N, qui ont même base PP′, est égal à $\frac{\mathrm{P'M'}}{\mathrm{PM}}$, et que sa limite est par conséquent l'unité. Mais le trapèze curviligne PP′M′M, qui représente l'accroissement que reçoit le segment ACMP, lorsque l'abscisse augmente de PP′, étant toujours compris entre les deux rectangles dont on vient de parler, son rapport avec l'un quelconque de ces rectangles a aussi pour limite l'unité. Cela posé, il est visible que

$$\frac{\mathrm{PP'M'M}}{\mathrm{PP'}}=\frac{\mathrm{PP'QM}}{\mathrm{PP'}}\cdot\frac{\mathrm{PP'M'M}}{\mathrm{PP'QM}}=\mathrm{PM}.\frac{\mathrm{PP'M'M}}{\mathrm{PP'QM}};$$

et, d'après ce qui vient d'être dit, la limite de la derniere expression ci-dessus est PM $\times$ 1 ou PM. En nommant donc s la fonction de x, correspondante à l'aire ACMP, son coefficient différentiel (8) sera

$$\frac{ds}{dx}=y, \quad \text{d'où} \quad ds=y\,dx.$$

Dans le cercle,

$$ds = dx\sqrt{a^2 - x^2};$$

ainsi, quoiqu'on ne puisse pas assigner l'expression algébrique du segment circulaire, on parvient à celle de sa différentielle, par la considération des limites; et l'on en aurait le développement en série, au moyen du théorème du nº 22, ou par un procédé semblable à celui du nº 38.

66. Connaissant, par le coefficient $\frac{dy}{dx}$, l'angle MTP, rien n'est plus aisé que de construire la tangente MT (*fig.* 1); mais on se sert plus ordinairement de la *sous-tangente* PT, qui se calcule en observant que

$$\frac{PM}{PT} = \frac{dy}{dx} \quad \text{donne} \quad PT = \frac{PM . dx}{dy} = \frac{y dx}{dy} \ (*).$$

Le triangle PMT, rectangle en P, donne la *tangente*

$$MT = \sqrt{\overline{PM}^2 + \overline{PT}^2} = y\sqrt{1 + \frac{dx^2}{dy^2}}.$$

La considération des triangles semblables PMT et PMR (*Trig.*, 161), donne la *sous-normale*

$$PR = PM\frac{PM}{PT} = \frac{y\,dy}{dx}.$$

Le triangle PMR, rectangle en P, donne la *normale*

$$MR = \sqrt{\overline{PM}^2 + \overline{PR}^2} = y\sqrt{1 + \frac{dy^2}{dx^2}}.$$

67. Voici maintenant quelques applications de ces formules. L'équation générale des lignes du second degré étant

$$y^2 = mx + nx^2 \ (\textit{Trig.}, 157),$$

on a

$$\frac{dy}{dx} = \frac{m + 2nx}{2y} = \frac{m + 2nx}{2\sqrt{mx + nx^2}},$$

(*) On fait ici abstraction du signe que doit avoir la ligne PT, par rapport à l'abscisse AP, comme on le verra plus loin.

et on tire de là

$$\mathrm{PT}=\frac{y\,\mathrm{d}x}{\mathrm{d}y}=\frac{2(mx+nx^2)}{m+2nx},$$

$$\mathrm{MT}=y\sqrt{1+\frac{\mathrm{d}x^2}{\mathrm{d}y^2}}=\sqrt{mx+nx^2+4\left(\frac{mx+nx^2}{m+2nx}\right)^2},$$

$$\mathrm{PR}=\frac{y\,\mathrm{d}y}{\mathrm{d}x}=\frac{m+2nx}{2},$$

$$\mathrm{MR}=y\sqrt{1+\frac{\mathrm{d}y^2}{\mathrm{d}x^2}}=\sqrt{mx+nx^2+\tfrac{1}{4}(m+2nx)^2}.$$

Dans le cas où $n=0$, la courbe devient une parabole (*Trig.*, 160), et alors on a seulement

$$\mathrm{PT}=2x,\quad \mathrm{MT}=\sqrt{mx+4x^2},$$

$$\mathrm{PR}=\frac{m}{2},\quad \mathrm{MR}=\sqrt{mx+\tfrac{1}{4}m^2}.$$

On déduirait de ces valeurs les résultats et les constructions indiqués dans l'*Application de l'Algèbre à la Géométrie,* pour les lignes du second degré.

Dans la courbe représentée par l'équation

$$x^3-3axy+y^3=0,$$

on a

$$\frac{\mathrm{d}y}{\mathrm{d}x}=\frac{ay-x^2}{y^2-ax};$$

on trouvera

$$\mathrm{PT}=\frac{y^3-axy}{ay-x^2}=\frac{2axy-x^3}{ay-x^2},$$

en mettant pour y^3 sa valeur ; et lorsqu'on aura assigné celle de x et déterminé celle de y, l'expression de PT se construira facilement (*Trig.*, 68).

68. Il est souvent plus commode, et surtout plus élégant, de considérer la tangente et la normale par leur équation (*Trig.*, 157). Pour obtenir celle de la tangente, je vais chercher en général les relations qui doivent avoir lieu lorsque deux lignes se touchent. En considérant d'abord ces lignes comme ayant deux points communs, M et M′ (*fig.* 1), il est évident que leurs équations doivent donner les mêmes valeurs de l'ordonnée PM et de la différence M′Q, correspondantes à l'abscisse AP et à son accroissement PP'. Si donc l'on entend par x, y, les coordonnées particulières au point M dans la courbe proposée, et qu'on désigne par x', y', celles des points quelconques de la ligne qui la coupe en M et en M', on aura, pour ces deux points,

$$y'=y,\quad \frac{dy'}{dx'}h+\text{etc.}=\frac{dy}{dx}h+\text{etc. (60).}$$

La seconde équation est divisible par h, et lorsqu'on passe à la limite, en supposant $h=0$, elle se réduit à

$$\frac{dy'}{dx'}=\frac{dy}{dx};$$

mais dans cette hypothèse les deux points d'intersection se réunissent en un seul, qui devient un point de contact pour les lignes proposées, puisqu'elles n'ont plus que celui-là de commun Il suit de là que lorsque deux lignes se touchent, on a, pour le point de contact seulement,

$$y'=y,\quad \frac{dy'}{dx'}=\frac{dy}{dx}.$$

Lorsqu'il s'agit de la ligne droite, dont l'équation est de la forme

$$y'=Ax'+B\ (\textit{Trig.}, 87),\quad \text{et donne}\quad \frac{dy'}{dx'}=A,$$

les conditions du contact de cette droite avec la courbe proposée sont

$$y=Ax+B,\quad A=\frac{dy}{dx},$$

d'où l'on conclut

$$B=y-x\frac{dy}{dx}\quad \text{et}\quad y'=\frac{dy}{dx}x'+y-x\frac{dy}{dx},$$

ou

$$y'-y=\frac{dy}{dx}(x'-x).$$

D'après cette équation, celle de la normale qui est perpendiculaire à la tangente et qui passe par le point M, sera

$$y'-y=-\frac{dx}{dy}(x'-x)\ (\textit{Trig.}, 90).$$

En faisant, dans ces équations, $y' = 0$, pour déterminer l'intersection de la droite avec l'axe des x, on en tire

$$x' - x = -\frac{y\,dx}{dy} \quad \text{et} \quad x' - x = \frac{y\,dy}{dx}.$$

La première de ces valeurs, répondant à AT — AP, est celle de la sous-tangente PT prise négativement, parce que le point T est en arrière du point P; la seconde valeur, étant celle de AR — AP, donne la sous-normale PR positivement, parce que le point R est au delà du point P.

69. Pour le cercle dont l'équation est

$$y^2 + x^2 = a,$$

on trouve

$$\frac{dy}{dx} = -\frac{x}{y};$$

l'équation de sa tangente sera par conséquent

$$y' - y = -\frac{x}{y}(x' - x), \quad \text{ou} \quad yy' + xx' = y^2 + x^2,$$

ou enfin

$$yy' + xx' = a^2,$$

puisque

$$y^2 + x^2 = a^2.$$

L'équation de la normale devient

$$y' - y = \frac{y}{x}(x' - x),$$

et se réduit à

$$y' = \frac{y}{x}x',$$

ce qui fait voir que les normales du cercle passent par son centre, qui est ici l'origine des coordonnées (*Trig.*, 83), et ce qui doit être en effet, puisque les normales d'un cercle ne sont autre chose que ses rayons.

Passons à la courbe donnée par l'équation

$$x^3 - 3\,axy + y^3 = 0;$$

celle de sa tangente sera

$$y' - y = \frac{ay - x^2}{y^2 - ax}(x' - x),$$

ou

$$y^2y' - axy' - y^3 + axy = ayx' - x^2x' - axy + x^3.$$

Si l'on met pour y^3 sa valeur, et qu'on réduise, on obtiendra

$$(y^2 - ax)y' + (x^2 - ay)x' = axy.$$

70. Si l'on se proposait de mener, par un point donné pris hors d'une courbe, et dont α serait l'abscisse et β l'ordonnée, une tangente à cette courbe, il est évident qu'il faudrait substituer α au lieu de x', et β au lieu de y', dans l'équation de la tangente, qui deviendrait alors

$$\beta - y = \frac{dy}{dx}(\alpha - x),$$

et servirait, conjointement avec l'équation de la courbe proposée, à déterminer les coordonnées x et y du point de contact.

Je prends le cercle pour premier exemple ; l'équation de sa tangente étant

$$yy' + xx' = a^2 \quad (69),$$

on aura

$$\beta y + \alpha x = a^2.$$

Cette équation combinée avec celle du cercle déterminera les coordonnées x et y des points de contact, ou, ce qui revient au même, ces points seront à la rencontre du cercle avec la droite exprimée par l'équation

$$\beta y + \alpha x = a^2 \; (\textit{Trig.}, 105).$$

Dans la courbe correspondante à l'équation

$$x^3 - 3axy + y^3 = 0,$$

le point de contact se trouverait en cherchant l'intersection de cette courbe avec la ligne du second degré résultante de l'équation

$$\beta(y^2 - ax) + \alpha(x^2 - ay) = axy.$$

71. Pour mener une droite qui touche une courbe donnée, et qui soit en même temps parallèle à une droite donnée de position, ou qui fasse, avec l'axe des abscisses, un angle dont la tangente soit représentée par a, il suffira de poser $\frac{dy}{dx} = a$ (*Trig.*, 89);

combinant cette équation avec celle de la courbe proposée, on déterminera les valeurs de x et de y qui conviennent au point de contact demandé.

Dans le cas où la courbe proposée serait la parabole ordinaire, on aurait

$$y^2 = mx, \quad \frac{dy}{dx} = \frac{m}{2y} = a,$$

ce qui donnerait

$$y = \frac{m}{2a} \quad \text{et} \quad x = \frac{m}{4a^2}.$$

72. Dans ce qui précède, les coordonnées x et y ont été supposées à angle droit; mais il est aisé de voir que si elles faisaient un angle quelconque, le rapport de M′Q à MQ aurait encore pour limite celui de PM à PT, et l'équation de la tangente ne changerait pas de forme. Les triangles MPT et MPR ne seraient plus rectangles, mais on connaîtrait dans le premier les côtés MP, PT et l'angle compris MPT, et dans le second le côté MP avec les angles MPR et PMR, ce dernier étant complément de TMP.

73. En cherchant les positions que prend la tangente d'une courbe proposée, lorsque le point de contact s'éloigne de plus en plus de l'origine des coordonnées, on peut reconnaître si cette courbe a, comme l'hyperbole, des lignes droites pour asymptotes (*Trig.*, 163), et déterminer leur position.

On voit en effet que dans une courbe MX (*fig.* 5), qui a une asymptote RS, à mesure que le point M s'éloigne de l'origine, la tangente MT s'approche de l'asymptote, et les points T et D marchent respectivement vers les points R et E, en sorte que AR et AE sont des limites que les valeurs de AT et de AD ne sauraient franchir, ni même atteindre, mais dont elles peuvent approcher aussi près qu'on voudra. Il suit de là que pour trouver si une courbe a des asymptotes, il faut chercher si les expressions de AT et de AD, relatives à cette courbe, sont susceptibles de limites; et lorsque cela arrivera, ces limites étant construites, donneront les deux points R et E, par lesquels on mènera la droite RS, qui sera l'asymptote demandée.

Les expressions de AT et de AD se tirent de celle de PT; la

première, en observant que AT = AP — PT; la seconde, par le moyen des triangles semblables ADT et MPT (*) : on les déduit aussi de l'équation de la tangente (68), en faisant successivement $y' = 0$ et $x' = 0$ (*Trig.*, 87). On trouvera

$$\text{AT} = x - y\frac{dx}{dy}, \quad \text{AD} = y - x\frac{dy}{dx}.$$

Si, l'une des quantités AR ou AE restant finie, l'autre devenait infinie, il est évident que l'asymptote serait parallèle à l'axe sur lequel se trouve cette dernière.

Pour ne manquer aucune des asymptotes que doit avoir la courbe proposée, il faut faire successivement x et y infinis, et substituer dans les expressions de AT et de AD chacun des résultats différents que donnent l'une et l'autre hypothèse. Lorsque AT et AD seront infinies en même temps, on en conclura que la courbe proposée n'a pas d'asymptote.

Si l'on fait attention que $\text{AD} = -\text{AT}\frac{dy}{dx}$, on verra que ces deux lignes deviennent nulles en même temps, excepté le cas où $\frac{dy}{dx}$ serait nul ou infini. Quand elles s'évanouissent, l'asymptote passe par l'origine des coordonnées; mais comme ce n'est encore qu'un point de cette asymptote, il faut, pour en déterminer la direction, chercher la limite de l'expression $\frac{dy}{dx}$ qui représente la tangente de l'angle MTP (62), et l'on obtient la tangente de l'angle SRB.

74. Ce qui précède étant appliqué à l'équation

$$y^2 = mx + nx^2,$$

conduit à

$$\text{AT} = x - \frac{2y^2}{m + 2nx} = \frac{-mx}{m + 2nx},$$

$$\text{AD} = y - \frac{mx + 2nx^2}{2y} = \frac{mx}{2\sqrt{mx + nx^2}}.$$

Les derniers membres de ces équations pouvant être mis sous

(*) Il faut remarquer que dans la figure la ligne AT est négative.

les formes

$$-\frac{m}{\frac{m}{x}+2n},\quad \frac{m}{2\sqrt{\frac{m}{x}+n}},$$

leurs limites respectives, dans le cas où l'on suppose x infini, sont

$$-\frac{m}{2n}=\mathrm{AR}\quad \text{et}\quad \frac{m}{2\sqrt{n}}=\mathrm{AE}.$$

Si n était nulle, les expressions de **AT** et de **AD** deviendraient infinies en même temps que x, et la courbe proposée n'aurait point d'asymptotes; elle n'en aura pas non plus, lorsque n sera négative, parce qu'alors son équation n'admettra point pour x une valeur infinie.

Dans la courbe représentée par l'équation

$$x^2-3axy+y^3=0,$$

on a

$$\mathrm{AT}=\frac{axy}{x^2-ay},\quad \mathrm{AD}=\frac{axy}{y^2-ax};$$

et pour trouver la limite vers laquelle tendent ces expressions, à mesure que y augmente, il faudrait le remplacer par sa limite, et connaître par conséquent sa valeur en x; mais on peut suppléer à cette valeur, dans l'exemple présent, par un artifice analytique fort simple. Si l'on fait $y=tx$, l'équation proposée devient divisible par x^2; on en tire $x=\frac{3at}{1+t^3}$; et il est facile de voir alors que la supposition de $t=-1$ rendra x infinie, et donnera $y=-x$. En changeant y en $-x$ dans les expressions de **AT** et de **AD**, puis prenant les limites, on aura

$$\mathrm{AR}=-a=\mathrm{AE};$$

et menant par les points R et E (*fig.* 6), construits avec les valeurs précédentes, la droite RE, elle sera l'asymptote des branches **AY** et **AZ**.

Des courbes osculatrices.

75. La tangente d'une courbe étant la limite de toutes les droites qui rencontrent cette courbe en deux points, on peut, par analogie, chercher en général parmi toutes les lignes d'une espèce donnée, la limite de celles qui coupent la courbe proposée en un nombre donné de points. On sait, par exemple, qu'il faut trois points pour déterminer un cercle; on peut supposer que ces trois points soient pris sur la courbe proposée, et chercher à quel cercle en particulier on arrivera, si les trois points viennent à coïncider. Ce cercle, qui se nomme le *cercle osculateur*, sera la limite de tous les autres, comme la tangente est celle de toutes les sécantes; mais le caractère que je viens de lui assigner, quoique suffisant pour le déterminer, n'offrant rien qui puisse, à l'œil, le distinguer des cercles simplement tangents, j'y substituerai les considérations suivantes (*).

On a vu, dans les *Éléments de Géométrie*, qu'entre un cercle et sa tangente il ne pouvait passer aucune autre droite, mais qu'il y passait une infinité de cercles. De même entre une courbe quelconque et sa tangente, on ne peut faire passer aucune autre droite; mais on peut y faire passer une infinité de cercles de rayons différents, ayant la même tangente que la courbe, et parmi lesquels il doit s'en trouver un qui, dans les environs du point de contact, s'approche plus de la courbe proposée que tous les autres.

Pour exprimer ces considérations analytiquement, soient x et y, x' et y', x'' et y'' les coordonnées de trois courbes diverses ayant un point commun, c'est-à-dire pour lequel on ait

$$x = x' = x'',\quad y = y' = y''.$$

Si l'on prend d'abord la différence des séries

$$y + \frac{dy}{dx}\frac{h}{1} + \frac{d^2y}{dx^2}\frac{h^2}{1.2} + \frac{d^3y}{dx^3}\frac{h^3}{1.2.3} + \text{etc.},$$

$$y' + \frac{dy'}{dx'}\frac{h}{1} + \frac{d^2y'}{dx'^2}\frac{h^2}{1.2} + \frac{d^3y'}{dx'^3}\frac{h^3}{1.2.3} + \text{etc.},$$

qui expriment les ordonnées des points correspondants à l'abscisse $x + h$, dans les deux premières courbes, on trouvera

(*) On peut voir dans le *Traité du Calcul différentiel et du Calcul intégral*, in-4°, tome I, n° 229, et tome III, n° 229 *a*, page 638, le calcul fondé sur cette réunion d'intersections, qui mérite d'être observée comme un *fait* remarquable de la théorie des limites.

en général

$$\left(\frac{dy}{dx}-\frac{dy'}{dx'}\right)\frac{h}{1}+\left(\frac{d^2y}{dx^2}-\frac{d^2y'}{dx'^2}\right)\frac{h^2}{1.2}$$
$$+\left(\frac{d^3y}{dx^3}-\frac{d^3y'}{dx'^3}\right)\frac{h^3}{1.2.3}+\text{etc.},$$

pour l'expression de la distance N'N (*fig.* 7) de ces courbes dans le sens des ordonnées; et, en remplaçant y' et ses coefficients différentiels par y'' et ses coefficients différentiels, on aura l'expression de la distance N''N entre la première courbe et la troisième. Soient δ' et δ'' ces deux distances : leurs expressions seront donc de la forme

$$\delta'=A'\frac{h}{1}+B'\frac{h^2}{1.2}+C'\frac{h^3}{1.2.3}+\text{etc.},$$
$$\delta''=A''\frac{h}{1}+B''\frac{h^2}{1.2}+C''\frac{h^3}{1.2.3}+\text{etc.}$$

Cela posé, dans la comparaison des séries précédentes, on pourra supprimer le facteur h, commun à tous leurs termes; et pour que $\delta'<\delta''$, c'est-à-dire que la seconde courbe s'approche plus de la première que la troisième, il faudra que

$$A'+B'\frac{h}{2}+C'\frac{h^2}{2.3}+\text{etc.}<A''+B''\frac{h}{2}+C''\frac{h^2}{2.3}+\text{etc.}$$

Cette condition, devant avoir lieu quelque petite que soit h, dépendra des valeurs relatives des premiers termes A' et A'' (62); mais si l'on posait $A'=0$, elle deviendrait

$$B'\frac{h}{2}+C'\frac{h^2}{2.3}+\text{etc.}<A''+B''\frac{h}{2}+C''\frac{h^2}{2.3}+\text{etc.},$$

et le premier membre de cette inégalité, s'évanouissant lorsque $h=0$, ce que ne fait pas le second, serait nécessairement plus petit que celui-ci, du moins pour une valeur de h très-petite, tant que A'' ne serait pas nul : ainsi la seconde courbe s'approcherait toujours plus de la première que la troisième.

Mais si l'on avait en même temps $A''=0$, la condition à remplir, dans la situation respective assignée aux trois courbes, serait

$$B'\frac{h}{2}+C'\frac{h^2}{2.3}+\text{etc.}<B''\frac{h}{2}+C''\frac{h^2}{2.3}+\text{etc.};$$

en y supprimant le facteur commun $\frac{h}{2}$, elle deviendrait

$$B' + C'\frac{h}{3} + \text{etc.} < B'' + C''\frac{h}{3} + \text{etc.},$$

et si l'on posait $B' = 0$, elle aurait lieu tant que B'' ne serait pas nul.

Cet examen, qu'on peut pousser aussi loin qu'on voudra, fait voir que si l'expression de δ' commence par un terme où l'exposant de h surpasse celui que porte cette lettre dans l'expression de δ'', on aura toujours $\delta' < \delta''$, h étant très-petite.

Quand la seconde courbe est telle, qu'au point M on a les n équations

$$y' = y, \quad \frac{dy'}{dx'} = \frac{dy}{dx}, \quad \frac{d^2y'}{dx'^2} = \frac{d^2y}{dx^2}, \ldots, \quad \frac{d^{n-1}y'}{dx'^{n-1}} = \frac{d^{n-1}y}{dx^{n-1}},$$

les $n-1$ premiers termes de l'expression de δ' s'évanouissent, et elle commence alors par le terme affecté de h^n. Si donc la troisième courbe n'établissait l'égalité entre y'', y et leurs coefficients différentiels que jusqu'à l'ordre $n-2$ inclusivement, l'expression de δ'' commencerait au terme affecté de h^{n-1}; on aurait $\delta' < \delta''$, et par conséquent la seconde courbe s'approcherait plus de la première que la troisième.

76. Supposons maintenant que la seconde courbe soit seulement donnée d'espèce, c'est-à-dire que les constantes qui entrent dans son équation soient indéterminées; on pourra, par le moyen de ces constantes, satisfaire à un pareil nombre des conditions indiquées ci-dessus, et la courbe déterminée de cette manière sera telle, qu'aucune des courbes qui ne remplissent pas autant de ces conditions ne pourra passer entre elle et la première courbe.

Soit, pour premier exemple, l'équation générale de la ligne droite

$$y' = \alpha x' + \beta, \quad \text{qui donne} \quad \frac{dy'}{dx'} = \alpha;$$

en changeant x' en x, les équations

$$y' = y, \quad \frac{dy'}{dx'} = \frac{dy}{dx} \quad \text{deviendront} \quad y = \alpha x + \beta, \quad \frac{dy}{dx} = \alpha,$$

desquelles on tirera les valeurs de α et de β, et l'on aura

$$y'-y=\frac{dy}{dx}(x'-x),$$

pour l'équation de la tangente, comme dans le nº 68.

Si la courbe MN' est le cercle représenté par l'équation

$$(x'-\alpha)^2+(y'-\beta)^2=\gamma^2 \quad (\textit{Trig.}, 94),$$

en la différentiant deux fois de suite, il en résultera

$$\begin{aligned} (x'-\alpha)\,dx'+(y'-\beta)\,dy' &= 0,\\ dx'^2+dy'^2+(y'-\beta)\,d^2y' &= 0, \end{aligned}$$

et il faudra qu'en changeant x' en x, dans ces trois équations, elles donnent

$$y'=y,\quad \frac{dy'}{dx'}=\frac{dy}{dx},\quad \frac{d^2y'}{dx'^2}=\frac{d^2y}{dx^2},$$

ou, ce qui revient au même, qu'elles soient satisfaites par les valeurs de x, y, dy, d^2y, relatives au point M dans la première courbe : on aura donc

$$\begin{aligned} (x-\alpha)^2+(y-\beta)^2 &= \gamma^2,\\ (x-\alpha)\,dx+(y-\beta)\,dy &= 0,\\ dx^2+dy^2+(y-\beta)\,d^2y &= 0; \end{aligned}$$

mais comme les quantités dérivées de la courbe proposée sont déterminées, puisqu'elles appartiennent à un point particulier M, il faudra que les quantités α, β, γ reçoivent des valeurs propres à vérifier les équations ci-dessus.

En tirant des deux dernières équations les valeurs de $y-\beta$ et de $x-\alpha$, pour les substituer dans la première, on trouvera

$$\begin{aligned} y-\beta &= -\frac{dx^2+dy^2}{d^2y},\\ x-\alpha &= \frac{dy}{dx}\left(\frac{dx^2+dy^2}{d^2y}\right),\\ \gamma &= \pm\frac{(dx^2+dy^2)^{\frac{3}{2}}}{dx\,d^2y}. \end{aligned}$$

77. Toutes les courbes qui ont un point commun, et dont les ordonnées ont à ce point le même coefficient différentiel, y ont une tangente commune et se touchent par conséquent;

mais elles peuvent se distinguer les unes des autres, comme le cercle qu'on vient de déterminer se distingue de tous ceux qui n'approchent pas aussi près de la courbe proposée. C'est pour cela que les contacts se divisent en ordres, suivant le nombre des coefficients différentiels consécutifs qui reçoivent la même valeur dans chaque courbe.

Le contact le plus élevé de ceux que puisse avoir en général, avec la courbe proposée, une courbe donnée seulement d'espèce, se nomme *osculation;* son ordre est marqué par le nombre de constantes moins une que renferme l'équation de cette courbe. Ainsi la tangente, qui ne peut avoir en général qu'un contact simple ou du premier ordre avec une courbe donnée, est une osculatrice du premier ordre. Le cercle, dont l'équation renferme trois constantes, peut avoir, ou un contact du premier ordre, ou un contact du second; mais ce dernier, étant le plus élevé, prend le nom d'osculation, et distingue le cercle *osculateur* de tous les cercles simplement tangents.

Une particularité remarquable du cercle osculateur D′MN′, c'est qu'en général il coupe la courbe proposée en même temps qu'il la touche. Cela se voit par la forme de l'expression de δ' dont le premier terme étant affecté de h^3, puissance impaire, change de signe avec h, et montre par conséquent que sur les abscisses $x - h$ et $x + h$, le cercle osculateur est placé dans deux sens différents, relativement à la courbe proposée et à l'axe des abscisses, c'est-à-dire au-dessous de la première d'un côté du point de contact, et de l'autre au-dessus; ce qui n'a pas lieu pour la tangente et les cercles simplement tangents, puisque l'expression de δ'' commence alors par le terme affecté de h^2.

La même considération fait voir que si le contact de deux courbes est d'un ordre pair, il doit y avoir en même temps intersection.

78. Le nombre des cercles simplement tangents est infini pour chaque point d'une courbe quelconque; car si l'on mène par ce point une normale, tous les cercles qui ont leur centre sur cette normale, et qui passent par le point pris sur la courbe proposée, ont la même tangente que cette courbe et la touchent

par conséquent; mais ce qu'il faut bien remarquer, c'est que les uns la touchent en dedans, les autres en dehors ou l'embrassent, et que le cercle osculateur sépare les premiers des seconds.

En effet, si l'on affecte les coordonnées x'', y'' aux cercles simplement tangents, comme ils ne rempliront que les conditions

$$y''=y,\quad \frac{dy''}{dx''}=\frac{dy}{dx},$$

on aura

$$\delta''=B''\frac{h^2}{1.2}+C''\frac{h^3}{1.2.3}+\text{etc.},$$

expression dont le signe dépend de celui de

$$B''=\frac{d^2y}{dx^2}-\frac{d^2y''}{dx''^2},$$

en sorte que le cercle tangent sera au-dessous de la courbe, par rapport à l'axe des x, si $\frac{d^2y''}{dx''^2}<\frac{d^2y}{dx^2}$, et au-dessus dans le cas contraire; mais entre les valeurs de α, β, γ, qui conviennent à l'un ou à l'autre de ces cas, se trouvent celles qui répondent à

$$\frac{d^2y''}{dx''^2}=\frac{d^2y}{dx^2},$$

et qui, d'après ce qu'on a vu (76), donnent le cercle osculateur.

Cette manière de le déterminer rend pour ainsi dire sensible à l'œil la relation de sa courbure avec celle de la courbe donnée, puisque la courbure de cette dernière est évidemment moindre que celle des cercles qui la touchent en dedans, et plus grande que celle des cercles qui la touchent en dehors. Aussi prend-on pour mesurer la courbure de la courbe proposée, dans un point quelconque, celle du cercle osculateur à ce point; et son rayon se nomme en conséquence *rayon de courbure*.

Voici maintenant comment on compare les cercles par rapport à leur courbure.

79. On prend, en général, pour la courbure de l'arc AEB (*fig.* 8), d'une courbe quelconque, l'angle DCB formé par les

deux tangentes menées aux extrémités de cet arc. Dans le cercle, l'angle DCB est égal à l'angle AOB, formé par les rayons OA et OB, menés aux extrémités de l'arc, et par conséquent le même pour tous les arcs égaux, pris dans le même cercle. C'est ainsi qu'il faut entendre que la courbure du cercle est uniforme.

Cela posé, si l'on compare deux arcs de même longueur dans deux cercles différents, en nommant a cette longueur, r et r' les rayons des cercles, π le rapport de la circonférence au diamètre, on aura pour le nombre de degrés centésimaux de l'arc dont la longueur est a, sur chacun de ces cercles, les expressions

$$\frac{400^\circ . a}{2\pi r}, \quad \frac{400^\circ . a}{2\pi r'},$$

qui sont dans le rapport de $\frac{1}{r}$ à $\frac{1}{r'}$, ou $:: r' : r$, c'est-à-dire en raison inverse des rayons des cercles donc l'arc proposé fait partie.

Quant aux différents arcs du même cercle, leur courbure est évidemment en raison de leur longueur; et si l'on prenait pour unité de courbure celle de l'arc de même longueur que le rayon, dans le cercle dont le rayon est 1, la courbure de l'arc a, dans le cercle dont le rayon est r, serait mesurée par $\frac{a}{r}$.

80. Les coordonnées α et β du centre du cercle osculateur, étant, ainsi que son rayon γ, des fonctions de x, varient à chaque point de la courbe proposée, l'ensemble de toutes les positions de ce centre forme une courbe FZ (*fig.* 9), dont les coordonnées sont α et β, et qui jouit de plusieurs propriétés remarquables, qu'on déduit aisément des équations

$$(x-\alpha)^2 + (y-\beta)^2 = \gamma^2, \tag{1}$$

$$(x-\alpha)\,dx + (y-\beta)\,dy = 0, \tag{2}$$

$$dx^2 + dy^2 + (y-\beta)\,d^2y = 0, \tag{3}$$

trouvées dans le n° 76.

1°. La relation entre α et β, ou l'équation de la courbe FZ, s'obtient en éliminant x et y entre l'équation de la courbe proposée et les équations (2) et (3), après qu'on a mis dans celles-ci les valeurs de dy et de d^2y.

2°. La deuxième équation, donnant

$$\beta - y = -\frac{dx}{dy}(\alpha - x),$$

est celle de la normale menée du point dont les coordonnées sont α et β (68), c'est-à-dire du point O de la courbe FZ, au point M de la courbe proposée DX.

3°. En différentiant les deux premières équations non-seulement par rapport à x, y, mais encore par rapport aux quantités α, β et γ, en tant que ces dernières sont des fonctions de x, on aura

$$(x-\alpha)\,dx + (y-\beta)\,dy - (x-\alpha)\,d\alpha - (y-\beta)\,d\beta = \gamma\,d\gamma,$$
$$dx^2 + dy^2 + (y-\beta)\,d^2y - d\alpha\,dx - d\beta\,dy = 0.$$

Les équations (2) et (3) réduisent celles-ci à

$$(4) \qquad -(x-\alpha)\,d\alpha - (y-\beta)\,d\beta = \gamma\,d\gamma,$$
$$(5) \qquad -d\alpha\,dx - d\beta\,dy = 0;$$

la dernière donne $\frac{d\alpha}{d\beta} = -\frac{dx}{dy}$, expression qui change l'équation

$$\beta - y = -\frac{dx}{dy}(\alpha - x),$$

en

$$y - \beta = \frac{d\beta}{d\alpha}(x - \alpha),$$

d'où il suit que la normale MO est tangente à la courbe dont les coordonnées sont α et β (9 et 68), c'est-à-dire à la courbe FZ.

4°. Si l'on met cette dernière valeur de $y - \beta$ dans les équations (1) et (4), et qu'on élimine ensuite $x - \alpha$, on aura

$$d\gamma^2 = d\alpha^2 + d\beta^2, \quad \text{et} \quad \frac{d\gamma}{d\alpha} = \sqrt{1 + \frac{d\beta^2}{d\alpha^2}},$$

coefficient différentiel de γ, par rapport à la variable α; or, cette expression est aussi celle du coefficient différentiel de l'arc de la courbe dont les coordonnées sont α et β (64); et il résulte de cette identité, que le rayon du cercle osculateur varie par les mêmes différences que l'arc de la courbe FZ (23), propriété qui mérite la plus grande attention.

En effet, le rayon MO du cercle osculateur au point M, étant tangent à la courbe FZ, a nécessairement la même direction que celle que prendrait un fil enveloppé autour de la convexité de cette courbe, lorsqu'en le développant, on serait parvenu au point O. On remarquera qu'en poursuivant le développement de O en O', ce fil s'allongerait d'une quantité égale à l'arc OO' de la courbe FZ; et comme, par ce qui précède, la différence des rayons OM et O'M' est aussi égale au même arc OO', il s'ensuit que le bout M du fil se trouverait encore en M' sur la courbe proposée, qu'il n'aurait pas quittée dans le développement effectué depuis l'un de ces points jusqu'à l'autre : on peut donc regarder la courbe DX comme engendrée par le développement de la courbe FZ.

Ce procédé a une grande analogie avec la description du cercle : c'est la courbe FZ qui fait l'office de centre ; et le rayon MO, au lieu d'être constant, varie pour chaque point. La courbe FZ s'appelle la *développée*, la courbe DX, la *développante*, et le rayon du cercle osculateur, rayon de la *développée* (*).

Il est à propos de remarquer aussi que la développée est la *limite* des intersections des normales de la courbe proposée, prises deux à deux consécutivement, puisque le point K, intersection des deux rayons MO et M'O', qui sont perpendiculaires à la courbe DX, en M et M', s'approche d'autant plus de la courbe FZ, que les points M et M' sont plus voisins l'un de l'autre.

On déduirait de cette dernière considération toute la théorie précédente.

81. Je ne m'étendrai pas beaucoup sur l'application des formules

$$\gamma = \pm \frac{(dx^2 + dy^2)^{\frac{3}{2}}}{dx\, d^2y},$$

$$x - \alpha = \frac{dy\,(dx^2 + dy^2)}{dx\, d^2y},$$

$$y - \beta = -\frac{dx^2 + dy^2}{d^2y},$$

(*) C'est par cette dernière considération qu'Huygens a déterminé le cercle osculateur, qu'il a remarqué le premier; et elle peut conduire aussi aux formules du n° 76 ; mais ce point de vue, séparant la recherche du cercle osculateur de la théorie générale des contacts des courbes, dont elle doit faire partie, est trop borné pour l'état actuel de la science.

parce qu'elle n'a aucune difficulté, lorsqu'on possède bien le mécanisme du Calcul différentiel.

La valeur de γ étant susceptible du double signe $\pm$, on peut demander lequel des deux il faut employer; car il est bien visible qu'en général, à chaque point de la courbe, il n'y a qu'un seul rayon de courbure; et ce rayon, n'étant pas dirigé suivant l'ordonnée ou l'abscisse, excepté dans quelques cas particuliers, n'a pas, à proprement parler, de signe par rapport à ces lignes. La détermination de celui dont on l'affecte ordinairement dépend de la convention qu'on a établie sur le sens de la courbure par rapport à la normale. Si l'on veut que le rayon de courbure soit positif pour les courbes dont la concavité est tournée vers l'axe des abscisses, comme la valeur de $\frac{d^2y}{dx^2}$ est alors négative (62), il faut affecter l'expression de γ du signe —; et dans ce cas, le rayon de courbure deviendra négatif si la concavité de la courbe passe du côté opposé, parce qu'il change de signe avec $\frac{d^2y}{dx^2}$. Pour se conformer à cette convention, on pourra supposer, dans les applications,

$$\gamma = -\frac{(dx^2 + dy^2)^{\frac{3}{2}}}{dx\, d^2y}.$$

L'équation générale des lignes du second degré,

$$y^2 = mx + nx^2,$$

conduisant à

$$dy = \frac{(m+2nx)dx}{2y}, \quad dx^2 + dy^2 = \frac{[4y^2 + (m+2nx)^2]dx^2}{4y^2},$$

$$d^2y = \frac{2ny\,dx^2 - (m+2nx)\,dx\,dy}{2y^2} = \frac{[4ny^2 - (m+2nx)^2]\,dx^2}{4y^3},$$

il en résultera

$$\gamma = -\frac{[4y^2 + (m+2nx)^2]^{\frac{3}{2}}}{2[4ny^2 - (m+2nx)^2]}.$$

Si l'on remplace y^2 par sa valeur, on aura

$$\gamma = \frac{[4(mx+nx^2) + (m+2nx)^2]^{\frac{3}{2}}}{2m^2}.$$

Telle est l'expression générale du rayon de courbure dans les lignes du second degré; on la particularisera en donnant à m et à n les valeurs qui conviennent à chaque espèce de ces lignes (*Trig.*, 157).

Cette expression se réduit à $\frac{1}{2}m$, lorsque $x=0$: la courbure des lignes proposées est donc, à leur sommet, la même que celle du cercle décrit d'un rayon égal au demi-paramètre (*Trig.*, 138).

En rapprochant la valeur de γ de celle qu'on a trouvée dans le n° 67 pour la normale, on verra que $\gamma=\frac{\overline{MR}^3}{\frac{1}{4}m^2}$, ou que *le rayon de courbure, dans les lignes du second degré, est égal au cube de la normale divisé par le carré du demi-paramètre.*

Dans la parabole où $n=0$, on a seulement

$$\gamma=\frac{(m^2+4mx)^{\frac{3}{2}}}{2m^2}.$$

On appliquerait de même les expressions générales de $x-\alpha$ et de $y-\beta$, et mettant pour y sa valeur, on aurait deux équations en x, α et β, desquelles, éliminant x, on déduirait l'équation en α et β, appartenant à la développée. Je n'effectuerai ce calcul que pour la parabole. On a dans ce cas

$$\mathrm{d}y=\frac{m\,\mathrm{d}x}{2y}, \qquad \mathrm{d}^2y=-\frac{m^2\mathrm{d}x^2}{4y^3},$$

et il vient

$$y-\beta=\frac{4y^3}{m^2}\left(\frac{4y^2+m^2}{4y^2}\right)=\frac{4y^3}{m^2}+y,$$

$$x-\alpha=-\frac{m}{2y}\,\frac{4y^3}{m^2}\left(\frac{4y^2+m^2}{4y^2}\right)=-\frac{4y^2+m^2}{2m};$$

on conclut de là

$$-\beta=\frac{4y^3}{m^2}, \qquad x-\alpha=-\frac{2y^2}{m}-\frac{1}{2}m;$$

mettant, dans chacune de ces équations, pour y sa valeur $m^{\frac{1}{2}}x^{\frac{1}{2}}$, on arrive à

$$-\beta=\frac{4x^{\frac{3}{2}}}{m^{\frac{1}{2}}}, \qquad x-\alpha=-2x-\frac{1}{2}m;$$

prenant ensuite la valeur de x dans le second résultat, pour la substituer dans le premier, on obtient

$$x = \frac{1}{3}\left(\alpha - \frac{1}{2}m\right), \quad \beta^2 = \frac{16}{27m}\left(\alpha - \frac{1}{2}m\right)^3:$$

la dernière de ces équations appartient à la développée de la parabole.

Si l'on y change $\alpha - \frac{1}{2}m$ en α', ce qui porte l'origine des abscisses en D (*fig.* 10), on aura cette équation très-simple, $\beta^2 = \frac{16\alpha'^3}{27m}$, qui montre que la courbe DF est une des paraboles du troisième degré (*), composée de deux branches DF et Df, dont la première engendre, par son développement, la branche AX de la parabole ordinaire XAx, et la seconde produit la branche Ax.

82. Il faut observer que, pour la description de la parabole XAx, par le développement de la courbe FDf, le fil enveloppé autour de l'une ou de l'autre des branches DF et Df doit avoir au point D, dans le prolongement de la tangente BD, une longueur AD égale au rayon de courbure au point A, c'est-à-dire à la moitié du paramètre de la parabole; tout autre point, tel que I, pris sur ce fil, produirait une courbe différente. Si le point I tombait sur le point D, le rayon de courbure de la courbe décrite alors serait nul à son origine, et par conséquent elle aurait à ce point une courbure infinie (78).

On voit aussi que, puisque la longueur de l'arc DF est égale à la différence entre le rayon de courbure correspondant MF et le rayon de courbure AD qui appartient à l'origine, la courbe FDf est *rectifiable*, c'est-à-dire qu'on peut assigner des lignes droites qui soient de la même longueur que ses arcs.

Cette remarque est générale, car puisqu'on peut toujours parvenir à l'expression du rayon de courbure des courbes algébriques, les développées de ces courbes sont toutes rectifiables.

(*) L'équation $y^2 = mx$ étant généralisée ainsi : $y^q = mx^p$, représente une famille de courbes dont la parabole ordinaire n'est qu'un cas particulier; on les nomme aussi *paraboles*, mais on les distingue par l'exposant de leur degré.

Recherche des points singuliers des courbes, et examen des valeurs particulières que les coefficients différentiels prennent dans certains cas.

83. On appelle *points singuliers* d'une courbe ceux dans lesquels elle offre quelque circonstance remarquable. Une grande partie de ces circonstances se rencontrant dans la *famille* de courbes représentée par l'équation très-simple

$$y = b + c(x - a)^m,$$

nous allons discuter particulièrement cette équation, en rapprochant toujours les considérations géométriques des considérations analytiques, pour éclaircir les unes par les autres.

La première question qui se présente est la détermination de la marche des valeurs des ordonnées y, pour savoir si elles croissent ou décroissent indéfiniment, ou bien si leur accroissement s'arrête lorsqu'elles ont atteint un certain degré de grandeur, et se change en décroissement, ou bien enfin, si, après avoir atteint un certain degré de petitesse, leur décroissement se change en accroissement. La valeur qui a lieu dans le passage de l'accroissement au décroissement, étant plus grande que celles qui la précèdent et qui la suivent immédiatement, s'appelle un *maximum;* le *minimum* est celle qui répond au point où le décroissement se change en accroissement; celle-ci est par conséquent plus petite que les valeurs qui la précèdent et qui la suivent immédiatement: je dis immédiatement, parce qu'il y a des fonctions pour lesquelles ces alternatives ont lieu plusieurs fois.

On a déjà vu, dans le n° 62, que les ordonnées positives d'une courbe sont croissantes tant que $\frac{dy}{dx}$ a une valeur positive, et qu'elles sont décroissantes dans le cas contraire. Il suit de là qu'au *maximum* ainsi qu'au *minimum*, le coefficient différentiel $\frac{dy}{dx}$ change de signe: il va du positif au négatif dans le premier cas, et du négatif au positif dans le second.

L'équation prise pour exemple donne en général

$$\frac{dy}{dx} = mc(x - a)^{m-1},$$

quantité dont le signe change avec celui de $x-a$, ou se conserve le même, suivant la nature de l'exposant m.

1°. Si cet exposant est un nombre pair, $m-1$ sera un nombre impair, et $(x-a)^{m-1}$ sera négatif quand $x<a$, positif quand $x>a$; ainsi il y aura *minimum* lorsque $x=a$, ce qu'on peut vérifier immédiatement sur la fonction y. En y faisant $x=a-h$ et $x=a+h$, on obtiendra, dans l'un et dans l'autre cas, $y=b+ch^m$, valeur $>b$ qui répond à $x=a$.

Cette dernière valeur, donnant $\frac{dy}{dx}=0$ lorsque l'exposant $m-1$ est positif, montre que la tangente est parallèle à la ligne des abscisses, ce que représente la *fig.* 11, au point M dont l'abscisse AP $=a$, et l'ordonnée PM $=b$.

Si la quantité c est négative, ce qui donne $y=b-c(x-a)^m$, tout restant d'ailleurs le même, le point M (*fig.* 12) est un *maximum*, et la tangente demeure toujours parallèle à l'axe des abscisses.

2°. Il n'y aurait ni *minimum* dans le premier cas, ni *maximum* dans le second, si l'exposant m était impair. Alors $m-1$ étant pair, $(x-a)^{m-1}$ garderait toujours le signe $+$, quel que fût celui de $x-a$; et en effet, si l'on pose successivement $x=a-h$, $x=a+h$, on trouve

$$y=b-ch^m, \quad y=b+ch^m,$$

valeurs, l'une $<b$, et l'autre $>b$ qui répond à $x=a$; cependant on a encore $\frac{dy}{dx}=0$: ce caractère n'indique donc pas nécessairement un *maximum* ou un *minimum*.

Au point M (*fig.* 13), où $x=a$, la tangente est bien encore parallèle à l'axe de abscisses, mais la courbe offre de plus une autre circonstance : sa concavité change de sens, ce qu'on voit par le changement de signe du coefficient différentiel du second ordre (62); car on a

$$\frac{d^2y}{dx^2}=m(m-1)c(x-a)^{m-2};$$

et $m-2$ étant un nombre impair, $(x-a)^{m-2}$ passe du négatif au positif, quand on va de $x<a$ à $x>a$. La figure de la courbe en M s'appelle alors *inflexion;* la tangente MT y coupe la courbe en même temps qu'elle la touche.

3°. Si m était une fraction de numérateur pair et de dénominateur impair, qu'on eût, par exemple, $m=\frac{2}{3}$, il s'ensuivrait

$$\frac{dy}{dx}=\frac{2}{3}c(x-a)^{\frac{2}{3}-1}=\frac{2c}{3(x-a)^{\frac{1}{3}}},$$

quantité qui change encore de signe avec $x-a$: et il y a en effet *minimum;* car soit qu'on change x en $a-h$ ou en $a+h$, on trouve toujours $y=b+ch^{\frac{2}{3}}$, valeur $>b$; mais alors la valeur $x=a$, au lieu de faire disparaître $\frac{dy}{dx}$, le rend infini. Cela tient à ce que, si une quantité entière ne peut changer de signe qu'en passant par zéro, une quantité fractionnaire, lorsqu'elle change de signe par son dénominateur, doit dans l'intervalle devenir infinie. L'expression $\frac{\alpha}{x}$, par exemple, donne successivement

$$\frac{\alpha}{\beta},\quad \frac{\alpha}{0},\quad -\frac{\alpha}{\beta},$$

lorsqu'on y fait $x=\beta$, $x=0$, $x=-\beta$.

Considéré sur la *fig.* 14, ce *minimum* présente une forme différente de celui de la *fig.* 11; car, $\frac{dy}{dx}$ devenant infini, la tangente MT est perpendiculaire à l'axe des abscisses. On voit d'ailleurs par l'expression

$$\frac{d^2y}{dx^2}=-\frac{2}{3}\cdot\frac{1}{3}c(x-a)^{\frac{2}{3}-2}=-\frac{2c}{9(x-a)^{\frac{4}{3}}},$$

que ce coefficient différentiel ayant une valeur négative quelle que soit x, la courbe tourne toujours sa concavité vers l'axe des abscisses, et prend par conséquent la forme indiquée dans la figure.

Le point M, où la courbe s'arrête brusquement à la réunion des parties DM et EM, se nomme *rebroussement,* et se distingue assez du point M de la *fig.* 11; mais cependant il doit être compris dans l'espèce du *minimum;* car si l'on dressait une table des valeurs numériques des ordonnées de la courbe DME, on ne verrait autre chose dans cette table, pour $x=a$, qu'un nombre plus petit que le précédent et le suivant, ce qui est bien un véritable *minimum.*

Il y a un *maximum* analogue ; l'équation

$$y = b - c(x-a)^{\frac{2}{3}},$$

en fournit un exemple (*fig.* 15).

Ainsi, pour donner une règle qui fasse connaître, sans exception, tous les points où les ordonnées d'une courbe, de croissantes deviennent décroissantes, ou *vice versâ*, il faut prescrire d'*égaler à zéro ou à l'infini l'expression de* $\frac{dy}{dx}$ *: il y aura* maximum *si la valeur de ce coefficient passe alors du positif au négatif,* minimum *dans le cas contraire.* Il n'y aurait ni *maximum* ni *minimum* s'il n'y avait pas de changement de signe, ce qui arrivera toutes les fois que le facteur qui s'évanouira, soit au numérateur, soit au dénominateur, aura pour exposant un nombre pair ou une fraction de numérateur pair.

84. Continuons l'examen des cas que présente l'équation $y = b + c(x-a)^m$. On vient de voir ce qui arrive quand m est une fraction dont le numérateur est pair et le dénominateur impair.

Si le contraire a lieu, que $m = \frac{3}{4}$, par exemple, l'équation sera

$$y = b \pm c(x-a)^{\frac{3}{4}},$$

à cause que $(x-a)^{\frac{3}{4}} = \sqrt[4]{(x-a)^3}$ est une expression radicale susceptible du double signe $\pm$; et comme cette expression devient imaginaire pour $x < a$, le point M (*fig.* 16) offre la réunion de deux branches DM et EM, placées l'une au-dessous de l'autre sur les mêmes abscisses, et touchant la ligne MP, puisque $\frac{dy}{dx}$ est infini lorsque $x = a$. Quant à $\frac{d^2y}{dx^2}$, infini aussi dans ce cas, il a, lorsque $x > a$, deux valeurs réelles, l'une correspondante à la branche ME, et de signe contraire à celui de l'ordonnée, l'autre correspondante à la branche DM, et de même signe que l'ordonnée, de sorte que la première de ces branches est concave vers l'axe AB, et la seconde convexe.

Il nous reste encore à supposer m une fraction dont le numérateur et le dénominateur soient tous deux impairs, qu'on ait, par exemple,

$$y = b + c(x-a)^{\frac{3}{5}} \ (^*).$$

Ici l'ordonnée y est réelle avant comme après le point M (*fig.* 17); $\frac{dy}{dx}$ étant infini, la courbe touche à ce point la ligne PM, et $\frac{d^2y}{dx^2}$, changeant de signe en passant de $x < a$ à $x > a$, il y a au point M une inflexion où ce coefficient différentiel est infini comme dans les cas précédents, quoique les formes soient très-différentes.

Dans les trois derniers exemples, on a pris $m < 1$: le cas contraire, $m > 1$, ne donnerait pas de formes nouvelles; et pour s'en convaincre, il suffit de voir que l'équation proposée, résolue par rapport à x, serait

$$x = a + \frac{1}{c}(y-b)^{\frac{1}{m}},$$

qui revient au changement de y en x, et réciproquement. Tout se passe par rapport à l'axe des x, de même que par rapport à l'axe des y, dans les *fig.* 14-17 : c'est comme si on avait fait faire un quart de révolution à ces figures.

Ainsi le point M de la *fig.* 16, qui est une limite de la courbe, dans le sens des abscisses AP, serait un *minimum* de la variable x, considérée comme une fonction de y: c'est la *fig.* 11, retournée d'équerre sur la droite.

Il faut observer que les points de *minimum* et de *maximum*, marqués sur les *fig.* 11, 12, 16, dépendent de la position de la tangente, par rapport aux axes des coordonnées, et qu'il n'en est pas de même des *inflexions* et des *rebroussements*, qui sont

---

(*) Les fractions dont les termes sont pairs doivent être réduites à leur plus simple expression, et rentrent ainsi dans l'un des trois cas indiqués ci-dessus.

inhérents à la courbe, et subsistent toujours, de quelque manière qu'on change la position de ces axes.

Dans les rebroussements indiqués (*fig.* 14 et 15), les deux branches se touchent par leur convexité; mais il arrive quelquefois que l'une embrasse l'autre : l'équation

$$(y - x^2)^2 = x^5$$

en offre un exemple. Si on la résout par rapport à y, on trouve

$$y = x^2 \pm x^{\frac{5}{2}},$$

et l'on aperçoit aisément que les deux branches de courbes fournies par les valeurs de y se réunissent au point A (*fig.* 18) correspondant à $x = 0$, et qu'elles ne passent point dans la partie des abscisses négatives, puisqu'alors le terme $x^{\frac{5}{2}}$ devient imaginaire; mais les expressions

$$\frac{dy}{dx} = 2x \pm \frac{5}{2} x^{\frac{3}{2}}, \qquad \frac{d^2y}{dx^2} = 2 \pm \frac{5}{2} \cdot \frac{3}{2} x^{\frac{1}{2}},$$

font voir qu'en A les deux branches ont pour tangente commune l'axe des x, et qu'elles tournent toutes deux leur convexité vers cet axe, puisqu'en faisant $x = 0$, le coefficient différentiel du premier ordre est nul, et celui du second est positif. Ce point est appelé *rebroussement de la seconde espèce*, pour le distinguer des autres.

Il est à remarquer que le coefficient du troisième ordre

$$\frac{d^3y}{dx^3} = \pm \frac{5}{2} \cdot \frac{3}{2} \cdot \frac{1}{2} x^{-\frac{1}{2}},$$

devient alors infini.

Il y a aussi des courbes où les branches qui se touchent, s'étendent de chaque côté du point de contact, soit en opposant leurs convexités (*fig.* 19), soit en s'embrassant (*fig.* 20) (*).

85. Quelquefois les branches des courbes, au lieu de se réunir en se touchant, se coupent, et ont chacune leur tangente particulière : en voici un exemple.

(*) *Voyez le Traité du Calcul différentiel et du Calcul intégral*, tome III, page 633, n° 202.

Lorsqu'on fait $x = a$, dans l'expression

$$y = b \pm (x - a)\sqrt{x - c},$$

ses deux valeurs deviennent égales : ce point est donc la réunion des deux branches de la courbe à laquelle elles appartiennent; mais quoiqu'il n'y ait plus qu'une seule ordonnée y, l'expression de

$$\frac{dy}{dx} = \pm\sqrt{x - c} \pm \frac{x - a}{2\sqrt{x - c}},$$

en se réduisant à $\pm\sqrt{a - c}$, reste encore double; la valeur positive répond à la branche supérieure, et la valeur négative à la branche inférieure; l'une et l'autre seront réelles si $a > c$, et produiront la *fig.* 21.

Les points où plusieurs branches se réunissent et se rencontrent se nomment *points multiples;* celui que nous venons d'indiquer est un point double, puisqu'il y passe deux branches.

Si l'on généralise l'expression précédente de y, dans la forme

$$y = b + (x - a)\sqrt[m]{x - c},$$

le point correspondant à $x = a$ ne sera double que pour les valeurs paires de l'exposant m, parce qu'alors seulement le radical sera susceptible du double signe $\pm$. Cette remarque, due à M. Poisson, concourt bien avec ce qu'on a vu dans les articles précédents, pour montrer qu'il n'y a que la discussion ou l'examen de la courbe, aux environs du point singulier, qui en puisse faire connaître l'espèce.

Il faut encore remarquer que si l'on faisait passer le facteur $x - a$ sous le radical, dans la première expression de y, on aurait

$$y = b + \sqrt{(x - a)^2 (x - c)},$$

$$\frac{dy}{dx} = \frac{2(x - a)(x - c) + (x - a)^2}{2\sqrt{(x - a)^2 (x - c)}},$$

et que la supposition de $x = a$ donnerait $\frac{dy}{dx} = \frac{0}{0}$, à cause du facteur $x - a$ qui, maintenant, est commun aux deux termes de fraction. En le supprimant, on retrouve

$$\frac{dy}{dx} = \frac{2(x-c)+x-a}{2\sqrt{x-c}} = \sqrt{x-c} + \frac{x-a}{2\sqrt{x-c}}.$$

86. Les courbes sont accompagnées quelquefois de points isolés qui ont le caractère des points multiples; mais on les en distingue, parce que les coefficients différentiels, y devenant imaginaires, soit dès le premier ordre, soit plus tard, montrent qu'il n'y a pas de points consécutifs (60).

Soit l'équation

$$ay^2 - x^3 + bx^2 = 0,$$

d'où l'on tire

$$y = \sqrt{\frac{x^2(x-b)}{a}},$$

$$\frac{dy}{dx} = \frac{x(3x-2b)}{2\sqrt{ax^2(x-b)}}.$$

Ici le coefficient différentiel du premier ordre devient $\frac{0}{0}$ lorsque $x=0$; mais on peut en avoir la vraie valeur en supprimant le facteur x, commun aux deux termes de la fraction, et l'on obtient

$$\frac{dy}{dx} = \frac{3x-2b}{2\sqrt{a(x-b)}};$$

faisant alors $x=0$, il en résulte

$$\frac{dy}{dx} = -\frac{2b}{2\sqrt{-ab}},$$

expression imaginaire.

Dans la même hypothèse, l'équation proposée donne $y=0$; mais cette ordonnée, qui est imaginaire lorsque x est négatif, redevient encore telle jusqu'à ce que $x=b$; ainsi le point A (*fig.* 22) est absolument détaché de la courbe, quoique compris dans son équation.

Les points de cette espèce se nomment *points conjugués;* ils résultent de ce qu'une portion finie de la courbe proposée s'évanouit par la détermination particulière de quelque constante de son équation. La courbe correspondante à l'équation

$$ay^2 - x^3 + (b-c)x^2 + bcx = 0,$$

qui donne

$$y = \pm \sqrt{\frac{x(x-b)(x-c)}{a}},$$

offre un exemple de ces changements. Elle a d'abord le cours représenté dans la *fig.* 23; la supposition de $c = 0$ réduit la partie AF au seul point A (*fig.* 22) comme on l'a vu ci-dessus; elle prend la *fig.* 24 lorsque $b = 0$, sans que c s'évanouisse, et la *fig.* 25, si l'on fait en même temps $b = 0$, $c = 0$.

La fonction

$$y = (x-a)^m (x-b)^{\frac{2n+1}{2}},$$

où m et n désignent des nombres entiers positifs, et où l'on suppose $a < b$, donne, lorsque $x = a$, $m - 1$ coefficients différentiels nuls; ce n'est qu'à l'ordre m que l'imaginaire paraît.

Les courbes ont aussi quelquefois des points singuliers qui ne sont pas visibles: ce sont ceux qui résultent d'un nombre pair d'inflexions qui se réunissent en une seule (*).

87. Toutes ces espèces de points se forment en général de la réunion de plusieurs branches, produite par l'égalité à laquelle parviennent diverses valeurs de y, ainsi que cela a lieu dans l'équation $y = b + c(x-a)^m$, quand l'exposant m est un nombre fractionnaire; mais cette circonstance amène des coefficients différentiels infinis, puisque dans l'expression

$$\frac{d^n y}{dx^n} = m(m-1)\ldots(m-n+1)\,c\,(x-a)^{m-n},$$

l'exposant $m - n$ devient négatif dès que $n > m$, et qu'à partir de ce terme, la supposition de $x = a$ rend infinis tous les coefficients différentiels.

La même chose a lieu quand la relation entre y et x est donnée par une équation où les variables sont mêlées. En effet, soit $u = 0$ une équation quelconque entre x et y; on

(*) *Voyez* pour ces points et pour ceux de *serpentement*, dont ils dérivent, le *Traité du Calcul différentiel et du Calcul intégral*, tome III, page 632, n° 190.

aura généralement

$$\frac{du}{dx}dx+\frac{du}{dy}dy=0, \text{ d'où } \frac{dy}{dx}=-\frac{\frac{du}{dx}}{\frac{du}{dy}}.$$

Mais quand une valeur particulière $x=a$ rend égales plusieurs des valeurs de y, la fonction u, qui ne contient plus alors que les quantités y et a, prenant la forme $U(y-b)^m$, conduit à

$$\frac{du}{dy}=\frac{dU}{dy}(y-b)^m+mU(y-b)^{m-1},$$

valeur qui, devenant nulle lorsque $y=b$, rend infinie celle de $\frac{dy}{dx}$ si $\frac{du}{dx}$ ne s'évanouit pas, et donne $\frac{0}{0}$ s'il s'évanouit, ce qui arrive quand il a pour facteur $x-a$ ou $y-b$.

Les équations

$$(y-b)^2-(x-a)=0, \quad (y-b)^3-(x-a)^2=0,$$

d'où l'on tire

$$\frac{dy}{dx}=\frac{1}{2(y-b)}, \quad \frac{dy}{dx}=\frac{2(x-a)}{3(y-b)^2},$$

fournissent des exemples de ces cas, lorsqu'on y fait $x=a$, d'où il résulte $y=b$; mais en mettant pour y sa valeur dans le second cas, et supprimant les facteurs communs aux deux termes de la fraction, on trouve $\frac{dy}{dx}$ infini, quand $x=a$.

88. Il est évident que lorsque les coefficients différentiels deviennent infinis, la série de Taylor, formée par ces coefficients, ne peut plus être employée; mais il n'y a pas ici plus de paradoxe que dans toutes les autres circonstances où il se manifeste des exceptions dans les formules. Lorsqu'on remonte à l'origine de ces formules, on reconnaît que le caractère qui annonce l'exception montre en même temps pourquoi elle a lieu.

En effet, la série de Taylor, exprimant le second état d'une fonction u dont la variable x a reçu l'accroissement h (23), ne doit en général renfermer que des puissances entières de h (20), tant qu'on y laisse x indéterminée; mais il n'en est pas ainsi pour toutes les valeurs particulières de cette variable. Par exemple, lorsque $x = a + h$, la fonction

$$u = b + c(x - a)^{\frac{p}{q}}$$

devient

$$u' = b + c(a + h - a)^{\frac{p}{q}} = b + ch^{\frac{p}{q}},$$

et pareille chose aura lieu toutes les fois qu'il disparaîtra une quantité soumise à un radical; car si la substitution de $x + h$, au lieu de x, change en général $\sqrt[m]{\mathrm{P}}$ en

$$\sqrt[m]{\mathrm{P} + ph + qh^2 + \text{etc.}},$$

et qu'une valeur particulière de x rende $\mathrm{P} = 0$, l'expression ci-dessus deviendra

$$\sqrt[m]{ph + qh^2 + \text{etc.}} = h^{\frac{1}{m}}(p + qh + \text{etc.})^{\frac{1}{m}},$$

dont le développement ne pourra manquer de contenir des puissances fractionnaires de l'accroissement h.

Ce changement de forme est la suite nécessaire de la réduction momentanée que la disparition du radical apporte dans le nombre des valeurs de la fonction proposée. Dans l'état général de la fonction, chaque valeur a son accroissement particulier qui la perpétue : ainsi pour

$$u = b \pm \sqrt{x - a},$$

le théorème de Taylor donne les deux séries

$$u' - u = \pm \frac{1}{2}(x - a)^{-\frac{1}{2}} h \mp \frac{1}{8}(x - a)^{-\frac{3}{2}} h^2 \pm \text{etc};$$

le signe supérieur répond à l'une des valeurs de u, et l'inférieur à l'autre. De même, quand la fonction dépend d'une équation où les variables sont mêlées, l'expression des coefficients différentiels, contenant, outre la variable indépendante, la fonction elle-même, reçoit de celle-ci autant de valeurs qu'elle en comporte (51), et le nombre des accroissements fournis par la série de Taylor demeure égal à celui des valeurs de la fonction.

Mais, dans les cas particuliers où plusieurs de ces valeurs se réduisent à une seule, il faut qu'à cette valeur unique répondent plusieurs accroissements divers, pour que la fonction puisse recouvrer toutes celles qu'elle doit avoir en général. Or, c'est ce qui résulte des puissances fractionnaires de h, parce qu'elles sont susceptibles d'un nombre de déterminations marqué par le degré du radical qui les affecte. Ainsi, dans l'exemple ci-dessus, lorsque $x = a$, on a

$$u = b, \quad u' - u = \pm h^{\frac{1}{2}};$$

les deux différences $+h^{\frac{1}{2}}$, $-h^{\frac{1}{2}}$, appliquées à la valeur unique $u = b$, reproduisent les deux valeurs que la fonction u comporte en général.

89. On voit bien ici que le coefficient différentiel de la fonction u, étant exprimé par

$$\frac{u' - u}{h} = \pm \frac{h^{\frac{1}{2}}}{h} = \pm \frac{1}{h^{\frac{1}{2}}},$$

conserve h au dénominateur et devient infini quand $h = 0$.

L'infini ne se montre pas toujours ainsi au premier coefficient différentiel; mais on le trouve, à partir d'un ordre plus ou moins élevé, dès que le développement de $u' - u$ doit renfermer des puissances fractionnaires de h.

Soit en général

$$u' = u + Ph^{\alpha} + Qh^{\beta} + \ldots + Th^{\varepsilon} + \text{etc.};$$

u' étant fonction du binôme $x + h$, on aura $\dfrac{du'}{dh} = \dfrac{du'}{dx}$ (19), équation dont chaque membre est aussi une fonction de $x + h$. Si on les différentie successivement par rapport à h et par rapport à x, il viendra

$$\frac{d^2 u'}{dh^2} = \frac{d^2 u'}{dx\,dh}, \quad \frac{d^2 u'}{dx\,dh} = \frac{d^2 u'}{dx^2}, \quad \text{d'où} \quad \frac{d^2 u'}{dh^2} = \frac{d^2 u'}{dx^2},$$

et ainsi des autres, ce qui fait voir que la fonction u' a, par rapport à h, les mêmes coefficients différentiels que par rapport à x : on passe ensuite à ceux de u, en faisant $h = 0$.

Cela posé, un terme quelconque Th^{ε} en produit, dans l'expression de $\dfrac{d^n u'}{dh^n}$, un de la forme

$$\varepsilon(\varepsilon - 1)(\varepsilon - 2)\ldots(\varepsilon - n + 1)\,T h^{\varepsilon - n}.$$

Tant que le nombre n sera au-dessous de ε, l'exposant $\varepsilon - n$

étant positif, la supposition de $h=0$ fera évanouir ce terme; et si le nombre $\varepsilon=n$, il viendra

$$\frac{d^n u'}{dh^n}=\varepsilon(\varepsilon-1)\ldots 1T;$$

mais si le nombre ε est fractionnaire, l'exposant $\varepsilon-n$ passera du positif au négatif sans s'évanouir. Dans ce dernier cas, qui a lieu dès que n surpasse ε, le terme devient infini lorsqu'on y fait $h=0$, et par conséquent aussi la valeur de $\frac{d^n u}{dx^n}$ dont il fait partie.

Il est visible que les termes à exposant fractionnaire peuvent être précédés par des termes où l'exposant est entier, ce dont la fonction très-simple

$$u=bx^m+c(x-a)^{\frac{p}{q}}$$

offre un exemple quand $\frac{p}{q}>m$, et qu'on y fait $x=a$: ses coefficients différentiels demeurent finis jusqu'à l'ordre m inclusivement.

90. Il faut bien observer que, dans ce qui précède, c'est la quantité comprise sous les radicaux qui s'anéantit; car les radicaux pourraient aussi disparaître, s'ils étaient multipliés par un facteur que la valeur particulière de x rendît nul : on en a vu un exemple au n° 85; mais ce cas ne fait point exception à la série de Taylor, parce que les radicaux qui ont disparu dans la valeur de la fonction reparaissent dans ses coefficients différentiels.

Soit, par exemple,

$$u=b\pm(x-a)^m\sqrt{x-c};$$

la supposition de $x=a$, qui rend égales les deux valeurs de u, ne fait disparaître les coefficients différentiels que jusqu'à l'ordre m exclusivement, puisqu'en opérant ici comme dans le n° 57, on trouve que tous les coefficients différentiels des ordres inférieurs contiennent le facteur $x-a$ à chacun de leurs termes, mais que

$$\frac{d^m u}{dx^m}=\pm m(m-1)\ldots 1.\sqrt{x-c}+\text{etc.}$$

Ce coefficient différentiel et ceux qui le suivent, ayant chacun deux valeurs, forment deux séries qui reproduisent les valeurs de la fonction proposée.

91. Les considérations géométriques confirment les remarques précédentes; on voit que la courbe de la *fig.* 26, qui n'a qu'une seule ordonnée au point E correspondant à l'abscisse AC, ne peut en avoir deux sur l'abscisse consécutive Ac, que parce que l'ordonnée CE reçoit deux changements distincts qe et qe' ; mais les ordonnées ce et ce' n'éprouveront plus chacune qu'un seul changement quand on partira d'une abscisse différente de AC.

La même chose arrive au point multiple G où deux branches de la courbe se coupent; l'ordonnée particulière FG éprouve aussi pour un seul accroissement d'abscisse Ff deux changements rg et rg'.

92. Non-seulement la série qui exprime le changement d'une fonction doit, dans certains cas particuliers, contenir des exposants fractionnaires, mais il peut s'en trouver aussi de négatifs.

Si l'on avait, par exemple,

$$u = \frac{\mathrm{P}}{(x-a)^m},$$

P ne renfermant pas le facteur $x-a$, le changement de x en $a+h$ donnerait

$$u' = \frac{\mathrm{P} + ph + qh^2 + \text{etc.}}{h^m},$$

expression qui contient des puissances négatives de h. C'est ce qui arrive aussi à la fonction $\mathrm{l}x$, lorsque $x=0$; et, en effet, une fonction qui devient infinie lorsque $x=a$, ne peut rentrer dans les quantités finies, quand $x=a+h$, que par un changement infini.

93. Les divers cas singuliers que nous venons d'examiner, ne tenant qu'à des valeurs particulières de la variable indépendante, ne sauraient infirmer les conclusions tirées de l'état général de la fonction; et l'on peut les éviter dans la discussion des courbes, en considérant ce qui se passe avant et après

le point dont on veut connaître la nature; en sorte que la recherche des points singuliers se réduit à cette règle aussi générale que sûre, et qui n'exige que l'emploi du Calcul différentiel : *On obtiendra généralement l'indication de l'abscisse à laquelle répond un point singulier, en cherchant dans quel cas les coefficients différentiels, à partir d'un ordre quelconque, deviennent nuls, ou infinis, ou* $\frac{0}{0}$. *On assignera l'espèce du point, 1° en examinant combien il passe de branches de la courbe à ce point, et si elles s'étendent ou non en deçà et au delà; 2° en déterminant la position de leur tangente; 3° le sens dans lequel elles tournent leur concavité* (*).

Recherche des vraies valeurs des expressions qui deviennent $\frac{0}{0}$.

94. On a vu dans ce qui précède que les coefficients différentiels se présentaient quelquefois sous la forme $\frac{0}{0}$ qui paraît indéterminée; néanmoins ils ont toujours une valeur déterminée qu'il peut être utile de connaître, et à laquelle on parvient par les principes que je vais exposer.

Supposons d'abord ces coefficients donnés immédiatement par la variable indépendante. Lorsqu'ils sont sous une forme fractionnaire, si leur numérateur et leur dénominateur ont un facteur commun, la valeur qui le fera évanouir donnera $\frac{0}{0}$: cependant il est visible que toute expression de la forme

$$\frac{P(x-a)^m}{Q(x-a)^n},$$

qui devient $\frac{0}{0}$ quand $x=a$, a néanmoins une vraie valeur qui est nulle, finie ou infinie, selon que $m>n$, $m=n$, $m<n$,

---

(*) En quittant ce sujet, je ferai observer que la marche suivie dans ce qui précède, pour déterminer les points singuliers des courbes, était déjà tracée dans le premier volume du *Traité du Calcul différentiel et du Calcul intégral*, 1re édition, et que la règle ci-dessus se trouve dans la première édition de cet abrégé.

puisqu'en effaçant les facteurs communs à ses deux termes, on obtient

$$\frac{P(x-a)^{m-n}}{Q}, \quad \text{ou} \quad \frac{P}{Q}, \quad \text{ou} \quad \frac{P}{Q(x-a)^{n-m}}.$$

Il serait bien facile d'arriver à ces résultats, si le facteur $x-a$ était en évidence comme dans l'exemple du n° 85; mais on peut toujours l'y mettre par la considération du changement des fonctions, ainsi qu'il suit.

Soit $\frac{X}{X'}$ une fraction dont le numérateur et le dénominateur s'évanouissent tous deux quand $x=a$; en substituant $a+h$, au lieu de x, les fonctions X et X' se développeront en séries de la forme

$$Ah^{\alpha}+Bh^{\beta}+\text{etc.}, \quad A'h^{\alpha'}+B'h^{\beta'}+\text{etc.},$$

et *ascendantes*, c'est-à-dire dans lesquelles les exposants α, β, etc,, iront en croissant et seront positifs, puisque ces séries devront devenir nulles dans l'hypothèse de $h=0$, qui répond à celle de $x=a$. Au lieu de la fraction proposée, on aura donc

$$\frac{Ah^{\alpha}+Bh^{\beta}+\text{etc.}}{A'h^{\alpha'}+B'h^{\beta'}+\text{etc.}},$$

expression dont les deux termes ont un facteur commun, en h, et qui peut présenter les trois cas $\alpha>\alpha'$, $\alpha=\alpha'$ et $\alpha<\alpha'$.

Dans les deux premiers, elle se réduit à

$$\frac{Ah^{\alpha-\alpha'}+Bh^{\beta-\alpha'}+\text{etc.}}{A'+B'h^{\beta'-\alpha'}+\text{etc.}};$$

et si l'on y fait $h=0$, pour revenir à la valeur que prend $\frac{X}{X'}$, quand $x=a$, le résultat est nul toutes les fois que α surpasse α', et est égal à $\frac{A}{A'}$ lorsque $\alpha=\alpha'$. Dans le troisième cas, au contraire, où $\alpha<\alpha'$, on a

$$\frac{A+Bh^{\beta-\alpha}+\text{etc.}}{A'h^{\alpha'-\alpha}+B'h^{\beta'-\alpha}+\text{etc.}},$$

ce qui devient infini par la supposition de $h=0$.

Dans tous les cas, la vraie valeur ne dépend que du premier terme de chaque série

Ainsi, pour trouver la vraie valeur des fonctions qui se présentent sous la forme indéterminée $\frac{0}{0}$, *cherchez le premier terme de chacune des séries ascendantes qui expriment le développement du numérateur et du dénominateur, lorsque* $x = a + h$; *réduisez à sa plus simple expression la nouvelle fraction formée de ces premiers termes, et faites ensuite* $h = 0$: *le résultat que vous obtiendrez sera la vraie valeur que prend la fraction proposée lorsque* $x = a$.

95. Quand le second état des fonctions X et X′, correspondant à $x = a + h$, peut se développer par le théorème de Taylor, on obtient

$$\frac{X + \frac{dX}{dx}\frac{h}{1} + \frac{d^2X}{dx^2}\frac{h^2}{1.2} + \frac{d^3X}{dx^3}\frac{h^3}{1.2.3} + \text{etc.}}{X' + \frac{dX'}{dx}\frac{h}{1} + \frac{d^2X'}{dx^2}\frac{h^2}{1.2} + \frac{d^3X'}{dx^3}\frac{h^3}{1.2.3} + \text{etc.}};$$

et si la valeur $x = a$ fait disparaître X et ses coefficients différentiels jusqu'à l'ordre m, X′ et ses coefficients différentiels jusqu'à l'ordre n, la fraction proposée se réduit à

$$\frac{\frac{d^mX}{dx^m}\frac{h^m}{1.2.3..m} + \text{etc.}}{\frac{d^nX'}{dx^n}\frac{h^n}{1.2.3...n} + \text{etc.}},$$

quantité qui sera nulle si $m > n$, infinie si $m < n$, et égale à $\frac{d^mX}{d^mX'}$ si $m = n$.

Venons aux applications.

96. 1°. La formule $\frac{x^n - 1}{x - 1}$, qui exprime la somme des n premiers termes de la progression par quotient $\div\!\div 1 : x : x^2 : x^3 :$ etc., devient $\frac{0}{0}$ quand $x = 1$; cependant cette somme, dans la progression $\div\!\div 1 : 1 : 1 : 1 :$ etc., à laquelle on est conduit alors, a une valeur déterminée, et égale à n, que la règle précédente va

nous donner aussi. En effet, après avoir différentié le numérateur et le dénominateur de l'expression $\frac{x^n - 1}{x - 1}$, on trouve $\frac{nx^{n-1}dx}{dx}$, et en écrivant 1 au lieu de x, il vient n.

2°. La vraie valeur de $\frac{ax^2 - 2acx + ac^2}{bx^2 - 2bcx + bc^2}$, dans le cas où $x = c$, ne peut s'obtenir qu'après deux différentiations, car la première donne $\frac{ax - ac}{bx - bc}$, résultat qui devient encore $\frac{0}{0}$; mais en le différentiant on trouve $\frac{a}{b}$.

3°. Si l'on cherche la valeur de la fraction

$$\frac{x^3 - ax^2 - a^2x + a^3}{x^2 - a^2},$$

lorsque $x = a$, on trouvera, après avoir différentié une fois le numérateur et le dénominateur, que le premier seul devient encore nul quand on met a au lieu de x; ce qui apprend que la vraie valeur de la fonction proposée est nulle. Le contraire aurait eu lieu pour la fonction

$$\frac{ax - x^2}{a^4 - 2a^3x + 2ax^3 - x^4}.$$

4°. La fonction transcendante $\frac{a^x - b^x}{x}$, qui devient $\frac{0}{0}$ lorsque $x = 0$, étant traitée de même, donne $a^x \mathrm{l}a - b^x \mathrm{l}b$, qui se réduit à $\mathrm{l}a - \mathrm{l}b$.

Ce résultat s'obtient tout de suite en substituant aux fonctions a^x et b^x leurs développements (27), car on trouve

$$\frac{a^x - b^x}{x} = \mathrm{l}a - \mathrm{l}b + [(\mathrm{l}a)^2 - (\mathrm{l}b)^2]\frac{x}{1.2} + \text{etc.},$$

et la supposition de $x = 0$ réduit le second membre de cette équation à son premier terme. En faisant l'opération, on remarquera qu'il y a un facteur x qui disparaît par la division.

5°. La fonction $\frac{1 - \sin x + \cos x}{\sin x + \cos x - 1}$ se réduit à $\frac{0}{0}$ lorsque l'arc $x = 1^q$; mais en y appliquant la règle, on trouve que sa vraie valeur est alors 1.

6°. J'indiquerai encore les fonctions

$$\frac{a - x - a\,\mathrm{l}\,a + a\,\mathrm{l}\,x}{a - \sqrt{2ax - x^2}} \quad \text{et} \quad \frac{x^x - x}{1 - x + \mathrm{l}\,x},$$

dont la première devient $\frac{0}{0}$ lorsque $x = a$, et la seconde lorsque $x = 1$: leurs vraies valeurs sont respectivement -1 et -2.

97. Quand les facteurs qui s'évanouissent dans les deux termes de la fraction proposée sont élevés à des puissances fractionnaires, les développements ne pouvant plus s'obtenir par la série de Taylor (88), le procédé du n° 95 ne réussit pas.

Si l'on avait, par exemple, $\frac{(x^2 - a^2)^{\frac{3}{2}}}{(x - a)^{\frac{3}{2}}}$, quoique la vraie valeur de cette fraction, lorsque $x = a$, soit $(2a)^{\frac{3}{2}}$, on n'y parviendrait jamais par la différentiation : on trouverait successivement

$$\frac{3x(x^2 - a^2)^{\frac{1}{2}}}{\frac{3}{2}(x - a)^{\frac{1}{2}}},$$

$$\frac{3(x^2 - a^2)^{\frac{1}{2}} + 3x^2(x^2 - a^2)^{-\frac{1}{2}}}{\frac{1}{2}\cdot\frac{3}{2}(x - a)^{-\frac{1}{2}}}, \text{ etc.}$$

Le premier de ces résultats devient encore $\frac{0}{0}$, quand on fait $x = a$, et la même supposition rend infinis les numérateurs et les dénominateurs de chacun des suivants. Si l'on fait disparaître les exposants négatifs, en passant au dénominateur ceux qui se trouvent dans le numérateur, et *vice versâ*, les expressions nouvelles qui naîtront de ce changement se réduiront toutes à $\frac{0}{0}$. Mais si l'on a recours au développement immédiat suivant la forme du n° 94, la fraction $\frac{(x^2 - a^2)^{\frac{3}{2}}}{(x - a)^{\frac{3}{2}}}$, devient

$$\frac{(2ah + h^2)^{\frac{3}{2}}}{h^{\frac{3}{2}}} = (2a + h)^{\frac{3}{2}};$$

en changeant x en $a+h$; et faisant $h=0$, on obtient la vraie valeur $(2a)^{\frac{3}{2}}$.

Le même procédé paraîtra quelquefois plus commode que la différentiation, dans le cas où elle peut s'employer. Ce n'est, par exemple, qu'après avoir différentié quatre fois de suite le numérateur et le dénominateur de la fraction

$$\frac{x^3-4ax^2+7a^2x-2a^3-2a^2\sqrt{2ax-a^2}}{x^2-2ax-a^2+2a\sqrt{2ax-x^2}},$$

qu'on parvient à en trouver la vraie valeur, dans le cas où $x=a$.

En écrivant $a+h$ au lieu de x, comme le prescrit la règle, il vient

$$\frac{2a^3+2a^2h-ah^2+h^3-2a^2\sqrt{a^2+2ah}}{-2a^2+h^2+2a\sqrt{a^2-h^2}},$$

réduisant en série les deux quantités radicales, on aura

$$\sqrt{a^2+2ah}=a+h-\frac{h^2}{2a}+\frac{h^3}{2a^2}-\frac{5h^4}{8a^3}+\text{etc.},$$

$$\sqrt{a^2-h^2}=a-\frac{h^2}{2a}-\frac{h^4}{8a^3}-\text{etc.}$$

La substitution de ces deux suites, dans la fraction précédente, donnera $-5a$ pour la vraie valeur cherchée.

98. Une fonction peut encore se présenter sous plusieurs formes indéterminées, différentes en apparence de $\frac{0}{0}$, mais qui, dans le fond, reviennent au même, et qu'il est bon de connaître.

1°. Le numérateur et le dénominateur de la fraction $\frac{X}{X'}$ peuvent devenir infinis en même temps; mais cette fraction étant écrite ainsi : $\frac{\frac{1}{X'}}{\frac{1}{X}}$, se réduit à $\frac{0}{0}$, lorsque X et X' sont infinis.

2°. Il peut arriver qu'on rencontre un produit composé de deux facteurs, l'un infini et l'autre nul. Soit PQ ce produit; si la supposition de $x=a$ donne $P=0$, $Q=\frac{b}{0}$, on observera que $PQ=\frac{P}{\frac{1}{Q}}$, que $\frac{1}{Q}=0$; et sous cette forme, PQ deviendra $\frac{0}{0}$.

Nous prendrons pour exemple la fonction

$$(1-x)\tang\frac{1}{2}\pi x,$$

π désignant la demi-circonférence. Quand on y fait $x=1$, le premier facteur devient nul et le second infini; mais comme

$$\frac{1}{\tang\frac{1}{2}\pi x}=\cot\frac{1}{2}\pi x,$$

on obtient

$$(1-x)\tang\frac{1}{2}\pi x=\frac{1-x}{\cot\frac{1}{2}\pi x};$$

fonction dont la vraie valeur $\frac{2}{\pi}$ se trouve par le procédé du n° **95**.

99. Si l'on demandait la valeur que reçoit la fonction $\frac{lx}{x^n}$ quand x est infini, ou, ce qui est la même chose, la limite de cette fonction, on ne pourrait y parvenir par aucun des procédés dont nous avons fait usage jusqu'à présent, à cause de l'impossibilité de réduire lx en série (**29**), et il faudrait recourir aux considérations particulières à la nature de la fonction proposée lx.

En changeant x en n et a en x, dans le développement de a^x (**27**), on aurait

$$x^n=1+\frac{nlx}{1}+\frac{n^2(lx)^2}{1.2}+\frac{n^3(lx)^3}{1.2.3}+\text{etc.},$$

d'où l'on conclurait

$$\frac{lx}{x^n}=\frac{lx}{1+\frac{nlx}{1}+\frac{n^2(lx)^2}{1.2}+\frac{n^3(lx)^3}{1.2.3}+\text{etc.}}$$

$$=\frac{1}{\frac{1}{lx}+n+\frac{n^2lx}{1.2}+\frac{n^3(lx)^2}{1.2.3}+\text{etc.}},$$

quantité qui tend à devenir nulle à mesure que x augmente, au moins tant que n n'est pas d'une petitesse comparable à celle de $\frac{1}{1x}$ (98).

Il suit de là que l'expression inverse $\frac{x^n}{1x}$ est infinie, sous les mêmes conditions.

Ceci conduit à la valeur que prend le produit $x^n 1x$, quand $x=0$; car en faisant $x=\frac{1}{y}$, on trouve $x^n 1x=-\frac{1y}{y^n}$; le second membre devenant nul lorsque y est infini, il s'ensuit que $x^n 1x=0$, lorsque $x=0$.

100. La vraie valeur des coefficients différentiels donnés par une équation où les variables sont mêlées, s'obtient d'une manière analogue, en passant aux équations différentielles des ordres supérieurs. En effet, si $\frac{du}{dx}$ et $\frac{du}{dy}$ s'anéantissaient dans le développement de

$$f(x+h, y+k)-f(x, y)=0, \quad (48),$$

il se réduirait à

$$\frac{d^2u}{dx^2}h^2+2\frac{d^2u}{dxdy}hk+\frac{d^2u}{dy^2}k^2+\text{etc.}=0;$$

en y faisant $k=\varpi h$, on aurait pour déterminer la limite de ϖ, ou $\frac{dy}{dx}$, l'équation

$$\frac{d^2u}{dx^2}+2\frac{d^2u}{dxdy}\frac{dy}{dx}+\frac{d^2u}{dy^2}\left(\frac{dy}{dx}\right)^2=0,$$

du second degré, par rapport au coefficient différentiel cherché, et donnant par conséquent deux valeurs au lieu d'une seule qu'eût fournie l'équation

$$\frac{du}{dx}+\frac{du}{dy}\frac{dy}{dx}=0,$$

si elle n'était pas devenue illusoire (48).

Il est facile de voir que si les trois fonctions

$$\frac{d^2u}{dx^2}, \quad \frac{d^2u}{dxdy}, \quad \frac{d^2u}{dy^2}$$

devenaient nulles, on tomberait sur une équation du troisième degré, et ainsi de suite.

Ces équations élevées résultent des différentiations successives de la première, en y regardant dx et dy comme constants : mais il n'est pas nécessaire de s'arrêter à cette considération, parce qu'on retrouve ces mêmes équations dans la suite des différentielles fournies par la proposée $u=0$; car la première

$$\frac{du}{dx}dx+\frac{du}{dy}dy=0,$$

étant représentée, pour abréger, par

$$Mdx+Ndy=0,$$

sa différentielle prise en y regardant y comme fonction de x, suivant la règle du n° 50, est de la forme

$$Pdx^2+Qdxdy+Rdy^2+Nd^2y=0,$$

et se réduisant à

$$Pdx^2+Qdxdy+Rdy^2=0,$$

quand $N=0$, devient du premier ordre; elle donne alors deux valeurs de dy, et par conséquent de $\frac{dy}{dx}$, au lieu d'une seule.

Si les coefficients P, Q, R s'anéantissaient aussi, il faudrait passer alors à l'équation différentielle du troisième ordre, qui deviendrait du premier. On verra bientôt des applications de cette remarque (108), c'est pourquoi je n'en donne point ici.

101. La détermination des *maximums* et des *minimums* étant l'une des plus importantes de l'analyse, je crois devoir la reprendre d'une manière générale et indépendante de la considération des courbes.

On a déjà vu (83) que *le caractère essentiel du* maximum *consiste en ce qu'il surpasse en même temps les valeurs qui le précèdent et celles qui le suivent immédiatement; le contraire a lieu pour le* minimum : *il est moindre que les valeurs qui le précèdent et qui le suivent immédiatement.*

Considérons sous la forme la plus générale le développement du second état de $u=f(x)$, lorsqu'on donne à x une valeur particulière a, et qu'on change ensuite a en $a+h$; et faisons en conséquence

$$u' = u + Ph^{\alpha} + Qh^{\beta} + Rh^{\gamma} + \text{etc.},$$

les exposants α, β, γ, etc., étant entiers ou fractionnaires, mais rangés suivant l'ordre de leur grandeur, en commençant par le plus petit. Cela posé, l'état de u, correspondant à $a-h$ se déduira de u', en écrivant $-h$ au lieu de h; et en le désignant par $u_{,}$, on aura

$$u_{,} = u + P(-h)^{\alpha} + Q(-h)^{\beta} + R(-h)^{\gamma} + \text{etc.},$$

d'où il suit que les différences entre l'état primitif u et les états précédents et suivants, seront

$$u_{,} - u = P(-h)^{\alpha} + Q(-h)^{\beta} + R(-h)^{\gamma} + \text{etc.},$$
$$u_{,} - u = Ph^{\alpha} + Qh^{\beta} + Rh^{\gamma} + \text{etc.};$$

mais elles doivent être toutes deux négatives quand u est un *maximum*, positives dans le cas contraire, et cela quelque petit que soit l'accroissement h : il faut donc, dans l'un et l'autre cas, que les premiers termes $P(-h)^{\alpha}$ et Ph^{α} soient de même signe. Or, le coefficient P étant une fonction de a, qui ne change point de signe, il faut pour que la puissance α de h n'en change pas non plus, que son exposant soit un nombre pair, ou une fraction qui, réduite à sa plus simple expression, ait un numérateur pair. On aura alors

$$u_{,} - u = Ph^{\alpha} + \text{etc.},$$
$$u' - u = Ph^{\alpha} + \text{etc.};$$

si P a par lui-même le signe +, ces deux différences seront positives, et u sera un *minimum;* si P a le signe —, ces mêmes différences seront négatives, et u sera un *maximum.*

102. Pour appliquer la remarque précédente à la détermination qui nous occupe, il faut distinguer le cas où l'exposant α est entier, de celui où il est fractionnaire.

Dans le premier cas, la série de Taylor s'accorde avec le développement de u', au moins jusqu'au terme Ph^{α} inclusivement (89), en sorte que

$$P = \frac{1}{1.2\ldots\alpha}\frac{d^\alpha u}{dx^\alpha};$$

et puisque l'exposant α doit être un nombre pair, quand u est un *maximum* ou un *minimum*, il faut d'abord que la supposition de $x = a$ fasse évanouir le coefficient différentiel $\frac{du}{dx}$, qui est d'ordre impair: a est donc une des racines de l'équation $\frac{du}{dx} = 0$. Il faut en outre que cette même valeur ne rende pas nul $\frac{d^2 u}{dx^2}$, ou que, si cela arrive, elle rende nul aussi $\frac{d^3 u}{dx^3}$, mais non pas $\frac{d^4 u}{dx^4}$, et en général, que le premier des coefficients différentiels qu'elle ne fait pas évanouir soit d'ordre pair; elle rendra alors u *maximum*, si ce dernier coefficient est négatif, et *minimum* dans le cas contraire. Voilà pour le cas où l'exposant α est entier.

S'il est fractionnaire et > 1, la valeur $x = a$, qui donne au développement de u' la forme particulière qu'il prend alors, doit anéantir tous les coefficients différentiels des ordres dont l'exposant est $< \alpha$ (89): l'équation $\frac{du}{dx} = 0$ indiquera donc encore cette valeur $x = a$; mais pour s'assurer si elle donne un *maximum* ou un *minimum*, il pourra être nécessaire de calculer *à priori* les différences $u_{,} - u$ et $u' - u$, dans la supposition de h très-petite, afin de savoir si leurs premiers termes sont de même signe et quel il est

Enfin, quand $\alpha < 1$, $\frac{du}{dx}$ devenant infini, c'est alors l'équation

$$\frac{1}{\frac{du}{dx}} = 0,$$

qui indique la valeur $x = a$, dont la propriété se discute, comme il vient d'être dit pour le cas où $\alpha > 1$. On voit encore par là, comme dans le n° 83, que *pour embrasser les différents cas de la détermination des valeurs de* x, *qui peuvent rendre la fonction* u maximum *ou* minimum, *il faut examiner toutes celles qui rendent* $\frac{du}{dx}$ *nul ou infini;* mais je pense que la manière la plus simple de faire cet examen, sera le plus souvent de chercher si $\frac{du}{dx}$ change de signe ou non (83), aux environs de la valeur trouvée pour x.

L'application des règles précédentes à la fonction

$$u = b + c(x-a)^m,$$

qui m'a servi d'exemple dans le n° 83, est trop simple pour s'y arrêter; c'est pourquoi je passerai aux questions suivantes.

103. *Partager une quantité* a *en deux parties, de manière que le produit de la puissance* m *de la première par la puissance* n *de la seconde, soit le plus grand de tous les produits semblables qu'on pourrait former.*

Soit x une des parties de a; l'autre sera $a-x$; et le produit dont on cherche le maximum étant représenté par u, on aura $u = x^m(a-x)^n$, d'où l'on tirera

$$\frac{du}{dx} = mx^{m-1}(a-x)^n - nx^m(a-x)^{n-1}$$
$$= [ma - mx - nx]\,x^{m-1}(a-x)^{n-1};$$

et en égalant à zéro chacun des facteurs de ce résultat, on trouvera

$$x = \frac{ma}{m+n}, \quad x = 0, \quad x = a.$$

La première de ces valeurs répond à un *maximum;* car lorsqu'on la substitue dans l'expression générale de $\frac{d^2u}{dx^2}$, elle donne la quantité négative

$$-\frac{m^{m-1}\,n^{n-1}\,a^{m+n-2}}{(m+n)^{m+n-3}}.$$

Les deux autres répondront à des *minimums,* lorsque m et n seront pairs, comme on peut s'en assurer par l'examen des coefficients différentiels, ou plus simplement encore, en faisant $x = \pm h$ et $x = a \pm h$. On trouvera toujours un résultat positif dans l'un et l'autre cas, quel que soit le signe qu'on donne à h, ce qui prouve que la fonction proposée, après avoir décru jusqu'à devenir nulle, ne passe point au négatif, mais qu'elle recommence à croître.

104. Je considérerai encore la fonction que y désigne dans l'équation

$$y^2 - 2mxy + x^2 - a^2 = 0,$$

dont la différentielle est

$$(y - mx)\,\mathrm{d}y - (my - x)\,\mathrm{d}x = 0 \quad (49);$$

il viendra

$$\frac{\mathrm{d}y}{\mathrm{d}x} = \frac{my - x}{y - mx},$$

d'où l'on tirera

$$my - x = 0.$$

Pour obtenir la valeur de x, il faudra combiner cette dernière équation avec la proposée; on aura par ce moyen

$$y = \frac{x}{m}, \quad \frac{x^2}{m^2} - x^2 - a^2 = 0,$$

d'où il résulte

$$x = \frac{ma}{\sqrt{1 - m^2}}, \quad y = \frac{a}{\sqrt{1 - m^2}}.$$

Il reste à examiner ce que devient le coefficient $\frac{\mathrm{d}^2 y}{\mathrm{d}x^2}$. La différentielle seconde de l'équation proposée donne la suivante,

$$(y - mx)\frac{\mathrm{d}^2 y}{\mathrm{d}x^2} + \frac{\mathrm{d}y^2}{\mathrm{d}x^2} - 2m\frac{\mathrm{d}y}{\mathrm{d}x} + 1 = 0,$$

que la supposition de $\frac{\mathrm{d}y}{\mathrm{d}x} = 0$ réduit à

$$(y - mx)\frac{\mathrm{d}^2 y}{\mathrm{d}x^2} + 1 = 0,$$

et d'où l'on tire

$$\frac{\mathrm{d}^2 y}{\mathrm{d}x^2} = -\frac{1}{y - mx};$$

puis mettant la valeur de x et celle de y, on trouve

$$\frac{d^2 y}{d x^2} = - \frac{1}{a\sqrt{1-m^2}}:$$

ce résultat étant négatif, montre que la valeur de y, déterminée ci-dessus, est un *maximum*.

Exemple de l'analyse d'une courbe.

105. On divise les lignes en différents ordres d'après le degré de leur équation. La ligne droite forme le premier ordre, parce qu'elle représente l'équation générale du premier degré à deux indéterminées. Les lignes du second et du troisième ordre sont celles dont les équations montent au second ou au troisième degré, et ainsi des autres. Newton, considérant que le premier ordre ne renfermait que la ligne droite, et que les courbes ne commençaient à se montrer que dans le second, divisa ces dernières en genres, et nomma *courbes du premier genre* les lignes du second ordre, *courbes du deuxième genre* les lignes du troisième ordre, et ainsi de suite.

Les lignes d'un même ordre se subdivisent en espèces, par la considération des principales circonstances de leur cours.

S'il était possible de résoudre les équations de tous les degrés, rien ne serait plus facile que de suivre le cours de la courbe que représente une équation algébrique quelconque. En effet, supposons que cette équation étant résolue par rapport à l'une des indéterminées qu'elle renferme, y par exemple, fournisse les différentes racines X', X'', X''', etc., qui seront nécessairement des fonctions de x et de constantes; la question se réduira à examiner en particulier le cours de chacune des lignes produites par les équations

$$y = X', \quad y = X'', \quad y = X''', \text{ etc.},$$

lorsqu'on donne à x toutes les valeurs tant positives que négatives, que peuvent admettre les fonctions X', X'', X''', etc., sans cesser d'être réelles. Ces lignes seront autant de branches de la courbe que représente l'équation proposée.

L'étendue de chaque branche sera déterminée par celle que comprennent les diverses solutions dont est susceptible l'équation qu'elle représente en particulier. Si parmi les quantités X', X'', X''', etc., il s'en trouve qui deviennent infinies, ou dans lesquelles on puisse supposer x infini, il en naîtra des branches dont le cours sera infini, puisqu'elles pourront s'éloigner indéfiniment de l'un des axes ou de tous les deux à la fois.

Dans les courbes algébriques, une branche ne s'arrête que parce que l'expression de son ordonnée devient imaginaire; mais le cours de la courbe proposée n'est pas interrompu pour cela : il arrive seulement alors que deux branches se réunissent et se continuent réciproquement. On s'en convaincra en observant que les valeurs imaginaires de y sont nécessairement en nombre pair, et que celles d'un même couple ont été réelles et égales avant de devenir imaginaires. En effet, l'équation proposée pouvant toujours se décomposer en facteurs réels du premier et du second degré, si l'on représente par $y^2-2Py+Q=0$ un de ces derniers, on verra que ses racines, $P\pm\sqrt{P^2-Q}$, ne deviennent imaginaires qu'à cause que Q devient plus grand que P^2, de moindre qu'il était d'abord, et qu'il y a par conséquent un point où les fonctions de x que désignent les lettres P et Q, sont telles que $P^2=Q$, ce qui anéantit la quantité radicale, et donne pour y deux valeurs égales.

Si plusieurs branches se coupent dans un point, il arrivera aussi qu'un pareil nombre de valeurs de y deviendront égales.

106. Soit, pour exemple, l'équation

$$y^4-96a^2y^2+100a^2x^2-x^4=0.$$

Cette équation, résoluble à la manière de celles du second degré, soit par rapport à y, soit par rapport à x, donne

$$y=\pm\sqrt{48a^2\pm\sqrt{2304a^4-100a^2x^2+x^4}};$$

et si, pour abréger, on fait

$$2304a^4-100a^2x^2+x^4=N,$$

on en tirera les quatre valeurs

$$(1)\quad y=\sqrt{48a^2+\sqrt{N}},\qquad (2)\quad y=\sqrt{48a^2-\sqrt{N}},$$

$$(3)\quad y=-\sqrt{48a^2+\sqrt{N}},\qquad (4)\quad y=-\sqrt{48a^2-\sqrt{N}},$$

dont il faut, d'après ce qui précède, examiner la marche, pour déterminer le cours des lignes qui les représentent.

On voit d'abord que les valeurs (3) et (4), ne différant de (1) et (2) que par le signe, doivent donner des branches pareilles à celles qui résultent de ces dernières, mais seulement placées au-dessous de l'axe des x. De plus, comme la fonction N ne renferme que des puissances paires de x, elle reste la même lorsqu'on y change $+x$ en $-x$; ainsi le côté négatif de l'axe des x doit offrir des parties de la courbe pareilles à celles qui sont du côté des x positifs, en sorte que cette courbe est partagée par les axes des coordonnées, en quatre parties égales et semblables : c'est aussi ce que l'on voit par l'équation même, qui ne change point, quelque signe que l'on donne à chacune des variables x et y.

Examinons donc en particulier les valeurs (1) et (2). Elles ne peuvent être réelles qu'autant que la valeur de N est positive; mais cette fonction, étant rationnelle et entière, ne saurait changer de signe qu'en passant par zéro : les racines de l'équation

$$x^4 - 100\,a^2 x^2 + 2304\,a^4 = 0,$$

seront donc les limites des valeurs que l'on peut donner à x. On trouvera que le premier membre de cette équation se décompose dans les facteurs

$$x - 6a, \quad x + 6a, \quad x - 8a, \quad x + 8a:$$

il sera donc négatif quand $x > 6a$ et $< 8a$, parce qu'alors un seul de ses facteurs changera de signe; ainsi la courbe ne s'étend point au-dessus de la partie de l'axe des abscisses comprise entre $x = 6a$ et $x = 8a$; mais depuis $x = 8a$, N deviendra positive pour toujours.

On observera ensuite qu'à

$$x = 0, \quad x = 6a, \quad x = 8a,$$

répondent, dans l'équation (1), les valeurs

$$y = \sqrt{96\,a^2}, \quad y = \sqrt{48\,a^2}, \quad y = \sqrt{48\,a^2}.$$

Cette équation fournit donc, 1° une partie DF (*fig.* 27) qui s'étend du point D, pris dans l'axe AC, au point F dont l'abscisse $AE = 6a$; 2° une autre partie HX, qui, partant du point H dont l'abscisse $AG = 8a$, s'étend à l'infini dans l'angle BAC, où les x et les y sont positifs.

L'équation (2) ne donnera, comme l'équation (1), que des valeurs imaginaires entre $x = 6a$ et $x = 8a$; mais aux valeurs

$$x = 0, \quad x = 6a, \quad x = 8a,$$

répondent

$$y = 0, \quad y = \sqrt{48a^2}, \quad y = \sqrt{48a^2},$$

qui font voir, 1° que l'équation (2) donne une partie AF qui va se joindre à la partie DF, au point F où les deux racines (1) et (2) deviennent égales; 2° que du point H, sur la partie HX fournie par l'équation (1), part une portion HK, résultant de l'équation (2) dans laquelle y décroît jusqu'à zéro, lorsque $\sqrt{N} = 48a^2$, ce qui indique le point I situé sur l'axe des x : passé ce point, $\sqrt{N}$ devenant $> 48a^2$, la valeur (2) est imaginaire pour toujours, et la portion HI finit à sa jonction avec la portion correspondante, située au-dessous de l'axe des x. L'abscisse AI est évidemment déterminée par l'équation

$$(48a^2)^2 = 2304a^4 - 100a^2x^2 + x^4,$$

qui revient à

$$x^4 - 100a^2x^2 = 0,$$

d'où l'on tire

$$x = 0 \quad \text{et} \quad x = \pm 10a.$$

L'abscisse $x = 0$ étant celle du point A déjà indiqué, c'est $x = 10a$ qui donne le point I, où se termine la partie HI.

Il est à propos de remarquer que les points A, D et I se détermineraient immédiatement par l'équation proposée, en cherchant ceux où la courbe rencontre les axes des coordonnées, et que la discussion précédente, analogue à celle de l'équation générale du second degré (*Trig.*, 111), suffit pour faire connaître l'étendue des diverses parties de la courbe, mais n'en donne pas la forme précise. C'est au contraire ce que fait l'application du Calcul différentiel, qui, de plus, abrége beaucoup la recherche des limites des branches, et a l'avantage de montrer comment cette recherche pourrait s'effectuer lors même que l'équation de la courbe proposée serait d'un degré trop élevé, pour qu'on pût obtenir l'expression générale de l'une des variables, par le moyen de l'autre.

107. Je commencerai cette nouvelle discussion par l'examen des branches infinies de la courbe proposée. L'inspection des valeurs de y (106) nous a déjà fait connaître que cette courbe a, dans chaque angle des axes des coordonnées, une branche pour laquelle les variables x et y sont infinies en même temps; mais sans recourir aux formules citées, si l'on fait $y = tx$, l'équation de cette courbe se divise par x^2, et devient

$$t^4 x^2 - 96 a^2 t^2 + 100 a^2 - x^2 = 0,$$

d'où l'on tire

$$x^2 = \frac{100 a^2 - 96 a^2 t^2}{1 - t^4},$$

résultat qui donne $x = \pm$ infini, lorsque $t = \pm 1$, et alors $y = \pm x$.

On aura ensuite (73)

$$x - y\frac{dx}{dy} = \frac{x^4 - 50 a^2 x^2 - y^4 + 48 a^2 y^2}{x^3 - 50 a^2 x},$$

$$y - x\frac{dy}{dx} = \frac{y^4 - 48 a^2 y^2 - x^4 + 50 a^2 x^2}{y^3 - 48 a^2 y},$$

expressions qui, lorsqu'on y met pour y^4 sa valeur, se réduisent à

$$\frac{50 a^2 x^2 - 48 a^2 y^2}{x^3 - 50 a^2 x}, \quad \frac{48 a^2 y^2 - 50 a^2 x^2}{y^3 - 48 a^2 y},$$

diminuent sans cesse à mesure que x et y augmentent, et dont la limite, quand x et $y = \pm$ infini, est zéro. On voit par là (73) que la courbe proposée a deux asymptotes, passant par l'origine des coordonnées. Pour achever de les déterminer, il faut prendre dans la même hypothèse la limite de l'expression de $\frac{dy}{dx}$; et formant toutes les combinaisons des signes + et —, on trouvera ± 1, ce qui montre que les asymptotes cherchées font, avec l'axe des abscisses, des angles $\pm 0^q,5$: on ne les a point tirées, afin de ne pas trop compliquer la figure.

108. Venons maintenant aux points singuliers de la courbe que nous discutons. Son équation différentielle première,

$$(y^3 - 48 a^2 y)\, dy + (50 a^2 x - x^3)\, dx = 0$$

conduit à

$$\frac{dy}{dx}=\frac{x^3-50a^2x}{y^3-48a^2y}.$$

En égalant à zéro le numérateur de ce coefficient différentiel, on trouve $x=0$ et $x^2-50a^2=0$. La première valeur de x, substituée dans l'équation proposée, donne $y=0$ et $y=\pm\sqrt{96a^2}$; mais comme, en faisant $x=0$ et $y=0$, il vient $\frac{dy}{dx}=\frac{0}{0}$, il faut, suivant le procédé du nº **100**, passer à l'équation différentielle seconde, que la supposition ci-dessus réduit à

$$-48a^2dy^2+50a^2dx^2=0,$$

d'où

$$\frac{dy}{dx}=\pm\sqrt{\frac{50}{48}}.$$

Il suit, de ces valeurs, qu'au point A la courbe est touchée par deux droites faisant avec l'axe des abscisses deux angles dont les tangentes trigonométriques sont

$$\sqrt{\frac{50}{48}}=\frac{5}{4}\sqrt{\frac{2}{3}},\quad -\sqrt{\frac{50}{48}}=-\frac{5}{4}\sqrt{\frac{2}{3}},$$

et que c'est par conséquent un point multiple (**85**).

Pour achever de connaître la forme de la courbe à ce point, il faut savoir de quel côté les branches tournent leur concavité, et déterminer en conséquence le signe de $\frac{d^2y}{dx^2}$ avant et après, ce qui pourrait entraîner des longueurs, à cause que les deux variables entrent à la fois dans son expression. On arrive plus promptement au but, en cherchant la valeur de ce coefficient donnée, pour le point même, par l'équation différentielle troisième, que la supposition de $x=0$, $y=0$, réduit à $144a^2dy\,d^2y=0$, et d'où il faut nécessairement conclure $\frac{d^2y}{dx^2}=0$, puisque $\frac{dy}{dx}$ n'est pas nul. Le second coefficient différentiel étant égal à zéro, passons au troisième qui se tire de la différentielle quatrième. Cette dernière, en y faisant x, y et d^2y nuls, se réduit à

$$-4.48a^2dy\,d^3y+6dy^4-6dx^4=0;$$

l'on en déduit alors

$$-32a^2\frac{dy}{dx}\frac{d^3y}{dx^3}+\frac{dy^4}{dx^4}-1=0,\quad \frac{d^3y}{dx^3}=\frac{\left(\frac{50}{48}\right)^2-1}{\pm 32a^2\sqrt{\frac{50}{48}}},$$

en mettant pour $\frac{dy}{dx}$ sa valeur $\pm\sqrt{\frac{50}{48}}$. Par ce moyen l'expression de la distance entre la courbe et sa tangente, pour l'abscisse $x+h$ (76), devient

$$\delta''=\pm\frac{\left(\frac{50}{48}\right)^2-1}{32a^2\sqrt{\frac{50}{48}}}\frac{h^3}{1.2.3}+\text{etc};$$

ce qui montre que la branche touchée par la droite AL, qui répond à la valeur positive de $\frac{dy}{dx}$, est au-dessus de cette droite du côté des abscisses positives, et au-dessous du côté des abscisses négatives, et que le contraire a lieu pour la branche touchée par la droite AL'; que, par conséquent, chacune des branches de la courbe subit au point A une inflexion.

109. Je reviens aux valeurs $y=\pm\sqrt{96a^2}=\pm 4a\sqrt{6}$. Elles rendent véritablement nulle l'expression de $\frac{dy}{dx}$, puisqu'elles ne font pas évanouir son dénominateur : ainsi, aux points D et D' que ces valeurs indiquent, la tangente est parallèle à l'axe des abscisses.

On reconnaîtra qu'au point D l'ordonnée est un *maximum* positif, soit en cherchant ce que devient $\frac{d^2y}{dx^2}$ (102), soit en s'assurant que l'ordonnée qui la précède et celle qui la suit immédiatement sont toutes deux plus petites. Ces deux moyens sont également faciles ici; d'abord le deuxième, puisqu'on a les valeurs de y (106), et qu'il s'agit de celles où le second radical a le signe +. Quant au premier moyen, l'équation différentielle seconde, en y faisant $x=0$, $y=\pm\sqrt{96a^2}$ et $\frac{dy}{dx}=0$, donne tout de suite la valeur de $\frac{d^2y}{dx^2}$ avec le signe — pour le point D, ce qui indique bien un *maximum*, et avec le signe + pour le point D', qu'il faut considérer comme un *minimum*, puisque toute augmentation dans le sens négatif revient à un décroissement par rapport aux quantités positives.

Il reste encore à examiner les racines de l'équation

$$x^2 - 50a^2 = 0, \quad \text{savoir} \quad x = \pm 5a\sqrt{2}.$$

En les substituant dans l'équation proposée, elles rendent imaginaires les expressions de y, et par conséquent n'appartiennent point à la courbe.

110. Cherchons maintenant les valeurs de x et de y, qui peuvent rendre infinie celle de $\frac{dy}{dx}$. Égalons pour cela son dénominateur à zéro, ce qui fournira l'équation $y^3 - 48a^2y = 0$, d'où il résulte $y = 0$ et $y = \pm\sqrt{48a^2}$. La première valeur, mise dans l'équation de la courbe, donne $100a^2x^2 - x^4 = 0$; et l'on en conclut $x = 0$, $x = \pm 10a$. La racine $x = 0$ indique encore le point multiple placé à l'origine A; les deux autres répondent aux points I et I', où la courbe rencontre de nouveau l'axe des abscisses, mais de manière que sa tangente est perpendiculaire à cet axe, puisque les valeurs $x = \pm 10a$ ne font point évanouir le numérateur de $\frac{dy}{dx}$.

On voit que ce sont les points à partir desquels les valeurs de y, où le second radical a le signe —, deviennent imaginaires pour toujours. On pourrait les considérer comme des *maximums* par rapport à la variable x et à l'axe AC; et on les constaterait par l'examen des valeurs correspondantes de $\frac{d^2x}{dy^2}$, obtenues en considérant, dans les différentiations, x comme fonction de y, au lieu de prendre y pour une fonction de x.

Les deux dernières valeurs $y = \pm\sqrt{48a^2} = \pm 4a\sqrt{3}$ conduisent à $x = \pm 6a$, $x = \pm 8a$; l'un de ces résultats fait connaître le point F et ses analogues, l'autre le point H et ses analogues. Dans tous ces points la tangente est perpendiculaire à l'axe des abscisses; et la courbe n'ayant point d'ordonnées réelles, depuis $x = 6a$ jusqu'à $x = 8a$, c'est-à-dire sur l'espace EG, cette circonstance suffit pour faire voir comment elle doit être tournée à l'égard de sa tangente, aux points F et H.

111. Après avoir déterminé la nature de tous les points singuliers indiqués par le coefficient différentiel du premier ordre, il faut encore chercher si les coefficients des ordres supérieurs n'en manifesteraient pas d'autres. Pour cela il faut considérer d'abord le coefficient différentiel du second ordre : son expression générale est

$$\frac{d^2y}{dx^2}=\frac{3x^2-50a^2-(3y^2-48a^2)\frac{dy^2}{dx^2}}{y^3-48a^2y};$$

elle devient $\frac{0}{0}$, lorsque x et y sont nuls; mais nous n'avons point à nous arrêter sur ces valeurs, puisque le point A auquel elles appartiennent est suffisamment discuté (**108**).

La supposition de $y^2-48a^2=0$, qui fait évanouir le dénominateur, ne doit pas nous arrêter non plus, parce que nous savons qu'elle répond aux points F et H (**110**); mais le numérateur étant égalé à zéro, donnera une équation qui peut indiquer d'autres valeurs que les précédentes. Cette équation est

$$3x^2-50a^2-(3y^2-48a^2)\frac{dy^2}{dx^2}=0;$$

il faut en chasser $\frac{dy}{dx}$, au moyen de son expression générale, et faire disparaître les dénominateurs; on obtiendra

$$(3x^2-50a^2)(y^3-48a^2y)^2-(3y^2-48a^2)(x^3-50a^2x)^2=0,$$

résultat auquel on peut donner la forme

$$y^2(y^2-48a^2)^2(3x^2-50a^2)-x^2(x^2-50a^2)^2(3y^2-48a^2)=0.$$

Si maintenant on observe que l'équation proposée revient elle-même à

$$(y^2-48a^2)^2-(x^2-50a^2)^2+196a^4=0,$$

et qu'on prenne dans cette équation la valeur de $(y^2-48a^2)^2$, pour la substituer dans la précédente, on trouvera, après les réductions,

$$(x^2-50a^2)^2(25y^2-24x^2)+98a^2y^2(3x^2-50a^2)=0.$$

En tirant de cette dernière la valeur de y^2 pour la substituer dans la proposée, on aura une équation finale qui ne contiendra plus que x, et dont il faudrait discuter les racines, ainsi que je l'ai fait dans les articles précédents; mais comme la marche des branches de la courbe indique suffisamment l'existence des points d'inflexion K, placés entre les points H et I, on pourrait se borner à chercher les racines comprises dans cet intervalle, pour obtenir la valeur précise de l'abscisse des points K; ce qui serait encore fort difficile, à cause du degré auquel s'élève cette équation : ainsi il sera souvent nécessaire de recourir à des moyens particuliers, pour déterminer les points singuliers des courbes. Le développement de l'ordonnée en série est un de ces moyens; mais il ne saurait entrer dans un traité élémentaire (*).

Des courbes transcendantes.

112. Je n'ai considéré jusqu'ici que des courbes algébriques; je vais maintenant faire connaître quelques-unes des *courbes transcendantes* les plus remarquables : on nomme ainsi celles dont l'équation ne peut s'obtenir en termes algébriques. Je m'occuperai d'abord de la *logarithmique*, courbe dans laquelle les ordonnées sont les logarithmes des abscisses. La manière la plus simple de la construire par points, afin de s'en former une idée, est de diviser l'axe des abscisses en parties égales, pour représenter les nombres, et de prendre dans les tables les logarithmes correspondants, pour les porter sur les ordonnées.

Suivant ce procédé, son équation est $y = \mathrm{l}x$; et quand on pose $x = 1$, il vient $y = 0$, ce qui fait voir qu'elle rencontre l'axe AB au point E (*fig.* 28), où l'abscisse AE est égale à l'unité. La branche EX, qui répond aux abscisses positives plus grandes que l'unité, est infinie, puisque les logarithmes de ces abscisses croissent toujours. Dans la partie AE, où les abscisses sont des fractions, les ordonnées sont négatives et augmentent à mesure que ces fractions diminuent, en sorte que la branche Ex a pour asymptote la partie négative Ac de l'axe des ordonnées; enfin la logarithmique ne s'étend point du côté des

(*) On en trouvera les principes dans le premier volume du Traité in-4°.

abscisses négatives, parce que leurs logarithmes sont imaginaires (*).

En faisant faire un quart de révolution à la figure, les abscisses deviennent les ordonnées; on a $x = \mathrm{l}y$. Et si a désigne la base du système, il en résulte l'équation $y = a^x$, dans laquelle les logarithmes sont les abscisses.

On peut alors, par des moyennes proportionnelles tirées du cercle, trouver autant de points qu'on voudra de la logarithmique, puisqu'aux abscisses

$$x = \tfrac{1}{2}, \quad x = \tfrac{3}{2}, \text{ etc.}, \quad x = \tfrac{1}{4}, \text{ etc.},$$

répondent les ordonnées

$$y = a^{\frac{1}{2}} = \sqrt{a.1}, \quad y = a^{\frac{3}{2}} = \frac{a\sqrt{a.1}}{1}, \text{ etc.}, \quad y = a^{\frac{1}{4}} = \sqrt{1.\sqrt{a.1}}, \text{ etc.}$$

Joignant à ces valeurs de y celles qui se présentent d'elles-mêmes, lorsque x est un nombre entier, on aura un procédé graphique très-simple pour tracer par points une logarithmique sans le secours des tables.

Il est visible que les logarithmiques ne diffèrent qu'à raison de la base ou du module du système qu'elles représentent.

113. En différentiant l'équation $y = \mathrm{l}x$, il vient

$$\frac{dy}{dx} = \frac{M}{x} \quad (28).$$

On voit par là que la tangente de cette courbe est perpendiculaire à la ligne des abscisses lorsque $x = 0$, et qu'elle ne lui est parallèle qu'en supposant x infinie (83). L'expression générale de la sous-tangente (66) donne $\mathrm{PT} = \frac{xy}{M}$; mais en chassant y, on introduit le logarithme de x: ainsi cette expression est transcendante. Cependant, en prenant la sous-tangente OD sur l'arc AC, on aura $\mathrm{OD} = \frac{x\,dy}{dx} = M$, résultat bien remarquable, puisqu'il montre que la sous-tangente OD est constante et égale au module pour tous les points de la courbe.

(*) *Voyez*, à la fin de cet ouvrage, la Note B et le premier volume du Traité in-4°.

On trouverait de même que la tangente, la sous-normale et la normale, prises par rapport à l'axe AB, sont transcendantes à cause que l'ordonnée y entre dans leur expression, mais qu'elles deviennent algébriques lorsqu'on les considère à l'égard de l'axe AC.

Pour ce qui regarde le cercle osculateur, on a

$$1+\frac{dy^2}{dx^2}=\frac{x^2+M^2}{x^2},\quad \frac{d^2y}{dx^2}=-\frac{M}{x^2},$$

d'où (81)

$$\gamma=\frac{(x^2+M^2)^{\frac{3}{2}}}{Mx},\quad y-\beta=\frac{x^2+M^2}{M},\quad x-\alpha=-\frac{x^2+M^2}{x}.$$

Je ne m'arrêterai point à considérer la développée, qui serait nécessairement transcendante ; j'observerai seulement qu'on pourrait obtenir immédiatement l'équation différentielle de cette courbe, en éliminant par le moyen des valeurs de $y-\beta$, de $x-\alpha$ et de leurs différentielles, x, dx et dy, de l'équation $dy=M\frac{dx}{x}$.

114. La *cycloïde* ou la courbe décrite par un point pris sur la circonférence d'un cercle, pendant que ce cercle roule sur une ligne droite donnée de position, est encore une courbe transcendante ; la relation entre ses ordonnées et ses abscisses dépend des arcs du cercle générateur. Voici comment on peut l'exprimer.

L'origine du mouvement du cercle étant arbitraire, je la prends au point A (*fig.* 29), où le point *décrivant* M se trouvait sur la droite AB parcourue par le cercle générateur QMG. Puisque ce cercle, en roulant, applique successivement tous les points de sa circonférence sur la droite AB, il est évident que lorsqu'il est parvenu dans une situation quelconque QMG, la distance AQ est égale à l'arc MQ, compris entre le point M, qui touchait la droite AB en A, et le point Q, qui la touche dans la position actuelle.

Si l'on élève sur AB, par le point Q, la perpendiculaire QO, qui passera par le centre du cercle générateur, et qu'on mène MN parallèle à AB, MN sera le sinus de l'arc MQ, et NQ en sera le sinus verse (*Trig.*, 5).

Posant donc

$$QO = a, \quad AP = x, \quad PM = QN = y,$$

on aura

$$x = AQ - PQ = \text{arc}\, MQ - \sin MQ, \quad y = \sin.\text{verse}\, MQ,$$
$$MN = \sin MQ = \sqrt{2ay - y^2};$$

et, en faisant usage de la notation employée sur la page 47, on écrira

$$x = \text{arc}\,(\sin.\,\text{verse} = y) - \sqrt{2ay - y^2}:$$

c'est là l'équation primitive de la cycloïde (*).

L'arc MQ peut aussi s'indiquer par son cosinus ON, ou $a - y$: on le fait disparaître par la différentiation, en se servant de la formule du n° 36, dans laquelle on change R en a, u en $a - y$, x en MQ; on trouve

$$d.\,\text{arc}\, MQ = \frac{a\,dy}{\sqrt{2ay - y^2}},$$

et l'on a ensuite

$$dx = \frac{a\,dy}{\sqrt{2ay - y^2}} - \frac{a\,dy - y\,dy}{\sqrt{2ay - y^2}},$$

puis

$$dx = \frac{y\,dy}{\sqrt{2ay - y^2}}:$$

telle est l'équation différentielle de la cycloïde.

Lorsque le point de contact est parvenu à une distance AI égale à la demi-circonférence du cercle générateur, le point décrivant se trouve en K, et son élévation au-dessus de AB

(*) Si l'on voulait construire la cycloïde par points, il serait commode d'employer les tables trigonométriques; et comme elles sont calculées dans un cercle dont le rayon est l'unité, il faudrait prendre dans ce cercle un arc t du même nombre de degrés que l'arc MQ; on aurait

$$\text{arc}\, MQ = at, \quad \sin MQ = a \sin t, \quad \sin.\text{verse}\, MQ = a \sin.\text{verse}\, t;$$

et, par conséquent,

$$x = a\,(t - \sin t), \quad y = a \sin.\text{verse}\, t,$$

ou, ce qui est la même chose,

$$x = a\, \text{arc}\left(\sin.\text{verse} = \frac{y}{a}\right) - \sqrt{2ay - y^2}.$$

est égale au diamètre de ce cercle ; il descend ensuite jusqu'au point L, où le point de contact a parcouru une distance AL égale à la circonférence entière.

La cycloïde n'est pas terminée à ce point, car rien ne limite la durée du mouvement du cercle générateur. On doit bien observer, dans la description des courbes, que les diverses parties résultantes d'une même construction ou d'un même mouvement appartiennent toutes à la même courbe. Ainsi le cercle QMG, en continuant de rouler sur la droite AB, au delà du point L, décrit une suite de portions semblables à AKL, et il faut en concevoir autant sur la gauche du point A, soit en supposant que le cercle roule en arrière de ce point, soit en considérant qu'il a pu n'y arriver qu'à la suite d'un mouvement commencé depuis un temps infini. L'équation de la courbe conduit à ces remarques, car rien n'empêche d'y supposer l'arc MQ, augmenté ou diminué d'autant de circonférences qu'on voudra. On voit d'ailleurs que y ne pourra jamais surpasser $2a$. Il suit de là que la cycloïde, conçue dans toute l'étendue qu'elle doit avoir, peut être coupée en une infinité de points par une même ligne droite.

115. Rien n'est plus facile que d'obtenir les expressions de la sous-tangente et de la tangente, de la sous-normale et de la normale dans cette courbe. On trouve, par les formules générales du n° 66,

$$PT = \frac{y^2}{\sqrt{2ay - y^2}}, \quad MT = \frac{y\sqrt{2ay}}{\sqrt{2ay - y^2}},$$

$$PR = \sqrt{2ay - y^2}, \quad MR = \sqrt{2ay}.$$

On peut construire ces valeurs d'une manière très-simple, car il est aisé de remarquer que PM ou y étant considéré comme l'abscisse QN dans le cercle générateur QMG, la valeur donnée ci-dessus pour PR est précisément celle de l'ordonnée MN de ce cercle, et que, par conséquent, la normale se confond avec la corde de l'arc MQ, comme on peut le voir aussi par l'expression de MR. Il suit de là que la tangente MT est le prolongement de la corde MG. Maintenant si l'on décrit sur IK, comme diamètre, un cercle qui sera égal au cercle générateur, et que l'on prolonge la droite MN jusqu'en m, il est visible que les cordes mI et mK seront égales et parallèles aux cordes MQ et MG. Il suffira donc, pour construire la tangente et la normale dans un point donné M, de rapporter ce point sur le cercle fixe ImK, en tirant la droite Mm parallèle à AB, et de mener ensuite MT parallèlement à mK, et MQ parallèlement à mI (*).

116. Je passe à la recherche du rayon de courbure. En différentiant l'équation

$$dx = \frac{y\,dy}{\sqrt{2ay - y^2}},$$

j'obtiens, puisque dx est constant,

$$0 = (y\,d^2y + dy^2)\sqrt{2ay - y^2} - \frac{y\,dy\,(a\,dy - y\,dy)}{\sqrt{2ay - y^2}};$$

réduisant et divisant par y, il vient

$$0 = (2ay - y^2)\,d^2y + a\,dy^2,$$

d'où je tire

$$d^2y = -\frac{a\,dy^2}{2ay - y^2}:$$

substituant cette valeur et celle de dy dans l'expression du rayon de courbure (81), je trouve, après les réductions nécessaires,

$$\gamma = 2^{\frac{3}{2}}(ay)^{\frac{1}{2}} = 2\sqrt{2ay}.$$

Ce résultat fait voir que le rayon de courbure MM′ est double de la normale MQ, et qu'il ne peut par conséquent devenir plus grand que le double du diamètre du cercle générateur, diamètre qui est à la fois l'ordonnée et la normale au point K de la cycloïde, correspondant à l'abscisse AI (114).

Les expressions de $x - \alpha$ et de $y - \beta$ donnent ensuite

$$y - \beta = 2y, \quad x - \alpha = -2\sqrt{2ay - y^2};$$

(*) Si l'on plaçait au point I l'origine des abscisses, on aurait

$$\text{PI} = \text{M}n = \text{M}m + mn;$$

mais, dans le parallélogramme MQIm, Mm = IQ, et de plus

$$\text{IQ} = \text{AI} - \text{AQ} = \text{QMG} - \text{arc QM} = \text{arc GM} = \text{arc K}m:$$

donc Mn = arc Km + sin Km, ce qui rend bien facile la construction de la courbe, par points, en donnant diverses valeurs à Km.

on conclut de là

$$y = -\beta, \quad x = \alpha - 2\sqrt{-2a\beta - \beta^2}.$$

En substituant ces valeurs dans l'équation primitive de la cycloïde, et réduisant, on obtient

$$\alpha = \text{arc}\,(\text{sin. verse} = -\beta) + \sqrt{-2a\beta - \beta^2},$$

résultat qui a beaucoup d'analogie avec cette équation. Le radical $\sqrt{-2a\beta - \beta^2}$ devient semblable à $\sqrt{2ay - y^2}$ lorsqu'on fait $\beta = -2a + \beta'$, ce qui revient à prendre, au lieu de l'ordonnée EM', toujours négative, l'ordonnée P'M' rapportée à un axe A'B', placé au-dessous de AB, à une distance $A'I = 2a$. Par cette transformation, il vient

$$\alpha = \text{arc}\,(\text{sin. verse} = 2a - \beta') + \sqrt{2a\beta' - \beta'^2};$$

puis, si l'on observe que deux arcs dont les sinus verses réunis composent le diamètre sont suppléments l'un de l'autre, et qu'on désigne la demi-circonférence par π, on pourra écrire

$$\alpha = \pi - \text{arc}\,(\text{sin. verse} = \beta') + \sqrt{2a\beta' - \beta'^2}.$$

Prenant enfin $\alpha = \pi - \alpha'$, c'est-à-dire, substituant à l'abscisse AE l'abscisse $A'P' = AI - AE$, il viendra

$$\alpha' = \text{arc}\,(\text{sin. verse} = \beta') - \sqrt{2a\beta' - \beta'^2},$$

équation d'une cycloïde dont l'origine est au point A', et décrite sur l'axe A'B' par le même cercle générateur que la proposée, mais dans le sens A'B' contraire à AB.

La même conséquence peut se tirer immédiatement de la détermination du rayon de courbure. En prolongeant la droite GQ jusqu'à ce qu'elle rencontre A'B' en Q', et menant Q'M', on formera les triangles GMQ et QM'Q' égaux entre eux : l'angle QM'Q' sera donc droit; et si l'on décrit sur QQ', comme diamètre, un cercle, il passera par le point M' et sera égal au cercle générateur. Cela posé, puisque l'arc M'Q' est le supplément de M'Q, qui lui-même est égal à MQ, on aura

$$\text{arc}\,M'Q' = QMG - \text{arc}\,MQ = AI - AQ = QI = A'Q',$$

ce qui montre bien clairement que la développée A'M'A est une cycloïde décrite par le cercle QM'Q', roulant sur A'B', de A' vers B'.

Il suit encore de ce qui précède que la cycloïde est rectifiable, puisqu'elle est elle-même sa développée et que l'expression de son rayon de courbure est algébrique; et on en déduira ce résultat curieux, que la longueur de l'arc A'M'A, ou de son égal AMK, qui compose la moitié de branche décrite par une révolution entière du cercle générateur, est précisément la même que celle de A'K, ou le double du diamètre de ce cercle.

Il faut remarquer aussi que le coefficient différentiel du second ordre $\frac{d^2 y}{dx^2}$, étant égal à $-\frac{a}{y^2}$, est toujours négatif, et qu'il devient infini, ainsi que $\frac{dy}{dx}$, quand $y=0$, ce qui arrive lorsque l'arc MQ est nul ou égal à un multiple quelconque de la circonférence ; la cycloïde est donc concave vers son axe, et les points A, L, etc., où se touchent ses différentes branches, sont des points de rebroussement de la première espèce, dans lesquels la tangente est perpendiculaire à l'axe des abscisses (83).

117. Les spirales composent encore un ordre de courbes transcendantes, remarquables par leur forme et leurs propriétés. Voici comment s'engendre celle qu'imagina Conon de Syracuse, et dont Archimède découvrit les principales propriétés.

Pendant que le rayon AO (*fig.* 30) se meut uniformément autour du centre A du cercle OGO, un point mobile, parti de ce centre, parcourt de même la ligne AO, et avec une vitesse telle, qu'il arrive au point O lorsque cette droite achève sa révolution. Il suit de là que, pour un point quelconque M de la spirale AMOM'X, le rapport de AM à AN est le même que celui de l'arc OGN à la circonférence OGO; mais comme rien ne s'oppose à ce que le point *décrivant* continue son mouvement au delà du point O sur le rayon prolongé, et que ce rayon peut lui-même faire un nombre infini de révolutions, la courbe AMO se prolongera en tournant toujours autour du point A, de manière que le rapport entre la distance de chacun de ses points au point A et le rayon du cercle soit égal au rapport qui se trouve entre l'arc parcouru par le point O, depuis le commencement du mouvement, et la circonférence entière. En M', par exemple, où le rayon AN a fait une révolution plus l'arc OGN, on aura

$$\frac{\mathrm{AM'}}{\mathrm{AN}}=\frac{\mathrm{OGO}+\mathrm{OGN}}{\mathrm{OGO}}.$$

Si donc on fait

$$\mathrm{OGN}=t, \quad \mathrm{AM}=u,$$

et que, prenant pour unité le rayon AN, on représente par 2π la circonférence OGO, il viendra $u=\frac{t}{2\pi}$.

Les variables de cette équation sont ce que les géomètres appellent des *coordonnées polaires*. Le centre A du cercle OGO se nomme le *pôle;* la ligne AM, assujettie à passer toujours par ce point, est le *rayon vecteur*, et tient lieu de l'ordonnée de la courbe, tandis que l'angle parcouru par AM et mesuré par l'arc OGN remplace l'abscisse.

Pour avoir égard aux signes de ces coordonnées, il faut d'abord prendre les arcs négatifs dans le sens contraire à celui qu'on a choisi pour les arcs positifs. Ce dernier étant, par exemple, OGO, l'autre doit être OG'O. Les valeurs négatives du rayon vecteur doivent aussi se trouver, par rapport au pôle, du côté opposé aux valeurs positives. Dans la *fig.* 31, j'ai porté les rayons vecteurs négatifs, non pas sur la partie qui passe par l'extrémité de l'arc OG'N', mais sur son prolongement A*n*; c'est ainsi que tombe la sécante trigonométrique quand elle est négative (*Trig.*, note du n° 77).

En opérant de cette manière sur la courbe précédente, on trouve une seconde branche A*mx*, et elle prend la forme tracée sur la figure.

La spirale que je viens de considérer, et qui porte le nom de *spirale d'Archimède*, n'est qu'un cas particulier des courbes que représente l'équation $u=at^n$, n désignant un exposant quelconque.

Tant que n est un nombre positif, les spirales données par l'équation $u=at^n$ prennent leur origine au point A; mais quand n est négatif, u, d'abord infini lorsque $t=0$, diminue à mesure que cet arc augmente, et à chaque nouvelle révolution le point décrivant s'approche du point A sans pouvoir jamais y atteindre.

Lorsque $n = -1$, la courbe, dont l'équation est alors $u = at^{-1}$ ou $ut = a$, et qui se nomme *spirale hyperbolique*, a en outre une asymptote droite. En effet, si l'on pose successivement

$$t = 1, \quad = \tfrac{1}{2}, \quad = \tfrac{1}{3}, \quad = \tfrac{1}{4}, \text{ etc.,}$$

les valeurs correspondantes

$$u = a, \quad = 2a, \quad = 3a, \quad = 4a, \text{ etc.,}$$

montrent que la spirale, s'éloignant de plus en plus du point A, s'approche en même temps d'une droite DE (*fig.* 32) menée, parallèlement à l'axe AO, à une distance $AD = a$; car PM, perpendiculaire sur AB, et ayant pour expression

$$u \sin \text{MAP} = u \sin t = a \frac{\sin t}{t},$$

quand on y met pour u sa valeur at^{-1}, a pour limite a lorsque $t = 0$: la spirale hyperbolique a donc aussi pour limite la droite DE.

Les valeurs négatives de t produisent une seconde branche, placée sur le prolongement AB′ du rayon AO, et ayant pour asymptote DE′, prolongement de DE. Enfin, si l'on donnait à la constante a le signe $-$, on répéterait au-dessous de BB′ la courbe que je viens d'indiquer au-dessus.

Si, dans l'équation $u^2 = at$, au lieu de la distance AM (*fig.* 30), on prenait pour u la partie MN du rayon vecteur, comprise entre le point M et la circonférence du cercle OGO, il viendrait la *spirale parabolique*, courbe que l'on formerait en roulant l'axe d'une parabole autour du cercle OGO; les ordonnées se trouveraient alors perpendiculaires à la circonférence de ce cercle et tomberaient sur ses rayons.

118. Lorsqu'on rapporte les courbes à des coordonnées polaires, le changement du rayon vecteur AM (*fig.* 33) est la partie QM′ retranchée du rayon vecteur suivant AM′ par l'arc de cercle MQ, décrit du point A comme centre, avec le rayon AM, et l'accroissement de l'angle MAO se mesure par un arc de cercle NN′, décrit d'un rayon AN égal à l'unité. On voit, comme dans le n° 60, que la différentielle première de AM est le premier terme du développement de M′Q, suivant les puissances de NN′, et les secteurs QAM, N′AN étant toujours semblables, il s'ensuit que

$$\mathrm{QM} = \mathrm{AM} \times \mathrm{NN'} = u\,\mathrm{d}t.$$

Cela posé, si l'on mène AS parallèle à la corde du petit arc de cercle QM, et qu'on prolonge jusqu'à la rencontre de cette droite la corde de l'arc MM′ de la courbe DM, on aura, par la similitude des triangles M′QM et M′AS,

$$\frac{\mathrm{QM'}}{\mathrm{QM}} = \frac{\mathrm{AM'}}{\mathrm{AS}}.$$

Lorsqu'on passe aux limites, la corde QM peut être prise pour l'arc, l'angle M′QM pouvant approcher aussi près qu'on voudra d'un droit; le triangle M′AS approche de même du triangle MAT rectangle en A, dans lequel AT est la limite de AS, et qui donne

$$\frac{\mathrm{d}u}{u\,\mathrm{d}t} = \frac{u}{\mathrm{AT}},$$

d'où l'on conclut

$$\mathrm{AT} = \frac{u^2\,\mathrm{d}t}{\mathrm{d}u}.$$

On construira la tangente en menant par le point A une perpendiculaire au rayon vecteur AM, et en portant sur cette droite la valeur de AT, donnée par la formule ci-dessus.

119. Si l'on applique cette formule à l'équation $u = at^n$, on trouvera

$$\mathrm{AT} = \frac{u^2}{nat^{n-1}} = \frac{a}{n}\,t^{n+1}.$$

Dans la spirale d'Archimède, on a $n = 1$ et $a = \frac{1}{2\pi}$; il en résulte $\mathrm{AT} = \frac{t^2}{2\pi}$ (*fig.* 30). On voit par cette expression que lorsque $t = 2\pi$, ou après une révolution du point décrivant, la sous-tangente est égale à la circonférence OGO rectifiée. Après m révolutions, $t = 2m\pi$, $\mathrm{AT} = 2m^2\pi$ ou m fois la circonférence dont le rayon est $m.\mathrm{AO}$, et qui embrasse ces m révolutions : c'est ce qu'a trouvé Archimède.

Quand $n = -1$, ce qui est le cas de la spirale hyperbolique, on a $\mathrm{AT} = -a$, c'est-à-dire que la sous-tangente de cette courbe est constante.

Je ne m'arrête point à la recherche de la sous-normale et de la normale, parce qu'on les obtient facilement lorsque la sous-tangente est connue.

J'observerai seulement que $\dfrac{\mathrm{AT}}{\mathrm{AM}} = \dfrac{u\,\mathrm{d}t}{\mathrm{d}u}$ exprime la tangente de l'angle que fait, avec le rayon vecteur AM, la droite MT, qui touche la courbe au point M, et qu'on a

$$\mathrm{MT} = \sqrt{\overline{\mathrm{AM}}^2 + \overline{\mathrm{AT}}^2} = u\sqrt{1 + \frac{u^2\,\mathrm{d}t^2}{\mathrm{d}u^2}}.$$

120. Considérons toujours le triangle rectiligne MQM′ (*fig.* 33) comme tendant sans cesse à devenir rectangle, état dont il peut approcher aussi près qu'on voudra. On en déduit

$$\mathrm{MM}' = \sqrt{\overline{\mathrm{QM}}^2 + \overline{\mathrm{QM}'}^2},$$

d'où

$$\frac{\mathrm{MM}'}{\mathrm{NN}'} = \sqrt{\frac{\overline{\mathrm{QM}}^2}{\overline{\mathrm{NN}'}^2} + \frac{\overline{\mathrm{QM}'}^2}{\overline{\mathrm{NN}'}^2}},$$

en substituant les arcs à leurs cordes ; puis observant que

$$\mathrm{NN}' = \mathrm{d}t, \qquad \mathrm{QM} = u\,\mathrm{d}t, \qquad \mathrm{QM}' = \mathrm{d}u,$$

et désignant l'arc DM par z, on obtient

$$\frac{\mathrm{d}z}{\mathrm{d}t} = \sqrt{u^2 + \frac{\mathrm{d}u^2}{\mathrm{d}t^2}} \qquad \text{et} \qquad \mathrm{d}z = \sqrt{u^2\,\mathrm{d}t^2 + \mathrm{d}u^2};$$

telle est la différentielle de l'arc DM.

L'accroissement de l'aire ADM, prise relativement aux coordonnées polaires, n'est pas un trapèze, comme dans le cas des ordonnées parallèles, mais un secteur AMM′. La limite du rapport de ce secteur avec l'arc NN′ sera la même que celle des rapports que les secteurs AMQ, AM′R, entre lesquels il se trouve compris et qui tendent vers l'égalité, ont avec le même arc NN′. On conclura donc de là que l'aire ADM étant représentée par s, son coefficient différentiel doit être

$$\frac{ds}{dt} = \frac{AM \times QM}{2NN'} = \frac{u^2}{2}, \quad \text{ou} \quad ds = \frac{u^2 dt}{2}.$$

121. La différentielle seconde d^2u sera le premier terme du développement $M''Q' - M'Q$ suivant les puissances de NN' (60); et il faut observer que lorsqu'on suppose l'arc NN' constant, ou qu'on fait toujours varier l'angle t de la même quantité, les arcs QM, Q'M' ne sont pas pour cela égaux entre eux, car ils sont de rayons différents.

On pourrait déduire de là les formules du cercle osculateur et de la développée; mais j'ai préféré d'appliquer aux courbes qui sont rapportées à des coordonnées polaires les expressions trouvées relativement aux coordonnées rectangles, parce que cette marche fournit l'occasion de transformer les coordonnées du premier système dans celles du second, ou bien de passer de celui-ci à l'autre. Cela sera d'autant plus utile, qu'on rapporte quelquefois les courbes algébriques à des coordonnées polaires; on le fait surtout à l'égard des courbes du second degré, en prenant leur foyer pour pôle.

122. Je placerai au point A (*fig.* 34), pour plus de simplicité, l'origine des coordonnées rectangles

$$AP = x, \quad PM = y;$$

et, pour fixer la position de l'axe AB des abscisses, je désignerai par m l'arc QO compris entre cet axe et le point O, origine de l'arc t. En menant PM perpendiculaire sur AB, et en observant que l'angle MAP est mesuré par l'arc NQ, égal à $t - m$, on trouvera

$$(1) \qquad x = u\cos(t - m),$$

$$(2) \qquad y = u\sin(t - m).$$

Au moyen de ces valeurs, on changera toute équation algébrique entre x et y dans une autre qui ne contiendra plus que le sinus de l'arc t, son cosinus et le rayon vecteur u.

Si l'on divise y par x, on aura

$$\frac{y}{x} = \operatorname{tang}(t - m);$$

et si l'on ajoute leurs carrés, il viendra

$$x^2 + y^2 = u^2,$$

comme le donne immédiatement le triangle APM.

En renversant les expressions ci-dessus, on en déduit

$$\cos(t - m) = \frac{x}{u}, \quad \sin(t - m) = \frac{y}{u},$$

et

$$t - m = \operatorname{arc}\left(\operatorname{tang} = \frac{y}{x}\right).$$

Avec les deux premières de celles-ci, on obtiendra des valeurs de $\cos t$ et $\sin t$ en x, y et u, qui, substituées dans une équation entre u, $\cos t$ et $\sin t$, conduiront à un résultat ne renfermant plus que x et y, puisqu'on pourra remplacer u par $\sqrt{x^2 + y^2}$.

Si, pour abréger, on suppose que la ligne AB se confonde avec la ligne AO, on aura seulement

$$\cos t = \frac{x}{u}, \quad \sin t = \frac{y}{u}, \qquad \text{d'où} \quad \operatorname{tang} t = \frac{y}{x}.$$

Lorsque l'équation en u et t, qu'on se propose de transformer, contient l'arc t lui-même, on ne peut plus obtenir une relation algébrique entre x et y, puisqu'on n'en a pas de semblable entre l'arc t, son sinus et son cosinus; mais on parvient, ainsi qu'il suit, à une équation différentielle qui ne contient plus que x, y, dx et dy.

Les équations (1) et (2), étant jointes à celles de la courbe, établissent entre les quatre variables x, y, u et t des relations telles, que trois de ces variables sont des fonctions de la quatrième. En regardant ainsi t, u et y comme des fonctions de x (46), les équations (1) et (2) donneront

$$\begin{aligned} dx &= du\cos(t - m) - u\,dt\sin(t - m), \\ dy &= du\sin(t - m) + u\,dt\cos(t - m); \end{aligned}$$

de $t - m = \operatorname{arc}\left(\operatorname{tang} = \frac{y}{x}\right)$, on tirera, par le n° 36,

$$dt = \frac{d\frac{y}{x}}{1 + \frac{y^2}{x^2}} = \frac{x\,dy - y\,dx}{x^2 + y^2};$$

on aura enfin

$$\mathrm{d}u = \mathrm{d}.\sqrt{x^2+y^2} \quad (*).$$

On pourra donc chasser de l'équation en u et t et de sa différentielle les quantités u, $\cos t$, $\sin t$, $\mathrm{d}u$ et $\mathrm{d}t$; les deux résultats qu'on obtiendra ne contenant plus que t, on le fera disparaître par l'élimination.

Soit pour exemple l'équation $u = at^n$, qui donne

$$u^{\frac{1}{n}} = a^{\frac{1}{n}} t, \qquad \frac{1}{n} u^{\frac{1}{n}-1} \mathrm{d}u = a^{\frac{1}{n}} \mathrm{d}t ;$$

les expressions de u, de $\mathrm{d}u$ et de $\mathrm{d}t$ étant indépendantes de l'angle m, il viendra, en les substituant et en réduisant au même dénominateur,

$$\frac{1}{n}(x^2+y^2)^{\frac{1}{2n}}(x\,\mathrm{d}x+y\,\mathrm{d}y) = a^{\frac{1}{n}}(x\,\mathrm{d}y - y\,\mathrm{d}x).$$

Avec cette équation on déterminerait les sous-tangentes, les tangentes, etc., des spirales, en faisant usage des formules du n° 66 ; mais puisque c'est en u et t que sont exprimées d'abord les équations de ces courbes, il sera plus simple et en même temps plus général de transformer relativement aux mêmes valeurs les formules citées, et c'est ce que je vais faire.

123. Pour obtenir ces formules, on a regardé y comme lié immédiatement à la variable x par l'équation proposée en x et y ; mais maintenant que la courbe est donnée par une équation entre les coordonnées polaires u et t, c'est l'une de ces variables qui est indépendante et dont l'accroissement doit être supposé constant. Soit donc $u = \mathrm{f}(t)$; sous ce point de vue, x et y sont des fonctions de t déterminées par les équations

$$x = u\cos(t-m), \qquad y = u\sin(t-m) \quad (122) ;$$

et, au moyen de la dernière remarque du n° 9, on peut expri-

(*) On rencontre souvent la différentielle $\mathrm{d}s$ (**120**) exprimée en coordonnées rectangles, et il est par conséquent utile de le remarquer. Elle s'obtient, en mettant pour $\mathrm{d}t$ et pour u^2 leurs valeurs trouvées ci-dessus ; il vient alors

$$\mathrm{d}s = \frac{x\,\mathrm{d}y - y\,\mathrm{d}x}{2}.$$

mer aisément les coefficients différentiels de y relatifs à x par ceux de u relatifs à t.

Pour cela, commençons par mettre les premiers en évidence, en posant

$$\mathrm{d}y = p\,\mathrm{d}x, \qquad \mathrm{d}^2y = q\,\mathrm{d}x^2;$$

alors x, y, p et q étant considérés d'abord comme des fonctions de t, on aura, par le numéro cité,

$$p = \frac{\mathrm{d}y}{\mathrm{d}x} = \frac{\frac{\mathrm{d}y}{\mathrm{d}t}}{\frac{\mathrm{d}x}{\mathrm{d}t}}, \qquad q = \frac{\mathrm{d}p}{\mathrm{d}x} = \frac{\frac{\mathrm{d}p}{\mathrm{d}t}}{\frac{\mathrm{d}x}{\mathrm{d}t}},$$

ce qui revient à

$$p = \frac{\mathrm{d}y}{\mathrm{d}x}, \qquad q = \frac{\mathrm{d}p}{\mathrm{d}x},$$

pourvu qu'on entende à présent par $\mathrm{d}x$, $\mathrm{d}y$ et $\mathrm{d}p$ des différentielles rapportées à la variable t considérée comme indépendante (*).

En effectuant, dans cette hypothèse, la différentiation de p, on obtient

$$q = \frac{\mathrm{d}p}{\mathrm{d}x} = \frac{\mathrm{d}x\,\mathrm{d}^2y - \mathrm{d}y\,\mathrm{d}^2x}{\mathrm{d}x^3}.$$

Avec ces formules, on peut maintenant transformer les expressions de la sous-tangente, de la tangente, etc., et celles qui se rapportent au centre de courbure, pourvu qu'on y ait introduit, au lieu de $\mathrm{d}y$ et de d^2y, les coefficients différentiels p et q, pour lesquels on substituera ensuite les valeurs ci-dessus.

124. On voit d'abord par la valeur de p que l'expression de la sous-tangente, comme toutes celles où il n'entre que des

(*) On peut encore parvenir au même résultat, en regardant y comme fonction de x, et x comme fonction de t; sous ce dernier point de vue, on aura (9)

$$\frac{\mathrm{d}y}{\mathrm{d}t} = \frac{\mathrm{d}y}{\mathrm{d}x}\frac{\mathrm{d}x}{\mathrm{d}t}, \quad \text{d'où} \quad p = \frac{\mathrm{d}y}{\mathrm{d}x} = \frac{\frac{\mathrm{d}y}{\mathrm{d}t}}{\frac{\mathrm{d}x}{\mathrm{d}t}},$$

de même que ci-dessus.

différentielles du premier ordre, ne doit pas changer, et que

$$PT = \frac{y}{p} \ (66), \quad \text{demeure} \quad \frac{y\,dx}{dy}, \quad \text{ou} \quad -\frac{y\,dx}{dy},$$

si l'on a égard au signe (68). En mettant pour y, dx et dy leurs valeurs (122), il vient

$$PT = -u\sin(t-m)\,\frac{du\cos(t-m) - u\,dt\sin(t-m)}{du\sin(t-m) + u\,dt\cos(t-m)}.$$

On simplifiera beaucoup ce résultat en observant que la situation de la ligne des abscisses, sur laquelle tombe la distance PT, est arbitraire, et qu'on peut, par conséquent, prendre toujours m tel, que l'arc QN soit 1^q, auquel cas l'ordonnée PM se confond avec le rayon vecteur AM, $\cos(t-m)=0$, $\sin(t-m)=1$, et PT se change en $AT' = \frac{u^2 dt}{du}$, résultat conforme à ce qu'on a vu n° **118**.

125. Si, dans la différentielle

$$dz = \sqrt{dx^2 + dy^2} \ (64)$$

de l'arc d'une courbe quelconque rapportée à des coordonnées rectangles, on substitue pour dx et dy leurs valeurs en coordonnées polaires, on aura

$$dz = \sqrt{du^2 + u^2 dt^2},$$

expression trouvée pour MM′ dans le n° **120**.

126. Passons à la recherche du rayon de courbure.

La formule

$$\gamma = -\frac{(dx^2 + dy^2)^{\frac{3}{2}}}{dx\,d^2y} \quad \text{devient} \quad \gamma = -\frac{(1+p^2)^{\frac{3}{2}}}{q},$$

lorsqu'on y remplace par $p\,dx$ et $q\,dx^2$ les différentielles dy et d^2y, encore relatives à la variable x; mettant ensuite pour p et q leurs valeurs en différentielles relatives à t, on obtient

$$\gamma = -\frac{(dx^2 + dy^2)^{\frac{3}{2}}}{dx\,d^2y - dy\,d^2x}.$$

Maintenant si l'on fait varier dx, dy et du comme des fonctions de t dans les valeurs de dx et dy (122), elles conduisent à

$$d^2x = d^2u\cos(t-m) - 2\,du\,dt\sin(t-m) - u\,dt^2\cos(t-m),$$

$$d^2y = d^2u\sin(t-m) + 2\,du\,dt\cos(t-m) - u\,dt^2\sin(t-m);$$

posant ensuite $t - m = 1^q$, comme dans le n° **124**, et par la même raison, il viendra

$$dx = -u\,dt, \qquad dy = du,$$

$$d^2x = -2\,du\,dt, \qquad d^2y = d^2u - u\,dt^2,$$

valeurs avec lesquelles on trouvera

$$\gamma = \frac{(du^2 + u^2dt^2)^{\frac{3}{2}}}{u\,dt\,d^2u - u^2dt^3 - 2\,du^2dt}.$$

127. On a coutume, lorsqu'on fait usage des coordonnées polaires, de déterminer la position du centre du cercle osculateur par celle de la normale et par la distance ME, comprise entre le point M et le pied de la perpendiculaire EF, abaissée du centre F du cercle osculateur sur la droite AM, ce qui donne quelquefois de l'élégance à la construction du rayon de courbure.

La ligne AM étant prise pour l'axe des ordonnées y, la partie AE représente l'ordonnée β de la développée (**81**); et, par conséquent,

$$\text{ME} = \text{AM} - \text{AE} = y - \beta = -\frac{dx^2 + dy^2}{d^2y},$$

expression qui devient

$$\text{ME} = -\frac{1+p^2}{q},$$

lorsqu'on y substitue $p\,dx$ et $q\,dx^2$ aux différentielles dy et d^2y, relatives à la variable x. Si l'on y met ensuite pour p et q leurs valeurs en différentielles relatives à t, on a

$$\text{ME} = -\frac{dx(dx^2+dy^2)}{dx\,d^2y - dy\,d^2x} = -\frac{u(du^2+u^2dt^2)}{ud^2u - u^2dt^2 - 2\,du^2},$$

quand on remplace dx, dy, d^2x, d^2y, par les valeurs obtenues dans le numéro précédent.

128. Pour faire une application de ces formules, je prends la *spirale logarithmique*, dont l'équation est $t = \mathrm{l}\,u$ (*). En différentiant, il vient

$$\mathrm{d}t = \mathrm{M}\frac{\mathrm{d}u}{u} \ (28), \quad \text{ou} \quad \frac{u\,\mathrm{d}t}{\mathrm{d}u} = \mathrm{M},$$

ce qui montre (119) que dans tous les points de cette courbe, la tangente fait le même angle avec le rayon vecteur.

Une seconde différentiation, effectuée sur l'équation

$$\mathrm{d}t = \frac{\mathrm{M}\,\mathrm{d}u}{u},$$

en y supposant $\mathrm{d}t$ constant, donne

$$u\,\mathrm{d}^2u - \mathrm{d}u^2 = 0, \quad \text{d'où} \quad \mathrm{d}^2u = \frac{\mathrm{d}u^2}{u};$$

et si l'on substitue dans les expressions de γ ou MF et de ME, cette valeur de d^2u, puis celle de $\mathrm{d}t$ en $\mathrm{d}u$, on aura

$$\mathrm{MF} = -\frac{u\sqrt{1+\mathrm{M}^2}}{\mathrm{M}}, \quad \mathrm{ME} = u = \mathrm{AM}.$$

Il suit de là que la droite AF (*fig.* 36) menée perpendiculairement au rayon vecteur AM, rencontrera la normale MF au centre du cercle osculateur, ou sur le point correspondant de la développée FZ.

Cette développée sera une spirale égale en tout à la proposée; car l'angle AFM étant égal à TMA, sera le même pour tous les points de la courbe FZ, comme pour ceux de la courbe AX.

On obtient l'équation de la développée, en observant que

$$\mathrm{AF} = \sqrt{\overline{\mathrm{MF}}^2 - \overline{\mathrm{AM}}^2} = \frac{u}{\mathrm{M}};$$

car si l'on fait $\frac{u}{\mathrm{M}} = u'$, d'où $u = \mathrm{M}u'$, on aura $\mathrm{l}\,u = \mathrm{l}\,\mathrm{M} + \mathrm{l}\,u'$, et par conséquent $t = \mathrm{l}\,\mathrm{M} + \mathrm{l}\,u'$, ce qui revient à $t' = \mathrm{l}\,u'$, lorsqu'on pose $t - \mathrm{l}\,\mathrm{M} = t'$; mais il faut observer que $t = \mathrm{ON} = \mathrm{ONP} - 1^q$.

(*) Quand, dans cette équation, on fait $t = 0$, il vient $u = 1$; ainsi la courbe passe par le point O (*fig.* 35); ensuite les valeurs de u, croissant avec celles de t, montrent que la courbe fait une infinité de révolutions en dehors du cercle ONG. Les révolutions intérieures sont produites par les valeurs négatives de t, qui donnent pour u des valeurs de plus en plus petites : la courbe s'approche donc de plus en plus du pôle A, sans jamais y arriver.

Du changement de la variable indépendante, ou comment on change la différentielle qu'on a prise pour constante, en une autre qui ne le soit plus.

129. La transformation employée dans les nos **123** et **126**, pour la détermination du cercle osculateur des courbes à coordonnées polaires, et qui consiste à changer une expression différentielle prise en regardant y comme une fonction de x, en une autre où x et y soient toutes deux envisagées comme des fonctions d'une troisième variable t, que l'on suppose indépendante, cette transformation, dis-je, étant souvent utile, il est à propos de la reprendre pour l'étendre à des expressions différentielles quelconques.

Le coefficient $p = \frac{dy}{dx}$ revient alors à

$$p = \frac{\frac{dy}{dt}}{\frac{dx}{dt}} = \frac{dy}{dx} \text{ (123)},$$

où l'on doit regarder maintenant dy et dx comme des fonctions de t, et les différentier en conséquence, ce qui donnera

$$dp = d\left(\frac{dy}{dx}\right) = \frac{dx\, d^2y - dy\, d^2x}{dx^2};$$

faisant ensuite $dp = q\,dx$, on trouvera

$$q = \frac{1}{dx}\, d\left(\frac{dy}{dx}\right) = \frac{dx\, d^2y - dy\, d^2x}{dx^3}.$$

En poursuivant de la même manière, on aura

$$dq = d\left[\frac{1}{dx}\, d\left(\frac{dy}{dx}\right)\right] = d\left(\frac{dx\, d^2y - dy\, d^2x}{dx^3}\right)$$
$$= \frac{dx^2\, d^3y - 3\,dx\, d^2x\, d^2y + 3\,dy\, d^2x^2 - dx\, dy\, d^3x}{dx^4}.$$

et posant $dq = r\,dx$, on obtiendra

$$r = \frac{dx^2\, d^3y - 3\,dx\, d^2x\, d^2y + 3\,dy\, d^2x^2 - dx\, dy\, d^3x}{dx^5}.$$

C'est ainsi que les quantités p, q, r, etc., qui sont implicitement des fonctions de x, s'expriment au moyen de dx, dy, d^2x, etc., regardées comme des fonctions de t; et en substituant ces valeurs dans quelque formule que ce soit, ramenée à ne contenir que les coefficients différentiels p, q, r, etc., on la transformera sous le point de vue général proposé.

130. Les expressions de q, r, etc., sont indéterminées, tant qu'on n'assigne aucune relation entre les variables x, y et t; mais l'effet de cette relation établit une dépendance entre d^2x et d^2y, puisque t pouvant aussi être envisagé comme une fonction de x et de y, dt en est pareillement une de ces variables et de leurs différentielles, et la supposition de dt constant emporte l'équation $d^2t = 0$.

Il n'est pas même nécessaire, pour obtenir cette dernière, de connaître la relation primitive entre x, y et la variable t, qu'on veut regarder comme indépendante; il suffit d'avoir l'expression de dt.

Si l'on prenait, par exemple, pour cette variable l'arc de la courbe proposée, on aurait alors (64)

$$dt = \sqrt{dx^2 + dy^2};$$

et en différentiant dx et dy comme des fonctions de t, l'équation $d^2t = 0$ conduirait à

$$dx\,d^2x + dy\,d^2y = 0, \quad \text{d'où} \quad d^2x = -\frac{dy\,d^2y}{dx}.$$

Chassant, à l'aide de cette valeur et de ses différentielles, les différentielles d^2x, d^3x, etc., des expressions de q, r, etc., on aurait les formes que prennent ces coefficients différentiels lorsqu'on fait varier x et y en conséquence du changement de l'arc t, ou lorsqu'on regarde cet arc comme la variable indépendante, ou enfin lorsqu'on prend sa différentielle pour constante.

Soit pour exemple l'expression

$$\gamma = -\frac{(dx^2 + dy^2)^{\frac{3}{2}}}{dx\,d^2y - dy\,d^2x} \,(126);$$

en mettant pour d^2x sa valeur, on obtiendra

$$\gamma = -\frac{dx\,(dx^2 + dy^2)^{\frac{1}{2}}}{d^2y} = -\frac{dx\,dt}{d^2y},$$

résultat qui ne contiendra plus que les variables y et t, quand on y mettra pour $\mathrm{d}x$ sa valeur $\sqrt{\mathrm{d}t^2 - \mathrm{d}y^2}$.

On peut aussi faire à volonté

$$\mathrm{d}t = \mathrm{d}x, \quad \text{ou} \quad \mathrm{d}t = \mathrm{d}y,$$

d'où il résulte

$$\mathrm{d}^2x = 0, \quad \text{ou} \quad \mathrm{d}^2y = 0;$$

et par le moyen de ces hypothèses, on prend alternativement x et y pour variable indépendante, c'est-à-dire que l'on regarde y comme fonction de x, ou x comme fonction de y. Dans le premier cas,

$$q = \frac{\mathrm{d}^2y}{\mathrm{d}x^2}, \quad \text{et, dans le second,} \quad q = -\frac{\mathrm{d}y\,\mathrm{d}^2x}{\mathrm{d}x^3}.$$

Si l'on met cette dernière valeur dans l'expression

$$\gamma = -\frac{(1+p^2)^{\frac{3}{2}}}{q} \ (126),$$

on la transformera immédiatement en celle qui convient au cas où l'on regarde x comme fonction de y et qui est

$$\gamma = \frac{(\mathrm{d}x^2 + \mathrm{d}y^2)^{\frac{3}{2}}}{\mathrm{d}y\,\mathrm{d}^2x}.$$

131. On peut aussi ramener à dépendre immédiatement de x les différentielles d'une fonction y formées en prenant pour variable indépendante une fonction t, donnée en x et y. Pour cela, il suffit d'observer qu'en regardant celles-ci comme des fonctions de t, ainsi que les coefficients différentiels p, q, etc., on a encore, par le n° 123, les équations

$$\mathrm{d}y = p\,\mathrm{d}x, \quad \mathrm{d}p = q\,\mathrm{d}x, \quad \mathrm{d}q = r\,\mathrm{d}x, \ \text{etc.};$$

mais $\mathrm{d}x$ étant variable,

$$\mathrm{d}y = p\,\mathrm{d}x$$

conduit, par la différentiation, aux valeurs

$$\begin{aligned}
\mathrm{d}^2y &= \mathrm{d}p\,\mathrm{d}x + p\,\mathrm{d}^2x \\
&= q\,\mathrm{d}x^2 + p\,\mathrm{d}^2x, \\
\mathrm{d}^3y &= \mathrm{d}q\,\mathrm{d}x^2 + 2q\,\mathrm{d}x\,\mathrm{d}^2x + \mathrm{d}p\,\mathrm{d}^2x + p\,\mathrm{d}^3x \\
&= r\,\mathrm{d}x^3 + 3q\,\mathrm{d}x\,\mathrm{d}^2x + p\,\mathrm{d}^3x,
\end{aligned}$$

etc.,

auxquelles joignant

$$d^2 t = 0, \quad d^3 t = 0, \text{ etc.},$$

qui donneront les relations des différentielles $d^2 x$ et $d^2 y$, $d^3 x$ et $d^3 y$, etc., on aura tout ce qu'il faut pour chasser les unes et les autres de l'expression différentielle proposée, en sorte qu'il ne restera plus que les coefficients différentiels p, q, r, etc., où y est supposé fonction immédiate de x.

Si l'on prend, comme ci-dessus,

$$dt = \sqrt{dx^2 + dy^2}, \quad \text{d'où} \quad dx\, d^2 x + dy\, d^2 y = 0,$$

il viendra

$$d^2 x = -\frac{dy\, d^2 y}{dx} = -p\, d^2 y, \quad d^2 y = q\, dx^2 - p^2\, d^2 y,$$

et, par conséquent,

$$d^2 y = \frac{q\, dx^2}{1 + p^2}, \quad d^2 x = -\frac{pq\, dx^2}{1 + p^2}.$$

La première de ces valeurs, mise dans

$$\gamma = -\frac{dx\, dt}{d^2 y} = -\frac{dx\sqrt{dx^2 + dy^2}}{d^2 y} = -\frac{dx^2\sqrt{1 + p^2}}{d^2 y},$$

redonne l'expression

$$\gamma = -\frac{(1 + p^2)^{\frac{3}{2}}}{q},$$

de laquelle on est parti dans le n° 126.

132. Le changement de variable indépendante a aussi une interprétation géométrique. En effet, il est visible que pour particulariser le polygone MM′M″ etc. (*fig.* 2), qu'on se propose d'inscrire dans une courbe quelconque CM, il faut établir une loi dans la succession des angles de ce polygone. J'ai d'abord pris les différences d'abscisses PP′, P′P″, etc., égales entre elles; mais on peut remplacer cette loi par toute autre, supposer, par exemple, que les côtés MM′, M′M″, etc., soient égaux.

Ces divers modes cependant ne portent que sur les signes, et ne sont qu'une manière particulière d'écrire les coefficients différentiels; car soit que y varie à cause du changement que subit spontanément x, ou à cause de celui que subit une autre variable t, avec laquelle x est lié, cela revient au même pour les limites qui sont indépendantes des valeurs des accroissements. Aussi lorsqu'on différentie une équation entre x et y, en faisant varier à la fois dx et dy, on peut transformer ensuite les résultats en coefficients différentiels, au moyen des formules du n° 129, parce qu'en mettant les valeurs des différentielles de l'une des variables, toutes celles de l'autre disparaissent d'elles-mêmes : on parvient au même résultat final que si l'on avait supposé constante une des différentielles premières, et l'on est conduit à des formules plus élégantes, parce que les deux variables y sont traitées symétriquement (*).

133. D'après ce qu'on vient de voir, on pourra toujours différentier le système de deux équations contenant trois variables, système duquel il résulte que deux quelconques de ces variables sont des fonctions déterminées de la troisième. Si $U = 0$ et $V = 0$ désignent deux équations entre x, y et z, on les différentiera, en faisant varier en même temps les différentielles des deux indéterminées que l'on regarde comme des fonctions de la troisième.

Si l'on avait trois équations $U = 0$, $V = 0$ et $W = 0$, entre quatre variables t, x, y, z, trois de ces variables, nécessairement déterminées par la quatrième, seraient des fonctions de celle-ci, et leurs différentielles devraient varier.

En général, un nombre m d'équations entre $m + 1$ variables, déterminant m de ces variables au moyen de celle qui reste, ne doit être regardé que comme contenant des fonctions de cette variable : il faut donc, dans les différentiations successives de ces équations, faire varier les différentielles des indéterminées qui représentent des fonctions de la variable que l'on considère comme indépendante, et dont on prend la différentielle pour constante.

(*) On trouvera, sur ce sujet, dans le premier chapitre du *Traité du Calcul différentiel et du Calcul intégral*, des détails assez importants et qui n'avaient encore été donnés par personne, que je sache, avant la publication de cet Ouvrage.

134. Lorsqu'on a des équations de cette nature, on peut toujours en tirer une résultante unique, entre deux quelconques des variables, par un procédé que je vais exposer sur deux équations à trois variables, et qu'il sera facile d'étendre ensuite autant qu'on le voudra.

Soient $U=0$, $V=0$ ces équations, l'une de l'ordre m et l'autre de l'ordre n, entre les variables t, x, y et leurs différentielles, et dont on veuille éliminer t; la première pourra contenir, outre la variable t, les différentielles dt, $d^2t, \ldots, d^mt$, et la seconde dt, $d^2t, \ldots, d^nt$. Comme on n'a point les équations primitives, ni toutes les différentielles des ordres inférieurs à ceux des proposées, il faut nécessairement se procurer de nouvelles équations pour chasser les quantités inconnues dt, d^2t, etc.; et c'est ce qu'on fera en différentiant n fois l'équation $U=0$ et m fois l'équation $V=0$. On obtiendra par ce moyen $n+m$ équations nouvelles, et on en aura en tout un nombre $m+n+2$, en comptant les deux proposées : les inconnues à éliminer, savoir t, dt, $d^2t, \ldots, d^mt, \ldots, d^{m+n}t$, étant au nombre de $m+n+1$, il restera donc une équation finale en x, y et leurs différentielles.

Si dt était constant, il semblerait qu'en différentiant une seule fois l'une des équations proposées, on pourrait éliminer t et dt, puisqu'on aurait alors trois équations; mais on doit observer que les différentielles d^2x, d^2y, etc., contiennent implicitement t, puisque alors on a regardé x et y comme des fonctions de cette variable (**133**); il faut donc prendre pour constante la différentielle de l'une des variables que l'on veut conserver.

De la différentiation des équations contenant plus d'une variable indépendante.

135. Lorsque l'on n'a qu'une seule équation entre trois variables, il faut d'abord fixer arbitrairement les valeurs de deux quelconques de ces variables pour déterminer la troisième, qui par conséquent est une fonction des deux premières. Si l'on a, par exemple, l'équation

$$x^2+y^2+z^2=a^2,$$

on ne pourra obtenir z sans avoir préalablement assigné des valeurs à x et à y; mais il convient d'observer que les quantités x et y n'étant liées entre elles par aucune relation, la seconde peut demeurer la même, quoique la première ait changé, et réciproquement.

Il résulte de là que la valeur de z peut varier de plusieurs manières : 1° en conséquence d'un changement arrivé à x ou à y seul, 2° par le concours de ces deux circonstances. Dans le premier cas, la quantité y ou la quantité x étant regardée comme constante, l'équation proposée revient au fond à une équation à deux variables ; ainsi, lorsque x change seul, on a

$$x\,\mathrm{d}x + z\,\mathrm{d}z = 0, \quad \text{ou} \quad x + z\frac{\mathrm{d}z}{\mathrm{d}x} = 0,$$

et lorsque c'est y, il vient

$$y\,\mathrm{d}y + z\,\mathrm{d}z = 0, \quad \text{ou} \quad y + z\frac{\mathrm{d}z}{\mathrm{d}y} = 0.$$

On a donc successivement

$$\mathrm{d}z = -\frac{x\,\mathrm{d}x}{z}, \quad \mathrm{d}z = -\frac{y\,\mathrm{d}y}{z};$$

mais il faut observer que la première de ces différentielles est relative à la variabilité particulière de x et la seconde à celle de y ; c'est ce qu'on exprime en disant que l'une est la *différentielle partielle* relative à x, et l'autre la *différentielle partielle* relative à y (43).

Le sens de la question suffit pour empêcher qu'on ne les confonde ; et on les distingue d'ailleurs suffisamment en faisant attention à la différentielle de la variable indépendante qui les affecte.

Les coefficients différentiels sont

$$\frac{\mathrm{d}z}{\mathrm{d}x} = -\frac{x}{z}, \quad \frac{\mathrm{d}z}{\mathrm{d}y} = -\frac{y}{z}.$$

136. En général, soit $u = 0$ une équation renfermant x, y et z ; si l'on regarde x et y comme les deux variables indépendantes, z sera une fonction de l'une et de l'autre, et lorsque x recevra un accroissement quelconque, y étant supposé constant, z éprouvera un changement subordonné à celui de x.

Dans cette hypothèse, l'équation $u = 0$ devra être envisagée comme une équation entre deux variables x et z : on aura donc (48)

$$\frac{du}{dx} + \frac{du}{dz}\frac{dz}{dx} = 0,$$

et de là on tirera le coefficient différentiel de z relatif à la variable x. Il faut se rappeler ici, d'après la distinction qui a été faite au nº 135, que dans $\frac{dz}{dx}$, dz n'est que la différentielle partielle de z prise par rapport au changement de x seul.

Il est évident que si l'on eût fait varier y on aurait eu, en différentiant l'équation proposée comme ne contenant que les variables y et z,

$$\frac{du}{dy} + \frac{du}{dz}\frac{dz}{dy} = 0.$$

Si l'on multiplie par dx la première des équations trouvées ci-dessus, et la seconde par dy, et qu'on les ajoute ensuite, il viendra

$$\frac{du}{dx}dx + \frac{du}{dy}dy + \frac{du}{dz}\left(\frac{dz}{dx}dx + \frac{dz}{dy}dy\right) = 0;$$

mais $\frac{dz}{dx}dx + \frac{dz}{dy}dy$ n'est autre chose que la différentielle totale de z (41) : on aura donc

$$\frac{du}{dx}dx + \frac{du}{dy}dy + \frac{du}{dz}dz = 0,$$

c'est-à-dire qu'on pourra égaler à zéro la différentielle première de l'équation $u = 0$ prise par rapport aux trois variables x, y et z. Il ne faut cependant pas perdre de vue que cette différentielle doit être regardée comme équivalente à deux équations; car, lorsqu'on y aura substitué pour dz sa valeur $\frac{dz}{dx}dx + \frac{dz}{dy}dy$, l'indépendance des accroissements dx et dy exigera que les deux quantités qui les multiplient soient séparément égales à zéro.

137. On parviendra aux équations qui donnent les coefficients des ordres supérieurs en différentiant les équations

$$\text{(X)} \qquad \frac{du}{dx} + \frac{du}{dz}\,\frac{dz}{dx} = 0,$$

$$\text{(Y)} \qquad \frac{du}{dy} + \frac{du}{dz}\,\frac{dz}{dy} = 0.$$

En n'ayant d'abord égard qu'au changement de x, non-seulement z variera, mais en même temps le coefficient du premier ordre $\frac{dz}{dx}$ donnera naissance au coefficient du second ordre $\frac{d^2z}{dx^2}$. En différentiant donc l'équation (X) par rapport à x, on aura, comme pour les équations à deux variables,

$$\text{(XX)} \qquad \frac{d^2u}{dx^2} + 2\frac{d^2u}{dx\,dz}\,\frac{dz}{dx} + \frac{d^2u}{dz^2}\,\frac{dz^2}{dx^2} + \frac{du}{dz}\,\frac{d^2z}{dx^2} = 0.$$

Si l'on différentie (X) par rapport à y et à z, ou (Y) par rapport à x et à z, en observant que, dans le premier cas, $\frac{dz}{dx}$ donne $\frac{d^2z}{dy\,dx}$, et dans le second $\frac{dz}{dy}$ donne

$$\frac{d^2z}{dx\,dy} = \frac{d^2z}{dy\,dx},$$

on aura un résultat unique qui sera

$$\text{(XY)} \qquad \left\{\begin{aligned} &\frac{d^2u}{dx\,dy} + \frac{d^2u}{dz\,dy}\,\frac{dz}{dx} + \frac{d^2u}{dz\,dx}\,\frac{dz}{dy} \\ &\qquad + \frac{d^2u}{dz^2}\,\frac{dz}{dx}\,\frac{dz}{dy} + \frac{du}{dz}\,\frac{d^2z}{dx\,dy} = 0. \end{aligned}\right.$$

Enfin l'équation (Y), différentiée, en regardant y et z comme seules variables, produira

$$\text{(YY)} \qquad \frac{d^2u}{dy^2} + 2\frac{d^2u}{dy\,dz}\,\frac{dz}{dy} + \frac{d^2u}{dz^2}\,\frac{dz^2}{dy^2} + \frac{du}{dz}\,\frac{d^2z}{dy^2} = 0.$$

Les coefficients différentiels de la fonction z n'étant qu'au nombre de trois pour le second ordre, seront donc déterminés par les trois équations que nous venons d'obtenir.

Il faut observer que si l'on multiplie l'équation (XX) par dx^2, l'équation (XY) par $2\,dx\,dy$, l'équation (YY) par dy^2, et qu'on ajoute les produits, en remplaçant les termes

$$\frac{dz}{dx}dx + \frac{dz}{dy}dy \quad \text{par} \quad dz \ (41),$$

$$\frac{d^2z}{dx^2}dx^2 + 2\frac{d^2z}{dx\,dy}dx\,dy + \frac{d^2z}{dy^2}dy^2 \quad \text{par} \quad d^2z \ (44),$$

on formera la même équation finale que celle qu'on aurait obtenue si l'on avait différentié l'équation

$$\frac{du}{dx}dx + \frac{du}{dy}dy + \frac{du}{dz}dz = 0,$$

en y faisant varier à la fois les quantités x, y, z et dz, et en y regardant dx et dy comme constants, ce qui donnerait la différentielle seconde totale de u, dans l'hypothèse de z fonction de x et de y.

138. On étendra sans peine ces considérations à tel ordre de différentiation et à tel nombre de variables qu'on voudra; car tout se réduit à déterminer celles qui sont indépendantes, ce qu'on ne peut faire que par la nature de la question qui a conduit à l'équation ou aux équations proposées; et ensuite on différentiera par rapport à chacune de ces variables en particulier, en traitant les autres comme des fonctions de celles-ci.

Si, par exemple, on a les deux équations

$$u = 0, \qquad v = 0,$$

entre les cinq variables s, t, x, y et z, on verra que trois de ces variables sont indépendantes. Supposant donc que y et z soient les deux variables subordonnées, ou des fonctions de s, t, x, données par les équations proposées, on différentiera successivement u et v par rapport à s, par rapport à t, par rapport à x, et l'on obtiendra

$$\frac{du}{ds} + \frac{du}{dy}\frac{dy}{ds} + \frac{du}{dz}\frac{dz}{ds} = 0,$$

$$\frac{du}{dt} + \frac{du}{dy}\frac{dy}{dt} + \frac{du}{dz}\frac{dz}{dt} = 0,$$

$$\frac{du}{dx} + \frac{du}{dy}\frac{dy}{dx} + \frac{du}{dz}\frac{dz}{dx} = 0.$$

Si l'on multiplie respectivement ces équations par ds, dt,

dx, qu'on les ajoute et qu'on mette dy au lieu de

$$\frac{dy}{ds}ds + \frac{dy}{dt}dt + \frac{dy}{dx}dx,$$

dz au lieu de

$$\frac{dz}{ds}ds + \frac{dz}{dt}dt + \frac{dz}{dx}dx,$$

il viendra

$$\frac{du}{ds}ds + \frac{du}{dt}dt + \frac{du}{dx}dx + \frac{du}{dy}dy + \frac{du}{dz}dz = du = 0.$$

On tirera un résultat semblable de l'équation $v = 0$; et il s'ensuit qu'en différentiant les équations $u = 0$ et $v = 0$ par rapport à toutes les variables s, t, x, y et z, et en y substituant au lieu de dy et de dz les expressions de ces différentielles considérées comme appartenant à des fonctions de trois variables (45), il faudra égaler séparément à zéro le coefficient de la différentielle de chaque variable indépendante.

En regardant les coefficients différentiels eux-mêmes comme de nouvelles fonctions des variables indépendantes, on ne saurait être arrêté dans la recherche des différentielles ultérieures. Ainsi, après quelques remarques sur l'élimination des constantes et des fonctions, je terminerai ce qui regarde la formation des équations différentielles.

139. L'équation $u = 0$, entre x, y et z, ayant deux différentielles premières, il est évident qu'on peut éliminer deux quantités entre ces trois équations, et le résultat exprimera la relation des variables x, y, z, et des coefficients différentiels $\frac{dz}{dx}$, $\frac{dz}{dy}$, indépendamment des quantités éliminées.

Si l'on joint aux équations précédentes les trois du second ordre, on aura six équations, entre lesquelles on pourra éliminer cinq quantités, et ainsi de suite.

140. Ceci conduit à une remarque importante : c'est qu'on peut éliminer d'une équation à trois ou à un plus grand nombre de variables des fonctions dont la forme est absolument inconnue. Soit pour exemple l'équation $z = f(ax + by)$, dans laquelle la caractéristique f désigne une fonction dont la forme n'est déterminée en aucune manière ; on en déduit une équation entre $\frac{dz}{dx}$ et $\frac{dz}{dy}$ indépendante de cette fonction, et qui convient également à $z = ax + by$, à $z = \sqrt{ax + by}$, à $z = \sin(ax + by)$, et en général à toutes les fonctions de la quantité $ax + by$, quelque forme qu'elles aient. Pour cela, soit $ax + by = t$; l'équation proposée devient $z = f(t)$, et si l'on prend ses différentielles premières par rapport à x et par rapport à y, on obtient

$$\frac{dz}{dx} = \frac{df(t)}{dt}\frac{dt}{dx}, \quad \frac{dz}{dy} = \frac{df(t)}{dt}\frac{dt}{dy} \quad (136, 9),$$

entre lesquelles éliminant $\frac{df(t)}{dt}$, il en résulte

$$\frac{dz}{dy}\frac{dt}{dy} - \frac{dz}{dy}\frac{dt}{dx} = 0,$$

équation qui se réduit à

$$b\frac{dz}{dx} - a\frac{dz}{dy} = 0,$$

quand on met pour $\frac{dt}{dx}$ et $\frac{dt}{dy}$ leurs valeurs a et b.

C'est là un caractère au moyen duquel on pourra reconnaître si une quantité proposée est une fonction de $ax + by$ ou non ; car, d'après sa formation, l'équation précédente doit être satisfaite ou devenir identique toutes les fois qu'on y substituera, au lieu de $\frac{dz}{dx}$ et $\frac{dz}{dy}$, les valeurs qui résultent de la différentiation d'une fonction de $ax + by$.

Je suppose qu'on ignore l'origine du polynôme

$$a^2x^2 + 2abxy + b^2y^2;$$

en l'égalant à z, et en différentiant on trouvera

$$\frac{dz}{dx} = 2a^2x + 2aby, \quad \frac{dz}{dy} = 2abx + 2b^2y.$$

Ces valeurs mises dans l'équation $b\frac{dz}{dx} - a\frac{dz}{dy} = 0$, la rendent identique : on en conclura donc que le polynôme représenté par z est une fonction de $ax+by$; ce qui est d'ailleurs évident, puisque

$$a^2x^2+2abxy+b^2y^2=(ax+by)^2.$$

On voit en général que $u=0$ étant une équation entre x, y, z et une fonction quelconque représentée par $f(t)$, et dans laquelle on ne connaît que la composition de t en x, y et z, on pourra toujours éliminer $f(t)$ et $\frac{df(t)}{dt}$, à l'aide de cette équation et de ses différentielles relatives à x et à y (*).

En passant au second ordre, le nombre d'équations devenant plus grand, il est possible, dans beaucoup de cas, d'éliminer deux fonctions indéterminées; mais je n'entrerai point dans ces détails, non plus que dans ce qui regarde les équations qui renferment plus de trois variables.

Application du Calcul différentiel à la théorie des surfaces courbes.

141. Toute équation à trois variables représentant une surface, on prendra pour ordonnée de cette surface la variable qui sera regardée comme déterminée par les deux autres. En désignant par x, y, z ces trois variables que, dans tout ce qui va suivre, nous supposerons rapportées à trois axes perpendiculaires entre eux, nous prendrons z pour l'ordonnée, x et y pour les abscisses d'un point quelconque, en sorte que z sera une fonction de x et de y.

De même que les lignes sont engendrées par le mouvement du point, les surfaces le sont par celui des lignes. Par exemple, les cylindres et les cônes dont on s'occupe dans les Éléments de Géométrie ne sont que des cas particuliers des deux fa-

---

(*) Quand $b=a$, $f(ax+by)$, devenant $f[a(x+y)]$, se réduit à une fonction du binôme $x+y$, et l'équation $b\frac{dz}{dx}-a\frac{dz}{dy}=0$ se change en $\frac{dz}{dx}-\frac{dz}{dy}=0$, qui est l'expression de la propriété caractéristique employée à développer $f(x+y)$, dans le n° **19**. On trouve dans le Traité in-4°, tome I, chap. II, d'autres exemples de l'application des équations différentielles partielles au développement des fonctions, et particulièrement la formule appelée le *théorème de Lagrange*.

milles de *surfaces engendrées par une ligne droite, se mouvant parallèlement à elle-même, ou assujettie à passer constamment par un point donné.* Pour diriger le mouvement de cette droite, rien n'empêche de substituer au cercle d'où résultent les cônes et les cylindres, une courbe quelconque, située comme on voudra dans l'espace; mais, et ceci est bien remarquable, on peut, par l'emploi des différentielles partielles, écarter ce qui tient à la forme de cette courbe, et exprimer en général le caractère commun de toutes les surfaces d'une même famille.

En effet, si nous supposons d'abord que toutes les droites génératrices doivent être parallèles entre elles, il faudra que, dans leurs équations,

$$y = ax + \alpha, \quad z = bx + \beta \text{ (\textit{Trig.}, 181)},$$

les coefficients a et b soient constants, et que les quantités α et β varient ensemble, de manière que l'une soit fonction de l'autre; car la première étant donnée, le plan projetant de la droite génératrice, sur le plan des xy, est donné, et son intersection avec la courbe qui dirige le mouvement de cette droite achève de la déterminer (*) : on aura donc

$$y = ax + \alpha, \quad z = bx + \varphi(\alpha),$$

φ étant une fonction dont la forme dépend de la courbe directrice; mais la première de ces équations donnant

$$\alpha = y - ax,$$

il en resulte

$$z - bx = \varphi(y - ax).$$

Si l'on fait ici $b = 0$, on aura

$$z = \varphi(y - ax),$$

équation qui rentre dans celle du n° **140**.

En éliminant la fonction φ dans le cas général, après avoir

(*) Ou bien encore : soient $y' = \psi(x')$, $z' = \varpi(x')$, les équations de la courbe directrice; il faut qu'en posant $x = x'$, on ait $y = y'$, $z = z'$, et, par conséquent, $ax' + \alpha = \psi(x')$, $bx' + \beta = \varpi(x')$, d'où, en éliminant x', il résultera une équation entre α et β.

fait $dz = p dx + q dy$, on obtient

$$p + aq = b.$$

142. Quand les droites génératrices doivent toutes passer par un même point dont les coordonnées sont α, β, γ, leurs équations deviennent

$$y - \beta = a(x - \alpha), \quad z - \gamma = b(x - \alpha),$$

et ce sont les coefficients a et b qui varient ensemble à chaque nouvelle position que prend la droite génératrice; il faut, en conséquence, poser $b = \varphi(a)$, ce qui donne

$$a = \frac{y - \beta}{x - \alpha} \quad \text{et} \quad \frac{z - \gamma}{x - \alpha} = \varphi\left(\frac{y - \beta}{x - \alpha}\right).$$

L'élimination de la fonction φ conduit à

$$z - \gamma = p(x - \alpha) + q(y - \beta).$$

143. On voit encore sans peine que si une courbe plane quelconque tourne autour de l'axe des z, chacun de ses points décrira un cercle, ayant son centre sur cet axe, et pour rayon l'ordonnée de la courbe génératrice rapportée à ce même axe, et, de plus, que le rayon de ce cercle varie avec sa distance au plan des xy, c'est-à-dire avec z. Si donc on pose pour son équation, $x^2 + y^2 = a^2$, a devra être regardé comme une fonction de z, et *vice versâ*, d'où il suit

$$x^2 + y^2 = \varphi(z), \quad \text{ou} \quad z = \psi(x^2 + y^2),$$

ψ désignant une fonction inverse de φ.

L'élimination de ψ conduit à l'équation

$$py - qx = 0,$$

qui exprime le caractère des surfaces engendrées comme on vient de le voir, dont la sphère n'est qu'un cas particulier, et qu'on nomme *surfaces de révolution*. Pour les considérer sous le point de vue le plus général, il faudrait supposer dans une situation quelconque l'axe autour duquel tourne la courbe génératrice.

Il n'est encore entré qu'une fonction arbitraire dans l'expression des familles de surfaces que nous venons d'examiner; il y en aurait eu un plus grand nombre, si l'on avait laissé plus de conditions à remplir dans le mouvement ou la nature des lignes génératrices; mais on ne peut qu'indiquer ici ce sujet. Cependant nous aurons bientôt l'occasion de faire connaître encore une classe de surfaces remarquables : ce sont toutes celles qui, comme les cylindres et les cônes, peuvent, sans déchirure ni duplicature, s'étendre sur un plan, et que pour cette raison on nomme *surfaces développables* (161).

Enfin, il faudrait aussi montrer le procédé à suivre pour particulariser, d'après des conditions données, les formes des fonctions arbitraires contenues dans les équations primitives des familles de surfaces; mais comme son principal usage se rapporte au Calcul intégral, je l'exposerai à la suite de l'intégration des équations différentielles partielles.

144. Considérons maintenant les diverses manières de passer d'un point à un autre, sur une surface quelconque.

Lorsque x varie seul et devient $x+h$, on passe du point M (*fig.* 37) au point m, situé sur la section QMm, faite par un plan parallèle à celui des xz, et mené par le point M; l'ordonnée $m'm$ de cette section a pour développement la série

$$z+\frac{\mathrm{d}z}{\mathrm{d}x}\frac{h}{1}+\frac{\mathrm{d}^2z}{\mathrm{d}x^2}\frac{h^2}{1.2}+\frac{\mathrm{d}^3z}{\mathrm{d}x^3}\frac{h^3}{1.2.3}+\text{etc.}$$

Si c'est y qui se change en $y+k$, et que x demeure constant, on passera au point n situé sur la section PMn faite par un plan parallèle à celui des yz, mené encore par le point M, et le développement de l'ordonnée $n'n$ de cette section sera

$$z=\frac{\mathrm{d}z}{\mathrm{d}y}\frac{k}{1}+\frac{\mathrm{d}^2z}{\mathrm{d}y^2}\frac{k^2}{1.2}+\frac{\mathrm{d}^3z}{\mathrm{d}y^3}\frac{k^3}{1.2.3}+\text{etc.}$$

En faisant varier x et y en même temps, on passera du point M à un point quelconque N, et cela de deux manières différentes, savoir, en substituant $y+k$ au lieu de y dans le premier développement ci-dessus, ou bien $x+h$ au lieu de x dans le second. Par l'une de ces opérations, on passe de l'ordonnée $m'm$ à l'ordonnée N'N, dans la section pmN, et par l'autre, on passe de $n'n$ à N'N, dans la section qnN. Il est évident que ces deux sections doivent se rencontrer au point N, sans quoi la surface proposée ne serait pas continue : il faut donc que les résultats rapportés dans les nos 39 et 40 soient identiques; et l'équation $\frac{d^2 z}{dx\,dy} = \frac{d^2 z}{dy\,dx}$, à laquelle tient cette circonstance, n'est que l'expression de la loi de continuité.

Ayant à considérer particulièrement la série

$$z + \frac{dz}{dx}h + \frac{dz}{dy}k$$
$$+ \frac{1}{2}\left(\frac{d^2 z}{dx^2}h^2 + 2\frac{d^2 z}{dx\,dy}hk + \frac{d^2 z}{dy^2}k^2\right)$$
$$+ \text{etc.},$$

qui exprime le développement de la valeur de z correspondante à $x + h$ et à $y + k$, pour abréger, je la représenterai par

$$z + ph + qk + \frac{1}{2}(rh^2 + 2shk + tk^2) + \text{etc.},$$

en posant

$$\frac{dz}{dx} = p, \quad \frac{dz}{dy} = q, \quad \frac{d^2 z}{dx^2} = r, \quad \frac{d^2 z}{dx\,dy} = s, \quad \frac{d^2 z}{dy^2} = t;$$

et je ferai observer que le rapport

$$\frac{k}{h} = \frac{N'm'}{M'm'} = \text{tang}\,N'M'm',$$

déterminant la direction de M'N' par rapport aux axes des x et des y, fait connaître celle du plan M'MNN', mené perpendiculairement au plan ABC, et coupant suivant MN la surface proposée.

145. Il suit des considérations précédentes et de ce qui a été dit no 136, que si $u = 0$ représente l'équation d'une surface courbe, les équations différentielles

$$\frac{du}{dx} + \frac{du}{dz}\frac{dz}{dx} = 0 \quad \text{et} \quad \frac{du}{dy} + \frac{du}{dz}\frac{dz}{dy} = 0$$

appartiendront respectivement aux deux sections QMm et PMn; la coordonnée y n'entrera dans la première que comme une constante arbitraire, qui détermine la position du plan coupant : il en sera de même de la coordonnée x dans la seconde. On ne doit pas confondre le dz de l'une de ces équations avec celui de l'autre, puisque ces deux différentielles ne sont que partielles (135).

La différentielle totale, ou l'ensemble des termes du premier ordre, ayant pour expression

$$dz = \frac{dz}{dx}dx + \frac{dz}{dy}dy = p\,dx + q\,dy,$$

$dz = p\,dx$ est la différentielle de l'ordonnée de la section parallèle au plan des xz; semblablement $dz = q\,dy$ est celle de l'ordonnée de la section parallèle au plan des yz.

Si l'on demandait la différentielle de l'ordonnée de la section faite par un plan quelconque M'MNN' perpendiculaire à celui des xy, l'équation de ce plan, de même que celle de sa commune section M'N', étant de la forme $y = \alpha x + \beta$ (*Trig.*, 176), établirait une dépendance entre les coordonnées x et y; il ne serait plus permis de faire varier l'une sans l'autre, et z ne pourrait changer que d'une seule manière; il faudrait alors employer la différentielle totale $dz = p\,dx + q\,dy$, en observant que l'équation du plan coupant donne $dy = \alpha\,dx$, d'où il suit

$$dz = (p + \alpha q)\,dx.$$

Cet exemple offre l'explication géométrique de ce qu'on lit dans le n° 46, relativement à l'emploi des différentielles totales. En supposant toujours une dépendance entre les deux variables, on fixe la direction dans laquelle on passe d'un point à un autre sur la surface proposée; car si la section MN n'était pas faite par un plan perpendiculaire à celui des xy, et qu'elle eût en conséquence sur ce dernier une courbe pour projection, la droite M'N' serait la tangente de cette courbe au point M', et la projection de la droite qui toucherait, au point M, la section MN faite dans la surface proposée.

146. La première remarque qui se présente, c'est que la limite du rapport

$$\frac{NN' - MM'}{M'N'},$$

donnant la tangente trigonométrique de l'angle que fait, avec sa projection M'N', la droite qui touche au point M la section formée dans la surface par le plan M'MNN' (58), mesure l'inclinaison de cette section par rapport au plan des xy, et indique par conséquent la *pente* de la surface, dans la direction MN. Or, pour passer à la limite, il faut substituer aux accroissements

$$\mathrm{NN'} - \mathrm{MM'} \quad \text{et} \quad \mathrm{M'N'} = \sqrt{\overline{\mathrm{M'}m'}^2 + \overline{\mathrm{N'}m'}^2},$$

les différentielles correspondantes

$$\mathrm{d}z\,(p + \alpha q)\,\mathrm{d}x, \quad \sqrt{\mathrm{d}x^2 + \mathrm{d}y^2} = \mathrm{d}x\sqrt{1 + \alpha^2}, \quad (145)$$

d'où il résultera pour la limite cherchée,

$$\frac{p + \alpha q}{\sqrt{1 + \alpha^2}}.$$

Cela posé, on peut demander quelle doit être la situation du plan coupant M'MNN' pour que l'expression ci-dessus, qui varie avec l'angle N'M'm' dont la tangente $= \alpha$ soit un *maximum*. Pour résoudre ce problème, il faut différentier cette même expression par rapport à α, et égaler le résultat à zéro (101); on trouvera

$$\frac{q - p\alpha}{(1 + \alpha^2)^{\frac{3}{2}}} = 0, \quad \text{d'où} \quad q - p\alpha = 0, \quad \alpha = \frac{q}{p};$$

et si l'on met pour α sa valeur $\frac{dy}{\mathrm{d}x}$, on formera l'équation différentielle

$$q\,\mathrm{d}x - p\,\mathrm{d}y = 0,$$

qui, conjointement avec celle de la surface,

$$\mathrm{d}z = p\,\mathrm{d}x + q\,\mathrm{d}y,$$

fera connaître la direction dans laquelle doivent se succéder les points consécutifs pour descendre du point M au plan des xy par les arcs les plus inclinés, ou la *ligne de plus grande pente* qui conduit de ce point au plan des xy. Cette ligne, qui généralement sera courbe, se présente souvent dans les arts de construction.

147. Venons maintenant aux osculations des surfaces; concevons-en deux passant par un même point ayant pour coordonnées x, y, z, et qu'en changeant x en $x + h$, y en $y + k$, l'équation de la première surface donne

$$z + ph + qk + \frac{1}{2}(rh^2 + 2shk + tk^2) + \text{etc.},$$

et celle de la seconde

$$z + Ph + Qk + \frac{1}{2}(Rh^2 + 2Shk + Tk^2) + \text{etc.};$$

leur distance pour le second point que l'on considère sera, dans le sens de l'ordonnée z,

$$\begin{gathered}(p - P)h + (q - Q)k \\ + \frac{1}{2}[(r - R)h^2 + 2(s - S)hk + (t - T)k^2] \\ + \text{etc.},\end{gathered}$$

série qu'on peut rendre convergente, en prenant h et k très-petits, et qui diminuera de plus en plus de valeur, lorsqu'elle perdra les termes de sa première ligne, puis de sa seconde, et ainsi de suite.

En raisonnant ici comme on l'a fait par rapport aux courbes dans le n° 75, on se convaincra qu'une troisième surface pour laquelle ces termes ne disparaîtraient pas, passerait nécessairement en dehors des deux autres, dans tous les points qui environnent leur point commun.

Lorsqu'on aura

$$p - P = 0, \quad q - Q = 0,$$

les deux premières surfaces proposées se toucheront, et leur contact sera du premier ordre; il sera du second, si l'on a en même temps

$$r - R = 0, \quad s - S = 0, \quad t - T = 0,$$

et ainsi de suite.

148. Si l'on suppose maintenant que l'équation de la seconde surface renferme un certain nombre de constantes indéterminées, on pourra disposer de ces constantes pour anéantir les premiers termes de la distance des deux surfaces, et établir ainsi entre elles le contact de l'ordre le plus élevé possible, c'est-à-dire une osculation.

En représentant par x', y', z' les coordonnées de la seconde surface, la première condition à établir, c'est qu'en changeant dans son équation, que je représenterai par $V'=0$, x' et y' en x et y, on en tire

$$z'=z,$$

afin que les deux surfaces aient un point commun. Remplaçant ensuite les lettres

$$p,\ q,\ r,\ s,\ t, \text{ etc.},\quad \text{P, Q, R, S, T, etc.},$$

par les coefficients différentiels qu'elles désignent, les conditions posées dans le numéro précédent deviendront, pour un contact du premier ordre,

$$\frac{dz'}{dx'}=\frac{dz}{dx},\quad \frac{dz'}{dy'}=\frac{dz}{dy};$$

de plus, pour un contact du second,

$$\frac{d^2z'}{dx'^2}=\frac{d^2z}{dx^2},\quad \frac{d^2z'}{dx'\,dy'}=\frac{d^2z}{dx\,dy},\quad \frac{d^2z'}{dy'^2}=\frac{d^2z}{dy^2},$$

et ainsi de suite, ce qui établit que les différentielles partielles du premier ordre, puis celles du second ordre, etc., de l'équation $V'=0$, sont satisfaites quand on y change x', y', z' et leurs différentielles, en x, y, z et leurs différentielles.

149. Appliquons d'abord ce qui précède au plan, en prenant pour $V'=0$ l'équation

$$z'=Ax'+By'+D\ (\textit{Trig.}, 176);$$

comme il n'y a ici que trois constantes, on ne peut satisfaire qu'aux trois conditions du contact du premier ordre. La première donne

$$z'=z=Ax+By+D,$$

et les deux autres

$$\frac{dz'}{dx'}=A=\frac{dz}{dx},\quad \frac{dz'}{dy'}=B=\frac{dz}{dy}.$$

En vertu de celles-ci, il vient d'abord

$$z=\frac{dz}{dx}x+\frac{dz}{dy}y+D,$$

et retranchant cette équation de celle du plan, on obtient

$$z' - z = \frac{dz}{dx}(x' - x) + \frac{dz}{dy}(y' - y),$$

ou

$$z' - z = p(x' - x) + q(y' - y):$$

telle est l'équation du plan tangent à la première surface, au point dont les coordonnées sont x, y, z.

On déterminerait encore ce plan par la condition qu'il doit contenir les tangentes de toutes les sections qu'on pourrait faire dans la surface, par le point M; car pour ces tangentes, on a

$$dz = (p + \alpha q)\,dx \quad (\mathbf{145}),$$

et, lorsqu'on fait $dy = \alpha\,dx$, l'équation du plan donne

$$dz' = A\,dx + B\,dy = (A + \alpha B)\,dx,$$

résultat qui sera identique avec le précédent, quel que soit α, si $A = p$ et $B = q$.

150. La droite perpendiculaire au plan tangent, menée par le point où il touche la surface proposée, s'appelle *normale*, et ses équations sont, d'après celle du plan tangent,

$$x' - x + p(z' - z) = 0,$$
$$y' - y + q(z' - z) = 0 \quad (\textit{Trig.}, 182)\ (^*).$$

La distance du point considéré sur la surface courbe, à un point quelconque pris sur la normale, sera

$$\sqrt{(x' - x)^2 + (y' - y)^2 + (z' - z)^2} = (z' - z)\sqrt{1 + p^2 + q^2},$$

d'après les équations ci-dessus; et si l'on fait $z' = 0$, le résultat

$$-z\sqrt{1 + p^2 + q^2}$$

donnera la longueur de la partie de la normale comprise entre la surface proposée et le plan des xy.

151. Les conditions d'un contact du second ordre étant au nombre de six (**148**), ne peuvent pas toujours être remplies par

---

(*) Nous les retrouverons plus loin (**157**), par une considération de *maximum* et de *minimum*.

la sphère, puisque son équation générale ne renferme que quatre constantes, savoir, les trois coordonnées du centre et le rayon (*Trig.*, 184) : elle ne saurait donc avoir dans tous les sens la même courbure que la surface proposée. Pour mesurer cette courbure, il faut employer deux cercles osculateurs différents, qu'Euler a déterminés le premier, mais auxquels Monge est ensuite parvenu par des considérations très-élégantes que je vais exposer.

On a vu, dans le n° **80**, que les points de la développée, ou les centres de courbure d'une courbe, sont les limites des intersections des normales; étendons cette définition aux surfaces, en cherchant les limites des intersections de leurs normales consécutives, et pour cela reprenons les équations

$$(a) \qquad x' - x + p(z' - z) = 0,$$

$$(b) \qquad y' - y + q(z' - z) = 0,$$

trouvées dans le numéro précédent. Les quantités x, y, z, p, q, relatives au point que l'on considère sur la surface proposée, sont constantes pour la même normale, mais elles changent de valeur lorsqu'on passe à une seconde normale; or, ce passage pouvant s'effectuer dans une infinité de directions, savoir, du point donné à chacun des points environnants, il faut faire varier en même temps x, y et z; et puisque l'on ne cherche que le point d'intersection de la première normale avec la seconde, on regardera comme constantes les coordonnées x', y' et z', affectées à ce point.

En différentiant ainsi les équations (a) et (b), et posant

$$dp = r\,dx + s\,dy, \quad dq = s\,dx + t\,dy \quad (\textbf{144} \text{ et } \textbf{44}),$$

on trouvera

$$(a') \qquad -dx - p^2 dx - pq\,dy + (z' - z)(r\,dx + s\,dy) = 0,$$

$$(b') \qquad -dy - q^2 dy - pq\,dx + (z' - z)(s\,dx + t\,dy) = 0.$$

Mais les équations (a) et (b) donnant les valeurs de $x' - x$ et de $y' - y$, lorsque celle de $z' - z$ sera connue, il faut, pour que la question proposée ait une solution, que les deux équations (a') et (b') s'accordent dans la détermination de cette dernière quantité, c'est-à-dire qu'on ait

$$\frac{\mathrm{d}x + p^2\mathrm{d}x + pq\,\mathrm{d}y}{r\,\mathrm{d}x + s\,\mathrm{d}y} = \frac{\mathrm{d}y + q^2\mathrm{d}y + pq\,\mathrm{d}x}{s\,\mathrm{d}x + t\,\mathrm{d}y};$$

ce qui établit une relation entre $\mathrm{d}x$ et $\mathrm{d}y$, et montre que la seconde normale ne rencontre la première qu'autant que le point d'où elle part est dans la direction marquée par la valeur de $\frac{\mathrm{d}y}{\mathrm{d}x}$. Or, en faisant

$$\mathrm{d}y = m\,\mathrm{d}x$$

dans l'équation précédente, et ordonnant par rapport à m, on obtient le résultat

$$(c)\quad \left\{\begin{array}{l}[(1+q^2)s - pqt]\,m^2 + [(1+q^2)r - (1+p^2)t]\,m \\ -[(1+p^2)s - pqr] = 0,\end{array}\right.$$

qui donne pour m deux valeurs : il n'y a donc, en général, à chaque point d'une surface, que deux directions dans lesquelles deux normales consécutives se coupent, et soient par conséquent dans le même plan.

Un simple changement de coordonnées suffit pour mettre en évidence la relation que ces directions ont entre elles, sur la surface proposée. Il est visible d'abord qu'on peut faire coïncider le plan des xy avec le plan tangent au point que l'on considère, et placer l'origine des coordonnées à ce point, sans, pour cela, déranger la position respective de la surface proposée, et de ses normales; mais alors $x=0$, $y=0$, $z=0$, et, dans l'équation du plan tangent, z' doit être nul quels que soient x' et y', ce qui exige que $p=0$, $q=0$, et réduit l'équation (c) à

$$sm^2 + (r-t)\,m - s = 0, \quad \text{ou} \quad m^2 + \frac{(r-t)}{s}\,m - 1 = 0.$$

En nommant m' et m'' les racines de celle-ci, on a

$$m'm'' + 1 = 0;$$

et comme à présent toutes les droites qui touchent, au point M (*fig.* 38), la surface proposée, se confondent avec leur projection sur le plan des xy, m' et m'' représenteront les tangentes des angles que font, avec l'axe des x, les droites indiquant les directions sur lesquelles on trouve les normales qui se coupent; ainsi, ces directions seront perpendiculaires entre elles (*).

152. On voit aussi qu'en menant par l'axe des z, qui coïncide à présent avec la normale MG, et par chacune des tangentes MN' et Mn', correspondantes aux valeurs m' et m'', des plans, ils couperont la surface proposée suivant deux courbes, dont les cercles osculateurs seront aussi ceux de la surface, puisqu'elles auront deux normales communes avec cette surface, tandis que les autres courbes ne sauraient en avoir qu'une.

C'est par les rayons de ces cercles qu'on mesure les courbures de la surface proposée; or, leur expression est évidemment celle de la distance

$$\sqrt{(x'-x)^2+(y'-y)^2+(z'-z)^2},$$

entre l'intersection des normales et le point que l'on considère sur cette surface. Par la substitution des valeurs de $x'-x$ et de $y'-y$, tirées des équations (a) et (b), on trouve

$$(z'-z)\sqrt{1+p^2+q^2},$$

où il n'y a plus qu'à substituer pour $z'-z$ sa valeur tirée de l'une des équations (a') et (b'); mais on arrive à une valeur indépendante de m, en éliminant d'abord $\frac{dy}{dx}$ de ces deux équations, ce qui donne

$$(d) \quad \frac{-(1+p^2)+(z'-z)r}{pq-(z'-z)s} = \frac{pq-(z'-z)s}{-(1+q^2)+(z'-z)t}:$$

posant ensuite

$$(z'-z)\sqrt{1+p^2+q^2}=\delta, \quad \text{d'où} \quad z'-z=\frac{\delta}{\sqrt{1+p^2+q^2}},$$

puis substituant cette valeur de $z'-z$ dans l'équation précédente, faisant disparaître les dénominateurs, et ordonnant par

---

(*) m resterait indéterminée si l'on avait en outre $s=0$, $r-t=0$, ce qui a lieu pour la sphère seulement, parce que toutes ses normales passent par son centre, que l'on suppose ici dans l'axe des z.

rapport à δ, on obtient

$$(e)\left\{\begin{array}{l}(rt-s^2)\delta^2-[(1+p^2)t-2pqs+(1+q^2)r]\delta\sqrt{1+p^2+q^2}\\+(1+p^2+q^2)^2=0,\end{array}\right.$$

équation dont les racines exprimeront les rayons des deux cercles osculateurs.

Les valeurs de m, données en fonction de x, y, z, changeant avec ces variables, pour chaque point de la surface proposée, il en résulte les équations différentielles

$$dy = m'dx, \quad dy = m''dx,$$

qui déterminent, sur le plan des xy, deux courbes passant par le point M′ (*fig.* 37), et qui sont les projections de celles qu'il faut suivre sur la surface, pour rencontrer des normales qui se coupent.

Chaque point M de la surface proposée se trouve sur deux de ces courbes; celle qui répond à la plus petite des valeurs de δ est la *ligne de plus grande courbure*, l'autre est la *ligne de moindre courbure*.

Quand les valeurs de δ ont le même signe, les deux courbures de la surface sont tournées dans le même sens, et en sens contraire si ces valeurs sont de signes différents.

Enfin, si l'on élimine x, y et z entre l'équation de la surface proposée et les équations (a), (b), (d), on aura, par les coordonnées x', y', z', l'équation de la surface qui est le lieu de tous les centres de courbure de la proposée, et qui, en général, sera composée de deux nappes, dont l'une contiendra tous les centres de la plus grande courbure, et l'autre ceux de la plus petite (*).

Des points singuliers des surfaces courbes, des maximums et minimums des fonctions de plusieurs variables.

153. Les surfaces courbes offrent, dans leur cours, non-seulement des points singuliers distincts, en nombre limité,

(*) On trouvera, à la page 580 du Ier volume du Traité in-4°, la formule pour déterminer par ces courbures celle d'une section faite dans la surface par un plan quelconque.

mais ces points y forment aussi quelquefois des suites continues, qu'on pourrait nommer *lignes singulières;* les uns et les autres correspondent à des valeurs particulières des coefficients différentiels de l'ordonnée de la surface, analogues à celles qui nous ont conduit à la détermination des points singuliers des courbes. Mais pour se faire une idée de la forme d'une surface, il ne suffit pas d'en chercher des points isolés; il faut, comme pour la construire, imaginer un ensemble de sections faites par des plans ou des surfaces assujetties à une loi constante et déterminée.

C'est ainsi qu'on peut reconnaître en quel point d'une surface son ordonnée est un *maximum* ou un *minimum*, c'est-à-dire plus grande ou plus petite que toutes celles qui l'entourent immédiatement, dans quelque direction qu'on les prenne; car il doit y avoir alors un *maximum* ou un *minimum* sur toutes les sections que forment, dans la surface proposée, les divers plans passant par cette ordonnée. Or, en posant pour l'une de ces sections

$$dy = \alpha dx,$$

le coefficient différentiel de la variable z considérée comme l'ordonnée de cette section sera exprimé par

$$\frac{dz}{\sqrt{dx^2+dy^2}} = \frac{p+\alpha q}{\sqrt{1+\alpha^2}} \quad (146),$$

et devra être nul ou infini (101), indépendamment d'aucune valeur de α, pour qu'il y ait *maximum* ou *minimum*, quelle que soit la situation du plan coupant.

Les conditions du premier cas seront donc

$$p = 0, \qquad q = 0,$$

ou

$$\frac{dz}{dx} = 0, \quad \frac{dz}{dy} = 0,$$

et par leur moyen on déterminera les abscisses du point cherché; mais, comme dans les courbes, on ne pourra pas conclure de ces seules conditions qu'il y ait *maximum* ou *minimum :* tout ce qu'il s'ensuit nécessairement, c'est que le plan tangent est parallèle à celui des xy, puisque son équation se réduit alors à $z' - z = 0$ (149).

Si la surface proposée est la sphère donnée par l'équation

$$x^2 + y^2 + z^2 = a^2,$$

on aura

$$p = -\frac{x}{z}, \quad q = -\frac{y}{z},$$

d'où

$$x = 0, \quad y = 0;$$

et on verra, par l'expression

$$z = \sqrt{a^2 - x^2 - y^2},$$

que toutes les valeurs de z qui répondent à des abscisses différentes de zéro sont $< a$.

154. En n'ayant égard qu'à la marche des valeurs de l'ordonnée z, on rencontre aussi des *maximums* et des *minimums* qui rendent infinis les coefficients différentiels p et q : en voici un exemple.

Si dans l'équation

$$z = b + (x^2 + y^2)^{\frac{1}{3}},$$

on fait x et y nuls, on aura $z = b$, et dès qu'on prendra x et y différents de zéro, on rendra $z > b$. Cette valeur est donc bien un *minimum;* mais en supposant aussi x et y nuls, dans les expressions

$$p = \frac{2x}{3(x^2 + y^2)^{\frac{2}{3}}}, \quad q = \frac{2y}{3(x^2 + y^2)^{\frac{2}{3}}},$$

on trouve $\frac{0}{0}$. Pour en connaître la vraie valeur, il faut d'abord poser $y = mx$, ce qui les change en

$$p = \frac{2}{3x^{\frac{1}{3}}(1 + m^2)^{\frac{2}{3}}}, \quad q = \frac{2m}{3x^{\frac{1}{3}}(1 + m^2)^{\frac{2}{3}}},$$

et montre qu'elles sont réellement infinies, lorsque $x = 0$ et que m est assignable, d'où il résulte $y = 0$.

A la vérité, si l'on cherche la forme de cette partie de la surface, on reconnaîtra sans peine que le point qui répond à $x=0$, $y=0$, est une espèce de bec ou de rebroussement, au delà duquel la surface ne s'étend pas, et semblable à celui que produirait la courbe EM (*fig.* 14) en tournant autour de la ligne PM. On verra aussi que p et q se présentent sous la forme $\frac{0}{0}$, parce que la position du plan tangent à ce point est indéterminée, puisque tout plan qui passe par l'axe des z touche et coupe la surface.

Il existe aussi, sur les surfaces courbes, des suites de points, ou des lignes dans lesquelles elles retournent sur elles-mêmes, qui sont nommées *arêtes de rebroussement* (on en verra bientôt un exemple), et d'autres lignes où les courbures changent de côté. Celles-ci sont des *lignes d'inflexion*, qui peuvent se reconnaître par le changement de signe des rayons de courbure; mais tous ces détails sortant des limites que j'ai dû me prescrire, je vais passer à la recherche purement analytique des *maximums* et des *minimums* des fonctions de deux variables.

155. Il est évident que la différence

$$u'-u=\mathrm{f}(x+h,y+k)-\mathrm{f}(x,y),$$

entre deux valeurs successives d'une fonction, lorsque les accroissements demeurent très-petits, mais sont d'ailleurs quelconques, doit rester toujours positive si la première valeur de u est un *minimum*, ou négative dans le cas contraire.

Pour examiner les conséquences de cette condition, il faut en général développer, suivant les puissances ascendantes des quantités h et k, la différence indiquée ci-dessus; mais en nous bornant ici au cas où les coefficients différentiels ne deviennent pas infinis, nous pourrons faire usage de la série du n° 41, et, pour abréger, nous désignerons par

$$\mathrm{B},\ \mathrm{C},\ \mathrm{D},\ \mathrm{E},\ \mathrm{F},\ \text{etc.},$$

les fonctions

$$\frac{du}{dx},\quad \frac{du}{dy},\quad \frac{d^2u}{dx^2},\quad \frac{d^2u}{dx\,dy},\quad \frac{d^2u}{dy^2},\quad \text{etc.}$$

Posant ensuite $k=\alpha h$, il viendra

$$u'-u=\frac{h}{1}(\mathrm{B}+\mathrm{C}\alpha)+\frac{h^2}{1.2}(\mathrm{D}+2\mathrm{E}\alpha+\mathrm{F}\alpha^2)+\text{etc.},$$

série dans laquelle le terme affecté de la première puissance de h pourra devenir supérieur à la somme de tous les autres; et comme il changerait de signe en même temps que h, il faudra qu'il s'évanouisse lors du *maximum* ou du *minimum*, ce qui fournit l'équation

$$B + C\alpha = 0,$$

qui, devant subsister dans toutes les relations de k avec h, doit se vérifier indépendamment de α : on aura donc

$$B = 0, \quad C = 0, \quad \text{ou} \quad \frac{du}{dx} = 0, \quad \frac{du}{dy} = 0,$$

ainsi qu'on l'a déduit des considérations géométriques (153).

Ces conditions étant remplies par les valeurs de x et de y déterminées en conséquence, il faut encore que les coefficients D, E et F ne s'évanouissent pas en même temps, et, de plus, que le signe de la quantité qui forme la seconde ligne du développement ci-dessus soit indépendant des valeurs de α. En donnant à cette ligne la forme

$$(a) \qquad \frac{Fh^2}{1.2}\left(\frac{D}{F} + \frac{2E}{F}\alpha + \alpha^2\right)\cdots,$$

on voit que son signe restera le même si le polynôme

$$\frac{D}{F} + \frac{2E}{F}\alpha + \alpha^2$$

change pour aucune valeur de α; et c'est ce qui arrivera, si, étant égalé à zéro, il n'admet pour α que des valeurs imaginaires ou des valeurs égales : or ces valeurs, exprimées en général par

$$\alpha = \frac{-E \pm \sqrt{E^2 - FD}}{F},$$

seront imaginaires lorsque $E^2 < FD$, et égales si $E^2 = FD$.

Sans ces conditions, il n'y aura ni *maximum* ni *minimum*; et comme elles exigent d'abord que F et D aient le même signe, celui de la quantité (a) ne dépendra plus alors que du signe du coefficient F; on aura donc un *minimum* s'il est positif, et un *maximum* s'il est négatif.

Euler, dans ses *Institutiones Calculi differentialis*, n'indique qu'une seule condition, savoir, que D et F soient de même signe; Lagrange montra le premier qu'elle n'était pas suffisante, et donna sur ce sujet une théorie à laquelle il ne manquait plus que l'examen du cas où $E^2 = FD$, discuté depuis par M. Français (*).

Si les coefficients du second ordre s'anéantissaient en même temps que ceux du premier, il n'y aurait *maximum* ou *minimum* qu'autant que les coefficients du troisième ordre disparaîtraient aussi, et que les termes du quatrième formeraient une quantité dont le signe ne dépendrait aucunement de α, c'est-à-dire que le polynôme en α, qui monterait alors au 4e degré, étant considéré comme une équation de ce degré, n'aurait que des racines imaginaires ou des racines égales.

156. Pour exemple analytique, j'ai choisi la question suivante, analogue à celle du n° 103 : *Partager la quantité* a *en trois parties*, x, y, a — x — y, *telles, que le produit* $x^m y^n (a - x - y)^p$ *soit un* maximum.

On a alors

$$u = x^m y^n (a-x-y)^p,$$

$$\frac{du}{dx} = x^{m-1} y^n (a-x-y)^{p-1} \{ ma - mx - my - px \} = 0,$$

$$\frac{du}{dy} = x^m y^{n-1} (a-x-y)^{p-1} \{ na - nx - ny - py \} = 0;$$

les facteurs $ma - mx - my - px$ et $na - nx - ny - py$, étant égalés à zéro, fournissent les équations

$$m(a - x - y) - px = 0, \quad n(a - x - y) - py = 0,$$

qui, par l'élimination de $a - x - y$, conduisent à

$$mpy - npx = 0, \quad \text{d'où} \quad y = \frac{nx}{m};$$

et l'on trouve ensuite

$$x = \frac{ma}{m+n+p}, \quad y = \frac{na}{m+n+p}, \quad a - x - y = \frac{pa}{m+n+p}.$$

(*) *Voyez* le Traité in-4°, IIIe volume, page 631.

Pour savoir si ces valeurs appartiennent en effet à un *maximum*, on les substituera dans les expressions générales de

$$\frac{d^2 u}{dx^2}, \quad \frac{d^2 u}{dx\,dy}, \quad \frac{d^2 u}{dy^2};$$

en faisant, pour abréger, $m+n+p=q$, on trouvera

$$D = -(m+p)\left(\frac{ma}{q}\right)^{m-1}\left(\frac{na}{q}\right)^{n}\left(\frac{pa}{q}\right)^{p-1},$$

$$E = -\frac{mna}{q}\left(\frac{ma}{q}\right)^{m-1}\left(\frac{na}{q}\right)^{n-1}\left(\frac{pa}{q}\right)^{p-1},$$

$$F = -(n+p)\left(\frac{ma}{q}\right)^{m}\left(\frac{na}{q}\right)^{n-1}\left(\frac{pa}{q}\right)^{p-1}.$$

Les quantités D et F sont toutes deux négatives, et l'on s'assurera sans peine qu'elles remplissent la condition $E^2 < DF$ lorsque les exposants m, n, p sont positifs; ainsi on a obtenu le *maximum* demandé.

157. Comme application géométrique, je prendrai la détermination de la plus courte distance entre un plan et un point donnés.

Soient x, y, z les coordonnées du plan, qui sont les inconnues du problème, x', y', z' celles du point, qui sont les données; la distance entre le point et le plan sera exprimée par

$$u = \sqrt{(x-x')^2 + (y-y')^2 + (z-z')^2},$$

qui devra être considérée comme une fonction des deux variables x et y, à cause de la dépendance qu'établit entre celles-ci et l'ordonnée z l'équation du plan donné. Si on la représente par $z = Ax + By + D$, que l'on différentie u dans cette hypothèse (136), on aura $dz = A\,dx + B\,dy$, et, supprimant les dénominateurs des valeurs de $\frac{du}{dx}$ et de $\frac{du}{dy}$, on trouvera

$$x - x' + (z-z')A = 0, \qquad y - y' + (z-z')B = 0,$$

équations qui sont précisément celles de la perpendiculaire au plan donné.

S'il touche, au point dont les coordonnées sont x, y, z, une surface courbe pour laquelle $dz = p\,dx + q\,dy$, comme alors $A = p$, $B = q$, les équations ci-dessus deviendront celles de la normale à cette surface (150).

De l'application du Calcul différentiel aux courbes à double courbure, et des surfaces développables.

158. On sait (*Trig.*, 193) que deux équations primitives entre trois variables se représentent par une ligne considérée dans l'espace, tandis qu'une seule équation entre trois variables appartient à une surface. Lorsqu'on veut appliquer le Calcul différentiel aux courbes à double courbure, on peut les regarder comme les limites de polygones dont trois côtés consécutifs ne sauraient être dans le même plan. Le prolongement de l'un de ces côtés donne la tangente, de même que dans les courbes planes.

Ainsi la tangente MT de la courbe MX (*fig.* 39) est la droite qui passe par les points dont les coordonnées sont

$$x,\ y,\ z, \qquad x + dx, \qquad y + dy, \qquad z + dz;$$

et l'on aura, pour les équations de ses projections sur les plans des xy et xz,

$$y' - y = \frac{dy}{dx}(x' - x),$$

$$z' - z = \frac{dz}{dx}(x' - x) \quad (\textit{Trig.}, 179),$$

qui appartiennent évidemment aux lignes M′T′ et M″T″, tangentes aux projections M′X′ et M″X″ de la courbe proposée (68). Il ne reste plus qu'à mettre dans ces équations, au lieu des coordonnées y, z, et de leurs différentielles, les valeurs tirées des équations des projections de la courbe proposée.

159. Deux tangentes consécutives TM et *tm* déterminent le plan qui passe par deux côtés consécutifs, et qu'on nomme *plan osculateur :* on peut trouver son équation en le regardant comme passant par trois points consécutifs de la courbe proposée. Soit donc

$$z' = Ax' + By' + D$$

son équation; il faudra qu'on ait d'abord

$$z = Ax + By + D,$$

puisqu'il doit contenir le point dont les coordonnées sont x, y et z; et pour que les deux points suivants s'y trouvent aussi, il faudra de plus que la différentielle première et la différentielle seconde de son équation aient lieu en même temps que celles des équations de la courbe proposée.

On pourrait prendre une des différentielles dx, dy ou dz pour constante (**133**); mais il sera plus symétrique de les traiter toutes comme variables en même temps, et il viendra

$$dz = A\,dx + B\,dy,$$
$$d^2z = A\,d^2x + B\,d^2y,$$

d'où l'on tirera

$$A = \frac{dz\,d^2y - dy\,d^2z}{dx\,d^2y - dy\,d^2x}, \quad B = \frac{dx\,d^2z - dz\,d^2x}{dx\,d^2y - dy\,d^2x};$$

puis retranchant l'équation

$$z = Ax + By + D$$

de

$$z' = Ax' + By' + D,$$

mettant ensuite pour A et B leurs valeurs, faisant disparaître les dénominateurs et passant tous les termes dans un seul membre, on trouvera

$$(x' - x)(dy\,d^2z - dz\,d^2y) + (y' - y)(dz\,d^2x - dx\,d^2z)$$
$$+ (z' - z)(dx\,d^2y - dy\,d^2x) = 0,$$

résultat remarquable par sa forme.

En y substituant pour deux quelconques des trois coordonnées x, y, z leurs valeurs tirées des équations de la courbe proposée, on aura l'équation du plan osculateur, particularisée par la coordonnée restante.

Ici s'offre l'occasion de vérifier ce qu'on lit à la fin du n° **132**; car si, en regardant d'abord y et z comme des fonctions de x, on fait

$$dy = p\,dx, \quad d^2y = q\,dx^2, \quad dz = p'\,dx, \quad d^2z = q'\,dx^2,$$

et qu'ensuite on suppose les trois variables fonctions d'une quatrième t, on aura, par le n° **131**,

$$d^2y = q\,dx^2 + p\,d^2x, \qquad d^2z = q'\,dx^2 + p'\,d^2x,$$

valeurs dont la substitution dans l'équation du plan osculateur, faisant disparaître d^2x, conduit au même résultat que si l'on eût fait dx constant.

160. On observera en passant que la différentielle de l'arc de la courbe a pour expression

$$\sqrt{dx^2 + dy^2 + dz^2},$$

puisque c'est celle de la distance des points dont les coordonnées respectives sont

$$x, y, z, \quad x + dx, \quad y + dy, \quad z + dz.$$

161. La série des tangentes d'une courbe à double courbure, ou, ce qui revient au même, la suite de ses plans osculateurs, lorsqu'on les mène par des points peu éloignés, forme un polyèdre composé de plans angulaires accolés les uns aux autres par un côté commun, et qui peuvent se ramener au même plan ou se développer en les faisant tourner autour de ce côté : c'est ce que représente la *fig.* 40. Si, pour plus de simplicité, on n'y considère en premier lieu que les lignes tirées en plein, on verra bien comment les côtés du polygone $MM_1M_2M_3\ldots$, prolongés dans le même sens, forment les angles

$$TM_1T_1, \quad T_1M_2T_2, \quad T_2M_3T_3, \quad T_3M_4T_4, \quad \text{etc.},$$

situés d'abord dans des plans différents et qui se ramènent sur un seul en tournant autour des lignes

$$M_1T_1, \quad M_2T_2, \quad M_3T_3, \quad \text{etc.}$$

Considérant ensuite leurs prolongements dans le sens opposé, parties qui sont ponctuées et qui croisent la direction des autres, en passant soit au-dessus, soit au-dessous, on en voit naître une seconde nappe du polyèdre, laquelle rencontre la première suivant les côtés du polygone, qui devient ainsi une ligne de rebroussement sur ce polyèdre.

Il est bon d'observer que chaque côté de ce polygone peut être envisagé comme l'intersection de deux faces contiguës du polyèdre, et chacun de ses angles comme celle de trois faces consécutives du même polyèdre.

Cela posé, si l'on conçoit que les points pris sur la courbe proposée pour former le polygone se rapprochent de plus en plus, le polyèdre tendra sans cesse vers un corps continu qui en sera la limite, comme les cylindres et les cônes sont celles des prismes et des pyramides ; et sa ligne de rebroussement se changera dans la courbe proposée, qui est aussi nommée l'*arête de rebroussement* de la surface formée par ses tangentes. Telle est l'origine la plus simple des surfaces développables annoncées dans le n° 143.

Lorsqu'on a les équations de la courbe proposée, celle de la surface de ses tangentes s'obtient facilement ; car si, dans les équations de la tangente,

$$y'-y=\frac{dy}{dx}(x'-x),$$

$$z'-z=\frac{dz}{dx}(x'-x) \quad (158),$$

on change x, y, z, en α, β, γ, afin de pouvoir supprimer les accents affectés aux coordonnées courantes de cette droite, et qu'on représente par

$$\beta=\varphi(\alpha), \quad \frac{d\beta}{d\alpha}=\varphi'(\alpha), \quad \gamma=\psi(\alpha), \quad \frac{d\gamma}{d\alpha}=\psi'(\alpha),$$

les équations des projections de la courbe proposée, et leurs différentielles, en sorte que les équations de sa tangente deviennent

$$(a) \qquad y-\varphi(\alpha)=\varphi'(\alpha)(x-\alpha),$$

$$(b) \qquad z-\psi(\alpha)=\psi'(\alpha)(x-\alpha),$$

cette droite n'est plus particularisée que par la valeur de α. Si donc on élimine α, ce qui est toujours possible quand les fonctions φ et ψ sont connues, l'équation résultante en x, y et z appartiendra à l'ensemble des tangentes de la courbe proposée et sera par conséquent l'équation de la surface qu'elles forment.

Il est évident qu'on pourra reconnaître par cette équation si la courbe donnée est plane ou à double courbure, puisque dans le premier cas la surface dont on vient de parler sera un plan, et dans le second une surface courbe.

Quand les formes des fonctions φ et ψ ne sont pas données, l'élimination ne peut s'effectuer qu'en différentiant, et l'on parvient alors au caractère général des surfaces développables. Il faut d'abord observer que l'équation (a), établissant une relation entre x, y et α, fait voir que la dernière de ces quantités est une fonction des deux autres : je différentie donc sous ce point de vue, et successivement par rapport à x et par rapport à y, les équations (a) et (b). Pour abréger, je pose

$$dz = p\,dx + q\,dy, \quad \frac{d\alpha}{dx} = \alpha', \quad \frac{d\alpha}{dy} = \alpha'';$$

après les réductions, il vient

$$\begin{aligned} 0 &= \varphi'(\alpha) + (x-\alpha)\,\alpha'\,\varphi''(\alpha),\\ 1 &= \phantom{\varphi'(\alpha) + {}}(x-\alpha)\,\alpha''\,\varphi''(\alpha),\\ p &= \psi'(\alpha) + (x-\alpha)\,\alpha'\,\psi'(\alpha),\\ q &= \phantom{\psi'(\alpha) + {}}(x-\alpha)\,\alpha''\,\psi''(\alpha); \end{aligned}$$

mettant alors dans les valeurs de p et de q celles de $(x-\alpha)\alpha'$ et de $(x-\alpha)\alpha''$, tirées des deux premières équations, p et q prendront la forme

$$p = \Phi(\alpha), \qquad q = \Psi(\alpha),$$

Φ et Ψ désignant des fonctions dépendantes de φ et de ψ, et par conséquent arbitraires. Il résulte évidemment de là que

$$p = \varpi(q),$$

ϖ étant aussi une fonction arbitraire comme les précédentes.

Maintenant si l'on fait, ainsi que dans le n° **151**,

$$dp = r\,dx + s\,dy, \qquad dq = s\,dx + t\,dy,$$

qu'on différentie successivement par rapport à x et par rapport à y, l'équation $p = \varpi(q)$, on obtiendra

$$r = \varpi'(q)\,s, \qquad s = \varpi'(q)\,t;$$

et éliminant la fonction $\varpi'(q)$, on aura enfin l'équation différentielle partielle du second ordre

$$rt - s^2 = 0, \quad \text{ou} \quad \frac{d^2 z}{dx^2}\frac{d^2 z}{dy^2} - \left(\frac{d^2 z}{dx dy}\right)^2 = 0,$$

qui exprime le caractère général des surfaces développables, découvert par Euler, mais sous une autre forme.

Il faut d'abord remarquer que l'équation (e) du n° 152 se réduit au premier degré lorsqu'on y fait $rt - s^2 = 0$, ce qui montre que les surfaces développables n'ont qu'une seule courbure, et qu'à proprement parler l'une des deux valeurs de δ devient infinie dans ce cas. La ligne de courbure qui s'y rapporte est précisément une des tangentes génératrices, celle qui passe par le point que l'on considère.

Le plan qui touche la courbe à ce point passe par la même droite, à tous les points de laquelle s'étend le contact entre le plan et la surface proposée, comme il est aisé de le voir, puisque ce plan n'est autre que la limite de ceux qu'on mènerait par deux tangentes consécutives.

Cette propriété, particulière aux surfaces développables et résultant de ce qu'elles sont composées de lignes droites qui se coupent deux à deux, les distingue de toutes les autres surfaces sur lesquelles le contact avec un plan n'a lieu, en général, que dans un seul point.

162. Mener une normale à une courbe considérée dans l'espace est un problème indéterminé ; car il existe un nombre infini de droites qui, passant par le point donné, sont en même temps perpendiculaires à la tangente : l'ensemble de ces droites forme un plan perpendiculaire à cette tangente, et qui se nomme *plan normal*. En donnant aux équations de la tangente (158) la forme

$$x' - x = \frac{dx}{dz}(z' - z), \quad y' - y = \frac{dy}{dz}(z' - z),$$

on voit que l'équation du plan normal est

$$(x' - x)\frac{dx}{dz} + (y' - y)\frac{dy}{dz} + z' - z = 0 \quad (\textit{Trig.}, 182),$$

ou

$$(1)\qquad (x'-x)\,dx+(y'-y)\,dy+(z'-z)\,dz=0.$$

Considérons maintenant le plan normal pour le point consécutif; il est évident qu'il coupera celui qu'on vient de déterminer, et que, sur cette intersection, les coordonnées x', y', z' n'auront pas varié, quoique x soit devenu $x+dx$: on aura donc alors

$$(2)\quad (x'-x)\,d^2x+(y'-y)\,d^2y+(z'-z)\,d^2z-ds^2=0,$$

en posant, pour abréger,

$$dx^2+dy^2+dz^2=ds^2,$$

et le système des équations (1) et (2) représentera la droite dont il s'agit. Si on le combine avec les équations de la courbe proposée, pour éliminer x, y et z, il restera une seule équation, appartenant à la surface qui est la limite des intersections successives des plans normaux, comme la développée des courbes planes est celle des intersections consécutives de leurs normales (80).

Cette surface est évidemment développable ; car, ainsi que celle des tangentes, elle est composée de lignes droites qui se coupent deux à deux, puisque, si l'on substitue un polygone à la courbe proposée, l'intersection du premier plan normal avec le second, et celle du second avec le troisième, seront toutes deux dans le second, et ainsi de proche en proche.

C'est ce que l'analyse prouve aussi; car si l'on change x en α comme dans le numéro précédent, qu'on fasse $d\alpha$ constant, et qu'on supprime les accents, les équations (1) et (2) deviendront

$$(1')\quad x-\alpha+[y-\varphi(\alpha)]\,\varphi'(\alpha)+[z-\psi(\alpha)]\,\psi'(\alpha)=0,$$

$$(2')\qquad \left\{\begin{array}{l}[y-\varphi(\alpha)]\,\varphi''(\alpha)+[z-\psi(\alpha)]\,\psi''(\alpha)\\ -1-\varphi'(\alpha)^2-\psi'(\alpha)^2\end{array}\right\}=0;$$

la seconde étant la différentielle de la première par rapport à α, montre qu'on peut différentier celle-ci par rapport à x et y, sans faire varier α, puisque les termes qui résulteraient de cette fonction seraient nuls en vertu de la seconde équation. La première donnera donc seulement

$$1+p\psi'(\alpha)=0,\quad \varphi'(\alpha)+q\psi'(\alpha)=0,$$

d'où il faut conclure, comme dans le numéro cité, que

$$p=\varpi(q)\ (*).$$

163. Nous sommes maintenant en état de déterminer les courbures, ou *flexions* d'une courbe à double courbure. La première, celle qui subsisterait encore quand on développerait la surface des tangentes ou des plans osculateurs, est celle du cercle qui est la limite de tous les cercles passant par trois points consécutifs de cette courbe, et contenu par conséquent dans le plan osculateur. Son centre, qui est évidemment l'intersection de ce plan avec les deux plans normaux consécutifs, sera donné en joignant l'équation du plan osculateur (**159**) au système des équations (1) et (2) du numéro précédent.

(*) Si, dans l'équation (1'), on fait

$$\alpha+\varphi(\alpha)\varphi'(\alpha)+\psi(\alpha)\psi'(\alpha)=m,$$

ce qui rendra α fonction de m, on pourra poser

$$\varphi'(\alpha)=-\Phi(m),\quad \psi'(\alpha)=-\Psi(m),$$

et il viendra

$$x+y\Phi(m)+z\Psi(m)=m, \tag{1''}$$

$$y\Phi'(m)+z\Psi'(m)=1. \tag{2''}$$

Ces équations, qui dérivent de celles du plan, $x+Ay+Bz=m$, dans laquelle on a rendu deux des constantes fonctions de la troisième, appartiennent à la suite des intersections d'un plan assujetti à se mouvoir d'une manière quelconque dans l'espace : tel est l'énoncé le plus concis de la formation des surfaces développables.

En joignant aux équations (1″) et (2″) la différentielle de la deuxième, prise seulement par rapport à m, afin de passer au point commun à deux intersections successives des plans générateurs, on aura pour ce point

$$y\Phi''(m)+z\Psi''(m)=0\,; \tag{3''}$$

et si l'on élimine m entre les équations (1″), (2″) et (3″), on obtiendra l'arête de rebroussement de la surface développable (**161**).

La famille des surfaces développables ne renferme pas toutes celles qui sont engendrées par le mouvement d'une ligne droite; il y a en outre les *surfaces gauches* ou *réglées*. Voyez, sur ce sujet, le Traité in-4°, tome Ier, page 606, et tome III, page 666.

Au moyen de ces équations, on déterminera les valeurs de

$$x'-x,\quad y'-y,\quad z'-z,$$

pour les substituer dans l'expression

$$\sqrt{(x'-x)^2+(y'-y)^2+(z'-z)^2},$$

qui sera celle du rayon cherché, que je représenterai par u.

Si l'on pose d'abord, pour abréger,

$$\begin{aligned} dx\,d^2y-dy\,d^2x&=Z,\\ dz\,d^2x-dx\,d^2z&=Y,\\ dy\,d^2z-dz\,d^2y&=X,\end{aligned}$$

en indiquant chacune de ces expressions par la lettre qui ne s'y trouve point, l'équation du plan osculateur (159) deviendra

$$X(x'-x)+Y(y'-y)+Z(z'-z)=0;$$

et en la combinant avec celle du premier plan normal (numéro précédent), on en tirera d'abord les valeurs de $x'-x$ et de $y'-y$ en $z'-z$, qu'on mettra dans l'équation du second plan normal, qui donnera

$$z'-z=\frac{(X\,dy-Y\,dx)\,ds^2}{D},$$

où

$$D=(Y\,dz-Z\,dy)\,d^2x+(Z\,dx-X\,dz)\,d^2y+(X\,dy-Y\,dx)\,d^2z,$$

puis

$$x'-x=\frac{(Y\,dz-Z\,dy)\,ds^2}{D},$$

$$y'-y=\frac{(Z\,dx-X\,dz)\,ds^2}{D};$$

et substituant ces valeurs dans l'expression de u^2, on trouvera

$$u^2=\frac{[(X\,dy-Y\,dx)^2+(Z\,dx-X\,dz)^2+(Y\,dz-Z\,dy)^2]\,ds^4}{D^2}.$$

Cela fait, on s'assurera aisément que

$$X\,dx+Y\,dy+Z\,dz=0,$$

et en ajoutant le carré de cette expression au premier facteur du numérateur de u^2, on aura

$$u^2 = \frac{(X^2+Y^2+Z^2)\,ds^6}{D^2}.$$

On verra aussi, en développant la valeur de D, qu'elle se réduit à $X^2+Y^2+Z^2$; on obtiendra donc pour dernier résultat

$$u^2 = \frac{ds^6}{X^2+Y^2+Z^2} \quad (*).$$

L'intersection des deux plans normaux consécutifs étant perpendiculaire au plan du cercle qui passe par les trois points pris sur la courbe proposée, en est l'axe, et chacun de ses points peut servir à décrire le cercle, en prenant pour rayon la distance de ce point à ceux du cercle; mais parmi tous ces rayons on distingue, sous le nom de *rayon de courbure absolu*, celui qui est dans le plan même du cercle, et que nous venons de trouver.

Les valeurs de x', y', z' feront connaître la position du centre de courbure ; et en éliminant x, y et z, on obtiendra les équations de la courbe formée par tous ces centres ; mais cette courbe n'est point la développée de la proposée lorsque celle-ci n'est pas plane (**).

La formule précédente, donnant comme cas particulier la courbure de l'intersection d'une surface et d'un plan quelconque, se rattache à ce qu'on a vu sur la courbure des sur-

---

(*) Si l'on faisait constante la différentielle ds, ce qui donnerait

$$ds\,d^2s = dx\,d^2x + dy\,d^2y + dz\,d^2z = 0,$$

et qu'on ajoutât le carré de la dernière expression au développement de $X^2+Y^2+Z^2$, on trouverait, après des réductions faciles à apercevoir,

$$u^2 = \frac{ds^4}{d^2x^2+d^2y^2+d^2z^2}.$$

En supprimant tout ce qui appartient à la troisième coordonnée z, on aurait

$$u^2 = \frac{ds^4}{d^2x^2+d^2y^2}, \quad \text{d'où} \quad u = \frac{ds^2}{\sqrt{d^2x^2+d^2y^2}},$$

formule à joindre aux expressions de γ, dans le n° **130**.

(**) *Voyez* pages 625 et 630 du Ier volume du Traité in-4°.

faces (151). Je me bornerai ici au cas où le plan coupant passe par la normale à la surface proposée ; je prendrai le plan tangent pour celui des xy, et pour origine des coordonnées le point où l'on cherche la courbure. Dans cette hypothèse, $dz = 0$ et $d^2y = 0$, à cause que le plan coupant étant perpendiculaire sur le plan tangent, l'intersection du premier avec la surface se projette en ligne droite sur le second. Il résulte de là

$$Z = 0, \quad Y = -dx\,d^2z, \quad X = dy\,d^2z, \quad ds^2 = dx^2 + dy^2,$$

$$u^2 = \frac{(dx^2 + dy^2)^2}{d^2z^2};$$

mais si l'on pose en général $dz = p\,dx + q\,dy$, on en déduira

$$d^2z = d(p\,dx + q\,dy) = dp\,dx + dq\,dy = (r + 2sm + tm^2)\,dx^2,$$

suivant la notation du n° 151, où $dy = m\,dx$; et de là

$$u = \pm \frac{1 + m^2}{r + 2sm + tm^2}.$$

Cette expression, dépendant de m, change de valeur avec la direction du plan coupant, et peut, en conséquence, être susceptible de *maximum* ou de *minimum*. En égalant à zéro sa différentielle relative à m, on trouve

$$(r + 2sm + tm^2)\,m - (1 + m^2)(s + tm) = 0,$$

ce qui se réduit à

$$sm^2 + (r - t)\,m - s = 0;$$

ainsi les valeurs de m sont ici les mêmes qu'au n° 151.

Comme elles appartiennent à deux directions perpendiculaires, on peut faire passer les plans des xz et des yz par ces deux directions ; l'une des valeurs de m sera nulle et l'autre infinie, ce qui suppose $s = 0$ dans l'équation précédente. Alors on a

$$u = \pm \frac{1 + m^2}{r + tm^2},$$

expression qui donne $\frac{1}{r}$ et $\frac{1}{t}$ pour les rayons de courbure correspondants; c'est aussi ce qui résulte de l'équation (e), page 176, lorsqu'on y fait $p=0$, $q=0$ et $s=0$.

Les autres rayons de courbure se déduisent de ceux-là, en posant $m=\tang v$, v désignant un angle quelconque. En substituant à m sa valeur $\frac{\sin v}{\cos v}$, on obtient

$$u=\frac{\cos v^2+\sin v^2}{r\cos v^2+t\sin v^2}=\frac{1}{r\cos v^2+t\sin v^2}$$

et

$$\frac{1}{u}=r\cos v^2+t\sin v^2.$$

Si l'on change ici l'angle v dans son complément 1^q-v, et u en u', il en résultera

$$\frac{1}{u'}=r\sin v^2+t\cos v^2;$$

d'où l'on conclura

$$\frac{1}{u}+\frac{1}{u'}=r+t,$$

ce qui fait voir que la somme des quantités inverses des rayons u est constante pour les directions qui sont à angle droit (*).

(*) Les considérations ci-dessus rentrent dans celles qu'Euler, premier auteur de cette belle théorie, a mises en usage; et l'on voit comme ses résultats s'accordent avec ceux que Monge a obtenus en suivant une marche toute différente, qui lui a fait reconnaître les points singuliers qu'il a nommés *ombilics*, dans lesquels le nombre des lignes de courbure devient infini (note de la page 175). M. Poisson a découvert d'autres points où « la direction des lignes de courbure » n'est pas indéterminée, mais leur nombre est plus grand que deux : il peut » être quatre ou six, ou tout autre nombre pair, et le rayon de courbure d'une » section normale est susceptible de plusieurs *maxima* et *minima*, dont le » nombre est toujours égal à celui des lignes de courbure. » Il donne pour exemple l'équation polaire $z=u^2\sin n\theta$, dans laquelle $u=\sqrt{x^2+y^2}$, $\sin\theta=\frac{y}{u}$, et dont le cas le plus simple, celui où $n=1$, est $z=y\sqrt{+x^2y^2}$. Ici p et q sont véritablement nuls, tandis que r, s, t, qui se présentent sous la forme $\frac{0}{0}$, dépendent du rapport de y à x. (*Journal de l'École Polytechnique*, XXIe cahier, page 205.)

164. La seconde courbure, ou la seconde flexion des courbes qui ne sont pas planes, est la courbure des surfaces développables formées par leurs tangentes et indiquée par les angles compris entre les plans osculateurs, comme leur première flexion l'est par les angles compris entre leurs tangentes. Or les droites qui sont les intersections des plans normaux, étant perpendiculaires aux plans osculateurs, comprennent entre elles le même angle que ces derniers ; de plus, comme elles forment par leurs rencontres l'arête de rebroussement de la surface des plans normaux, elles sont aussi les tangentes de cette arête, qui font, par conséquent, entre elles des angles égaux à ceux des plans osculateurs correspondants : ainsi la *seconde flexion de la courbe proposée est égale à la première flexion de l'arête de rebroussement des plans normaux*. Cette relation, remarquée par Fourier, est réciproque entre les deux courbes, puisque les tangentes de la proposée comprennent évidemment entre elles des angles égaux à ceux que forment ses plans normaux, qui sont les plans osculateurs de l'arête de rebroussement de la surface développable qu'ils composent.

Ce serait ici le lieu de parler des points singuliers que peuvent présenter les courbes à double courbure ; mais cette discussion me mènerait trop loin Je me contenterai de faire observer que, d'après ce qui précède, elles sont susceptibles de deux sortes d'inflexions : l'une, qui se rapporte à leur première courbure, se manifeste comme dans les courbes planes par le changement de signe de leur rayon de courbure absolu ; l'autre, par celui du rayon de courbure de la surface de leurs tangentes, ou de l'arête de rebroussement de la surface de leurs plans normaux.

TRAITÉ ÉLÉMENTAIRE

DE

CALCUL DIFFÉRENTIEL

ET DE

CALCUL INTÉGRAL.

SECONDE PARTIE.

CALCUL INTÉGRAL.

De l'intégration des fonctions rationnelles d'une seule variable.

165. Le Calcul intégral est l'inverse du Calcul différentiel ; il a pour but de remonter des coefficients différentiels aux fonctions dont ils dérivent. L'exposition des principes de ce Calcul présente des divisions analogues à celles qu'offre le Calcul différentiel. Il peut arriver que la composition des coefficients différentiels de la fonction cherchée soit donnée immédiatement par les variables indépendantes, ou qu'on ait seulement une équation entre quelques-uns de ces coefficients et une ou plusieurs des variables : le premier cas étant le plus simple, c'est celui qu'il convient de traiter d'abord.

Lorsque le coefficient différentiel du premier ordre d'une fonction de x est donné en x, on a

$$\frac{dy}{dx} = X, \quad \text{ou} \quad dy = X\,dx :$$

la fonction cherchée est donc celle dont la différentielle est $X\,dx$, et on l'indique comme ci-dessous :

$$y = \int X\,dx,$$

la caractéristique $\int$ étant l'inverse de la caractéristique d, de sorte que $\int \mathrm{d}u = u$, et $\mathrm{d}\int \mathrm{X}\,\mathrm{d}x = \mathrm{X}\,\mathrm{d}x$ (*).

Cela posé, les diverses formes que peut avoir la fonction donnée X se classent ainsi qu'il suit :

Fonctions rationnelles,

$$\mathrm{A}x^m + \mathrm{B}x^n + \mathrm{C}x^p + \ldots = \mathrm{U},$$

$$\frac{\mathrm{A}x^m + \mathrm{B}x^n + \mathrm{C}x^p + \ldots}{\mathrm{A}'x^{m'} + \mathrm{B}'x^{n'} + \mathrm{C}'x^{p'} + \ldots} = \frac{\mathrm{U}}{\mathrm{V}};$$

Fonctions irrationnelles,

$$\mathrm{U}.\mathrm{V}^{\frac{m}{n}}$$

Fonctions transcendantes,

$$\mathrm{f}(\mathrm{U}, \mathrm{lV}), \quad \mathrm{f}(\mathrm{U}, \sin \mathrm{V}), \text{ etc.}$$

166. On voit d'abord que pour effectuer l'intégration, il faut renverser les règles qui ont servi à différentier; or, par la première de ces règles, on a

$$\mathrm{d}(u + v - w) = \mathrm{d}u + \mathrm{d}v - \mathrm{d}w \ (10),$$

et si l'on intègre le premier membre, en y supprimant la caractéristique d, on trouve

$$u + v - w = \int (\mathrm{d}u + \mathrm{d}v - \mathrm{d}w),$$

ce qui revient à

$$\int \mathrm{d}u + \int \mathrm{d}v - \int \mathrm{d}w = \int (\mathrm{d}u + \mathrm{d}v - \mathrm{d}w) \ (165),$$

d'où il résulte que

$$\int (\mathrm{P}\,\mathrm{d}x + \mathrm{Q}\,\mathrm{d}x - \mathrm{R}\,\mathrm{d}x) = \int \mathrm{P}\,\mathrm{d}x + \int \mathrm{Q}\,\mathrm{d}x - \int \mathrm{R}\,\mathrm{d}x,$$

(*) Ceux qui ont écrit les premiers sur le Calcul intégral ont employé la lettre $\int$ comme initiale du mot *somme*, parce que, suivant les idées de Leibnitz, les différentielles représentant les accroissements infiniment petits des variables (6), il s'ensuit qu'une variable quelconque est la somme d'un nombre infini d'accroissements qu'elle a reçus depuis son origine jusqu'au moment où on la considère ; et c'est pour cela qu'on a donné à la fonction que j'ai appelée *primitive* le nom d'*intégrale*, comme étant le résultat de l'agrégation de toutes les différentielles. On verra plus loin (256) qu'elle est, en toute rigueur, la *limite* de leurs sommes. Ces dénominations étant bien entendues, on peut se servir indifféremment de l'une ou de l'autre.

c'est-à-dire que *l'intégrale de la somme de plusieurs fonctions différentielles est égale à la somme des intégrales de chacune de ces fonctions.*

De même, $\mathrm{d}.au = a\,\mathrm{d}u$ (11) donne $au = \int a\,\mathrm{d}u$, et par conséquent $\int a\,\mathrm{d}u = a\int \mathrm{d}u$, d'où $\int a\mathrm{X}\,\mathrm{d}x = a\int \mathrm{X}\,\mathrm{d}x$. ainsi l'*on peut faire sortir du signe* $\int$ *le coefficient constant* a, *ou l'y faire entrer*, observation importante pour la suite.

167. Cela posé, on a par le n° 13, $\mathrm{d}.x^n = nx^{n-1}\,\mathrm{d}x$; en passant aux intégrales, on en déduit $x^n = n\int x^{n-1}\,\mathrm{d}x$, d'où $\int x^{n-1}\,\mathrm{d}x = \frac{x^n}{n}$, et changeant n en $n+1$, on obtient

$$\int x^n\,\mathrm{d}x = \frac{x^{n+1}}{n+1},$$

c'est-à-dire que *pour intégrer la différentielle monôme* $x^n\,dx$, *il faut augmenter l'exposant de la variable d'une unité, puis diviser par le nouvel exposant et par* dx.

De plus, suivant la remarque du n° 7, la différentielle de $\mathrm{X}+\mathrm{A}$ étant la même que celle de X, il faut, à toutes les intégrales, ajouter une constante qui demeure arbitraire : ainsi lorsque

$$\mathrm{d}y = ax^n\,\mathrm{d}x, \quad \text{on a} \quad y = \frac{ax^{n+1}}{n+1} + \mathrm{A}.$$

168. Avant d'aller plus loin, il est à propos d'examiner un cas particulier, dans lequel la règle ci-dessus est en défaut; c'est celui où $n = -1$. Il vient alors

$$y = \frac{ax^0}{0} + \mathrm{A} = \frac{a}{0} + \mathrm{A};$$

mais si l'on fait attention que

$$\mathrm{d}y = ax^{-1}\,\mathrm{d}x = \frac{a\,\mathrm{d}x}{x} = a\,\mathrm{d}.\mathrm{l}x \ (29),$$

on reconnaîtra bientôt que

$$y = a\,\mathrm{l}x + \mathrm{A},$$

et que l'exception que présente ici la règle du numéro précédent tient à l'impossibilité d'exprimer la transcendante $\mathrm{l}x$ en un nombre fini de termes algébriques.

Néanmoins un simple changement de forme dans la constante A suffit pour rattacher ce cas particulier à la formule générale; car si l'on écrit $-\frac{a}{n+1}+A$ au lieu de A, ce qui est permis, puisque cette constante est arbitraire, la formule générale est alors

$$y=\frac{ax^{n+1}-a}{n+1}+A,$$

et devient $\frac{0}{0}$ quand $n=-1$; mais si l'on y applique le procédé du n° 95, en prenant n pour variable, on obtiendra la vraie valeur

$$y=a\,\mathrm{l}x+A,$$

la même que ci-dessus.

169. L'expression

$$\mathrm{d}y=ax^m\,\mathrm{d}x+bx^n\,\mathrm{d}x-cx^p\,\mathrm{d}x\ldots$$

qui représente une différentielle rationnelle et entière, quelconque d'ailleurs, conduit à

$$y=\frac{ax^{m+1}}{m+1}+\frac{bx^{n+1}}{n+1}-\frac{cx^{p+1}}{p+1}\ldots+A,$$

d'après les règles des nos 166 et 167.

Je n'ajoute qu'une constante arbitraire; car il est aisé de voir que si l'on en ajoutait une pour chaque monôme, elles n'équivaudraient toutes ensemble qu'à une seule, qui serait égale à leur somme.

170. Si l'on avait $\mathrm{d}y=(ax+b)^m\mathrm{d}x$, on développerait la puissance indiquée, et l'on intégrerait chaque monôme qui résulterait de cette opération; mais il est bon d'observer qu'on peut arriver au résultat sans effectuer le développement. Il suffit de faire $ax+b=z$, ce qui donne $x=\frac{z-b}{a}$, $\mathrm{d}x=\frac{\mathrm{d}z}{a}$; substituant dans l'expression de $\mathrm{d}y$, on trouve $\mathrm{d}y=\frac{z^m\,\mathrm{d}z}{a}$, et par conséquent $y=\frac{z^{m+1}}{a(m+1)}+A$. Mettant pour z sa valeur, on aura donc, lorsque

$$dy = (ax+b)^m dx, \quad y = \frac{(ax+b)^{m+1}}{a(m+1)} + A.$$

Pour $dy = (ax^n + b)^m x^{n-1} dx$, la transformation réussit encore; car en posant $ax^n + b = z$, il en résulte $nax^{n-1} dx = dz$, d'où

$$x^{n-1} dx = \frac{dz}{na}, \quad dy = \frac{z^m dz}{na} \quad \text{et} \quad y = \frac{z^{m+1}}{na(m+1)} + A,$$

ce qui donne, lorsque

$$dy = (ax^n + b)^m x^{n-1} dx, \quad y = \frac{(ax^n + b)^{m+1}}{na(m+1)} + A.$$

171. Je passe aux fonctions fractionnaires, et pour commencer par le cas le plus simple, je suppose qu'on ait $dy = \frac{\alpha x^m dx}{(ax+b)^n}$. En faisant $ax + b = z$, on trouve

$$x = \frac{z-b}{a}, \quad dx = \frac{dz}{a},$$

et par conséquent

$$dy = \frac{\alpha(z-b)^m dz}{a^{m+1} z^n};$$

développant la puissance $(z-b)^m$, multipliant le résultat par dz, et divisant après par z^n, on aura une suite de monômes à intégrer.

Prenons pour exemple le cas où $m = 3$ et $n = 2$; il viendra

$$dy = \frac{\alpha(z-b)^3 dz}{a^4 z^2} = \frac{\alpha}{a^4}[z\,dz - 3b\,dz + 3b^2 z^{-1} dz - b^3 z^{-2} dz]:$$

en appliquant à chacun de ces monômes la règle générale (167), il en résultera

$$y = \frac{\alpha}{a^4}\left[\frac{z^2}{2} - 3bz + 3b^2 \mathrm{l} z + b^3 z^{-1}\right] + A.$$

On remettra ensuite pour z sa valeur, et l'on aura enfin,

lorsque

$$dy = \frac{\alpha x^3 dx}{(ax+b)^2},$$

$$y = \frac{\alpha}{a^4}\left[\frac{1}{2}(ax+b)^2 - 3b(ax+b) + 3b^2 l(ax+b) + \frac{b^3}{ax+b}\right] + A.$$

On construirait sans peine la formule générale; et si l'on avait

$$dy = \frac{\alpha x^n dx + \beta x^p dx + \gamma x^q dx \ldots}{(ax+b)^m},$$

on l'écrirait comme il suit :

$$dy = \frac{\alpha x^n dx}{(ax+b)^m} + \frac{\beta x^p dx}{(ax+b)^m} + \frac{\gamma x^q dx}{(ax+b)^m} \ldots,$$

puis on opérerait sur chaque terme en particulier, comme je viens de le faire sur le premier.

172. Les différentielles fractionnaires et rationnelles sont en général de la forme

$$\frac{(Ax^m + Bx^n + Cx^p \ldots) dx}{A'x^{m'} + B'x^{n'} + C'x^{p'} \ldots},$$

que, pour abréger, je représenterai par $\frac{U dx}{V}$. Il faut d'abord observer que l'exposant de x dans le numérateur peut être supposé moindre que dans le dénominateur; car si cela n'était pas, en divisant U par V, et nommant Q le quotient de cette division et R le reste, il viendrait $\int \frac{U dx}{V} = \int Q dx + \int \frac{R dx}{V}$; mais Q étant une fonction rationnelle et entière, $\int Q dx$ s'obtiendrait par l'application immédiate de la règle du n° 167, et il ne resterait plus à trouver que $\int \frac{R dx}{V}$, dans laquelle la fonction R est, par rapport à x, d'un degré moins élevé que la fonction V. La forme la plus générale que puisse avoir la fraction $\frac{U dx}{V}$ sera donc

$$\frac{(Ax^{n-1} + Bx^{n-2} + Cx^{n-3} \ldots + T)}{x^n + A'x^{n-1} + B'x^{n-2} + C'x^{n-3} \ldots + T'} dx.$$

La méthode générale pour intégrer les différentielles exprimées par des fractions rationnelles consiste à les décomposer en d'autres dont les dénominateurs soient plus simples, qu'on désigne sous le nom de *fractions partielles*, et qu'on obtient comme il suit.

En égalant à zéro le dénominateur de la fraction proposée, on formera l'équation

$$x^n + A'x^{n-1} + B'x^{n-2} \ldots + T' = 0,$$

et concevant qu'on ait déterminé les diverses racines de cette équation, on les représentera par

$$a, \quad a', \quad a'', \quad a''', \quad \text{etc.},$$

en supposant qu'elles soient toutes inégales; par ce moyen, le premier membre de l'équation ci-dessus, ou le dénominateur de la fraction proposée, sera mis sous la forme d'un produit de n facteurs

$$x - a, \quad x - a', \quad x - a'', \quad x - a''', \text{ etc.}$$

Cela fait, on regardera la fraction proposée comme la somme des fractions

$$\frac{N\,dx}{x-a}, \quad \frac{N'\,dx}{x-a'}, \quad \frac{N''\,dx}{x-a''}, \quad \text{etc.},$$

ayant pour dénominateurs les facteurs du dénominateur de la proposée, et pour numérateurs des constantes indéterminées.

Je suppose, pour fixer les idées, que la différentielle à intégrer soit

$$\frac{(Ax^2 + Bx + C)\,dx}{x^3 + A'x^2 + B'x + C'},$$

et qu'on ait trouvé

$$x^3 + A'x^2 + B'x + C' = (x-a)(x-a')(x-a'').$$

En réduisant au même dénominateur les fractions

$$\frac{N\,dx}{x-a}, \quad \frac{N'\,dx}{x-a'}, \quad \frac{N''\,dx}{x-a''},$$

et les ajoutant, il viendra

$$\frac{N(x-a')(x-a'')+N'(x-a)(x-a'')+N''(x-a)(x-a')}{(x-a)(x-a')(x-a'')}\,dx;$$

le dénominateur sera le même que celui de la proposée, et le numérateur sera nécessairement une fonction du degré inférieur à celui du dénominateur, c'est-à-dire du second degré. En développant, on a en effet

$$\left\{(N+N'+N'')x^2-[N(a'+a'')+N'(a+a'')+N''(a+a')]x \right.$$
$$\left. +Na'a''+N'aa''+N''aa'\right\}dx.$$

Cette fonction, étant comparée avec le numérateur de la fraction proposée, donne les trois équations

$$N+N'+N''=A,$$
$$-N(a'+a'')-N'(a+a'')-N''(a+a')=B,$$
$$Na'a''+N'aa''+N''aa'=C,$$

qui ne sont que du premier degré, par rapport aux indéterminées N, N', N''.

Pour les résoudre, il suffit de multiplier la première par a^2, la seconde par a, et d'ajouter les produits avec la troisième; on trouve de cette manière

$$Aa^2+Ba+C=N[a^2-(a'+a'')a+a'a'']=N(a-a')(a-a''),$$

d'après les lois de la composition des équations, et par conséquent

$$N=\frac{Aa^2+Ba+C}{(a-a')(a-a'')},$$

où *le numérateur est ce que devient celui de la fraction proposée quand on y change* x *en* a, *et le dénominateur, le produit des différences entre la racine* a *et toutes les autres.*

Suivant cette loi, on aura sans calcul

$$N'=\frac{Aa'^2+Ba'+C}{(a'-a)(a'-a'')},\quad N''=\frac{Aa''^2+Ba''+C}{(a''-a)(a''-a')},$$

et il ne serait pas difficile de s'assurer qu'elle convient au cas général; mais nous y parviendrons bientôt encore plus facilement.

Cela posé, puisque

$$\frac{(Ax^2+Bx+C)\,dx}{x^3+A'x^2+B'x+C'} = \frac{N\,dx}{x-a} + \frac{N'\,dx}{x-a'} + \frac{N''\,dx}{x-a''},$$

on fera d'abord $x-a=z$, et l'on aura $\frac{N\,dx}{x-a}=\frac{N\,dz}{z}$, dont l'intégrale est $N\,l\,z$, ou $N\,l\,(x-a)$. On trouvera de même que

$$\int\frac{N'\,dx}{x-a'} = N'\,l\,(x-a'), \quad \int\frac{N''\,dx}{x-a''} = N''\,l\,(x-a'');$$

et par conséquent

$$\int\frac{(Ax^2+Bx+C)\,dx}{x^3+A'x^2+B'x+C'}$$
$$= N\,l\,(x-a) + N'\,l\,(x-a') + N''\,l\,(x-a'') + \text{const.}$$
$$= l\,[(x-a)^{N}(x-a')^{N'}(x-a'')^{N''}] + \text{const.}$$

173. L'intégration des fractions rationnelles n'a donc aucune difficulté lorsqu'elles sont décomposées, comme on vient de le voir, en fractions partielles dont les dénominateurs sont des binômes du premier degré; mais cette forme n'est possible que pour les facteurs qui sont simples dans le dénominateur de la fraction proposée. En effet, la supposition de $a'=a$, dans l'exemple du numéro précédent, rend infinies les valeurs de N et de N′, et cela tient à ce que, dans l'ensemble des fractions partielles

$$\frac{N}{x-a} + \frac{N'}{x-a} = \frac{N+N'}{x-a},$$

la somme des indéterminées $N+N'$ se comportant comme une seule, il ne s'en trouve plus un nombre suffisant.

On obvie à cet inconvénient en substituant à ces deux fractions, qui n'en font plus qu'une, la suivante :

$$\frac{(Nx+N')\,dx}{(x-a)^2};$$

et en la réduisant au même dénominateur avec la dernière, $\frac{N''\,dx}{x-a''}$, on obtient encore un nombre d'équations égal à celui des inconnues N, N′ et N″.

L'intégration de la nouvelle fraction n'offre d'ailleurs aucune difficulté, puisqu'en faisant $x - a = z$, on retombe sur des monômes, comme dans le dernier exemple du nº **171**, dont celui-ci n'est qu'un cas particulier.

En général, si le dénominateur V de la fraction proposée contenait le facteur $(x-a)^m$, il faudrait prendre pour ce facteur une fraction partielle de la forme

$$\frac{(Nx^{m-1} + N_1 x^{m-2} + N_2 x^{m-3} \ldots + N_{m-1})\,dx}{(x-a)^m},$$

qu'on intégrerait en posant

$$x - a = z, \quad \text{d'où} \quad x = a + z, \quad dx = dz;$$

car le résultat de cette substitution étant de la forme

$$\frac{(M + M_1 z + M_2 z^2 \ldots + M_{m-1} z^{m-1})\,dz}{z^m},$$

revient à

$$\frac{M\,dz}{z^m} + \frac{M_1\,dz}{z^{m-1}} + \frac{M_2\,dz}{z^{m-2}} \cdots + \frac{M_{m-1}\,dz}{z} \quad (171).$$

Il montre en même temps qu'on peut substituer à la première fraction les suivantes :

$$\frac{M\,dx}{(x-a)^m} + \frac{M_1\,dx}{(x-a)^{m-1}} + \frac{M_2\,dx}{(x-a)^{m-2}} \cdots + \frac{M_{m-1}\,dx}{x-a},$$

dont les numérateurs sont des constantes, et qui s'intègrent aussi par le procédé du nº **171**.

174. Cette dernière forme et celle qui répond aux facteurs inégaux (**172**), sont les plus simples dans lesquelles on puisse décomposer les fractions rationnelles à intégrer, et donnent lieu à une opération subsidiaire qui se divise en deux parties. La première, qui consiste à déterminer les facteurs du dénominateur V, dépend, comme nous l'avons déjà dit, de la résolution de l'équation $V = 0$ (**172**) ; la seconde partie, qui est la détermination des numérateurs des fractions partielles, s'effectue par plusieurs procédés, dont voici le plus élémentaire.

Ayant mis à part un facteur simple $x - a$ du dénominateur,

on pose

$$V = (x - a)Q \quad \text{et} \quad \frac{U}{V} = \frac{N}{x - a} + \frac{P}{Q},$$

P étant une fonction de x, provenant de la réduction au même dénominateur de toutes les fractions autres que $\frac{N}{x-a}$, qui entrent dans la proposée; ce sera par conséquent une fonction entière par rapport à x. Mais en réduisant au même dénominateur les deux membres de la dernière équation posée ci-dessus, on aura

$$U = NQ + (x - a)P, \quad \text{d'où} \quad P = \frac{U - NQ}{x - a};$$

et puisque P est une fonction entière de x, il faudra que $U - NQ$ soit divisible par $x - a$, ce qui ne peut avoir lieu, à moins que, suivant le théorème fondamental de la composition des équations, le polynôme $U - NQ$ ne s'évanouisse lorsqu'on y change x en a.

Si donc on désigne par u et par q ce que deviennent U et Q, après cette substitution qui ne change rien à N, puisque c'est une constante, on aura

$$u - Nq = 0 \quad \text{et} \quad N = \frac{u}{q},$$

expression dont la valeur sera toujours finie; car son numérateur et son dénominateur ne sauraient devenir nuls, puisque la fraction étant réduite à sa plus simple expression, le facteur $x - a$ ne fera point partie de U, et n'entrera pas non plus dans Q, puisqu'il ne se trouve qu'une fois dans V : il sera donc toujours possible d'obtenir la fraction partielle correspondante à un facteur de cette sorte.

Si l'on met au lieu de U ce qu'il représente (**172**), et qu'on observe que

$$Q = (x - a')(x - a'')(x - a''') \text{ etc.},$$

on obtient

$$N = \frac{u}{q} = \frac{Aa^{n-1} + Ba^{n-2} + Ca^{n-3} + \ldots + T}{(a - a')(a - a'')(a - a''') \text{ etc.}},$$

expression qui rentre dans la loi annoncée plus haut (**172**).

175. Voyons maintenant comment on peut trouver les numérateurs des fractions partielles qui répondent aux facteurs égaux. Soit $V = Q(x-a)^m$; posons

$$\frac{U}{V} = \frac{N}{(x-a)^m} + \frac{N_1}{(x-a)^{m-1}} + \frac{N_2}{(x-a)^{m-2}} + \ldots + \frac{N_{m-1}}{x-a} + \frac{P}{Q} \text{ (173)},$$

forme que la détermination des inconnues va justifier. En réduisant au même dénominateur, il viendra

$$U = Q\left[\begin{array}{l} N + N_1(x-a) + N_2(x-a)^2 + \ldots \\ \quad + N_{m-1}(x-a)^{m-1} \end{array}\right] + P(x-a)^m,$$

$$P = \frac{U - Q\left[N + N_1(x-a) + N_2(x-a)^2 + \ldots + N_{m-1}(x-a)^{m-1}\right]}{(x-a)^m};$$

et comme P doit être une fonction entière, il faudra que le numérateur de son expression soit divisible m fois de suite par $x-a$: ce numérateur s'évanouira donc lorsqu'on y changera x en a. On voit d'abord qu'il se réduit dans ce cas à $U - QN$; mais pour que $U - QN$ soit divisible par $x-a$, il faut, en conservant les mêmes dénominations que dans le numéro précédent, qu'on ait $u - qN = 0$ ou $N = \frac{u}{q}$.

Cette valeur changera $U - QN$ en $U - \frac{u}{q}Q$, qui, se divisant alors par $x-a$, sera de la forme $U_1(x-a)$, U_1 désignant le quotient; et la suppression du facteur $x-a$, dans les deux termes de P, donnera

$$P = \frac{U_1 - Q\left[N_1 + N_2(x-a) + \ldots + N_{m-1}(x-a)^{m-2}\right]}{(x-a)^{m-1}}.$$

Maintenant pour obtenir N_1, on fera $x = a$, et en nommant u_1 ce que devient U_1 par le changement de x en a, on aura $u_1 - qN_1 = 0$, ou $N_1 = \frac{u_1}{q}$.

Mettant ensuite au lieu de N_1 sa valeur dans $U_1 - QN_1$, il en résultera la quantité $U_1 - \frac{u_1}{q}Q$, qui, s'évanouissant lorsque $x = a$, sera divisible par $x-a$, et par conséquent P se reduira à

$$P = \frac{U_2 - Q[N_2 + N_3(x-a) + \ldots + N_{m-1}(x-a)^{m-3}]}{(x-a)^{m-2}},$$

U_2 représentant le quotient de la division de $U_1 - \frac{u_1}{q}Q$ par $x - a$. En continuant la même notation, on trouvera encore $u_2 - qN_2 = 0$, d'où $N_2 = \frac{u_2}{q}$, et ainsi des autres, sans tomber jamais sur des valeurs infinies.

176. Le Calcul différentiel facilite beaucoup les opérations précédentes. En effet, si l'on différentie successivement $m - 1$ fois l'équation

$$U = Q[N + N_1(x-a) + N_2(x-a)^2 + \ldots + N_{m-1}(x-a)^{m-1}] + P(x-a)^m,$$

et qu'on fasse ensuite $x = a$ dans cette équation et dans celles qu'on en aura déduites, il viendra

$$\begin{aligned} U &= NQ, \\ dU &= N\,dQ + N_1 Q\,dx, \\ d^2U &= N\,d^2Q + 2N_1\,dQ\,dx + 2N_2 Q\,dx^2, \\ d^3U &= N\,d^3Q + 3N_1\,d^2Q\,dx + 6N_2\,dQ\,dx^2 + 6N_3 Q\,dx^3, \\ &\text{etc.}, \end{aligned}$$

équations qui déterminent chacune des inconnues N, N_1, N_2, etc., par celles qui la précèdent; bien entendu qu'après les différentiations il faudra changer x en a (*).

La valeur de q se trouve aussi par la différentiation. En poussant jusqu'à l'ordre m celle de l'équation $V = Q(x-a)^m$, et faisant ensuite $x = a$, le résultat se réduit à

$$d^mV = m(m-1)\ldots 2.1\,Q\,dx^m \quad (57),$$

(*) Si l'on mettait la première équation de cet article sous la forme

$$\frac{U}{Q} = N + N_1(x-a) + N_2(x-a)^2 + \ldots + N_{m-1}(x-a)^{m-1} + \frac{P}{Q}(x-a)^m,$$

qu'on en prît alors les différentielles successives et qu'on y fît ensuite $x = a$, on obtiendrait les valeurs immédiates des quantités N, N_1, N_2, etc.

d'où

$$Q = \frac{d^m V}{1.2\ldots m\,dx^m},$$

Q ayant alors la valeur particulière désignée par q.

On passe ensuite aux différentielles de Q, relatives à $x = a$, en prenant successivement celles de l'ordre $m+1$, $m+2$, etc., de l'équation $V = Q(x-a)^m$; car il est aisé de voir, d'après la remarque du n° 57, que dans ce cas $d^{m+1}V = d^{m+1}.Q(x-a)^m$, par exemple, se réduit à $(m+1)m\ldots 2.1\,dQ\,dx^m$. Il suit de là qu'on pourra exprimer les indéterminées N_1, N_2, N_3, etc., à l'aide des différentielles du numérateur U et de celles du dénominateur V de la fraction proposée (*).

177. Le fond du calcul ne changerait pas, quand même quelques-unes des racines a, a', a'', etc., ne seraient pas réelles; les imaginaires qui s'introduiraient alors dans les numérateurs des fractions partielles disparaîtraient par des réductions au même dénominateur; mais il est peut-être plus simple d'éviter ces formes en ne décomposant le dénominateur V qu'en facteurs réels, ce qui est toujours possible, parce que les facteurs imaginaires d'un polynôme quelconque se groupent deux à deux en facteurs réels du second degré. (*Complément des Éléments d'Algèbre.*)

Ces facteurs peuvent en général être représentés par

$$x^2 - 2\alpha x + \alpha^2 + \beta^2;$$

et pour obtenir les fractions partielles correspondantes, il ne faut que modifier très-peu les procédés des n°s 174 et 175.

Dans le cas d'un facteur simple, on pose

$$\frac{U}{V} = \frac{Mx + N}{x^2 - 2\alpha x + \alpha^2 + \beta^2} + \frac{P}{Q},$$

(*) *Voyez* le Traité in-4°, tome II, page 19; *voy.* aussi, dans les *Acta Acad. Petropolitanæ, an.* 1780, *pars* I^a, p. 32, comment Euler, au moyen d'un développement analogue à celui de u' dans le n° **92**, détermine les numérateurs des fractions partielles, lesquels sont les coefficients des puissances négatives de h quand on change P en $\frac{U}{Q}$.

d'où l'on tire

$$U = Q(Mx + N) + P(x^2 - 2\alpha x + \alpha^2 + \beta^2),$$

$$P = \frac{U - Q(Mx + N)}{x^2 - 2\alpha x + \alpha^2 + \beta^2};$$

et raisonnant comme dans le n° 174, puisque P doit toujours être une fonction entière de x, il faut que la quantité $U - Q(Mx + N)$ soit divisible par $x^2 - 2\alpha x + \alpha^2 + \beta^2$: elle doit donc renfermer au nombre de ses facteurs ceux de ce polynôme, et s'évanouir par conséquent dans les mêmes circonstances. Mais les racines de $x^2 - 2\alpha x + \alpha^2 + \beta^2 = 0$ sont

$$x = \alpha + \beta\sqrt{-1}, \quad x = \alpha - \beta\sqrt{-1},$$

valeurs qui, substituées successivement dans $U - Q(Mx + N)$, doivent faire évanouir cette quantité. Soient donc $u \pm u'\sqrt{-1}$ et $q \pm q'\sqrt{-1}$ ce que deviennent U et Q après cette substitution, on aura

$$u \pm u'\sqrt{-1} - (q \pm q'\sqrt{-1})[M(\alpha \pm \beta\sqrt{-1}) + N] = 0 \text{ (*)},$$

équation double, à cause du signe $\pm$ dont sont affectés plusieurs de ses termes, et qui est équivalente à celles qu'on formerait en égalant séparément à zéro la partie réelle et la partie imaginaire. D'après cette considération, on aura

$$u - (q\alpha - q'\beta)M - qN = 0,$$
$$u' - (q'\alpha + q\beta)M - q'N = 0,$$

équations qui donneront les valeurs de M et de N.

178. Si le facteur $x^2 - 2\alpha x + \alpha^2 + \beta^2$, que, pour abréger, je représenterai par R, se trouve plusieurs fois dans le dénominateur V, et qu'on ait

$$V = Q(x^2 - 2\alpha x + \alpha^2 + \beta^2)^m = QR^m,$$

(*) En développant les puissances $(\alpha + \beta\sqrt{-1})^m$ et $(\alpha - \beta\sqrt{-1})^m$, on verra que les expressions telles que $Ax^m + Bx^n + Cx^p +$ etc., doivent en effet prendre la forme supposée.

on prendra dans ce cas (175)

$$\frac{U}{V}=\frac{Mx+N}{R^m}+\frac{M_1x+N_1}{R^{m-1}}+\frac{M_2x+N_2}{R^{m-2}}+\ldots+\frac{P}{Q},$$

réduisant au même dénominateur, et tirant la valeur de P, il viendra

$$P=\frac{U-Q[Mx+N+(M_1x+N_1)R+(M_2x+N_2)R^2+\ldots]}{R^m}.$$

En raisonnant dans ce cas comme dans les précédents, on conclura que le numérateur de cette expression doit s'évanouir par la supposition de $x=\alpha\pm\beta\sqrt{-1}$, qui rend aussi $R=0$; et gardant les mêmes dénominations que ci-dessus, on aura, après cette opération,

$$u\pm u'\sqrt{-1}-(q\pm q'\sqrt{-1})\,[M(\alpha\pm\beta\sqrt{-1})+N]=0,$$

ce qui donnera, pour déterminer M et N, les mêmes équations que dans le numéro précédent. Ayant trouvé les valeurs de ces quantités, on les substituera dans le numérateur de P; et les termes $U-Q(Mx+N)$ devenant divisibles par R, ou $x^2-2\alpha x+\alpha^2+\beta^2$, l'expression entière le deviendra aussi. Nommant donc U_1 le quotient de $U-Q(Mx+N)$ par $x^2-2\alpha x+\alpha^2+\beta^2$, on sera conduit à

$$P=\frac{U_1-Q[M_1x+N_1+(M_2x+N_2)R+\ldots]}{R^{m-1}}.$$

En remettant, dans ce nouveau numérateur, pour x les valeurs $\alpha\pm\beta\sqrt{-1}$, puis égalant le résultat à zéro, M_1 et N_1 seront déterminées comme l'ont été plus haut M et N, et l'on continuera d'opérer de la même manière, pour parvenir aux valeurs des quantités M_2, N_2, M_3, N_3, etc.

179. Ce cas est parfaitement analogue à celui qu'on a traité dans le n° 175; et le Calcul différentiel s'applique de la même manière, à l'un et à l'autre, au moyen de l'équation

$$U=Q[Mx+N+(M_1x+N_1)R+(M_2x+N_2)R^2+\ldots]+PR^m$$

et de ses différentielles, dans lesquelles, jusqu'à l'ordre $m-1$

inclusivement, celles du terme PR^m s'évanouissent lorsqu'on fait $R = 0$. On obtiendra ainsi les équations

$$U = (Mx + N)Q,$$
$$dU = (Mx + N)dQ + MQ\,dx + (M_1x + N_1)Q\,dR,$$
etc.,

chacune desquelles deviendra double, lorsqu'on mettra pour x les valeurs dont il est susceptible en vertu de l'équation $R = 0$, ou $x^2 - 2\alpha x + \alpha^2 + \beta^2 = 0$. En égalant séparément à zéro la partie réelle et la partie imaginaire, on aura un nombre suffisant d'équations, pour déterminer M, N, M_1, N_1, etc.

Il faut encore remarquer que de

$$V = QR^m,$$

on tirera

$$d^mV = Q\,d^m.R^m, \quad \text{d'où} \quad Q = \frac{d^mV}{d^m.R^m},$$

lorsqu'on supposera

$$R \quad \text{ou} \quad x^2 - 2\alpha x + \alpha^2 + \beta^2 = 0.$$

On trouvera dQ, d^2Q, etc., dans la même hypothèse, en prenant les différentielles des ordres $m+1$, $m+2$, etc., de l'équation

$$V = QR^m,$$

et supprimant ensuite les termes que cette hypothèse rend nuls.

180. Pour intégrer la fraction

$$\frac{(Mx + N)\,dx}{x^2 - 2\alpha x + \alpha^2 + \beta^2},$$

on observera que

$$x^2 - 2\alpha x + \alpha^2 + \beta^2 = (x - \alpha)^2 + \beta^2;$$

on fera

$$x - \alpha = z,$$

et il viendra

$$\frac{(Mx + N)\,dx}{(x - \alpha)^2 + \beta^2} = \frac{(Mz + M\alpha + N)\,dz}{z^2 + \beta^2} = \frac{(Mz + N')\,dz}{z^2 + \beta^2}$$

en posant

$$M\alpha + N = N'.$$

Mais

$$\frac{(Mz + N')\,dz}{z^2 + \beta^2} = \frac{Mz\,dz}{z^2 + \beta^2} + \frac{N'dz}{z^2 + \beta^2}:$$

la première partie du second membre de l'équation ci-dessus est intégrable; car, en faisant $z^2 + \beta^2 = u$, on a $z\,dz = \frac{du}{2}$, ce qui donne

$$\int \frac{Mz\,dz}{z^2 + \beta^2} = \frac{M}{2}\int \frac{du}{u} = M \cdot \frac{1}{2}\,l\,u = M\,l\sqrt{z^2 + \beta^2}.$$

Quant à la seconde partie, si l'on y fait $z = \beta u$, il vient

$$\frac{N'dz}{z^2 + \beta^2} = \frac{N'}{\beta}\,\frac{du}{u^2 + 1};$$

mais on a vu, nº 36, que $\frac{du}{1 + u^2}$ est la différentielle de l'arc dont la tangente $= u$: donc

$$\int \frac{N'}{\beta}\,\frac{du}{u^2 + 1} = \frac{N'}{\beta}\text{arc } (\text{tang} = u) + \textit{const.}$$

$$= \frac{N'}{\beta}\text{arc}\left(\text{tang} = \frac{z}{\beta}\right) + \textit{const.}$$

En réunissant ces deux résultats, on obtiendra

$$\int \frac{(Mz + N')\,dz}{z^2 + \beta^2} = M\,l\sqrt{z^2 + \beta^2} + \frac{N'}{\beta}\text{arc}\left(\text{tang} = \frac{z}{\beta}\right) + \textit{const.}$$

Il est bon de remarquer que l'arc dont la tangente est $\frac{z}{\beta}$ a pour sinus $\frac{z}{\sqrt{z^2 + \beta^2}}$, pour cosinus $\frac{\beta}{\sqrt{z^2 + \beta^2}}$ (*Trig.*, 29); car cette considération offre le moyen de présenter l'intégrale proposée sous plusieurs formes, en désignant l'arc par son sinus ou par son cosinus.

Lorsqu'on remet pour z sa valeur, on trouve

$$\int \frac{(Mx + N)\,dx}{x^2 - 2\alpha x + \alpha^2 + \beta^2} =$$

$$M\,l\sqrt{x^2 - 2\alpha x + \alpha^2 + \beta^2} + \frac{M\alpha + N}{\beta}\text{arc}\left(\text{tang} = \frac{x - \alpha}{\beta}\right) + \textit{const.}$$

Venons maintenant à la différentielle

$$\frac{(Mx+N)\,dx}{(x^2-2\alpha x+\alpha^2+\beta^2)^m}.$$

On fera d'abord $x-\alpha=z$ et $M\alpha+N=N'$; par ce moyen on n'aura plus à trouver que $\int\frac{(Mz+N')\,dz}{(z^2+\beta^2)^m}$, qui peut s'écrire ainsi :

$$M\int\frac{z\,dz}{(z^2+\beta^2)^m}+N'\int\frac{dz}{(z^2+\beta^2)^m}.$$

La première partie est intégrable immédiatement, et cela se voit en faisant $z^2+\beta^2=u$, puisqu'on a

$$z\,dz=\frac{du}{2},$$

d'où l'on tire

$$M\int\frac{z\,dz}{(z^2+\beta^2)^m}=\frac{M}{2}\int\frac{du}{u^m}=\frac{Mu^{-m+1}}{2(1-m)}.$$

Quant à la seconde partie, elle est comprise dans une classe de formules dont nous nous occuperons bientôt, et au moyen desquelles on ramène son intégration à celle de la formule $\frac{dz}{(z^2+\beta^2)^{m-1}}$ (200), où l'exposant du dénominateur est moindre d'une unité, et ainsi de suite jusqu'à $\int\frac{dz}{z^2+\beta^2}$, déjà obtenue.

En rapprochant les résultats précédents, on remarquera sans doute que les différentielles qui se présentent sous la forme de fractions rationnelles peuvent toujours s'intégrer, soit algébriquement, soit par le moyen des logarithmes ou des arcs de cercle.

181. Je vais donner maintenant une application de ce qui précède. Soit la fraction

$$\frac{dx}{x^8+x^7-x^4-x^3};$$

les facteurs de son dénominateur sont faciles à découvrir ; car il peut se mettre sous la forme

$$x^3(x^5+x^4-x-1)=x^3(x+1)(x^4-1).$$

Le facteur x^4-1 se décompose en x^2-1 et x^2+1, ou $x-1$, $x+1$ et x^2+1 : on a donc

$$x^8+x^7-x^4-x^3=x^3(x-1)(x+1)^2(x^2+1);$$

et par conséquent la fraction proposée est décomposable comme il suit (172, 173) :

$$\frac{A\,dx}{x-1}+\frac{B\,dx}{(x+1)^2}+\frac{C\,dx}{x+1}$$
$$+\frac{D\,dx}{x^3}+\frac{E\,dx}{x^2}+\frac{F\,dx}{x}+\frac{(Gx+H)\,dx}{x^2+1}.$$

En réduisant au même dénominateur, et comparant le résultat avec $\frac{dx}{x^8+x^7-x^4-x^3}$, on déterminerait les numérateurs inconnus; mais je vais faire usage des autres procédés indiqués ci-dessus.

Pour cela, je considère séparément les quatre facteurs

$$x-1,\quad (x+1)^2,\quad x^3 \quad\text{et}\quad x^2+1,$$

qui forment le dénominateur de la fraction proposée. Au premier répond une fraction de la forme $\frac{N}{x-1}$; les quantités $U=1$ et $Q=x^3(x+1)^2(x^2+1)$, lorsqu'on y fait $x=1$, donnent $u=1$, $q=8$: on a donc (174) $N=\frac{1}{8}$, et pour la première fraction partielle $\frac{1}{8}\frac{1}{x-1}$.

J'observerai qu'on aurait trouvé immédiatement la valeur de q, en différentiant le dénominateur $x^8+x^7-x^4-x^3$, et faisant ensuite $x=1$ (176).

Au facteur $(x+1)^2$ répondent deux fractions partielles de la forme

$$\frac{N}{(x+1)^2}+\frac{N_1}{x+1}\quad(175);$$

ayant alors $Q=x^3(x-1)(x^2+1)$, je fais $x+1=0$, d'où $x=-1$, $q=4$, et $\frac{u}{q}=\frac{1}{4}$: ainsi la seconde fraction partielle est $\frac{1}{4}\frac{1}{(x+1)^2}$.

Mettant dans $U - NQ$, au lieu de N sa valeur $\frac{1}{4}$, pour obtenir l'expression de U_1 (175), j'ai

$$U_1 = \frac{U - NQ}{x+1} = \frac{4 - x^6 + x^5 - x^4 + x^3}{4(x+1)}$$
$$= \frac{-x^5 + 2x^4 - 3x^3 + 4x^2 - 4x + 4}{4},$$

d'où il vient $\frac{u_1}{q} = \frac{18}{16} = \frac{9}{8}$: on a donc pour la troisième fraction partielle $\frac{9}{8}\frac{1}{x+1}$.

Pour appliquer ici le Calcul différentiel, on formerait (176) l'équation

$$1 = Q[N + N_1(x+1)] + P(x+1)^2,$$

qu'il suffirait de différentier une fois; et posant ensuite $x = -1$, il viendrait

$$1 = NQ,$$
$$0 = NdQ + N_1 Q dx;$$

Q étant $x^6 - x^5 + x^4 - x^3$, la première de ces équations donnerait $N = \frac{1}{4}$, et la seconde $N_1 = \frac{9}{8}$.

Le facteur x^3 fournit les trois fractions partielles

$$\frac{N}{x^3} + \frac{N_1}{x^2} + \frac{N_2}{x},$$

qu'on détermine au moyen de l'équation

$$1 = Q[N + N_1 x + N_2 x^2] + Px^3$$

et de ses différentielles première et seconde. En observant que $Q = x^5 + x^4 - x - 1$, et faisant $x = 0$, dans Q, dQ et d^2Q, on obtient

$$N = -1, \quad N_1 = 1, \quad N_2 = -1 :$$

on a donc $-\frac{1}{x^3} + \frac{1}{x^2} - \frac{1}{x}$.

Il ne reste plus à trouver que la fraction partielle correspondante au facteur $x^2 + 1$, et dont la forme est $\frac{Mx + N}{x^2 + 1}$. On pourrait la conclure en retranchant de la proposée toutes les précédentes; mais je vais y parvenir directement par les formules du n° 177. On a d'abord $Q = x^3(x-1)(x+1)^2 = x^6 + x^5 - x^4 - x^3$; puis le facteur x^2+1, étant égalé à zéro, donne

$$x = \pm\sqrt{-1}, \quad \alpha = 0, \quad \beta = 1,$$

d'où l'on tire

$$q \pm q'\sqrt{-1} = -2 \pm 2\sqrt{-1}, \quad u = 1, \quad \text{et} \quad u' = 0;$$

les équations qui déterminent M et N deviennent

$$1 + 2M + 2N = 0, \quad 2M - 2N = 0,$$

et l'on trouve par conséquent $M = N = -\frac{1}{4}$.

Voilà donc la fraction proposée, $\frac{dx}{x^8 + x^7 - x^4 - x^3}$, décomposée dans les suivantes :

$$\frac{1}{8}\frac{dx}{x-1} + \frac{1}{4}\frac{dx}{(x+1)^2} + \frac{9}{8}\frac{dx}{x+1}$$
$$-\frac{dx}{x^3} + \frac{dx}{x^2} - \frac{dx}{x} - \frac{1}{4}\frac{(x+1)\,dx}{x^2+1}.$$

L'intégration de chacune de celles-ci ne présente aucune difficulté, et l'on obtiendra pour résultat

$$\left\{\begin{array}{l} \frac{1}{8}\mathrm{l}(x-1) - \frac{1}{4}\frac{1}{x+1} + \frac{9}{8}\mathrm{l}(x+1) + \frac{1}{2x^2} - \frac{1}{x} - \mathrm{l}x \\ \qquad - \frac{1}{8}\mathrm{l}(x^2+1) - \frac{1}{4}\operatorname{arc}(\operatorname{tang} = x) + \mathit{const.} \end{array}\right.$$

La réunion de tous les termes algébriques produira la fraction $\frac{2 - 2x - 5x^2}{4x^2(1+x)}$, et celle des termes logarithmiques donnera

$$\frac{1}{8}\mathrm{l}(x-1) + \frac{1}{8}\mathrm{l}(x+1) + \mathrm{l}(x+1) - \frac{1}{8}\mathrm{l}(x^2+1) - \mathrm{l}x$$
$$= \frac{1}{8}\mathrm{l}\left(\frac{x^2-1}{x^2+1}\right) + \mathrm{l}\left(\frac{x+1}{x}\right):$$

on aura donc

$$\int \frac{dx}{x^8 + x^7 - x^4 - x^3} = \frac{2 - 2x - 5x^2}{4x^2(1+x)} + \frac{1}{8}\mathrm{l}\left(\frac{x^2-1}{x^2+1}\right)$$
$$+ \mathrm{l}\left(\frac{x+1}{x}\right) - \frac{1}{4}\operatorname{arc}(\operatorname{tang} = x) + \mathit{const.}$$

Les différentielles $\frac{x^m dx}{x^n + q}$, $\frac{x^m dx}{x^{2n} + 2px^n + q}$ non-seulement peuvent fournir des exemples particuliers d'intégration, mais elles sont susceptibles d'être traitées généralement, parce qu'il y a, pour décomposer leur dénominateur en facteurs simples, un procédé commode qu'on trouvera plus loin (188).

De l'intégration des fonctions irrationnelles.

182. Les fonctions irrationnelles doivent être regardées comme intégrées, toutes les fois que, par quelque transformation, on les a rendues rationnelles, ou du moins lorsqu'on les a ramenées à une suite de monômes irrationnels; car alors on peut y appliquer immédiatement les règles précédentes.

Soit pour exemple $\frac{(1 + \sqrt{x} - \sqrt[3]{x^2})dx}{1 + \sqrt[3]{x}}$; il est évident qu'en faisant $x = z^6$, toutes les extractions indiquées s'effectuent, et l'on a $\frac{6z^5dz(1 + z^3 - z^4)}{1 + z^2}$; divisant par $1 + z^2$, il vient

$$-6\left[z^7dz - z^6dz - z^5dz + z^4dz - z^2dz + dz - \frac{dz}{1 + z^2}\right],$$

dont l'intégrale est

$$-6\left[\frac{z^8}{8} - \frac{z^7}{7} - \frac{z^6}{6} + \frac{z^5}{5} - \frac{z^3}{3} + z - \operatorname{arc}(\operatorname{tang} = z)\right] + const.;$$

et remettant pour z sa valeur $\sqrt[6]{x}$, on obtient

$$-\frac{6}{8}x\sqrt[6]{x^2} + \frac{6}{7}x\sqrt[6]{x} + x - \frac{6}{5}\sqrt[6]{x^5} + 2\sqrt[6]{x^3} - 6\sqrt[6]{x}$$
$$+ 6\operatorname{arc}(\operatorname{tang} = \sqrt[6]{x}) + const.$$

183. La première espèce de fonctions irrationnelles dont je vais m'occuper est celle qui ne renferme que le radical $\sqrt{A + Bx + Cx^2}$, et qui ne saurait avoir que l'une ou l'autre des formes $X dx\sqrt{A + Bx + Cx^2}$ et $\frac{X dx}{\sqrt{A + Bx + Cx^2}}$, X étant une fonction rationnelle de x. Il faut d'abord remarquer que l'une de ces formes rentre dans l'autre; car l'on peut écrire la première ainsi qu'il suit :

$$X dx \frac{\sqrt{A+Bx+Cx^2} \times \sqrt{A+Bx+Cx^2}}{\sqrt{A+Bx+Cx^2}}$$
$$= \frac{X(A+Bx+Cx^2)dx}{\sqrt{A+Bx+Cx^2}},$$

et le numérateur du résultat est alors une fonction rationnelle.

Avant d'indiquer les moyens de rendre rationnelle, par rapport à x, l'expression $\sqrt{A+Bx+Cx^2}$, je mettrai la quantité $A+Bx+Cx^2$ sous la forme

$$C\left(\frac{A}{C}+\frac{B}{C}x+x^2\right);$$

et faisant, pour abréger,

$$C=\gamma^2, \quad \frac{A}{C}=\alpha, \quad \frac{B}{C}=\beta,$$

il en résultera $\sqrt{A+Bx+Cx^2}=\gamma\sqrt{\alpha+\beta x+x^2}$.

Maintenant si l'on pose

$$\sqrt{\alpha+\beta x+x^2}=z-x,$$

en élevant au carré, il viendra $\alpha+\beta x=z^2-2xz$, ce qui donnera $x=\dfrac{z^2-\alpha}{\beta+2z}$, d'où

$$\sqrt{A+Bx+Cx^2}=\gamma(z-x)=\gamma\left(\frac{\alpha+\beta z+z^2}{\beta+2z}\right),$$
$$dx=\frac{2(\alpha+\beta z+z^2)dz}{(\beta+2z)^2}.$$

Par le moyen de ces valeurs, on changera la différentielle $\dfrac{X dx}{\sqrt{A+Bx+Cx^2}}$ en une autre de la forme $Z dz$, Z étant une fonction rationnelle de z, et réelle tant que C sera positif; mais si C était négatif, γ deviendrait imaginaire, et la transformée pourrait le devenir aussi.

Dans ce cas, on aurait $\sqrt{A+Bx-Cx^2}$, et faisant

$$C=\gamma^2,\quad \frac{A}{C}=\alpha,\quad \frac{B}{C}=\beta,$$

il viendrait $\gamma\sqrt{\alpha+\beta x-x^2}$. La quantité $x^2-\beta x-\alpha$ peut toujours se décomposer en facteurs réels du premier degré; si on les représente par $x-a$ et $x-a'$, il est évident que

$$\alpha+\beta x-x^2=-(x^2-\beta x-\alpha)=(x-a)(a'-x).$$

Faisant ensuite $\sqrt{(x-a)(a'-x)}=(x-a)z$, élevant au carré les deux membres de cette équation, elle deviendra divisible par $x-a$, et l'on aura $a'-x=(x-a)z^2$, d'où l'on tirera

$$x=\frac{az^2+a'}{z^2+1},\quad (x-a)z=\frac{(a'-a)z}{z^2+1},\quad dx=\frac{2(a-a')z\,dz}{(z^2+1)^2},$$

valeurs qui rendront encore rationnelle la différentielle proposée.

184. Je prends d'abord pour exemple la différentielle $\frac{dx}{\sqrt{A+Bx+Cx^2}}$; la première des transformations précédentes donnera $\frac{2dz}{\gamma(\beta+2z)}$, dont l'intégrale est $\frac{1}{\gamma}l(\beta+2z)+const.$ Remettant pour z sa valeur $x+\sqrt{\alpha+\beta x+x^2}$, et pour α, β et γ les quantités qu'ils représentent, il viendra

$$\frac{1}{\sqrt{C}}l\left[\frac{2}{\sqrt{C}}\left(\frac{B}{2\sqrt{C}}+x\sqrt{C}+\sqrt{A+Bx+Cx^2}\right)\right]+const.,$$

résultat auquel on peut donner la forme

$$\frac{1}{\sqrt{C}}l\left[\frac{B}{2\sqrt{C}}+x\sqrt{C}+\sqrt{A+Bx+Cx^2}\right]+\frac{1}{\sqrt{C}}l\frac{2}{\sqrt{C}}+const.,$$

pour réunir ensuite, avec la constante arbitraire, le terme constant $\frac{1}{\sqrt{C}}l\frac{2}{\sqrt{C}}$.

185. Soit pour second exemple $\frac{dx}{\sqrt{A+Bx-Cx^2}}$; en faisant usage de la dernière transformation du nº **183**, on aura $\frac{-2dz}{\gamma(z^2+1)}$, dont l'intégrale est

$$-\frac{2}{\gamma}\text{arc}(\text{tang}=z)+\textit{const.}$$

Substituant au lieu de z sa valeur $\frac{\sqrt{a'-x}}{\sqrt{x-a}}$, tirée de l'équation

$$a'-x=(x-a)z^2,$$

et mettant $\sqrt{C}$ pour γ, on obtiendra

$$\int\frac{dx}{\sqrt{A+Bx-Cx^2}}=-\frac{2}{\sqrt{C}}\cdot\text{arc}\left(\text{tang}=\frac{\sqrt{a'-x}}{\sqrt{x-a}}\right)+\textit{const.},$$

a et a' étant les racines de l'équation

$$x^2-\frac{B}{C}x-\frac{A}{C}=0.$$

Si l'on prend $A=C=1$ et $B=0$, la différentielle proposée devient, dans ce cas particulier, $\frac{dx}{\sqrt{1-x^2}}$, et la formule précédente donne pour son intégrale

$$-2.\text{arc}\left(\text{tang}=\frac{\sqrt{1-x}}{\sqrt{1+x}}\right)+\textit{const.};$$

car a et a' étant alors les racines de $x^2-1=0$, il faut prendre $a=-1$ et $a'=1$, pour ne pas tomber dans l'imaginaire.

Je vais montrer que ce résultat revient à l'arc dont le sinus $=x$, et dont on sait que $\frac{dx}{\sqrt{1-x^2}}$ exprime la différentielle (**36**). Pour cela je rappellerai que

$$\text{tang}\,2A=\frac{2\,\text{tang}\,A}{1-\text{tang}\,A^2}\ (\textit{Trig.},\ 27),$$

d'où il suit que l'arc double de celui qui est indiqué dans la formule précédente a pour tangente $\frac{\sqrt{1-x^2}}{x}$, et que par conséquent il est le complément de l'arc dont $\frac{x}{\sqrt{1-x^2}}$ serait la tangente et x le sinus (*Trig.*, 9). Nommant donc s ce dernier, on aura

$$\int \frac{dx}{\sqrt{1-x^2}} = s - \frac{\pi}{2} + const.,$$

et comprenant l'arc $-\frac{\pi}{2}$ dans la constante arbitraire, il viendra

$$\int \frac{dx}{\sqrt{1-x^2}} = s + const.$$

En général, dans tous les cas où l'on obtient deux intégrales diverses en apparence, pour la même différentielle, la différence ne peut porter que sur la constante arbitraire; car si deux fonctions V et X sont telles que

$$dX = dV, \quad \text{ou} \quad dX - dV = d(X - V) = 0,$$

il faut nécessairement que $X - V = const.$

186. On peut ramener immédiatement la différentielle $\frac{dz}{\sqrt{A + Bx - Cx^2}} = \frac{dx}{\gamma\sqrt{\alpha + \beta x - x^2}}$ à celle d'un arc de cercle; car en faisant d'abord $x - \frac{\beta}{2} = z$, on aura $\frac{dz}{\gamma\sqrt{\alpha + \frac{1}{4}\beta^2 - z^2}}$; posant ensuite $\alpha + \frac{1}{4}\beta^2 = g^2$ et $z = gu$, on trouvera $\frac{du}{\gamma\sqrt{1-u^2}}$, dont l'intégrale est $\frac{1}{\gamma} \cdot \text{arc}(\sin = u) + const.$

187. L'intégration de la formule $\frac{dx}{\sqrt{1-x^2}}$ peut aussi s'effectuer au moyen des logarithmes, et conduit alors, par des expressions imaginaires, à une relation très-remarquable entre l'arc, le sinus et le cosinus.

En comparant cette formule avec $\frac{dx}{\sqrt{A + Bx + Cx^2}}$, on trouve $A = 1$, $B = 0$, $C = -1$, et l'intégrale générale devient (184)

$$\frac{1}{\sqrt{-1}}\,l\left(x\sqrt{-1} + \sqrt{1-x^2}\right) + const.$$

Si l'on représente par z l'arc dont $\frac{dx}{\sqrt{1-x^2}}$ est la différentielle, on aura

$$z = \frac{1}{\sqrt{-1}}\,l\left(x\sqrt{-1} + \sqrt{1-x^2}\right) + const.;$$

et si l'on veut que cet arc soit nul en même temps que x, il faut supprimer la constante arbitraire; car, en faisant $x = 0$, le second membre se réduit à cette constante, à cause que $l1 = 0$ (*).

Cela posé, en observant que x étant le sinus de l'arc z, $\sqrt{1-x^2}$ en est le cosinus, l'équation ci-dessus deviendra

$$z\sqrt{-1} = l\left(\cos z + \sqrt{-1}\sin z\right);$$

et si l'on suppose z négatif, comme

$$\sin(-z) = -\sin z, \quad \cos(-z) = \cos z,$$

(*) Il peut n'être pas inutile de montrer que cette intégrale s'obtient immédiatement en posant

$$\sqrt{1-x^2} = t - x\sqrt{-1},$$

d'où il suit

$$1 = t^2 - 2tx\sqrt{-1},$$

puis, en différentiant et divisant par 2,

$$0 = \left(t - x\sqrt{-1}\right)dt - t\,dx\sqrt{-1},$$

d'où l'on conclut

$$\frac{dx}{t - x\sqrt{-1}} = \frac{dt}{t\sqrt{-1}},$$

et par conséquent

$$\int\frac{dx}{\sqrt{1-x^2}} = \int\frac{dx}{t - x\sqrt{-1}} = \int\frac{dt}{t\sqrt{-1}} = \frac{1}{\sqrt{-1}}\,lt + const.$$

$$= \frac{1}{\sqrt{-1}}\,l\left(\sqrt{1-x^2} + x\sqrt{-1}\right) + const.$$

on aura encore

$$-z\sqrt{-1} = \mathrm{l}(\cos z - \sqrt{-1}\sin z);$$

en sorte que

$$\pm z\sqrt{-1} = \mathrm{l}(\cos z \pm \sqrt{-1}\sin z).$$

Prenant dans chaque membre, au lieu des logarithmes, les nombres correspondants, il viendra

$$e^{\pm z\sqrt{-1}} = \cos z \pm \sqrt{-1}\sin z,$$

équation qui peut se vérifier en y substituant au lieu de l'exponentielle, du cosinus et du sinus, leurs développements tirés des nos 27 et 37.

Si l'on considère à part les équations

$$e^{z\sqrt{-1}} = \cos z + \sqrt{-1}\sin z,$$
$$e^{-z\sqrt{-1}} = \cos z - \sqrt{-1}\sin z,$$

pour les ajouter, on en tirera

$$\cos z = \frac{e^{z\sqrt{-1}} + e^{-z\sqrt{-1}}}{2};$$

et en retranchant la seconde de la première, il en résultera

$$\sin z = \frac{e^{z\sqrt{-1}} - e^{-z\sqrt{-1}}}{2\sqrt{-1}}.$$

Ces expressions ne sont au fond que de purs symboles algébriques, représentant, sous une forme abrégée, les séries du n° 37; mais quoiqu'on ne puisse leur assigner de valeur sous aucune forme finie, ils ne s'en prêtent pas moins au calcul avec la plus grande facilité, et manifestent toutes les propriétés dont jouissent les lignes trigonométriques qu'ils expriment.

En mettant nz au lieu de z, dans l'équation

$$e^{\pm z\sqrt{-1}} = \cos z \pm \sqrt{-1}\sin z,$$

elle devient

$$e^{\pm nz\sqrt{-1}} = \cos nz \pm \sqrt{-1}\sin nz;$$

mais on a aussi

$$e^{\pm nz\sqrt{-1}} = (e^{\pm z\sqrt{-1}})^n = (\cos z \pm \sqrt{-1}\sin z)^n:$$

donc

$$(\cos z \pm \sqrt{-1}\sin z)^n = \cos nz \pm \sqrt{-1}\sin nz.$$

Ces équations conduisent à des résultats très-importants (*); ici je m'arrêterai sur l'usage qu'on en peut faire pour découvrir les facteurs de la fonction $x^n + q$ (181).

188. Cette fonction qui revient à $x^n \mp a^n$, selon le signe de q, se transforme en $a^n(y^n \mp 1)$, lorsqu'on fait $x = ay$; et pour en connaître les facteurs, il suffit de résoudre l'équation

$$y^n \mp 1 = 0,$$

qui donne

$$y^n = \pm 1.$$

L'expression

$$y = \cos z + \sqrt{-1} \sin z$$

satisfait à cette condition, par une détermination très-simple de l'arc z; car on a

$$y^n = (\cos z + \sqrt{-1} \sin z)^n = \cos nz + \sqrt{-1} \sin nz;$$

et comme, en désignant par π la demi-circonférence, et par m un nombre entier quelconque, il vient

$$\sin m\pi = 0, \quad \cos m\pi = \pm 1,$$

selon que m est un nombre pair ou impair, on n'aura qu'à supposer $nz = m\pi$, pour obtenir $y^n = \pm 1$.

Afin de distinguer plus particulièrement le cas où le nombre m est pair, de celui où il est impair, on écrit pour le premier $2m$ au lieu de m, et pour le second $2m + 1$, et l'on fait

$$nz = 2m\pi, \quad \text{et} \quad nz = (2m + 1)\pi.$$

Dans la première hypothèse, il vient

$$y = \cos \frac{2m\pi}{n} + \sqrt{-1} \sin \frac{2m\pi}{n}, \quad y^n = +1,$$

et dans la seconde,

$$y = \cos \frac{(2m+1)\pi}{n} + \sqrt{-1} \sin \frac{(2m+1)\pi}{n}, \quad y^n = -1.$$

(*) *Voyez* la note B à la fin de l'ouvrage.

189. Au moyen du nombre indéterminé m, on obtient par ce qui précède toutes les valeurs dont y est susceptible ; car la première expression, en y faisant

$$
\begin{array}{lll}
m = 0, & \text{donne} & y = 1, \\
m = 1, & & y = \cos\frac{2\pi}{n} + \sqrt{-1}\sin\frac{2\pi}{n}, \\
m = 2, & & y = \cos\frac{4\pi}{n} + \sqrt{-1}\sin\frac{4\pi}{n}, \\
\ldots & \ldots & \ldots \\
m = n-2, & & y = \cos\frac{(2n-4)\pi}{n} + \sqrt{-1}\sin\frac{(2n-4)\pi}{n}, \\
m = n-1, & & y = \cos\frac{(2n-2)\pi}{n} + \sqrt{-1}\sin\frac{(2n-2)\pi}{n}.
\end{array}
$$

1°. Passé ce terme, on ne retrouve plus de nouvelles valeurs, mais seulement les précédentes, qui reviennent dans le même ordre. En effet, si l'on suppose $n = m$, il vient seulement $y = \cos 2\pi = 1$, et l'on retombe sur la première valeur, qui se reproduira toutes les fois qu'on prendra pour m un multiple de n. Faisant ensuite $m = n + 1$, il vient l'arc

$$\frac{(2n+2)\pi}{n} = 2\pi + \frac{2\pi}{n},$$

dont le cosinus et le sinus sont les mêmes que ceux de l'arc $\frac{2\pi}{n}$ (*Trig.*, 22), ce qui ramène à la deuxième valeur, et ainsi des autres.

2°. Le tableau ci-dessus semble ne présenter qu'une seule valeur réelle, la première ; mais on en trouve une seconde lorsque n est pair, parce qu'on passe alors par $m = \frac{n}{2}$, qui donne $y = \cos\pi + \sqrt{-1}\sin\pi = -1$.

3°. Les valeurs imaginaires du même tableau se groupent deux à deux, savoir, la dernière avec la première, l'avant-dernière avec la seconde, et ainsi de suite, parce que

$$\frac{(2n-2)\pi}{n} = 2\pi - \frac{2\pi}{n}, \quad \frac{(2n-4)\pi}{n} = 2\pi - \frac{4\pi}{n}, \text{ etc.},$$

et qu'en général

$$\cos(2\pi - a) = \cos a, \quad \sin(2\pi - a) = -\sin a \text{ (\textit{Trig.}, 29).}$$

Ainsi, quand n est un nombre impair, $n-1$ étant pair, toutes les racines imaginaires depuis $m=1$ jusqu'à $m=n-1$ se réunissent en $\frac{n-1}{2}$ couples de la forme

$$y = \cos\frac{2m\pi}{n} \pm \sqrt{-1}\sin\frac{2m\pi}{n},$$

où il suffit d'étendre les valeurs de m jusqu'à $\frac{n-1}{2}$.

Quand n est un nombre pair, il se forme seulement $\frac{n-2}{2}$ couples, parce que la racine qui répond à $\frac{n}{2}$, et qui est réelle, occupe le milieu de celles qui sont imaginaires.

On arrive à des conséquences semblables pour l'équation $y^n+1=0$, où

$$y = \cos\frac{(2m+1)\pi}{n} + \sqrt{-1}\sin\frac{(2m+1)\pi}{n},$$

formule dans laquelle

$m=0$, donne $y = \cos\frac{\pi}{n} + \sqrt{-1}\sin\frac{\pi}{n}$,

$m=1$, $y = \cos\frac{3\pi}{n} + \sqrt{-1}\sin\frac{3\pi}{n}$,

. . . .

$m=n-2$, $y = \cos\frac{(2n-3)\pi}{n} + \sqrt{-1}\sin\frac{(2n-3)\pi}{n}$,

$m=n-1$, $y = \cos\frac{(2n-1)\pi}{n} + \sqrt{-1}\sin\frac{(2n-1)\pi}{n}$.

Au delà de ce terme, on ne retrouve plus que les mêmes valeurs, comme dans le cas précédent, et par la même raison. Il ne peut y en avoir une réelle que si n est impair, et alors elle répond à

$$m = \frac{n-1}{2} \quad \text{qui donne} \quad y = \cos\pi + \sqrt{-1}\sin\pi = -1.$$

Comme elle occupe le milieu du tableau, les racines imaginaires qui en sont également éloignées se réunissent en $\frac{n-1}{2}$ couples de la forme

$$y = \cos\frac{(2m+1)\pi}{n} \pm \sqrt{-1}\sin\frac{(2m+1)\pi}{n},$$

où il suffit de pousser les valeurs de m jusqu'à $m = \frac{n-1}{2}$. Il faut aller jusqu'à $m = \frac{n}{2}$ quand n est pair, parce qu'il n'y a plus que des racines imaginaires.

Si l'on trouvait quelque difficulté à comprendre ces énoncés, on les éclaircirait sur-le-champ, en donnant à n des valeurs particulières.

190. Il est facile de déduire de ce qui précède, les facteurs réels des quantités $y^n \mp 1$.

D'abord la formule

$$y = \cos\frac{2m\pi}{n} \pm \sqrt{-1}\sin\frac{2m\pi}{n}$$

donne pour facteur du premier degré de la quantité $y^n - 1$ les deux expressions imaginaires

$$\left(y - \cos\frac{2m\pi}{n}\right) - \sqrt{-1}\sin\frac{2m\pi}{n},$$

$$\left(y - \cos\frac{2m\pi}{n}\right) + \sqrt{-1}\sin\frac{2m\pi}{n};$$

et en les multipliant, on obtient l'expression

$$y^2 - 2y\cos\frac{2m\pi}{n} + 1,$$

qui comprend tous les facteurs réels du second degré.

On trouve de même que les facteurs du second degré de la quantité $y^n + 1$, sont

$$y^2 - 2y\cos\frac{(2m+1)\pi}{n} + 1.$$

Il faut observer que ces formules comprennent aussi les

facteurs réels du premier degré; mais ils s'y présentent comme doubles; car si l'on fait $m=0$ dans la première, elle devient

$$y^2-2y+1=(y-1)^2;$$

et si n était pair, en prenant $m=\frac{n}{2}$, on trouverait encore

$$y^2+2y+1=(y+1)^2,$$

résultat que donne aussi la seconde formule lorsque n est impair, et qu'on y fait $m=\frac{n-1}{2}$.

191. Les fonctions de la forme $x^{2n}-2px^n+q$ peuvent être traitées comme celles qui ne renferment que deux termes. En les résolvant à la manière des équations du second degré, on en tirera les facteurs

$$x^n-(p\pm\sqrt{p^2-q}),$$

qui seront réels tant que p^2 surpassera q, et auxquels on donnera la forme

$$x^n\mp a^n,$$

en prenant successivement pour a^n les valeurs de

$$p+\sqrt{p^2-q},\quad p-\sqrt{p^2-q},$$

abstraction faite de leurs signes : ce cas rentre donc dans les précédents.

Lorsqu'on aura $p^2<q$, on fera $p=\alpha^n$, $q=\beta^{2n}$, $x=\beta y$, et il viendra

$$\beta^{2n}y^{2n}-2\alpha^n\beta^n y^n+\beta^{2n}=\beta^{2n}\left(y^{2n}-\frac{2\alpha^n}{\beta^n}y^n+1\right);$$

mais la condition $p^2<q$ ou $\alpha^{2n}<\beta^{2n}$ donnant $\alpha^n<\beta^n$, la quantité $\frac{\alpha^n}{\beta^n}$ sera une fraction, et pourra par conséquent être prise pour un cosinus. Soit donc δ l'arc correspondant; la fonction proposée deviendra

$$\beta^{2n}(y^{2n}-2y^n\cos\delta+1),$$

et il ne s'agira plus que de résoudre l'équation

$$y^{2n}-2y^n\cos\delta+1=0.$$

On en tire d'abord

$$y^n = \cos\delta \pm \sqrt{-1}\sin\delta;$$

puis prenant

$$y = \cos z \pm \sqrt{-1}\sin z,$$

il vient (187)

$$y^n = \cos nz \pm \sqrt{-1}\sin nz,$$

et en comparant avec l'autre valeur de y^n, on obtient

$$\cos nz = \cos\delta, \quad \sin nz = \sin\delta.$$

On satisfait en général à ces relations, en supposant

$$nz = 2m\pi + \delta,$$

m étant un nombre entier quelconque, puisque

$$\cos(2m\pi + \delta) = \cos\delta, \quad \sin(2m\pi + \delta) = \sin\delta:$$

on aura donc

$$z = \frac{2m\pi + \delta}{n}, \quad y = \cos\frac{2m\pi + \delta}{n} \pm \sqrt{-1}\sin\frac{2m\pi + \delta}{n};$$

et les facteurs du premier degré de la fonction

$$y^{2n} - 2y^n\cos\delta + 1,$$

seront par conséquent compris dans la formule

$$y - \left\{\cos\frac{2m\pi + \delta}{n} \pm \sqrt{-1}\sin\frac{2m\pi + \delta}{n}\right\}.$$

Si l'on avait $x^{2n} + 2px^n + q = 0$, on ferait encore $\frac{\alpha^n}{\beta^n} = \cos\delta$; mais on prendrait

$$y^{2n} + 2y^n\cos(\pi - \delta) + 1,$$

puisque $\cos(\pi - \delta) = -\cos\delta$; il viendrait ensuite

$$\cos nz = \cos(\pi - \delta), \quad \sin nz = \sin(\pi - \delta),$$

et par conséquent

$$nz = 2m\pi + \pi - \delta = (2m + 1)\pi - \delta \ (*).$$

(*) Les formules des nos **190** et **191** contiennent implicitement les théorèmes de Cotes et de Moivre et remplacent avec avantage ces théorèmes, qui ne sont

De l'intégration des différentielles binômes.

192. Ces différentielles sont représentées par la formule

$$x^{m-1}\,\mathrm{d}x\,(a+bx^n)^{\frac{p}{q}},$$

dont on ne diminue point la généralité, en supposant que m et n soient des nombres entiers.

Si l'on avait, par exemple, $x^{\frac{1}{3}}\,\mathrm{d}x\,(a+bx^{\frac{1}{2}})^{\frac{p}{q}}$, on ferait $x=z^6$, d'où il résulterait $6z^7\,\mathrm{d}z\,(a+bz^3)^{\frac{p}{q}}$. On peut aussi regarder n comme essentiellement positive, parce que, dans le cas où l'on aurait $x^{m-1}\,\mathrm{d}x\,(a+bx^{-n})^{\frac{p}{q}}$, on supposerait $x=\frac{1}{z}$, et il viendrait $-z^{-m-1}\,\mathrm{d}z\,(a+bz^n)^{\frac{p}{q}}$.

La formule $x^{m-1}\,\mathrm{d}x\,(ax^r+bx^n)^{\frac{p}{q}}$ revient encore à la précédente, en divisant par x^r, dans la parenthèse; car on obtient

$$x^{m-1}\mathrm{d}x\,[x^r(a+bx^{n-r})]^{\frac{p}{q}}=x^{m+\frac{pr}{q}-1}\,\mathrm{d}x\,(a+bx^{n-r})^{\frac{p}{q}}.$$

Pour chercher dans quels cas $x^{m-1}\,\mathrm{d}x\,(a+bx^n)^{\frac{p}{q}}$ peut devenir rationnelle, on fait $a+bx^n=z^q$, en sorte que $(a+bx^n)^{\frac{p}{q}}=z^p$; puis on trouve

$$x^n=\frac{z^q-a}{b},\quad x^m=\left(\frac{z^q-a}{b}\right)^{\frac{m}{n}},\quad x^{m-1}\mathrm{d}x=\frac{q}{nb}z^{q-1}\,\mathrm{d}z\left(\frac{z^q-a}{b}\right)^{\frac{m}{n}-1},$$

et la différentielle proposée devenant par là

$$\frac{q}{nb}\,z^{p+q-1}\,\mathrm{d}z\left(\frac{z^q-a}{b}\right)^{\frac{m}{n}-1},$$

---

plus maintenant qu'un objet de pure curiosité; je n'ai pas cru par cette raison devoir les insérer ici : on les trouve dans le Traité in-4°, tome I, page 125. *Voyez* dans la note B, article III, une démonstration de ces formules, indépendante des imaginaires.

on voit alors qu'elle sera rationnelle toutes les fois que $\frac{m}{n}$ sera un nombre entier.

L'expression $x^8 \, dx (a + bx^3)^{\frac{p}{q}}$ satisfait à cette condition, puisque $m = 9$, $n = 3$, $\frac{m}{n} = 3$, et se transforme en

$$\frac{q}{3b} z^{p+q-1} \, dz \left(\frac{z^q - a}{b}\right)^2.$$

La différentielle $x^{m-1} dx (a + bx^n)^{\frac{p}{q}}$ est susceptible d'une autre forme, en rendant négatif l'exposant de x dans la parenthèse, ou en divisant par x^n la quantité $a + bx^n$; il vient ainsi

$$x^{m-1} dx (a + bx^n)^{\frac{p}{q}} = x^{m+\frac{np}{q}-1} dx (ax^{-n} + b)^{\frac{p}{q}}.$$

Cela fait, si l'on change n en $-n$, a en b, b en a, m en $m + \frac{np}{q}$ dans la transformée en z, obtenue plus haut, on en déduira l'expression

$$-\frac{q}{na} z^{p+q-1} dz \left(\frac{z^q - b}{a}\right)^{-\frac{m}{n}-\frac{p}{q}-1},$$

qui sera rationnelle si $\frac{m}{n} + \frac{p}{q}$ est un nombre entier.

Cela revient à faire immédiatement

$$ax^{-n} + b = z^q, \quad \text{d'où} \quad a + bx^n = x^n z^q,$$

transformation employée par Euler.

C'est à ce cas que se rapporte la différentielle

$$x^4 \, dx (a + bx^3)^{\frac{1}{3}},$$

pour laquelle

$$\frac{m}{n} = \frac{5}{3}, \quad \frac{p}{q} = \frac{1}{3}, \quad \frac{m}{n} + \frac{p}{q} = \frac{6}{3} = 2.$$

193. Puisqu'il n'est pas possible d'intégrer en général la formule $\int x^{m-1} \, dx (a + bx^n)^{\frac{p}{q}}$, l'idée qui se présente d'abord est de chercher à la réduire aux cas les plus simples qu'elle peut renfermer.

On y parvient assez facilement, au moyen de l'*intégration par parties*, procédé fécond qui sert à ramener une intégrale à une autre. Il se tire de l'intégration des deux membres de l'équation

$$duv = u\,dv + v\,du \quad (11),$$

qui conduit à

$$uv = \int u\,dv + \int v\,du, \quad \text{d'où} \quad \int u\,dv = uv - \int v\,du.$$

On voit par là que si, dans la différentielle $X\,dx$, la fonction X peut se décomposer en deux facteurs P et Q, et que l'on sache intégrer la différentielle $Q\,dx$, en nommant v son intégrale, et faisant $u = P$, on aura

$$\int PQ\,dx = Pv - \int v\,dP,$$

ce qui ramène la difficulté à obtenir $\int v\,dP$.

194. Pour abréger un peu les résultats, dans l'application de ce qui précède à la formule $x^{m-1}dx\,(a+bx^n)^{\frac{p}{q}}$, j'écrirai p au lieu de $\frac{p}{q}$, et il faudra supposer que p est un nombre fractionnaire quelconque : on aura alors la formule

$$x^{m-1}\,dx\,(a+bx^n)^p.$$

Parmi les diverses manières de décomposer cette différentielle en facteurs, je choisis celle qui tend à diminuer l'exposant de x hors de la parenthèse, et qui s'opère en écrivant ainsi,

$$\int x^{m-n}.x^{n-1}\,dx\,(a+bx^n)^p,$$

la formule proposée. Par ce moyen, le facteur $x^{n-1}dx\,(a+bx^n)^p$ est intégrable, quel que soit p (170) : en représentant donc ce facteur par dv, on a

$$v = \frac{(a+bx^n)^{p+1}}{(p+1)nb} \quad \text{et} \quad u = x^{m-n},$$

d'où il résulte

$$\int x^{m-1}\,dx\,(a+bx^n)^p$$
$$= \frac{x^{m-n}(a+bx^n)^{p+1}}{(p+1)nb} - \frac{m-n}{(p+1)nb}\int x^{m-n-1}\,dx\,(a+bx^n)^{p+1};$$

or

$$\begin{aligned}\int x^{m-n-1}\,\mathrm{d}x\,(a+bx^n)^{p+1} &= \int x^{m-n-1}\,\mathrm{d}x\,(a+bx^n)^p\,(a+bx^n)\\ &= a\int x^{m-n-1}\,\mathrm{d}x\,(a+bx^n)^p + b\int x^{m-1}\,\mathrm{d}x\,(a+bx^n)^p;\end{aligned}$$

mettant cette dernière valeur dans l'équation précédente, et rassemblant les termes affectés de l'intégrale $\int x^{m-1}\,\mathrm{d}x(a+bx^n)^p$, il vient

$$\left(1+\frac{m-n}{(p+1)n}\right)\int x^{m-1}\,\mathrm{d}x\,(a+bx^n)^p$$
$$=\frac{x^{m-n}(a+bx^n)^{p+1}-a(m-n)\int x^{m-n-1}\,\mathrm{d}x\,(a+bx^n)^p}{(p+1)nb}$$

d'où l'on tire

$$(\mathrm{A})\left\{\begin{aligned}&\int x^{m-1}\,\mathrm{d}x\,(a+bx^n)^p\\ &=\frac{x^{m-n}(a+bx^n)^{p+1}-a(m-n)\int x^{m-n-1}\,\mathrm{d}x\,(a+bx^n)^p}{b(pn+m)}.\end{aligned}\right.$$

Il est aisé de voir que puisqu'on peut ramener, par cette formule, l'intégrale $\int x^{m-1}\,\mathrm{d}x\,(a+bx^n)^p$ à $\int x^{m-n-1}\,\mathrm{d}x\,(a+bx^n)^p$, on ramènera aussi cette dernière à $\int x^{m-2n-1}\,\mathrm{d}x\,(a+bx^n)^p$, en écrivant $m-n$ à la place de m dans l'équation (A); puis changeant encore m en $m-2n$ dans cette même équation, elle fera connaître $\int x^{m-2n-1}\,\mathrm{d}x\,(a+bx^n)^p$, au moyen de

$$\int x^{m-3n-1}\,\mathrm{d}x\,(a+bx^n)^p,$$

et ainsi de suite.

En général, un nombre r de réductions conduit à

$$\int x^{m-rn-1}\,\mathrm{d}x\,(a+bx^n)^p;$$

car si dans la formule (A), on change m en $m-(r-1)n$, on en tire

$$\int x^{m-(r-1)n-1}\,\mathrm{d}x\,(a+bx^n)^p$$
$$=\frac{x^{m-rn}(a+bx^n)^{p+1}-a(m-rn)\int x^{m-rn-1}\,\mathrm{d}x\,(a+bx^n)^p}{b[pn+m-(r-1)n]}.$$

Il est évident, par cette dernière, que si m est un multiple de n, l'intégration de la différentielle $x^{m-1}\,\mathrm{d}x\,(a+bx^n)^p$ s'effectuera algébriquement, puisqu'alors l'anéantissement du coefficient $m - rn$ fera disparaître la dernière intégrale

$$\int x^{m-rn-1}\,dx\,(a+bx^n)^p,$$

résultat qui s'accorde avec celui du n° 192.

195. On peut obtenir aussi une réduction par laquelle l'exposant de la parenthèse soit diminué de l'unité; pour cela, il suffit d'observer que

$$\int x^{m-1}\,dx\,(a+bx^n)^p = \int x^{m-1}\,dx\,(a+bx^n)^{p-1}(a+bx^n)$$
$$= a\int x^{m-1}\,dx\,(a+bx^n)^{p-1} + b\int x^{m+n-1}\,dx\,(a+bx^n)^{p-1},$$

et que la formule (A), en y changeant m en $m+n$, et p en $p-1$, donne

$$\int x^{m+n-1}\,dx\,(a+bx^n)^{p-1}$$
$$= \frac{x^m(a+bx^n)^p - am\int x^{m-1}\,dx\,(a+bx^n)^{p-1}}{b(pn+m)}.$$

Substituant cette valeur dans l'équation précédente, on aura

$$\text{(B)}\quad \left\{\begin{aligned}&\int x^{m-1}\,dx\,(a+bx^n)^p\\ &= \frac{x^m(a+bx^n)^p + pna\int x^{m-1}\,dx\,(a+bx^n)^{p-1}}{pn+m}.\end{aligned}\right.$$

Avec cette formule, on ôtera successivement du nombre p toutes les unités qu'il peut contenir, simplification qui, jointe à celle que procure la formule (A), fera dépendre l'intégrale

$$\int x^{m-1}\,dx\,(a+bx^n)^p \quad \text{de} \quad \int x^{m-rn-1}\,dx\,(a+bx^n)^{p-s},$$

rn étant le plus grand multiple de n contenu dans $m-1$, et s le plus grand nombre entier contenu dans p.

L'intégrale $\int x^7\,dx\,(a+bx^3)^{\frac{5}{2}}$, par exemple, sera ramenée successivement, par la formule (A), à

$$\int x^4\,dx\,(a+bx^3)^{\frac{5}{2}},\quad \int x\,dx\,(a+bx^3)^{\frac{5}{2}};$$

puis la formule (B) fera dépendre $\int x\,dx\,(a+bx^3)^{\frac{5}{2}}$ de

$$\int x\,dx\,(a+bx^3)^{\frac{3}{2}},\quad \text{et celle-ci de}\quad \int x\,dx\,(a+bx^3)^{\frac{1}{2}}.$$

196. Il est évident que si m et p étaient négatifs, les formules (A) et (B) ne rempliraient pas le but pour lequel elles ont été construites : elles augmenteraient alors les exposants de x hors de la parenthèse, et celui de la parenthèse; mais en les renversant, on en trouve qui s'appliquent au cas dont il s'agit.

On tire de (A),

$$\int x^{m-n-1}\,dx\,(a+bx^n)^p$$
$$=\frac{x^{m-n}(a+bx^n)^{p+1}-b(pn+m)\int x^{m-1}\,dx\,(a+bx^n)^p}{a(m-n)};$$

et mettant $-m+n$ au lieu de m, il vient

$$\text{(C)}\left\{\begin{array}{l}\int x^{-m-1}\,dx\,(a+bx^n)^p\\ =-\dfrac{x^{-m}(a+bx^n)^{p+1}+b(m-n-np)\int x^{-m+n-1}dx(a+bx^n)^p}{am},\end{array}\right.$$

formule qui diminue les exposants hors de la parenthèse.

Pour renverser la formule (B), on prend

$$\int x^{m-1}\,dx\,(a+bx^n)^{p-1}$$
$$=-\frac{x^m(a+bx^n)^p-(pn+m)\int x^{m-1}\,dx\,(a+bx^n)^p}{pna};$$

puis on écrit $-p+1$ au lieu de p, et il vient

$$\text{(D)}\left\{\begin{array}{l}\int x^{m-1}\,dx\,(a+bx^n)^{-p}\\ =\dfrac{x^m(a+bx^n)^{-p+1}-(m+n-np)\int x^{m-1}\,dx\,(a+bx^n)^{-p+1}}{(p-1)na},\end{array}\right.$$

formulequi atteint le but proposé.

Les formules (A), (B), (C), (D) deviennent illusoires, lorsque leur dénominateur s'évanouit. Cela arrive pour la formule (A), par exemple, quand $m=-np$: mais dans tous les cas de cette espèce, la différentielle proposée peut se ramener à un monôme, ou bien à une fraction rationnelle (*).

197. Soit $\int\frac{x^{m-1}\,dx}{\sqrt{1-x^2}}$, m étant un nombre entier positif; la

(*) *Voyez* le Traité in-4°, tome II, page 41.

formule (A), en y faisant $a=1$, $b=-1$, $n=2$, $p=-\frac{1}{2}$, donne

$$\int \frac{x^{m-1}\,dx}{\sqrt{1-x^2}} = \frac{-x^{m-2}\sqrt{1-x^2}}{m-1} + \frac{m-2}{m-1}\int \frac{x^{m-3}\,dx}{\sqrt{1-x^2}};$$

et mettant m au lieu de $m-1$, il vient

$$\int \frac{x^m\,dx}{\sqrt{1-x^2}} = -\frac{x^{m-1}\sqrt{1-x^2}}{m} + \frac{m-1}{m}\int \frac{x^{m-2}\,dx}{\sqrt{1-x^2}}.$$

Si l'on donne successivement à m différentes valeurs, en commençant par les nombres impairs, on aura

$$\int \frac{x\,dx}{\sqrt{1-x^2}} = -\sqrt{1-x^2} + \textit{const.},$$

$$\int \frac{x^3\,dx}{\sqrt{1-x^2}} = -\frac{1}{3}x^2\sqrt{1-x^2} + \frac{2}{3}\int \frac{x\,dx}{\sqrt{1-x^2}},$$

$$\int \frac{x^5\,dx}{\sqrt{1-x^2}} = -\frac{1}{5}x^4\sqrt{1-x^2} + \frac{4}{5}\int \frac{x^3\,dx}{\sqrt{1-x^2}},$$

$$\int \frac{x^7\,dx}{\sqrt{1-x^2}} = -\frac{1}{7}x^6\sqrt{1-x^2} + \frac{6}{7}\int \frac{x^5\,dx}{\sqrt{1-x^2}},$$

etc.

On tirera de là

$$\int \frac{x\,dx}{\sqrt{1-x^2}} = -\sqrt{1-x^2} + \textit{const.},$$

$$\int \frac{x^3\,dx}{\sqrt{1-x^2}} = -\left(\frac{1}{3}x^2 + \frac{1.2}{1.3}\right)\sqrt{1-x^2} + \textit{const.},$$

$$\int \frac{x^5\,dx}{\sqrt{1-x^2}} = -\left(\frac{1}{5}x^4 + \frac{1.4}{3.5}x^2 + \frac{1.2.4}{1.3.5}\right)\sqrt{1-x^2} + \textit{const.},$$

$$\int \frac{x^7\,dx}{\sqrt{1-x^2}} = -\left(\frac{1}{7}x^6 + \frac{1.6}{5.7}x^4 + \frac{1.4.6}{3.5.7}x^2 + \frac{1.2.4.6}{1.3.5.7}\right)\sqrt{1-x^2} + \textit{const.}$$

etc.;

la loi de ces valeurs est évidente.

Passant aux valeurs paires de m, et supposant $m=2$, $m=4$, $m=6$, etc., on trouve

$$\int \frac{x^2 dx}{\sqrt{1-x^2}} = -\frac{1}{2} x \sqrt{1-x^2} + \frac{1}{2} \int \frac{dx}{\sqrt{1-x^2}},$$

$$\int \frac{x^4 dx}{\sqrt{1-x^2}} = -\frac{1}{4} x^3 \sqrt{1-x^2} + \frac{3}{4} \int \frac{x^2 dx}{\sqrt{1-x^2}},$$

$$\int \frac{x^6 dx}{\sqrt{1-x^2}} = -\frac{1}{6} x^5 \sqrt{1-x^2} + \frac{5}{6} \int \frac{x^4 dx}{\sqrt{1-x^2}},$$

etc.

Dans ce cas, toutes les intégrales proposées dépendront de

$$\int \frac{dx}{\sqrt{1-x^2}} = \text{arc}\,(\sin = x) + const.\ (36),$$

et en représentant par A l'arc indiqué, on aura

$$\int \frac{dx}{\sqrt{1-x^2}} = \text{A} + const.,$$

$$\int \frac{x^2 dx}{\sqrt{1-x^2}} = -\frac{1}{2} x \sqrt{1-x^2} + \frac{1}{2} \text{A} + const.,$$

$$\int \frac{x^4 dx}{\sqrt{1-x^2}} = -\left(\frac{1}{4} x^3 + \frac{1.3}{2.4} x\right) \sqrt{1-x^2} + \frac{1.3}{2.4} \text{A} + const.,$$

$$\int \frac{x^6 dx}{\sqrt{1-x^2}} = -\left(\frac{1}{6} x^5 + \frac{1.5}{4.6} x^3 + \frac{1.3.5}{2.4.6} x\right) \sqrt{1-x^2} + \frac{1.3.5}{2.4.6} \text{A} + const.$$

etc.

198. Je vais chercher maintenant les formules qui répondent au cas où m est négative. On a alors, par la formule (C) (196),

$$\int \frac{x^{-m-1} dx}{\sqrt{1-x^2}} = -\frac{x^{-m}\sqrt{1-x^2}}{m} + \frac{m-1}{m} \int \frac{x^{-m+1} dx}{\sqrt{1-x^2}};$$

et en écrivant $-m$ au lieu de $-m-1$, il vient

$$\int \frac{dx}{x^m \sqrt{1-x^2}} = -\frac{\sqrt{1-x^2}}{(m-1)\, x^{m-1}} + \frac{m-2}{m-1} \int \frac{dx}{x^{m-2}\sqrt{1-x^2}}.$$

On ne peut pas supposer $m=1$, puisque cette valeur rend

le dénominateur nul : il faut donc chercher *à priori* l'intégrale de $\frac{dx}{x\sqrt{1-x^2}}$. On la trouvera facilement d'après ce qui a été dit n° **192**; on fera $1-x^2=z^2$, d'où il résultera

$$x=\sqrt{1-z^2},\quad dx=\frac{-z\,dz}{\sqrt{1-z^2}},$$

et, par conséquent,

$$\frac{dx}{x\sqrt{1-x^2}}=\frac{-dz}{1-z^2},$$

équation dont le second membre a pour intégrale

$$-\frac{1}{2}\,l(1+z)+\frac{1}{2}\,l(1-z)=-\frac{1}{2}\,l\left(\frac{1+z}{1-z}\right).$$

Remettant au lieu de z sa valeur, on aura

$$-\frac{1}{2}\,l\left(\frac{1+\sqrt{1-x^2}}{1-\sqrt{1-x^2}}\right);$$

multipliant par $1+\sqrt{1-x^2}$, les deux termes de la fraction comprise sous le signe l, on obtiendra

$$-\frac{1}{2}\,l\left[\frac{(1+\sqrt{1-x^2})^2}{x^2}\right]=-\frac{1}{2}\,l\left[\left(\frac{1+\sqrt{1-x^2}}{x}\right)^2\right]$$
$$=-\,l\left(\frac{1+\sqrt{1-x^2}}{x}\right):$$

on aura donc enfin

$$\int\frac{dx}{x\sqrt{1-x^2}}=-\,l\left(\frac{1+\sqrt{1-x^2}}{x}\right)+\textit{const.}$$

Maintenant, si l'on suppose d'abord $m=3$, $m=5$, etc., il viendra

$$\int\frac{dx}{x^3\sqrt{1-x^2}}=-\frac{\sqrt{1-x^2}}{2x^2}+\frac{1}{2}\int\frac{dx}{x\sqrt{1-x^2}},$$

$$\int\frac{dx}{x^5\sqrt{1-x^2}}=-\frac{\sqrt{1-x^2}}{4x^4}+\frac{3}{4}\int\frac{dx}{x^3\sqrt{1-x^2}},$$

$$\int\frac{dx}{x^7\sqrt{1-x^2}}=-\frac{\sqrt{1-x^2}}{6x^6}+\frac{5}{6}\int\frac{dx}{x^5\sqrt{1-x^2}},$$

etc.

Faisant ensuite $m=2$, $m=4$, $m=6$, etc., on trouvera

$$\int\frac{\mathrm{d}x}{x^2\sqrt{1-x^2}}=-\frac{\sqrt{1-x^2}}{x}+const.,$$

$$\int\frac{\mathrm{d}x}{x^4\sqrt{1-x^2}}=-\frac{\sqrt{1-x^2}}{3x^3}+\frac{2}{3}\int\frac{\mathrm{d}x}{x^2\sqrt{1-x^2}},$$

$$\int\frac{\mathrm{d}x}{x^6\sqrt{1-x^2}}=-\frac{\sqrt{1-x^2}}{5x^5}+\frac{4}{5}\int\frac{\mathrm{d}x}{x^4\sqrt{1-x^2}},$$

etc.

De ces deux suites d'équations on tirera, comme dans le numéro précédent, deux classes de formules, l'une intégrée par logarithmes, et l'autre qui sera algébrique.

199. La différentielle $x^{m-1}\,\mathrm{d}x\,(ax^r+bx^n)^p$, se ramenant à la forme $x^{m+pr-1}\,\mathrm{d}x\,(a+bx^{n-r})^p$ (**192**), est susceptible des mêmes réductions que celle-ci. J'en donnerai pour exemple l'expression $\dfrac{x^q\,\mathrm{d}x}{\sqrt{2cx-x^2}}$ qui se présente dans la Mécanique. On a d'abord

$$\int\frac{x^q\,\mathrm{d}x}{\sqrt{2cx-x^2}}=\int x^q\,\mathrm{d}x\,(2cx-x^2)^{-\frac{1}{2}}=\int x^{q-\frac{1}{2}}\,\mathrm{d}x\,(2c-x)^{-\frac{1}{2}};$$

la formule (A) (**194**), en y faisant

$$m=q+\frac{1}{2},\quad n=1,\quad p=-\frac{1}{2},\quad a=2c,\quad b=-1,$$

donne

$$\int x^{q-\frac{1}{2}}\,\mathrm{d}x\,(2c-x)^{-\frac{1}{2}}$$

$$=-\frac{x^{q-\frac{1}{2}}(2c-x)^{\frac{1}{2}}}{q}+\frac{2c\left(q-\frac{1}{2}\right)}{q}\int x^{q-\frac{3}{2}}\,\mathrm{d}x\,(2c-x)^{-\frac{1}{2}};$$

et si l'on observe que

$$x^{q-\frac{1}{2}}=x^{q-1}x^{\frac{1}{2}},\qquad x^{q-\frac{3}{2}}=x^{q-1}x^{-\frac{1}{2}},$$

puis qu'on fasse rentrer les puissances fractionnaires de x dans les parenthèses, qu'on changera ensuite en radicaux, on aura la formule

$$\int \frac{x^q \,dx}{\sqrt{2cx - x^2}} = -\frac{x^{q-1}\sqrt{2cx-x^2}}{q} + \frac{(2q-1)c}{q}\int \frac{x^{q-1}\,dx}{\sqrt{2cx-x^2}}.$$

200. Les trois exemples précédents se rapportent aux formules (A) et (C); on tire des résultats non moins utiles de la formule (D) (**196**), puisqu'elle sert à intégrer la différentielle

$$\frac{dz}{(z^2+\beta^2)^m} = dz\,(\beta^2+z^2)^{-m},$$

qui a été mise de côté dans les fractions rationnelles (**180**); car si l'on fait

$$x = z, \quad a = \beta^2, \quad b = 1, \quad m = 1, \quad n = 2, \quad p = m,$$

la formule (D) devient

$$\int dz\,(\beta^2+z^2)^{-m} = \frac{z(\beta^2+z^2)^{-m+1} + (2m-3)\int dz\,(\beta^2+z^2)^{-m+1}}{(2m-2)\beta^2},$$

d'où il résulte

$$\int \frac{dz}{(z^2+\beta^2)^m} = \left\{\frac{1}{(2m-2)\beta^2}\cdot\frac{z}{(z^2+\beta^2)^{m-1}}\right\} + \frac{2m-3}{(2m-2)\beta^2}\int\frac{dz}{(z^2+\beta^2)^{m-1}}.$$

La réduction indiquée dans cette formule s'arrête à $\int \frac{dz}{z^2+\beta^2}$, car si l'on faisait $m = 1$, le diviseur $2m - 2$ devenant nul, le second membre serait infini. Il est aisé de voir que cette circonstance est du même genre que celle du n° **168**, puisque si l'on pouvait passer de $m = 1$ à $m = 0$, on tomberait sur l'intégrale $\int dz = z$, et l'on aurait algébriquement l'intégrale $\int \frac{dz}{z^2+\beta^2}$, qui est nécessairement transcendante (**180**).

De l'intégration par les séries.

201. L'intégrale $\int X\,dx$ s'obtient facilement lorsqu'on a développé la fonction X en série, parce qu'on n'a plus à intégrer que des monômes, auxquels s'applique immédiatement la règle du n° 167. En effet, soit

$$X = Ax^m + Bx^{m+n} + Cx^{m+2n} + Dx^{m+3n} + \text{etc.};$$

si l'on multiplie les deux membres de cette équation par dx, et qu'on intègre séparément chaque terme du second, on trouvera

$$\int X\,dx = \frac{Ax^{m+1}}{m+1} + \frac{Bx^{m+n+1}}{m+n+1} + \frac{Cx^{m+2n+1}}{m+2n+1} + \text{etc.} + const.$$

Lorsqu'on rencontrera dans le développement de X un terme de la forme $\frac{A}{x}$, il en résultera dans l'intégrale le terme $A\,\mathrm{l}x$ (168).

202. La fonction la plus simple qu'on puisse réduire en série est $\frac{1}{a+x}$, ayant pour développement

$$\frac{1}{a} - \frac{x}{a^2} + \frac{x^2}{a^3} - \frac{x^3}{a^4} + \text{etc.},$$

d'où

$$\int \frac{dx}{a+x} = \frac{x}{a} - \frac{x^2}{2a^2} + \frac{x^3}{3a^3} - \frac{x^4}{4a^4} + \text{etc.} + const.;$$

mais on sait d'ailleurs que $\int \frac{dx}{a+x} = \mathrm{l}(a+x) + const.$: on aura donc

$$\mathrm{l}(a+x) = \frac{x}{a} - \frac{x^2}{2a^2} + \frac{x^3}{3a^3} - \frac{x^4}{4a^4} + \text{etc.} + const.$$

Pour trouver ce qu'exprime la constante, il n'y a qu'à faire $x = 0$; il vient, dans cette supposition, $\mathrm{l}a = const.$, et, par conséquent,

$$\mathrm{l}(a+x) - \mathrm{l}a = \mathrm{l}\left(1 + \frac{x}{a}\right) = \frac{x}{a} - \frac{x^2}{2a^2} + \frac{x^3}{3a^3} - \frac{x^4}{4a^4} + \text{etc.},$$

résultat conforme à celui du n° 29.

Soit la différentielle $\frac{a\,dx}{a^2+x^2}$, qui, pouvant se mettre sous la forme $\frac{\frac{dx}{a}}{1+\frac{x^2}{a^2}}$, appartient à l'arc dont la tangente $= \frac{x}{a}$ (36); en réduisant $\frac{a}{a^2+x^2}$ en série, on obtiendra

$$\frac{a}{a^2+x^2}=\frac{1}{a}-\frac{x^2}{a^3}+\frac{x^4}{a^5}-\frac{x^6}{a^7}+\text{etc.};$$

et l'intégration donnera ensuite

$$\int\frac{a\,\mathrm{d}x}{a^2+x^2}=\text{arc}\left(\text{tang}=\frac{x}{a}\right)+\textit{const.}$$
$$=\frac{x}{a}-\frac{x^3}{3a^3}+\frac{x^5}{5a^5}-\frac{x^7}{7a^7}+\text{etc.}+\textit{const.}$$

Si l'on veut tirer de cette équation la valeur du plus petit des arcs dont la tangente est $\frac{x}{a}$, il faudra supprimer la constante arbitraire, puisque l'arc cherché est nul, lorsque $x=0$, et l'on aura

$$\text{arc}\left(\text{tang}=\frac{x}{a}\right)=\frac{x}{a}-\frac{x^3}{3a^3}+\frac{x^5}{5a^5}-\frac{x^7}{7a^7}+\text{etc.},$$

résultat conforme à celui du n° 38.

En opérant de même sur $\frac{x^m\,\mathrm{d}x}{a^n+x^n}$, on trouve

$$\int\frac{x^m\,\mathrm{d}x}{a^n+x^n}=\frac{x^{m+1}}{(m+1)a^n}-\frac{x^{m+n+1}}{(m+n+1)a^{2n}}$$
$$+\frac{x^{m+2n+1}}{(m+2n+1)a^{3n}}-\text{etc.}+\textit{const.}$$

203. Le but de l'intégration par les séries étant de se procurer des valeurs approchées des intégrales qu'on ne peut obtenir rigoureusement, il est important d'avoir plusieurs séries pour exprimer la même intégrale, afin de choisir celle que rend convergente la valeur particulière qu'on se propose de donner à x. Les séries qui procèdent suivant les puissances positives de x dont les exposants vont en croissant, ou *les séries ascendantes*, ne convergent, en général, que dans le cas où la variable x demeure très-petite; tandis que celles qui procèdent par les puissances négatives de x, ou les *séries descendantes*, convergent d'autant plus, que cette variable est plus grande.

Pour parvenir à une série de cette espèce, dans l'exemple

ci-dessus, il faudrait changer l'ordre des termes du binôme $a^n + x^n$, et mettre x à la place de a dans le développement de $\frac{1}{a^n + x^n}$; on aurait

$$\frac{1}{x^n + a^n} = \frac{1}{x^n} - \frac{a^n}{x^{2n}} + \frac{a^{2n}}{x^{3n}} - \frac{a^{3n}}{x^{4n}} + \text{etc.},$$

et, après avoir multiplié par $x^m dx$ et intégré, il viendrait

$$\int \frac{x^m dx}{x^n + a^n} = -\frac{1}{(n-m-1)x^{n-m-1}}$$
$$+ \frac{a^n}{(2n-m-1)x^{2n-m-1}} - \frac{a^{2n}}{(3n-m-1)x^{3n-m-1}} + \text{etc.} + \textit{const.}$$

Cette série serait illusoire, si quelqu'un de ses dénominateurs, compris dans la forme $in - m - 1$, s'évanouissait, ce qui arriverait si $m + 1$ était un multiple de n; dans ce cas, la différentielle développée contiendrait un terme de la forme $a^{(i-1)n}\frac{dx}{x}$, dont l'intégrale serait $a^{(i-1)n}\,\mathrm{l}x$.

Si l'on fait, dans le résultat ci-dessus, $m = 0$, $n = 2$ et $a = 1$, il devient

$$\int \frac{dx}{1 + x^2} = -\frac{1}{x} + \frac{1}{3x^3} - \frac{1}{5x^5} + \text{etc.} + \textit{const.};$$

mais quoique l'expression $\frac{dx}{1+x^2}$ soit la différentielle de l'arc dont la tangente est x, il n'en faut pas conclure que la série précédente soit le développement de cet arc, puisqu'elle donne l'infini lorsque $x = 0$. La considération de la constante arbitraire lèvera cette difficulté, si l'on fait attention que pour connaître la vraie valeur d'une série, il faut toujours partir du cas où elle est convergente. Or la série

$$-\frac{1}{x} + \frac{1}{3x^3} - \frac{1}{5x^5} + \text{etc.},$$

l'est d'autant plus, que x est plus grand, et elle s'évanouit lorsque x est infini : à cette limite, l'équation

$$\text{arc}\,(\text{tang} = x) = -\frac{1}{x} + \frac{1}{3x^3} - \frac{1}{5x^5} + \text{etc.} + \textit{const.},$$

se change en arc de $1^q = \frac{\pi}{2} = const.$, et substituant cette valeur de la constante, on obtient

$$\text{arc}\,(\text{tang} = x) = \frac{\pi}{2} - \frac{1}{x} + \frac{1}{3x^3} - \frac{1}{5x^5} + \text{etc.}$$

On pourrait intégrer aussi la fonction rationnelle $\frac{\mathrm{U}\,\mathrm{d}x}{\mathrm{V}}$ (172), en développant en série l'expression $\frac{\mathrm{U}}{\mathrm{V}}$; mais ce moyen ne conduirait qu'à des résultats fort compliqués et rarement convergents. D'ailleurs ces calculs sont à peu près inutiles, puisqu'on sait ramener cette différentielle aux logarithmes et aux arcs de cercles, dont on obtient les valeurs par les tables trigonométriques.

204. La formule $\int x^{m-1}\mathrm{d}x\,(a+bx^n)^{\frac{p}{q}}$ est facile à intégrer par le développement de la quantité $(a+bx^n)^{\frac{p}{q}}$ en série, et il vient pour résultat

$$\int x^{m-1}\mathrm{d}x\,(a+bx^n)^{\frac{p}{q}} = a^{\frac{p}{q}}\left\{\frac{x^m}{m} + \frac{pb}{qa}\,\frac{x^{m+n}}{m+n} + \frac{p(p-q)b^2}{1\,.\,2q^2a^2}\,\frac{x^{m+2n}}{m+2n}\right.$$
$$\left. + \frac{p(p-q)(p-2q)b^3}{1\,.\,2\,.\,3q^3a^3}\,\frac{x^{m+3n}}{m+3n} + \text{etc.}\right\} + const.$$

Si l'on voulait obtenir une série descendante par rapport à x, il faudrait donner à la différentielle proposée la forme $x^{m+\frac{pn}{q}-1}\mathrm{d}x\,(b+ax^{-n})^{\frac{p}{q}}$, et après avoir développé $(b+ax^{-n})^{\frac{p}{q}}$, multiplié le résultat par $x^{m+\frac{pn}{q}-1}\,\mathrm{d}x$ et intégré, on aurait

$$\int x^{m-1}\mathrm{d}x\,(a+bx^n)^{\frac{p}{q}} = b^{\frac{p}{q}}\left\{\frac{qx^{m+\frac{pn}{q}}}{mq+np} + \frac{pa}{qb}\,\frac{qx^{m+\frac{(p-q)n}{q}}}{mq+(p-q)n}\right.$$
$$\left. + \frac{p(p-q)a^2}{1\,.\,2q^2b^2}\,\frac{qx^{m+\frac{(p-2q)n}{q}}}{mq+(p-2q)n} + \text{etc.}\right\} + const.$$

Tant que les quantités a et b seront positives toutes deux, ou que q sera un nombre impair, on pourra se servir indifféremment de cette série ou de la précédente; mais lorsque q sera pair, la première formule deviendra imaginaire par le facteur $a^{\frac{p}{q}}$ si a^p est négatif, et la même chose arrivera à la seconde si b^p est négatif.

205. Soit $\frac{dx}{\sqrt{1-x^2}}$, expression qui est la différentielle de l'arc dont le sinus $= x$ (36); on aura

$$\frac{1}{\sqrt{1-x^2}} = 1 + \frac{1}{2}x^2 + \frac{1.3}{2.4}x^4 + \frac{1.3.5}{2.4.6}x^6 + \frac{1.3.5.7}{2.4.6.8}x^8 + \text{etc.},$$

et de là

$$\int \frac{dx}{\sqrt{1-x^2}} = x + \frac{1}{2}\frac{x^3}{3} + \frac{1.3}{2.4}\frac{x^5}{5} + \frac{1.3.5}{2.4.6}\frac{x^7}{7} + \text{etc.} + const.$$

En supprimant la constante, la série s'anéantira lorsque $x = 0$; elle donnera par conséquent la valeur du plus petit des arcs dont le sinus $= x$, comme dans le n° 38.

Voici encore quelques résultats faciles à obtenir, d'après ce qui précède, mais qu'il est bon de connaître :

1°. $\frac{dx}{\sqrt{x-xx}} = \frac{dx}{\sqrt{x}.\sqrt{1-x}}$; faisant $\sqrt{x} = u$, on a $\frac{2du}{\sqrt{1-u^2}}$; mais par la série précédente, il vient

$$\int \frac{2du}{\sqrt{1-u^2}} = 2\left(u + \frac{1}{2}\frac{u^3}{3} + \frac{1.3}{2.4}\frac{u^5}{5} + \frac{1.3.5}{2.4.6}\frac{u^7}{7} + \text{etc.}\right) + const.$$

donc

$$\int \frac{dx}{\sqrt{x-xx}}$$

$$= 2\left(1 + \frac{1}{2}\frac{x}{3} + \frac{1.3}{2.4}\frac{x^2}{5} + \frac{1.3.5}{2.4.6}\frac{x^3}{7} + \text{etc.}\right)\sqrt{x} + const.$$

2°. $dx\sqrt{2ax-x^2} = (2a)^{\frac{1}{2}}x^{\frac{1}{2}}dx\left(1-\frac{x}{2a}\right)^{\frac{1}{2}}$;

or

$$\left(1-\frac{x}{2a}\right)^{\frac{1}{2}} = 1 - \frac{1}{2}\frac{x}{2a} - \frac{1.1}{2.4}\frac{x^2}{4a^2} - \frac{1.1.3}{2.4.6}\frac{x^3}{8a^3} - \text{etc.};$$

donc

$$\int dx\sqrt{2ax-x^2}=\left(\frac{2}{3}x^{\frac{3}{2}}-\frac{1}{2}\frac{2x^{\frac{5}{2}}}{5.2a}-\frac{1.1}{2.4}\frac{2x^{\frac{7}{2}}}{7.4a^2}\right.$$
$$\left.-\frac{1.1.3}{2.4.6}\frac{2x^{\frac{9}{2}}}{9.8a^3}-\text{etc.}\right)\sqrt{2a}+const.,$$

ou

$$\int dx\sqrt{2ax-x^2}=\left(\frac{1}{3}-\frac{1}{2}\frac{x}{5.2a}-\frac{1.1}{2.4}\frac{x^2}{7.4a^2}\right.$$
$$\left.-\frac{1.1.3}{2.4.6}\frac{x^3}{9.8a^3}-\text{etc.}\right)2x\sqrt{2ax}+const.$$

3°. $\int\frac{dx}{\sqrt{1+x^2}}$ donne, après la réduction de $\frac{1}{\sqrt{1+x^2}}$ en série et l'intégration,

$$\int\frac{dx}{\sqrt{1+x^2}}=x-\frac{1}{2}\frac{x^3}{3}+\frac{1.3}{2.4}\frac{x^5}{5}-\frac{1.3.5}{2.4.6}\frac{x^7}{7}+\text{etc.}+const.$$

4°. $$\int\frac{dx}{\sqrt{x^2-1}}=lx-\frac{1}{2.2x^2}-\frac{1.3}{2.4.4x^4}-\frac{1.3.5}{2.4.6.6x^6}-\text{etc.}$$
$$+\text{const.}$$

Cette série, qui renferme la transcendante lx, est d'autant plus convergente, que x est plus grand. On peut en obtenir une autre entièrement algébrique, et d'autant plus convergente, que x diffère moins de l'unité. Pour cela, il faut faire $x=1+u$, ce qui donne

$$\int\frac{dx}{\sqrt{x^2-1}}=\int\frac{du}{\sqrt{2u+u^2}}=\frac{1}{\sqrt{2}}\int u^{-\frac{1}{2}}du\left(1+\frac{u}{2}\right)^{-\frac{1}{2}};$$

développant $\left(1+\frac{u}{2}\right)^{-\frac{1}{2}}$, multipliant chaque terme par $u^{-\frac{1}{2}}du$ et intégrant, on trouve

$$\int\frac{du}{\sqrt{2u+u^2}}$$
$$=\frac{1}{\sqrt{2}}\left(2u^{\frac{1}{2}}-\frac{1}{2}\frac{2u^{\frac{3}{2}}}{3.2}+\frac{1.3}{2.4}\frac{2u^{\frac{5}{2}}}{5.4}-\frac{1.3.5}{2.4.6}\frac{2u^{\frac{7}{2}}}{7.8}+\text{etc.}\right)+const,$$
$$=\left(1-\frac{1.u}{2.3.2}+\frac{1.3u^2}{2.4.5.4}-\frac{1.3.5u^3}{2.4.6.7.8}+\text{etc.}\right)\sqrt{2u}+const.;$$

et puisque $u = x - 1$, les termes de cette série sont d'autant plus petits, que $x - 1$ est peu considérable.

206. L'utilité de la réduction des différentielles en série étant seulement de les transformer dans une suite de termes dont chacun soit intégrable en particulier, il n'est pas toujours nécessaire que les termes de ces séries soient des monômes.

Si l'on a, par exemple,

$$\frac{dx\sqrt{1 - e^2x^2}}{\sqrt{1 - x^2}},$$

et que e soit une quantité fort petite, le développement de $\sqrt{1 - e^2x^2}$ donne une série très-convergente, parce que dans la différentielle proposée x^2 est toujours < 1, à cause du radical $\sqrt{1 - x^2}$. On trouve

$$\sqrt{1 - e^2x^2} = 1 - \frac{1}{2}e^2x^2 - \frac{1.1}{2.4}e^4x^4 - \frac{1.1.3}{2.4.6}e^6x^6 - \text{etc.},$$

et la suite à intégrer est

$$\int \frac{dx}{\sqrt{1 - x^2}}\left(1 - \frac{1}{2}e^2x^2 - \frac{1.1}{2.4}e^4x^4 - \frac{1.1.3}{2.4.6}e^6x^6 - \text{etc.}\right),$$

dont chaque terme rentre dans la formule $\int \frac{x^m dx}{\sqrt{1 - x^2}}$, traitée au nº **197**. En substituant au lieu de

$$\int \frac{dx}{\sqrt{1 - x^2}}, \quad \int \frac{x^2 dx}{\sqrt{1 - x^2}}, \quad \int \frac{x^4 dx}{\sqrt{1 - x^2}}, \text{ etc.},$$

les expressions données dans le numéro cité, il en résultera

$$\int \frac{dx\sqrt{1 - e^2x^2}}{\sqrt{1 - x^2}}$$

$$= A + \frac{1}{2}e^2\left\{\frac{1}{2}x\sqrt{1 - x^2} - \frac{1}{2}A\right\}$$

$$+ \frac{1.1}{2.4}e^4\left\{\left(\frac{1}{4}x^3 + \frac{1.3}{2.4}x\right)\sqrt{1 - x^2} - \frac{1.3}{2.4}A\right\}$$

$$+ \frac{1.1.3}{2.4.6}e^6\left\{\left(\frac{1}{6}x^5 + \frac{1.5}{4.6}x^3 + \frac{1.3.5}{2.4.6}x\right)\sqrt{1 - x^2} - \frac{1.3.5}{2.4.6}A\right\}$$

$$+ \text{etc.} \ldots\ldots\ldots\ldots\ldots\ldots + \textit{const.}$$

On traiterait d'une manière analogue la différentielle

$$\frac{dx}{\sqrt{(1-x^2)(a+x)}} = \frac{dx}{\sqrt{1-x^2}} \cdot \frac{1}{\sqrt{a+x}},$$

en réduisant en série la quantité

$$\frac{1}{\sqrt{a+x}} = (a+x)^{-\frac{1}{2}};$$

et quant à la différentielle

$$\frac{dx}{\sqrt{(2cx-x^2)(b-x)}},$$

qui se rencontre dans la Mécanique, le développement de

$$(b-x)^{-\frac{1}{2}} = b^{-\frac{1}{2}}\left(1-\frac{x}{b}\right)^{-\frac{1}{2}}$$

$$= b^{-\frac{1}{2}}\left\{1 + \frac{1}{2}\frac{x}{b} + \frac{1.3}{2.4}\frac{x^2}{b^2} + \frac{2.3.5}{2.4.6}\frac{x^3}{b^3} + \text{etc.}\right\}$$

ramènerait son intégration à la formule

$$\int \frac{x^q dx}{\sqrt{2cx-x^2}} \quad (199).$$

De l'intégration des fonctions logarithmiques et exponentielles.

207. Soit d'abord la différentielle $P dx (lx)^n$, P étant une fonction algébrique de x; l'intégration par parties fournit le moyen de la simplifier en diminuant l'exposant de lx.

En effet, si dans l'expression générale $\int z^n P dx$, on peut intégrer le facteur $P dx$, et qu'on pose en conséquence

$$P dx = dv, \quad u = z^n \quad \text{et} \quad dz = z' dx,$$

la formule $\int u dv = uv - \int v du$ (193) donnera

$$(1) \qquad \int z^n P dx = z^n v - n\int z^{n-1} v z' dx,$$

résultat où la différentiation a diminué d'une unité l'exposant de z, si toutefois cet exposant est positif.

Le contraire aura lieu s'il est négatif; alors il faudra changer la manière d'opérer et faire tomber l'intégration sur le facteur z^n, ce qui se peut en observant que l'équation $dz = z'dx$ donnant $dx = \frac{dz}{z'}$, on a

$$(2) \quad \int \frac{P\,dx}{z^n} = \int \frac{P}{z'} \frac{dz}{z^n} = -\frac{P}{(n-1)z'z^{n-1}} + \frac{1}{n-1}\int \frac{1}{z^{n-1}}\,d\frac{P}{z'}.$$

208. Pour la différentielle $x^m dx\,(lx)^n$, on pose

$$x^m dx = dv, \quad \text{d'où} \quad v = \frac{x^{m+1}}{m+1},$$

et l'équation (1) conduit à

$$\int x^m dx\,(lx)^n = \frac{x^{m+1}(lx)^n}{m+1} - \frac{n}{m+1}\int x^m dx\,(lx)^{n-1}.$$

Si dans cette dernière on change successivement n en $n-1$, en $n-2$, etc., on trouvera

$$\int x^m dx\,(lx)^{n-1} = \frac{x^{m+1}(lx)^{n-1}}{m+1} - \frac{n-1}{m+1}\int x^m dx\,(lx)^{n-2},$$

$$\int x^m dx\,(lx)^{n-2} = \frac{x^{m+1}(lx)^{n-2}}{m+1} - \frac{n-2}{m+1}\int x^m dx\,(lx)^{n-3},$$

etc.

En poursuivant ces réductions, on ôtera de l'exposant n, s'il est fractionnaire, toutes les unités qu'il contient; et l'on peut aussi par leur secours construire la formule générale

$$\begin{aligned}\int x^m dx\,(lx)^n &= \frac{x^{m+1}}{m+1}\left\{ (lx)^n - \frac{n}{m+1}(lx)^{n-1} + \frac{n(n-1)}{(m+1)^2}(lx)^{n-2} \right.\\ &\qquad - \frac{n(n-1)(n-2)}{(m+1)^3}(lx)^{n-3} + \ldots \\ &\qquad \left. + (-1)^p \frac{n(n-1)(n-2)\ldots(n-p+1)}{(m+1)^p}(lx)^{n-p} \right\} \\ &\quad + (-1)^{p+1}\frac{n(n-1)(n-2)\ldots(n-p)}{(m+1)^{p+1}}\int x^m dx\,(lx)^{n-p-1}\end{aligned}$$

Il est bien aisé de voir que le facteur $(-1)^p$ sert à indiquer l'alternative des signes + et — selon que p est pair ou impair; on doit remarquer en outre que l'intégrale du second membre disparaît quand $p = n$.

En prenant $n = 1$ et $n = 2$, on trouve

$$\int x^m \,\mathrm{d}x\, \mathrm{l}x = \frac{x^{m+1}}{m+1}\left\{\mathrm{l}x - \frac{1}{m+1}\right\} + const.,$$

$$\int x^m \,\mathrm{d}x\, (\mathrm{l}x)^2 = \frac{x^{m+1}}{m+1}\left\{(\mathrm{l}x)^2 - \frac{2}{m+1}\,\mathrm{l}x + \frac{2.1}{(m+1)^2}\right\} + const.$$

Lorsque $m = -1$, la formule ci-dessus cesse d'être applicable; mais en faisant $\mathrm{l}x = u$, on a

$$\int \frac{\mathrm{d}x}{x}(\mathrm{l}x)^n = \int u^n \,\mathrm{d}u = \frac{u^{n+1}}{n+1} + const.$$
$$= \frac{1}{n+1}(\mathrm{l}x)^{n+1} + const.;$$

et la même transformation rendrait algébrique la différentielle $\frac{\mathrm{d}x}{x}\mathrm{U}$, dans laquelle U désignerait une fonction algébrique de $\mathrm{l}x$.

Lorque n est négatif ou fractionnaire, la série se prolonge à l'infini; en faisant $n = -\frac{1}{2}$, par exemple, il vient

$$\int \frac{x^m \,\mathrm{d}x}{\sqrt{\mathrm{l}x}} = \frac{x^{m+1}}{m+1}\left\{\frac{1}{(\mathrm{l}x)^{\frac{1}{2}}} + \frac{1}{2(m+1)(\mathrm{l}x)^{\frac{3}{2}}} + \frac{1.3}{4(m+1)^2(\mathrm{l}x)^{\frac{5}{2}}} + \frac{1.3.5}{8(m+1)^3(\mathrm{l}x)^{\frac{7}{2}}} + \text{etc.}\right\} + const.$$

209. Pour diminuer l'exposant de $\mathrm{l}x$, lorsqu'il est négatif, il faut employer la formule (2) du n° **207**, avec laquelle on trouve

$$\int \frac{x^m \,\mathrm{d}x}{(\mathrm{l}x)^n} = -\frac{x^{m+1}}{(n-1)(\mathrm{l}x)^{n-1}} + \frac{m+1}{n-1}\int \frac{x^m \,\mathrm{d}x}{(\mathrm{l}x)^{n-1}}.$$

Répétant cette réduction, en changeant n en $n-1$, en $n-2$, etc., et supposant que n est un nombre entier, on obtiendra

$$\int\frac{x^m\,dx}{(lx)^n}=-\frac{x^{m+1}}{(n-1)(lx)^{n-1}}-\frac{(m+1)x^{m+1}}{(n-1)(n-2)(lx)^{n-2}}$$

$$-\frac{(m+1)^2x^{m+1}}{(n-1)(n-2)(n-3)(lx)^{n-3}}\cdots$$

$$+\frac{(m+1)^{n-1}}{(n-1)\,n-2)\ldots 1}\int\frac{x^m\,dx}{lx}.$$

Quand $m=-1$, la formule précédente conduit à

$$\int\frac{dx}{x\,l(x)^n}=-\frac{1}{(n-1)(lx)^{n-1}}+const.,$$

résultat qui devient illusoire lorsque $n=1$; mais la différentielle $\frac{dx}{xlx}$ qui répond à ce cas, s'intègre immédiatement, en faisant $lx=u$, puisqu'elle se transforme en $\frac{du}{u}$ et l'on a $lu+const.=l(lx)+const.$

210. L'intégrale $\int\frac{x^m\,dx}{lx}$, de laquelle dépend $\int\frac{x^m\,dx}{(lx)^n}$, quand n est un nombre entier, paraît devoir constituer une transcendante à part. On la ramène à une forme plus simple, en faisant $x^{m+1}=z$; car il vient alors $x^m dx=\frac{dz}{m+1}$, $lx=\frac{lz}{m+1}$, et par conséquent $\int\frac{x^m\,dx}{lx}=\int\frac{dz}{lz}$.

On trouvera plus bas le développement en série de cette dernière, qui se rapporte aussi aux fonctions exponentielles, en posant $lz=u$, ce qui donne $z=e^u$, $dz=e^u du$ et

$$\int\frac{dz}{lz}=\int\frac{e^u\,du}{u}.$$

211. Je vais m'occuper maintenant de l'intégration des fonctions exponentielles ; je ferai d'abord remarquer que l'équation $d.a^x=a^x dx\, la$ (27) donne

$$a^x dx=\frac{1}{la}d.a^x,\quad \text{d'où}\quad \int a^x dx=\frac{a^x}{la}+const.$$

On tire aussi de là $dx = \frac{d.a^x}{a^x la}$; par ce moyen, la différentielle $V dx$ devenant $\frac{V d.a^x}{a^x la}$, se change en $\frac{V du}{u la}$, lorsqu'on fait $a^x = u$, et est algébrique par rapport à u, lorsque V est une fonction algébrique de a^x. On trouve ainsi que

$$\frac{a^x dx}{\sqrt{1+a^{nx}}} = \frac{du}{la\sqrt{1+u^n}}.$$

212. Passons à la formule $\int a^x x^n dx$, de laquelle dépend $\int P a^x dx$, lorsque P est une fonction rationnelle et entière de x. L'équation (1) du nº **207** donne

$$\int a^x x^n dx = \frac{a^x x^n}{la} - \frac{n}{la}\int a^x x^{n-1} dx;$$

et en continuant cette réduction de $n-1$ à $n-2$, etc., on parvient, lorsque n est un nombre entier positif, à

$$\int a^x x^n dx = \frac{a^x}{la}\left\{x^n - \frac{n}{la}x^{n-1} + \frac{n(n-1)}{(la)^2}x^{n-2}\right.$$
$$\left. - \frac{n(n-1)(n-2)}{(la)^3}x^{n-3} + \ldots + (-1)^n\frac{n(n-1)\ldots 1}{(la)^n}\right\} + const.$$

213. Si l'exposant n est négatif, l'application de la formule (2) du nº **207** conduit à

$$\int \frac{a^x dx}{x^n} = -\frac{a^x}{(n-1)x^{n-1}} + \frac{la}{(n-1)}\int\frac{a^x dx}{x^{n-1}};$$

et quand l'exposant n est entier, on obtient

$$\int\frac{a^x dx}{x^n} = -\frac{a^x}{(n-1)x^{n-1}} - \frac{a^x la}{(n-1)(n-2)x^{n-2}}$$
$$-\frac{a^x (la)^2}{(n-1)(n-2)(n-3)x^{n-3}} - \ldots - \frac{a^x (la)^{n-2}}{(n-1)(n-2)\ldots 1x}$$
$$+\frac{(la)^{n-1}}{(n-1)(n-2)\ldots 1}\int\frac{a^x dx}{x}.$$

On ne saurait pousser la réduction au delà de $\int\frac{a^x dx}{x}$;

car l'équation

$$\int \frac{a^x \mathrm{d}x}{x^n} = -\frac{a^x}{(n-1)x^{n-1}} + \frac{\mathrm{l}a}{n-1}\int \frac{a^x \mathrm{d}x}{x^{n-1}},$$

ne donne rien, lorsque $n = 1$.

On retombe encore dans cet exemple sur la transcendante $\int \frac{a^x \mathrm{d}x}{x}$, dont j'ai déjà parlé n° 210 ; et si l'on pouvait obtenir son expression, on aurait en même temps l'intégrale $\int a^x x^n \mathrm{d}x$, pour tous les cas où n est un nombre entier.

Lorsque n est un nombre fractionnaire, les deux développements dont on vient de faire usage ne se terminent point. Si l'on avait, par exemple, $n = -\frac{1}{2}$, le premier donnerait la série

$$\int \frac{a^x \mathrm{d}x}{\sqrt{x}} = \frac{a^x}{\mathrm{l}a\sqrt{x}} \left\{ 1 + \frac{1}{2x\,\mathrm{l}a} + \frac{1.3}{4x^2(\mathrm{l}a)^2} + \frac{1.3.5}{8x^3(\mathrm{l}a)^3} = \text{etc.} \right\} + const.\,;$$

et en faisant $n = \frac{1}{2}$ dans le second, on aurait

$$\int \frac{a^x \mathrm{d}x}{\sqrt{x}} = 2a^x\sqrt{x} \left\{ \frac{1}{1} - \frac{2x\,\mathrm{l}a}{1.3} + \frac{4x^2(\mathrm{l}a)^2}{1.3.5} - \frac{8x^3(\mathrm{l}a)^3}{1.3.5.7} + \text{etc.} \right\} + const.$$

214. En remplaçant a^x par son développement (27) dans la fonction $\int \mathrm{P}a^x \mathrm{d}x$, on obtiendra

$$\int \mathrm{P}a^x \mathrm{d}x = \int \mathrm{P}\,\mathrm{d}x + \frac{\mathrm{l}a}{1}\int \mathrm{P}x\,\mathrm{d}x + \frac{(\mathrm{l}a)^2}{1.2}\int \mathrm{P}x^2 \mathrm{d}x + \frac{(\mathrm{l}a)^3}{1.2.3}\int \mathrm{P}x^3 \mathrm{d}x + \frac{(\mathrm{l}a)^4}{1.2.3.4}\int \mathrm{P}x^4 \mathrm{d}x + \text{etc.},$$

ce qui fournira un nouveau développement de $\int \mathrm{P}\,a^x \mathrm{d}x$, toutes les fois qu'on pourra obtenir les fonctions

$$\int \mathrm{P}\,\mathrm{d}\mathrm{X},\quad \int \mathrm{P}x\,\mathrm{d}x,\quad \ldots,\quad \int \mathrm{P}x^n \mathrm{d}x,\quad \text{etc.}$$

Si $\mathrm{P} = x^n$, il viendra

$$\int a^x x^n \mathrm{d}x = \frac{x^{n+1}}{n+1} + \frac{x^{n+2}\,\mathrm{l}a}{1\,(n+2)} + \frac{x^{n+3}\,(\mathrm{l}a)^2}{1.2\,(n+3)} + \frac{x^{n+4}\,(\mathrm{l}a)^3}{1.2.3(n+4)} + \text{etc.} + const.$$

où il faudra mettre $\mathrm{l}x$ au lieu de $\frac{x^{n+i}}{n+i}$, lorsque n sera un entier négatif égal à $-i$.

L'application de ce moyen à l'intégrale $\int \frac{a^x \mathrm{d}x}{x}$, donne le développement

$$\int \frac{a^x \mathrm{d}x}{x} = \mathrm{l}x + \frac{x\,\mathrm{l}a}{1.1} + \frac{x^2\,(\mathrm{l}a)^2}{1.2.2} + \frac{x^3\,(\mathrm{l}a)^3}{1.2.3.3} + \frac{x^4\,(\mathrm{l}a)^4}{1.2.3.4.4} + \text{etc.} + const.,$$

que la supposition de $a^x = z$, d'où il résulte $x = \frac{\mathrm{l}z}{\mathrm{l}a}$ et $\mathrm{l}x = \mathrm{ll}z - \mathrm{ll}a$, transforme en

$$\int \frac{\mathrm{d}z}{\mathrm{l}z} = \mathrm{ll}z + \frac{\mathrm{l}z}{1} + \frac{1}{2}\frac{(\mathrm{l}z)^2}{1.2} + \frac{1}{3}\frac{(\mathrm{l}z)^3}{1.2.3} + \frac{1}{4}\frac{(\mathrm{l}z)^4}{1.2.3.4} + \text{etc.} + const.$$

215. Il y a encore un autre moyen d'intégrer une fonction exponentielle, telle par exemple que $\frac{e^x\,x\,\mathrm{d}x}{(1+x)^2}$; c'est de chercher à la rapporter à la différentielle de la fonction $e^x\mathrm{P}$, qui est $e^x(\mathrm{P}\,\mathrm{d}x + \mathrm{d}\mathrm{P})$, et dans laquelle P représente une fonction algébrique de x. C'est principalement la sagacité et l'habitude du calcul qui peuvent guider dans ce procédé. L'exemple proposé étant fort simple, il suffit de faire $1 + x = z$. on a alors

$$\frac{e^x x\,\mathrm{d}x}{(1+x)^2} = \frac{e^{z-1}\,(z-1)\,\mathrm{d}z}{z^2} = \frac{1}{e}\left\{ e^z \left(\frac{1}{z}\,\mathrm{d}z - \frac{\mathrm{d}z}{z^2} \right) \right\};$$

et avec un peu d'attention, on voit bien que $-\frac{\mathrm{d}z}{z^2}$ étant la différentielle de $\frac{1}{z}$, il faut prendre $P=\frac{1}{z}$, d'où il résulte l'intégrale $\frac{1}{e}\frac{e^z}{z}+const.$ Remettant au lieu de z sa valeur, on trouve

$$\int\frac{e^x x\,dx}{(1+x)^2}=\frac{e^x}{1+x}+const.$$

De l'intégration des fonctions circulaires.

216. L'équation (1) du n° 207, en y faisant $P=x^n$, $z=\text{arc}\,(\sin=x)$, et observant que

$$d.\text{arc}\,(\sin=x)=\frac{dx}{\sqrt{1-x^2}}\quad(36),$$

donnera

$$\int x^n\,dx\,\text{arc}\,(\sin=x)$$
$$=\frac{x^{n+1}}{n+1}\cdot\text{arc}\,(\sin=x)-\frac{1}{n+1}\int\frac{x^{n+1}\,dx}{\sqrt{1-x^2}},$$

et $\int\frac{x^{n+1}\,dx}{\sqrt{1-x^2}}$ a été traitée dans les nos 197 et 198.

Cet exemple suffit pour montrer que $\int Pz\,dx$, z désignant un arc de cercle et x l'une quelconque des lignes trigonométriques correspondantes à cet arc, pourra être ramenée à l'intégrale d'une différentielle algébrique, toutes les fois que $\int P\,dx$ sera une fonction algébrique de cette variable, puisque les différentielles de l'arc sont aussi de pareilles fonctions (36).

En supposant toujours que x soit le sinus de l'arc z, et faisant $P=1$, dans l'équation (1) du n° 207, on obtient

$$\int z^n\,dx=xz^n-n\int z^{n-1}\frac{x\,dx}{\sqrt{1-x^2}},$$

$$\int z^{n-1}\frac{x\,dx}{\sqrt{1-x^2}}=-z^{n-1}\sqrt{1-x^2}+(n-1)\int z^{n-2}\,dx,$$

et ainsi de suite, d'où l'on conclut

$$\int z^n\,dx=z^n x+nz^{n-1}\sqrt{1-x^2}-n(n-1)z^{n-2}x$$
$$-n(n-1)(n-2)z^{n-3}\sqrt{1-x^2}+\text{etc.},$$

série qui s'arrête lorsque n est un nombre entier positif.

Si l'on avait $P\,dx = dz$, l'intégrale $\int P z^n\,dx$ se changerait en $\int z^n\,dz = \frac{z^{n+1}}{n+1} + const.$; et si l'on substituait à z^n une fonction algébrique quelconque de z, l'intégrale considérée par rapport à z rentrerait dans quelqu'une des formules traitées précédemment.

217. Les fonctions qu'on rencontre le plus souvent ne contiennent pas l'arc, mais seulement sa différentielle, et pour les intégrer il faut se rappeler que, par les nos 33 et 34,

$$d.\sin nz = n\,dz\cos nz,$$

d'où

$$\int dz\cos nz = \frac{1}{n}\sin nz + const.;$$

$$d.\cos nz = -n\,dz\sin nz,$$

d'où

$$\int dz\sin nz = -\frac{1}{n}\cos nz + const.;$$

$$d.\tang nz = \frac{n\,dz}{(\cos nz)^2},$$

d'où

$$\int \frac{dz}{(\cos nz)^2} = \frac{1}{n}\tang nz + const.;$$

$$d.\cot nz = -\frac{n\,dz}{(\sin nz)^2},$$

d'où

$$\int \frac{dz}{(\sin nz)^2} = -\frac{1}{n}\cot nz + const.;$$

$$d.\text{séc}\,nz = \frac{n\,dz\sin nz}{(\cos nz)^2},$$

d'où

$$\int \frac{dz\sin nz}{(\cos nz)^2} = \frac{1}{n}\text{séc}\,nz + const. = \frac{1}{n\cos nz} + const.;$$

$$d.\text{coséc}\,nz = -\frac{n\,dz\cos nz}{(\sin nz)^2},$$

d'où

$$\int \frac{dz\cos nz}{(\sin nz)^2} = -\frac{1}{n}\text{coséc}\,nz + const. = -\frac{1}{n\sin nz} + const.$$

218. De ces intégrations résulte d'abord celle de toutes les fonctions rationnelles et entières de sinus et de cosinus, parce que, au moyen des expressions de

$$\sin a \cos b, \quad \cos a \sin b, \quad \sin a \sin b, \quad \cos a \cos b,$$

rapportées dans le tableau des formules trigonométriques (*Trig.*, 29), on peut les changer en simples sinus et cosinus.

Soit pour exemple

$$dx \sin(mx + n) \cos(px + q);$$

si l'on fait d'abord

$$a = mx + n, \quad b = px + q,$$

on trouve

$$\sin(mx + n) \cos(px + q)$$
$$= \frac{1}{2} \sin[(m + p)x + n + q] + \frac{1}{2} \sin[(m - p)x + n - q];$$

et posant

$$(m + p)x + n + q = z, \quad (m - p)x + n - q = z',$$

d'où

$$dx = \frac{dz}{m + p}, \quad dx = \frac{dz'}{m - p},$$

on n'aura plus à intégrer que la différentielle

$$\frac{1}{2(m + p)} dz \sin z + \frac{1}{2(m - p)} dz' \sin z',$$

qui donnera

$$-\frac{1}{2(m + p)} \cos z - \frac{1}{2(m - p)} \cos z' + const.$$

En remettant pour z et z' leurs valeurs, il viendra

$$-\frac{\cos[(m + p)x + n + q]}{2(m + p)} - \frac{\cos[(m - p)x + n - q]}{2(m - p)} + const.$$

Il n'y a pas plus de difficulté pour les sinus et cosinus élevés à des puissances entières et positives, parce que les formules trigonométriques citées convertissent ces puissances en sinus et cosinus d'arcs multiples.

C'est ainsi que la formule

$$\sin a^2 = \frac{1}{2} - \frac{1}{2}\cos 2a,$$

changeant

$$[\sin(mx+n)]^2 \quad \text{en} \quad \frac{1}{2} - \frac{1}{2}\cos 2(mx+n),$$

conduit à l'intégration de

$$dx[\sin(mx+n)]^2;$$

car si l'on fait

$$2(mx+n) = z, \quad \text{d'où} \quad dx = \frac{dz}{2m},$$

on obtiendra la différentielle

$$\frac{dz}{2m}\left(\frac{1}{2} - \frac{1}{2}\cos z\right),$$

dont l'intégrale

$$\frac{z - \sin z}{4m} + const. = \frac{2(mx+n) - \sin 2(mx+n)}{4m} + const.$$

219. On s'élèverait aisément des expressions de $\sin a^2$ et de $\cos a^2$, à celles de $\sin a^3$ et de $\cos a^3$, et ainsi de proche en proche; mais celles du n° **187** conduisent à des formules qui comprennent tous ces cas particuliers.

En effet, on a d'abord

$$\cos z^n = \frac{\left(e^{z\sqrt{-1}} + e^{-z\sqrt{-1}}\right)^n}{2^n}, \quad \text{ou} \quad 2^n \cos z = \left(e^{z\sqrt{-1}} + e^{-z\sqrt{-1}}\right)^n$$

et si l'on développe le second membre de cette équation, en supposant que n soit un nombre entier positif, cas dans lequel la formule du binôme s'arrête, et les termes placés à égale distance des extrêmes ont les mêmes coefficients, il viendra

$$2^n \cos z^n = e^{nz\sqrt{-1}} + \frac{n}{1} e^{(n-2)z\sqrt{-1}} + \frac{n(n-1)}{1.2} e^{(n-4)z\sqrt{-1}}$$
$$+ \frac{n(n-1)(n-2)}{1.2.3} e^{(n-6)z\sqrt{-1}} + \ldots + \frac{n}{1} e^{-(n-2)z\sqrt{-1}} + e^{-nz\sqrt{-1}};$$

mais lorsqu'on change z en mz, l'équation

$$e^{\pm z\sqrt{-1}} = \cos z \pm \sqrt{-1}\sin z,$$

donnant

$$e^{\pm mz\sqrt{-1}} = \cos mz \pm \sqrt{-1}\sin mz,$$

fournit le moyen d'exprimer en sinus et cosinus tous les termes du développement ci-dessus, qui peut encore s'écrire ainsi :

$$\begin{aligned}2^n \cos z^n &= \cos nz + \frac{n}{1}\cos(n-2)z + \frac{n(n-1)}{1.2}\cos(n-4)z \\ &+ \frac{n(n-1)(n-2)}{1.2.3}\cos(n-6)z + \ldots + \frac{n}{1}\cos-(n-2)z + \cos-nz \\ &+ \sqrt{-1}\left\{\sin nz + \frac{n}{1}\sin(n-2)z + \frac{n(n-1)}{1.2}\sin(n-4)z\right. \\ &\left. + \frac{n(n-1)(n-2)}{1.2.3}\sin(n-6)z + \ldots + \frac{n}{1}\sin-(n-2)z + \sin-nz\right\},\end{aligned}$$

et les termes affectés de $\sqrt{-1}$ se détruisent comme on va le voir.

1°. Si n est impair, le nombre de ces termes est pair ; en les assemblant par couples pris à égale distance des extrêmes, ils ne différeront dans chaque couple que par le signe, parce que

$$\sin - mz = - \sin mz \;(\textit{Trig.}, 26),$$

quel que soit m : la première moitié des termes est donc détruite par la seconde, et il ne reste que la partie réelle du développement. Si l'on éprouvait quelque difficulté à concevoir ce qui précède, il suffirait, pour la lever, de faire le calcul en assignant à n une valeur particulière, comme 3 ou 5.

Dans cette opération, on verra sans peine que la partie réelle, qui forme la valeur de $2^n \cos z^n$, lorsque le nombre n est impair, peut être réduite à la moitié de ses termes, en observant que

$$\cos - mz = \cos mz \;(\textit{Trig.}, 26),$$

d'où il suit que les termes placés à égale distance des extrêmes sont égaux : on peut donc se borner aux termes qui composent la première moitié de la formule, pourvu qu'on les double. De cette manière, on trouve

$$2^n \cos z^n = 2 \cos nz + \frac{2n}{1} \cos(n-2) z + \frac{2n(n-1)}{1.2} \cos(n-4) z + \text{etc.},$$

ou, en divisant les deux membres par 2,

$$2^{n-1} \cos z^n = \cos nz + \frac{n}{1} \cos(n-2) z + \frac{n(n-1)}{1.2} \cos(n-4) z + \text{etc.},$$

en s'arrêtant au dernier arc positif, qui est $[n-(n-1)]z = z$.

2°. Quand l'exposant n est pair, chaque partie du développement a un nombre impair de termes; mais dans la partie imaginaire, celui du milieu étant

$$\frac{n(n-1)(n-2)\ldots\left(n-\frac{n}{2}+1\right)}{1.2.3.4\ldots\frac{n}{2}} \sin(n-n)z,$$

s'évanouit : cette partie est donc encore nulle.

Quant au terme du milieu de la partie réelle, comme il est affecté de

$$\cos(n-n)z = \cos 0 = 1,$$

il se réduit à son coefficient, le même que ci-dessus; et à cause qu'il est unique dans la formule, il faut en prendre la moitié, si l'on veut se soumettre au facteur commun 2, supprimé dans le cas précédent, en sorte qu'on peut encore se servir de la même formule que dans ce cas, pourvu qu'on ait soin de ne prendre que la moitié du coefficient du cosinus de l'arc nul qui se présente alors.

Avec cette attention, il sera facile de former les valeurs de la table suivante :

$$\begin{aligned}
\cos z &= \cos z,\\
2\cos z^2 &= \cos 2z + 1,\\
4\cos z^3 &= \cos 3z + 3\cos z,\\
8\cos z^4 &= \cos 4z + 4\cos 2z + 3,\\
16\cos z^5 &= \cos 5z + 5\cos 3z + 10\cos z,\\
32\cos z^6 &= \cos 6z + 6\cos 4z + 15\cos 2z + 10,\\
64\cos z^7 &= \cos 7z + 7\cos 5z + 21\cos 3z + 35\cos z,
\end{aligned}$$

etc.

220. L'expression du sinus (187) donne l'équation

$$\sin z^n = \frac{(e^{z\sqrt{-1}} - e^{-z\sqrt{-1}})^n}{2^n(\sqrt{-1})^n},$$

et, par conséquent,

$$2^n(\sqrt{-1})^n \sin z^n = (e^{z\sqrt{-1}} - e^{-z\sqrt{-1}})^n$$

$$= e^{nz\sqrt{-1}} - \frac{n}{1} e^{(n-2)z\sqrt{-1}} + \frac{n(n-1)}{1.2} e^{(n-4)z\sqrt{-1}}$$

$$- \frac{n(n-1)(n-2)}{1.2.3} e^{(n-6)z\sqrt{-1}} \ldots \pm \frac{n}{1} e^{-(n-2)z\sqrt{-1}} \mp e^{-nz\sqrt{-1}},$$

où les termes du dernier membre sont alternativement positifs et négatifs. Lorsqu'on remplace les exponentielles par leurs valeurs en sinus et cosinus (numéro précédent), il vient

$$2^n(\sqrt{-1})^n \sin z^n = \cos nz - \frac{n}{1}\cos(n-2)z + \frac{n(n-1)}{1.2}\cos(n-4)z$$

$$- \frac{n(n-1)(n-2)}{1.2.3}\cos(n-6)z \ldots \pm \frac{n}{1}\cos-(n-2)z \mp \cos-nz$$

$$+ \sqrt{-1}\left\{\sin nz - \frac{n}{1}\sin(n-2)z + \frac{n(n-1)}{1.2}\sin(n-4)z\right.$$

$$\left. - \frac{n(n-1)(n-2)}{1.2.3}\sin(n-6)z \ldots \pm \frac{n}{1}\sin-(n-2)z \mp \sin-nz\right\},$$

où il faut encore distinguer deux cas.

1°. Lorsque n est impair, le nombre des termes de chaque partie du développement étant pair, et ceux de la partie réelle ayant, quand ils sont à égale distance des extrêmes, le même coefficient avec des signes contraires, se détruisent, puisque $\cos - mz = \cos mz$. Cette partie réelle est donc nulle. Il n'en est pas de même de la partie imaginaire; les termes placés à égale distance des extrêmes s'ajoutent, parce que ceux de la dernière moitié changent de signe à cause de

$$\sin - mz = - \sin mz.$$

Dans ce cas, l'équation ci-dessus étant ainsi réduite à son premier membre et à la partie imaginaire du second, devient divisible par $\sqrt{-1}$, et les quotients

$$2^n (\sqrt{-1})^{n-1} \sin z^n = \sin nz - \frac{n}{1} \sin (n-2) z$$

$$+ \frac{n(n-1)}{1.2} \sin (n-4) z - \frac{n(n-1)(n-2}{1.2.3} \sin (n-6) z \ldots$$

$$\pm \frac{n}{1} \sin - (n-2) z \mp \sin - nz,$$

sont tous deux réels, puisque, $n-1$ étant un nombre pair,

$$(\sqrt{-1})^{n-1} = \mp 1,$$

selon que $n-1$ est divisible seulement par 2 ou par 4.

Ici, comme dans le numéro précédent, les termes placés à égale distance des extrêmes ayant la même valeur, on peut encore se borner à doubler ceux de la première moitié, en s'arrêtant au dernier des arcs positifs.

2°. Quand n est pair, les termes placés à égale distance des extrêmes ayant le même signe, c'est la partie imaginaire qui s'anéantit ainsi que dans le numéro précédent, et la partie réelle qui subsiste, avec un terme du milieu: observant donc alors que $(\sqrt{-1})^n = \mp 1$, et supprimant un facteur 2 dans chaque membre, on peut poser

$$\mp 2^{n-1} \sin z^n = \cos nz - \frac{n}{1} \cos (n-2) z$$

$$+ \frac{n(n-1)}{1.2} \cos (n-4) z - \text{etc.},$$

pourvu qu'on ait soin de s'arrêter au terme où l'arc est nul, et de ne prendre que la moitié du coefficient.

Par cette formule, et en changeant tous les signes lorsque celui du premier membre est —, on trouvera sans peine les valeurs contenues dans la table suivante :

$$\begin{aligned}
\sin z &= \sin z,\\
2\sin z^2 &= -\cos 2z + 1,\\
4\sin z^3 &= -\sin 3z + 3\sin z,\\
8\sin z^4 &= \cos 4z - 4\cos 2z + 3,\\
16\sin z^5 &= \sin 5z - 5\sin 3z + 10\sin z,\\
32\sin z^6 &= -\cos 6z + 6\cos 4z - 15\cos 2z + 10,\\
64\sin z^7 &= -\sin 7z + 7\sin 5z - 21\sin 3z + 35\sin z,
\end{aligned}$$

etc. (*).

221. Maintenant, soit à intégrer la différentielle $\int dz \cos z^4$; on tirera d'abord des formules du n° 219,

$$\cos z^4 = \frac{1}{8}\cos 4z + \frac{1}{2}\cos 2z + \frac{3}{8},$$

et l'on aura

$$\int dz \cos z^4 = \frac{1}{8}\int dz \cos 4z + \frac{1}{2}\int dz \cos 2z + \frac{3}{8}\int dz$$

$$= \frac{1}{32}\sin 4z + \frac{1}{4}\sin 2z + \frac{3z}{8} + const.$$

Cet exemple montre assez comment il faudrait opérer sur tous ceux qui pourraient s'offrir.

222. Les formules

$$\sin z = \frac{e^{z\sqrt{-1}} - e^{-z\sqrt{-1}}}{2\sqrt{-1}},$$

$$\cos z = \frac{e^{z\sqrt{-1}} + e^{-z\sqrt{-1}}}{2} \quad (187),$$

changeant les fonctions de sinus et de cosinus en exponentielles, ramènent l'intégration des unes à celle des autres.

On peut aussi changer la différentielle $dz \sin z^m \cos z^n$ en une autre qui soit comprise dans les différentielles binômes : il

(*) Dans les formules ci-dessus, je me suis borné à considérer n comme entier, ce cas étant le seul nécessaire pour le plus grand nombre des applications : *voyez* sur les autres la note C à la fin de l'ouvrage.

suffit de faire $\sin z = x$, d'où il résulte

$$\cos z = \sqrt{1-x^2}, \quad dz = \frac{dx}{\sqrt{1-x^2}} \quad (36);$$

et l'on obtient ensuite

$$\int dz \sin z^m \cos z^n = \int x^m dx\,(1-x^2)^{\frac{n-1}{2}}.$$

Cette dernière expression s'intègre d'abord quel que soit m, lorsque n est impair, puisque $\frac{n-1}{2}$ est un entier. Quand n est pair, $\frac{n-1}{2}$ revient à $\pm i - \frac{1}{2}$, i étant un entier, et l'emploi, soit de la formule (B) (195), soit de la formule (D) (196), ramène à

$$\int x^m dx\,(1-x^2)^{-\frac{1}{2}} = \int \frac{x^m dx}{\sqrt{1-x^2}},$$

qui s'obtient quand m est un entier (197, 198).

Dans tous les autres cas, on réduira l'intégrale proposée à celle de la différentielle analogue la plus simple.

Il est visible qu'on peut transformer de la même manière les différentielles contenant les autres lignes trigonométriques.

223. Avant d'aller plus loin, il est à propos de remarquer que si l'un des exposants m, n est impair, l'intégrale $\int dz \sin z^m \cos z^n$ se ramène sur-le-champ aux fonctions algébriques entières, en observant que

$$\int dz \sin z^{2p+1} \cos z^n = \int dz \sin z \,.\, \cos z^n (\sin z^2)^p,$$

$$\int dz \sin z^m \cos z^{2q+1} = \int dz \cos z \,.\, \sin z^m (\cos z^2)^q,$$

que

$$(\sin z^2)^p = (1-\cos z^2)^p, \quad (\cos z^2)^q = (1-\sin z^2)^q,$$

que

$$dz \sin z = -d\,.\cos z, \quad dz \cos z = d\,.\sin z,$$

et faisant $\cos z = u$, puis $\sin z = u$, on arrive à

$$-\int u^n du\,(1-u^2)^p, \quad \int u^m du\,(1-u^2)^q,$$

intégrales qui s'obtiennent en développant les puissances entières de $1-u^2$.

224. Les formules (A), (B), (C) et (D) des nos 194, 195, 196, pourraient être facilement transformées par rapport à la différentielle $dz \sin z^m \cos z^n$ (222); mais on parvient immédiatement aux mêmes résultats, en décomposant en facteurs cette différentielle.

Si on la met d'abord sous la forme $dz \sin z \cos z^n . \sin z^{m-1}$, le premier facteur $dz \sin z \cos z^n$ pouvant, à cause que $dz \sin z = -d.\cos z$, s'intégrer, on trouve

$$\int dz \sin z^m \cos z^n = \int dz \sin z \cos z^n \sin z^{m-1}$$

$$= -\frac{1}{n+1} \cos z^{n+1} \sin z^{m-1} + \frac{m-1}{n+1} \int dz \cos z^{n+2} \sin z^{m-2};$$

et parce que $\cos z^{n+2} = \cos z^n . \cos z^2 = \cos z^n (1 - \sin z^2)$, on obtient

$$\int dz \cos z^{n+2} \sin z^{m-2} = \int dz \cos z^n \sin z^{m-2} - \int dz \cos z^n \sin z^m.$$

Substituant dans la première équation, et prenant la valeur de $\int dz \sin z^m \cos z^n$, il en résultera (A)

$$\int dz \sin z^m \cos z^n = -\frac{\sin z^{m-1} \cos z^{n+1}}{m+n} + \frac{m-1}{m+n} \int dz \sin z^{m-2} \cos z^n.$$

225. On peut construire de même la formule propre à diminuer l'exposant de $\cos z$; mais elle se déduit immédiatement de la précédente, en posant

$$z = 1^q - y, \quad \text{d'où} \quad dz = -dy, \quad \sin z = \cos y, \quad \cos z = \sin y.$$

Par ce moyen, et en y changeant tous les signes, la formule (A) devient

$$\int dy \cos y^m \sin y^n = \frac{\cos y^{m-1} \sin y^{n+1}}{m+n} + \frac{m-1}{m+n} \int dy \cos y^{m-2} \sin y^n;$$

et maintenant, si l'on remplace y par z, qu'on change m en n et réciproquement, on aura la formule (B)

$$\int dz \sin z^m \cos z^n = \frac{\sin z^{m+1} \cos z^{n-1}}{m+n} + \frac{n-1}{m+n} \int dz \sin z^m \cos z^{n-2}.$$

226. Comme leurs analogues pour les différentielles binômes, ces formules doivent être renversées lorsque l'exposant qu'on se propose de réduire est négatif (196).

En prenant dans la formule (A) la valeur de l'intégrale du second membre, on obtient

$$\int dz \sin z^{m-2} \cos z^n = \frac{\sin z^{m-1} \cos z^{n+1}}{m-1} + \frac{m+n}{m-1} \int dz \sin z^m \cos z^n;$$

si l'on change ensuite m en $-m+2$, et qu'on passe les puissances négatives au dénominateur, il viendra la formule (C)

$$\int \frac{dz \cos z^n}{\sin z^m} = -\frac{\cos z^{n+1}}{(m-1)\sin z^{m-1}} + \frac{m-n-2}{m-1} \int \frac{dz \cos z^n}{\sin z^{m-2}}.$$

En opérant de même sur la formule (B), on en déduit la formule (D)

$$\int \frac{dz \sin z^m}{\cos z^n} = \frac{\sin z^{m+1}}{(n-1)\cos z^{n-1}} + \frac{n-m-2}{n-1} \int \frac{dz \sin z^m}{\cos z^{n-2}}.$$

227. Voyons maintenant l'usage de ces quatre formules.

Si l'on applique, par exemple, à $\int dz \sin z^4 \cos z^2$, la première, elle donnera d'abord

$$\int dz \sin z^4 \cos z^2 = -\frac{\sin z^3 \cos z^3}{6} + \frac{3}{6} \int dz \sin z^2 \cos z^2;$$

puis

$$\int dz \sin z^2 \cos z^2 = -\frac{\sin z \cos z^3}{4} + \frac{1}{4} \int dz \cos z^2.$$

Employant ensuite la seconde, en y faisant $m=0$, $n=2$, on trouvera

$$\int dz \cos z^2 = \frac{\sin z \cos z}{2} + \frac{1}{2} \int dz = \frac{\sin z \cos z}{2} + \frac{z}{2}.$$

Enfin, remontant de ces valeurs à celle de l'intégrale proposée, il viendra

$$\int dz \sin z^4 \cos z^2 = -\frac{1}{6} \sin z^3 \cos z^3 - \frac{3.1}{6.4} \sin z \cos z^3$$
$$+ \frac{3.1.1}{6.4.2} \sin z \cos z + \frac{3.1.1}{6.4.2} z + const.$$

On voit bien, par cet exemple, comment l'emploi répété des formules (A) et (B) fait trouver $\int dz \sin z^m \cos z^n$, lorsque les exposants m et n sont entiers et positifs. La première conduit à $\int dz \sin z \cos z^n$, quand l'exposant m est impair; et comme $dz \sin z = -d.\cos z$, l'intégration qui reste à faire s'effectue tout de suite (223).

Si l'exposant m est pair, on arrive à $\int dz \cos z^n$, et la formule (B), en y faisant $m = 0$, mène à $\int dz \cos z = \sin z$, quand n est impair, et à $\int dz = z$, quand le contraire a lieu.

Si les exposants m et n étaient égaux, mais de signes contraires, les formules (A) et (B) ne pourraient plus servir, à cause de l'évanouissement de leur dénominateur $m + n$. Pour éviter cet inconvénient, il suffit de commencer par réduire celui des deux exposants qui est négatif.

La formule (C), appliquée d'abord à $\int \frac{dz \cos z^n}{\sin z^m}$, conduit à $\int \frac{dz \cos z^n}{\sin z}$, ou à $\int dz \cos z^n$, selon que m est impair ou pair. La formule (B), appliquée ensuite à $\int \frac{dz \cos z^n}{\sin z}$, conduit à $\int \frac{dz \cos z}{\sin z} = \int \frac{d.\sin z}{\sin z} = 1.\sin z + const.$, si n est impair, et à $\int \frac{dz}{\sin z}$, dans le cas contraire. Ce dernier résultat n'étant pas compris dans les différentielles intégrées précédemment, doit être mis à part.

Avec les formules (D) et (A), on passe de $\int \frac{dz \sin z^m}{\cos z^n}$, à $\int \frac{dz}{\cos z}$, quand m est pair et n impair.

Enfin, si m et n sont tous deux négatifs et impairs, la formule (C) conduit d'abord à

$$\int \frac{dz \cos z^{-n}}{\sin z} = \int \frac{dz \sin z^{-1}}{\cos z^n},$$

intégrale que la formule (D) ramène à

$$\int \frac{dz \sin z^{-1}}{\cos z} = \int \frac{dz}{\sin z \cos z},$$

nouveau résultat qu'il faut aussi traiter en particulier.

228. Je vais en conséquence m'occuper, dans cet article, de l'intégration des trois différentielles

$$\frac{\mathrm{d}z}{\sin z}, \quad \frac{\mathrm{d}z}{\cos z}, \quad \frac{\mathrm{d}z}{\sin z \cos z},$$

en commençant par la dernière.

Si l'on divise ses deux termes par $\cos z^2$, elle devient

$$\frac{\frac{\mathrm{d}z}{\cos z^2}}{\frac{\sin z}{\cos z}} = \frac{\mathrm{d}.\mathrm{tang}\, z}{\mathrm{tang}\, z} \quad (34),$$

et il en résulte

$$\int \frac{\mathrm{d}z}{\sin z \cos z} = \mathrm{l}.\mathrm{tang}\, z + const.$$

En posant $z = 2z'$, et mettant pour $\sin 2z'$ sa valeur $2 \sin z' \cos z'$ (*Trig.*, 11), on obtient

$$\int \frac{\mathrm{d}z}{\sin z} = \int \frac{\mathrm{d}z'}{\sin z' \cos z'} = \mathrm{l}.\mathrm{tang}\, z' + const.,$$

d'après ce qu'on vient de voir : donc

$$\int \frac{\mathrm{d}z}{\sin z} = \mathrm{l}.\mathrm{tang}\, \frac{1}{2} z + const.$$

Changeant ensuite z en $1^q - y$, il vient

$$\int \frac{\mathrm{d}z}{\cos z} = - \int \frac{\mathrm{d}y}{\sin y} = - \mathrm{l}.\mathrm{tang}\, \frac{1}{2} y + const.$$

$$= - \mathrm{l}.\mathrm{tang}\, \frac{1}{2} (1^q - z) + const.,$$

ce qu'on peut transformer en $\mathrm{l}.\ \cot \frac{1}{2} (1^q - z) + const.$, parce que $\mathrm{l}.\cot a = - \mathrm{l}\ \mathrm{tang}\, a$ (*Trig.*, 9).

On voit donc que l'intégrale $\int \mathrm{d}z \sin z^m \cos z^n$ s'obtient toutes les fois que les exposants m et n sont des nombres entiers, soit positifs, soit négatifs; il n'en est pas de même quand ces exposants sont fractionnaires. Il faut avoir recours aux séries, excepté dans un petit nombre de cas où l'intégration se présente d'elle-même.

Ce qui précède m'a paru suffisant pour donner une idée des diverses méthodes du Calcul intégral des fonctions explicites d'une seule variable. On voit qu'après un petit nombre de différentielles qui s'intègrent exactement, on est réduit à simplifier les autres de manière à les faire dépendre de quelques cas particuliers (193 — 200, 207 — 212, 224 — 227), dont on calcule ensuite la valeur par approximation, ou pour lesquelles on construit des tables comme celles des logarithmes et des sinus. Ces cas particuliers, tant qu'ils sont irréductibles, constituent des *transcendantes* distinctes (*).

Méthode générale pour obtenir les valeurs approchées des intégrales.

229. Le développement des intégrales en séries ne conduit à une approximation que dans le cas où les séries qu'on obtient sont convergentes, ce qui n'arrive pas toujours ; c'est pourquoi les Analystes ont cherché les moyens de parvenir à des valeurs approchées des intégrales, quelles que soient les fonctions différentielles proposées. Le théorème de Taylor mène d'une manière très-simple aux formules qu'Euler a construites pour cet objet; mais avant d'y parvenir, je ferai connaître quelques dénominations relatives aux divers points de vue sous lesquels on envisage les intégrales.

La nécessité d'ajouter une constante arbitraire à une intégrale, pour lui donner toute la généralité qu'elle comporte, fait voir que ces fonctions sont doublement indéterminées, puisqu'il ne suffit pas, pour assigner leurs valeurs, d'en attribuer une à la variable dont elles dépendent, mais qu'il faut encore déterminer leur constante, qui est susceptible de toutes les valeurs possibles. On détermine ordinairement cette constante, en assujettissant l'intégrale à s'évanouir pour une valeur donnée de x. On en a déjà vu plusieurs exemples (187, 202, 203), et cela revient en général à ce qui suit.

Si $\int X\,dx = \mathrm{f}(x) + C$, $\mathrm{f}(x)$ désignant la fonction variable déduite immédiatement du procédé de l'intégration, C la con-

(*) *Voyez* la note D à la fin de l'ouvrage.

stante arbitraire, et que l'intégrale doive s'évanouir pour une valeur $x = a$, on pose l'équation $f(a) + C = 0$, de laquelle on tire

$$C = -f(a) \quad \text{et} \quad \int X\,dx = f(x) - f(a).$$

Sous cette forme, l'intégrale $\int X\,dx$ n'est plus que la différence entre la valeur que prend $f(x)$ lorsque $x = a$, et celle qu'elle acquiert pour toute autre valeur de la même variable. Pour $x = b$, par exemple, il vient

$$\int X\,dx = f(b) - f(a).$$

Il est à propos de remarquer que ce résultat s'obtient immédiatement, sans qu'il soit besoin de déterminer la constante, et seulement en prenant la différence des résultats qui correspondent aux valeurs $x = a$ et $x = b$, lesquels sont $f(a) + C$ et $f(b) + C$.

La valeur $x = a$, pour laquelle l'intégrale s'évanouit, en est l'origine; et l'on dit alors que l'*intégrale doit commencer lorsque* $x = a$. La valeur à laquelle on s'arrête, répondant à $x = b$, on dit en conséquence que l'*intégrale est complète lorsque* $x = b$.

Les deux valeurs $x = a$ et $x = b$ sont désignées en commun sous le nom de *limites de l'intégrale*.

Toute intégrale qu'on énonce sans fixer son origine ou sans indiquer ses limites, se nomme *intégrale indéfinie*, et doit, pour être *complète*, renfermer une *constante arbitraire*.

Lorsqu'on assigne ces limites, l'intégrale est *définie*. Si elles sont $x = a$ et $x = b$, par exemple, on dit alors que *l'intégrale* $\int X\,dx$ *doit être prise depuis* $x = a$ *jusqu'à* $x = b$; *et cela s'effectue en calculant successivement ce que devient l'expression variable de l'intégrale lorsque* $x = a$, *puis lorsque* $x = b$, *et en retranchant le premier résultat du second.* Dans ce cas, il est inutile d'écrire à la suite de l'intégrale la constante arbitraire, puisqu'elle disparaîtrait par la soustraction.

Pour indiquer l'intégrale définie prise entre les limites a et b, Euler écrivait $\int X\,dx \begin{bmatrix} x = a \\ x = b \end{bmatrix}$, notation à laquelle Fourier a substitué $\int_a^b X\,dx$, ce qui est plus simple; et en conséquence lorsque $\int X\,dx = f(x)$, il en résulte

$$\int_a^b X\,dx = f(b) - f(a).$$

Il suit de là que, si a, b, c sont trois valeurs de x, rangées par ordre de grandeur, on aura

$$\int_a^c X\,dx = \int_a^b X\,dx + \int_b^c X\,dx,$$

puisque

$$f(c) - f(a) = f(b) - f(a) + f(c) - f(b);$$

c'est-à-dire qu'en prenant la somme des intégrales définies correspondantes aux intervalles consécutifs $b-a$, $c-b$, on forme celle qui répond à la somme $c-a$ de ces intervalles. Il est important de se familiariser avec ces expressions, qui reviennent souvent, et que les considérations que je vais exposer rendront encore plus significatives.

230. Le théorème de Taylor,

$$y' = y + \frac{dy}{dx}\frac{h}{1} + \frac{d^2y}{dx^2}\frac{h^2}{1.2} + \frac{d^3y}{dx^3}\frac{h^3}{1.2.3} + \text{etc.},$$

ne peut déterminer la valeur de y', correspondante à $x+h$, lorsqu'on ne connaît que les coefficients différentiels de y, même à partir du premier ordre; il faut encore avoir la valeur primitive y. Lorsqu'elle est indéterminée, elle représente une constante arbitraire; mais il n'en est pas ainsi de la différence entre cette valeur et celle de y', puisque

$$y' - y = \frac{dy}{dx}\frac{h}{1} + \frac{d^2y}{dx^2}\frac{h^2}{1.2} + \frac{d^3y}{dx^3}\frac{h^3}{1.2.3} + \text{etc.}$$

Si donc on fait $\int X\,dx = y$, on aura

$$\frac{dy}{dx} = X, \quad \frac{d^2y}{dx^2} = \frac{dX}{dx}, \quad \frac{d^3y}{dx^3} = \frac{d^2X}{dx^2}, \text{ etc.},$$

les coefficients différentiels se déduiront tous de la fonction donnée X, et il viendra

$$y' - y = X\frac{h}{1} + \frac{dX}{dx}\frac{h^2}{1.2} + \frac{d^2X}{dx^2}\frac{h^3}{1.2.3} + \text{etc.}$$

Pour tirer de cette formule la valeur de $\int X\,dx$, depuis $x=a$ jusqu'à $x=b$, il suffira de prendre $h=b-a$, et de remplacer x par a, dans la fonction X et ses coefficients différentiels, que je représenterai alors par A, A′, A″, etc.; on trouvera

$$\int_a^b X\,dx = A\frac{(b-a)}{1} + A'\frac{(b-a)^2}{1.2} + A''\frac{(b-a)^3}{1.2.3} + \text{etc.}$$

Cette série est, en général, d'autant plus convergente, que l'intervalle $b-a$ est plus petit; mais lorsqu'il a une valeur trop considérable, on le partage en un nombre de parties assez grand pour former des intervalles suffisamment petits, et l'on calcule à part la valeur de l'intégrale relative à chacun de ces intervalles. Je suppose que la différence $b-a$ soit divisée en n parties égales à α, et que les quantités A, A′, A″, etc., se changent respectivement en A_1, A'_1, A''_1, etc., A_2, A'_2, A''_2, etc., lorsqu'on y met $a+\alpha$, $a+2\alpha$, etc., au lieu de a; on aura, entre a et $a+\alpha$,

$$\frac{A\alpha}{1} + \frac{A'\alpha^2}{1.2} + \frac{A''\alpha^3}{1.2.3} + \text{etc.},$$

entre $a+\alpha$ et $a+2\alpha$,

$$\frac{A_1\alpha}{1} + \frac{A'_1\alpha^2}{1.2} + \frac{A''_1\alpha^3}{1.2.3} + \text{etc.},$$

entre $a+2\alpha$ et $a+3\alpha$

$$\frac{A_2\alpha}{1} + \frac{A'_2\alpha^2}{1.2} + \frac{A''_2\alpha^3}{1.2.3} + \text{etc.},$$

etc.;

et la somme de toutes ces séries, dont le nombre est n, composera la valeur totale de $\int_a^b X\,dx$, qui sera par conséquent

$$(\text{I})\quad \int_a^b X\,dx = \begin{cases} \dfrac{\alpha}{1}(A + A_1 + A_2 + \ldots + A_{n-1}) \\ + \dfrac{\alpha^2}{1.2}(A' + A'_1 + A'_2 + \ldots + A'_{n-1}) \\ + \dfrac{\alpha^3}{1.2.3}(A'' + A''_1 + A''_2 + \ldots A''_{n-1}) \\ + \text{etc.} \end{cases}$$

231. C'est en passant de la valeur de y correspondante à x, à la valeur de y' correspondante à $x+h$, qu'on a construit la formule précédente, qui représente la différence de ces deux valeurs; mais on peut aussi obtenir cette différence en rétrogradant de x à $x-h$, au moyen de la formule

$$y_{,}=y-\frac{dy}{dx}\frac{h}{1}+\frac{d^2y}{dx^2}\frac{h^2}{1.2}-\frac{d^3y}{dx^3}\frac{h^3}{1.2.3}+\text{etc.},$$

dans laquelle $y_{,}$ répond à $x-h$, et qui donne

$$y-y_{,}=\frac{dy}{dx}\frac{h}{1}-\frac{d^2y}{dx^2}\frac{h^2}{1.2}+\frac{d^3y}{dx^3}\frac{h^3}{1.2.3}-\text{etc.}$$

Pour appliquer cette dernière à $\int_a^b \mathrm{X}\,dx$, il faut, dans X et dans ses coefficients différentiels, changer x en b; et supposant qu'on en tire les quantités B, B′, B″, etc., on trouvera

$$\int_a^b \mathrm{X}\,dx=\frac{\mathrm{B}(b-a)}{1}-\frac{\mathrm{B}'(b-a)^2}{1.2}+\frac{\mathrm{B}''(b-a)^3}{1.2.3}-\text{etc.}$$

Lorsqu'on partage l'intervalle $b-a$ en n parties égales à α, on obtient par la formule ci-dessus, entre les limites $a+\alpha$ et a,

$$\frac{\mathrm{A}_1\alpha}{1}-\frac{\mathrm{A}'_1\alpha^2}{1.2}+\frac{\mathrm{A}''_1\alpha^3}{1.2.3}-\text{etc.},$$

entre $a+2\alpha$ et $a+\alpha$,

$$\frac{\mathrm{A}_2\alpha}{1}-\frac{\mathrm{A}'_2\alpha^2}{1.2}+\frac{\mathrm{A}''_2\alpha^3}{1.2.3}-\text{etc.},$$

entre $a+3\alpha$ et $a+2\alpha$,

$$\frac{\mathrm{A}_3\alpha}{1}-\frac{\mathrm{A}'_3\alpha^2}{1.2}+\frac{\mathrm{A}''_3\alpha^3}{1.2.3}-\text{etc.},$$

séries pareillement en nombre n, et dont la somme donne

$$\text{(II)}\quad \int_a^b \mathrm{X}\,dx=\begin{cases}\dfrac{\alpha}{1}(\mathrm{A}_1+\mathrm{A}_2+\mathrm{A}_3+\ldots+\mathrm{A}_n)\\ -\dfrac{\alpha^2}{1.2}(\mathrm{A}'_1+\mathrm{A}'_2+\mathrm{A}'_3+\ldots+\mathrm{A}'_n)\\ +\dfrac{\alpha^3}{1.2.3}(\mathrm{A}''_1+\mathrm{A}''_2+\mathrm{A}''_3+\ldots+\mathrm{A}''_n)\\ -\text{etc.}\end{cases}$$

232. Chacune de ces deux formules peut être appliquée en particulier; mais leur comparaison fait découvrir les limites de l'approximation qu'elles donnent.

Pour établir cette comparaison, il faut d'abord observer que dans une série de la forme

$$M\alpha + N\alpha^2 + P\alpha^3 + \text{etc.},$$

dont aucun des coefficients M, N, P, etc., ne devient infini, où l'on peut supposer α aussi petit qu'on voudra, et rendre par conséquent un terme quelconque supérieur à la somme de tous ceux qui le suivent (62), l'erreur que l'on commet alors, en se bornant à un nombre limité des premiers termes, est d'un signe contraire à celui du premier des termes qu'on néglige, c'est-à-dire que le résultat péchera par défaut si ce terme est positif, et par excès s'il est négatif.

Il résulte de là que, si les valeurs de la fonction X vont en croissant de $x = a$ à $x = b$, et qu'on se borne dans chaque formule aux termes multipliés par α seulement, la première formule sera en défaut, et la seconde en excès; car si la série

$$A,\ A_1,\ A_2,\ \text{etc.},$$

est croissante, toutes les valeurs correspondantes

$$A',\ A'_1,\ A'_2,\ \text{etc.},$$

du coefficient différentiel $\frac{dX}{dx}$ seront positives (62); ainsi les termes affectés de α^2 seront positifs dans la première formule, et négatifs dans la seconde: on aura donc

$$\int_a^b X dx > \alpha (A + A_1 + A_2 + \ldots + A_{n-1})$$

et

$$< \alpha (A_1 + A_2 + A_3 + \ldots + A_n).$$

De plus, la différence $\alpha (A_n - A)$ de ces deux quantités deviendra d'autant moindre, qu'on prendra α plus petit, ce qui s'effectue en augmentant le nombre n, sans changer A et A_n, qui répondent aux limites a et b assignées à x.

Il suit de là que chacune des deux sommes entre lesquelles

est comprise $\int X dx$, approchera aussi près qu'on le voudra de la vraie valeur de cette intégrale, qui, par cette raison, peut être considérée comme une somme de différentielles, puisque les produits $A\alpha$, $A_1\alpha$, etc., ne sont que les valeurs de $X dx$ correspondantes à $x = a$, $= a + \alpha$, etc., et dans lesquelles α a pris la place de dx.

Cette conclusion, qui sera bientôt vérifiée par les considérations géométriques (236), suppose, comme on voit, que les fonctions X et $\frac{dX}{dx}$ ne changent pas de signe, et ne deviennent pas infinies entre les limites $x = a$, $x = b$, ce qu'on peut toujours obtenir en séparant les parties de l'intégrale dans lesquelles l'une de ces circonstances aurait lieu (*).

Il est évident aussi que l'ordre des limites de $\int X dx$ serait inverse, si les valeurs de X allaient en décroissant; la première ligne de la formule (I) serait en excès, celle de la formule (II) en défaut.

233. Les mêmes remarques peuvent être étendues aux termes affectés des puissances de α supérieures à la première : il en résulte, comme ci-dessus, que quand deux lignes correspondantes dans chaque formule ont des signes contraires, la

---

(*) Les formules précédentes sont souvent écrites dans la notation indiquée sur la page 271 ; ayant posé $\int X dx = f(x)$, d'où il suit $X = \frac{d.f(x)}{dx}$, qu'on désigne par $f'(x)$, il vient

$$A = f'(a),\quad A_1 = f'(a+\alpha),\ldots,\quad A_n = f'(a+n\alpha) = f'(b),$$

$$\alpha(A_n - A) = \frac{b-a}{n}[f'(b) - f'(a)];$$

et, par conséquent, $\int_a^b X dx = f(b) - f(a)$ est la limite dont l'expression

$$\alpha\left\{f'(a) + f'(a+\alpha) + \ldots + f'[a+(n-1)\alpha]\right\}$$

s'approche de plus en plus, à mesure que le nombre n augmente et que α, qui est $\frac{b-a}{n}$, diminue.

Si l'on ne voulait qu'établir cette relation, on pourrait substituer à la série de Taylor l'expression qui termine le n° 6.

somme de celles qui les précèdent est en excès dans l'une des formules, et en défaut dans l'autre, et que, par conséquent, si l'on ignore, comme cela arrive presque toujours, la quantité de l'erreur, il sera convenable de prendre le milieu entre les deux résultats. Si l'on opère immédiatement sur les deux formules, il viendra

$$\text{(III)}\quad \int_a^b \mathrm{X}\,\mathrm{d}x = \left\{ \begin{aligned} & \frac{\alpha}{1}\left[\mathrm{A}_1 + \mathrm{A}_2 + \mathrm{A}_3 + \ldots + \mathrm{A}_{n-1} + \frac{1}{2}(\mathrm{A} + \mathrm{A}_n)\right] \\ & + \frac{\alpha^2}{1.2}\cdot\frac{1}{2}(\mathrm{A}' - \mathrm{A}'_n) \\ & + \frac{\alpha^3}{1.2.3}\left[\begin{aligned} & \mathrm{A}''_1 + \mathrm{A}''_2 + \mathrm{A}''_3 + \ldots \\ & + \mathrm{A}''_{n-1} + \frac{1}{2}(\mathrm{A}'' + \mathrm{A}''_n) \end{aligned}\right] \\ & + \frac{\alpha^4}{1.2.3.4}\cdot\frac{1}{2}(\mathrm{A}''' - \mathrm{A}'''_n) \\ & + \text{etc. } (^*). \end{aligned} \right.$$

234. Ce qu'on a vu dans le n° **232** fournit, pour les valeurs des intégrales, des limites moins resserrées, mais qui, néanmoins, peuvent être très-utiles.

Si l'on désigne par M la plus grande valeur de X, par m la plus petite, dans l'intervalle de $x = a$ à $x = b$, qu'on substitue m au lieu de A, A_1, etc., dans la première des expressions des limites de $\int \mathrm{X}\,\mathrm{d}x$, et M dans la seconde, on obtiendra

$$\int_a^b \mathrm{X}\,\mathrm{d}x > n\alpha m \quad \text{et} \quad < n\alpha \mathrm{M},$$

ou

$$> (b-a)\,m \quad \text{et} \quad < (b-a)\,\mathrm{M},$$

puisque $n\alpha = b - a$ (230).

On voit par là qu'il existe entre m et M une valeur de μ telle, que

$$\int_a^b \mathrm{X}\,\mathrm{d}x = (b-a)\,\mu\ (^{**}).$$

(*) Ces formules sont élégantes et simples, mais comme elles ne sont pas toujours les plus commodes dans l'application, on en trouvera par la suite (**405**, **410**) des transformations qui rempliront mieux ce but.

(**) La valeur de x qui donne $\mathrm{X} = \mu$, étant intermédiaire entre a et b, peut

S'il s'agissait d'obtenir $\int XQ\,dx$, et qu'on sût intégrer $Q\,dx$, comme entre les limites de x, on aurait

$$XQ\,dx > mQ\,dx, \quad XQ\,dx < MQ\,dx,$$

pour toutes les valeurs de X autres que m ou M, la même subordination existerait entre les intégrales, et il viendrait

$$\int XQ\,dx > m\int Q\,dx, \quad \int XQ\,dx < M\int Q\,dx,$$

où il n'y aurait plus qu'à mettre pour $\int Q\,dx$ sa valeur entre les limites $x = a$ et $x = b$.

235. La considération des courbes conduit aussi d'une manière très-simple aux principales conséquences établies dans les articles précédents.

$\int X\,dx$ exprimant l'aire du segment d'une courbe dont l'ordonnée est X (65), si BCZ (*fig.* 41) représente cette courbe, que l'origine des abscisses soit en A, et que X = PM, l'expression $X\,dx$ sera aussi bien la différentielle des segments BMP, DEMP, que du segment ACMP qui commence à l'origine; ainsi, l'ordonnée qui borne le segment de ce côté sera absolument indéterminée. L'ordonnée PM qui forme l'autre limite l'est pareillement, tant qu'on n'assigne aucune valeur à l'abscisse AP; mais lorsqu'on aura fixé les abscisses de la première et de la dernière ordonnée, le segment sera tout à fait déterminé.

Si la partie variable de l'intégrale $\int X\,dx = f(x) + C$ s'évanouit d'elle-même au point B, cette fonction exprime immédiatement les aires BCA, BED, BMP; alors si l'on veut faire partir les segments de l'ordonnée AC, il faut retrancher de ces aires l'espace BCA. Cet espace représente la constante, déterminée pour que la quantité $f(x) + C$ s'évanouisse au point A; mais en considérant à la fois les deux limites d'un segment, il

se représenter par $a + \theta(b - a)$, θ désignant une quantité comprise entre o et 1; et si l'on écrit $f(x)$ au lieu de X, on aura

$$\int_a^b dx\, f(x) = (b - a) f[a + \theta(b - a)],$$

expression que l'on rencontre quelquefois.

est inutile de s'occuper de la constante; car, soit que l'on compte les aires à partir du point B ou du point A, sur l'axe des abscisses, le segment DEMP, par exemple, s'obtiendra également par la différence des segments BMP, BED, ou par celle des segments ACMP et ACED.

236. L'inspection de la figure montre que l'aire du segment d'une courbe quelconque est toujours comprise entre la somme d'une suite de rectangles inscrits PR, P′R′, P″R″, etc., et celle d'une suite de rectangles circonscrits P′S, P″S′, P‴S″, etc., les premiers construits sur la plus petite ordonnée de chacun des trapèzes curvilignes PM′, P′M″, P″M‴, etc., et les seconds, sur la plus grande; on prouve, de plus, que ces deux suites peuvent approcher l'une de l'autre aussi près qu'on voudra.

En effet, le rectangle MRQN est évidemment égal à la somme des rectangles,

MRM′S, M′R′M″S′, M″R″M‴S″,

qui forment la différence entre les polygones

PMRM′R′M″R″P‴, PSM′S′M″S″M‴P‴,

l'un inscrit et l'autre circonscrit au segment PMM′M″M‴P‴; mais ce rectangle MRQN a pour hauteur la différence MN, entre les deux ordonnées extrêmes PM et P‴M‴, qui ne change point, tant que l'intervalle PP‴ demeure le même, tandis que la base MR = PP′ peut être rendue aussi petite qu'on voudra, en multipliant les ordonnées intermédiaires: le rectangle peut donc lui-même devenir aussi petit qu'on voudra.

Il suit de là que le polygone inscrit et le polygone circonscrit peuvent approcher du segment aussi près qu'on le voudra (*).

(*) Ce principe, qui sert de fondement à la quadrature des courbes, peut être considéré comme l'inverse de celui qui donne les tangentes (58) : par ce dernier on descend des variables à leurs accroissements, et par le premier on remonte des accroissements aux variables. Il est à remarquer que le fond du raisonnement, employé souvent dans les livres élémentaires, tire son origine du *Traité des Conoïdes et des Sphéroïdes*, d'Archimède, prop. XXI.

Cela posé, si l'on prend

$$AP = a, \quad PP' = P'P'' = P''P''' = \text{etc.} = \alpha,$$

on aura

$$PM = A, \quad P'M' = A_1, \quad P''M'' = A_2, \quad P'''M''' = A_3, \quad \text{etc.},$$

la somme des rectangles inscrits sera

$$(1) \qquad A\alpha + A_1\alpha + A_2\alpha + \ldots + A_{n-1}\alpha,$$

celle des rectangles circonscrits

$$(2) \qquad A_1\alpha + A_2\alpha + A_3\alpha + \ldots + A_n\alpha,$$

et ces deux sommes pourront donner l'aire du segment PMM'M''M'''P''', avec autant d'approximation qu'on le voudra, ce qui confirme la conclusion tirée, n° 232, du principe de la convergence des séries.

On voit encore par là comment l'intégrale $\int X\,dx$ peut être prise pour une somme d'éléments, puisque, représentant l'aire d'un segment de courbe, elle est la limite de la somme des rectangles

$$A\alpha, \quad A_1\alpha, \quad A_2\alpha, \quad \text{etc.},$$

qui sont les accroissements des aires des polygones inscrit et circonscrit au segment (note de la page 198).

Dans la figure, où les ordonnées vont toujours en croissant, les rectangles inscrits sont formés sur la première ordonnée de chaque trapèze curviligne, et les rectangles circonscrits sur la dernière; mais si elles passaient par un *maximum*, comme dans la *fig.* 42, il n'en serait ainsi que dans la partie CM'', antérieure à ce *maximum*, et le contraire aurait lieu dans la partie postérieure M''Z : alors la série (1), d'abord moindre que l'espace curviligne, deviendrait plus grande, et la série (2), d'abord plus grande que cet espace, deviendrait plus petite.

237. On approchera davantage de la vraie valeur du segment de la courbe proposée, en prenant, au lieu des rectangles inscrits et circonscrits, la somme des trapèzes terminés par les cordes des arcs MM', M'M'', M''M''', etc.

Ces trapèzes ayant tous même hauteur, PP', et chaque ordonnée, excepté la première et la dernière, étant commune à deux trapèzes, leur somme sera précisément égale à la série

$$\alpha\left[A_1 + A_2 + A_3 + \ldots + A_{n-1} + \frac{1}{2}(A + A_n)\right],$$

qui tient le milieu entre les séries (1) et (2), et qui est la première ligne de la formule (III) (233) (*).

Enfin, il est évident, par la *fig.* 43, que l'aire curviligne PMNQ est < que le rectangle QE et > que le rectangle PF, construits, l'un sur la plus grande, et l'autre sur la plus petite des ordonnées comprises entre les limites AP et AQ de ce segment, ce qui s'accorde avec le n° 234.

238. L'emploi de la formule (III) du n° 233 peut présenter quelques difficultés. Elle ne saurait servir lorsque la fonction X devient infinie; et aux environs des valeurs de x qui amènent cette circonstance, il ne suffit pas de diminuer l'intervalle α, ou de resserrer les ordonnées, pour compenser l'effet de leur rapide accroissement; il faut encore avoir recours à des transformations convenables.

Soit, par exemple, $X = \frac{1}{\sqrt{1-x}}$; il est d'abord évident que lorsque x approche de l'unité, un très-petit changement dans la valeur de cette variable en produit un très-grand dans celle de X. Si donc on demandait l'intégrale $\int \frac{dx}{\sqrt{1-x}}$, depuis $x = 0$ jusqu'à $x = 1 - \delta$, δ étant une petite quantité, il faudrait, vers la dernière limite, multiplier beaucoup les valeurs intermédiaires données à x. De plus, la même intégrale ne peut se calculer immédiatement jusqu'à $x = 1$, car alors X devient infini, sans que pourtant la valeur de $\int X\,dx$ le soit, puisque

$$\int \frac{dx}{\sqrt{1-x}} = -2\sqrt{1-x} + const.$$

Cette difficulté tient à ce que, dans l'intégration, le facteur

(*) On pourrait, aux polygones rectilignes, substituer un polygone formé d'arcs de courbes d'une nature plus simple que la proposée, et s'en approchant plus que ne peuvent faire des lignes droites; c'est à cela que reviennent au fond les formules (I) et (II). *Voyez* le Traité in-4°, tome II, page 140.

$(1-x)^{\frac{1}{2}}$ passe du dénominateur au numérateur; et elle aura lieu, en général, lorsque X sera de la forme $\dfrac{V}{(a-x)^{\frac{p}{q}}}$ et qu'on aura $p<q$. Pour la lever, on fera $a-x=z^q$, ce qui donnera

$$x=a-z^q,\quad dx=-qz^{q-1}dz \quad \text{et} \quad X\,dx=-qVz^{q-p-1}dz,$$

quantité qui ne deviendra plus infinie quand $x=a$ ou $z=0$, si la fonction V reste finie dans cette circonstance. On calculera donc alors l'intégrale $\int Vz^{q-p-1}dz$, depuis $z=0$ jusqu'à $z=\delta$, δ étant une quantité assez petite, et l'on aura ainsi la partie de la valeur de $\int\dfrac{V\,dx}{(a-x)^{\frac{p}{q}}}$ correspondante à l'intervalle compris entre $x=a$ et $x=a-\delta^q$.

On peut encore obtenir l'intégrale $\int\dfrac{V\,dx}{(a-x)^{\frac{p}{q}}}$ depuis $x=a$ jusqu'à $x=a-\delta$, en faisant seulement $x=a-z$; parce que la petitesse de la variable z, renfermée entre les limites très-étroites 0 et δ, permet de simplifier beaucoup le coefficient différentiel. Si l'on avait, par exemple, $\int\dfrac{x^2dx}{\sqrt{a^4-x^4}}$, la différentielle à intégrer après la transformation indiquée serait

$$\frac{-(a-z)^2dz}{\sqrt{4a^3z-6a^2z^2+4az^3-z^4}}=\frac{-(a^2-2az+z^2)\,dz}{\sqrt{z}\,.\sqrt{4a^3-6a^2z+4az^2-z^3}}.$$

En réduisant la fraction

$$\frac{a^2-2az+z^2}{\sqrt{4a^3-6a^2z+4az^2-z^3}}$$

en série ordonnée suivant les puissances de z, et en s'arrêtant au carré de cette variable, on aurait enfin

$$-\int\frac{dz\sqrt{a}}{2\sqrt{z}}\left(1-\frac{5z}{4a}-\frac{5z^2}{32a^2}\right)=-\frac{1}{2}\sqrt{az}\left(2-\frac{5z}{6a}-\frac{z^2}{16a^2}\right).$$

Ce résultat, qui s'évanouit lorsque $z=0$, donnera, par la substitution de δ à z, la valeur de l'intégrale cherchée, depuis

$x=a$ jusqu'à $x=a-\delta$. Le reste de cette intégrale pourra se calculer par le moyen de la série du n° 233.

239. L'intégrale $\int \frac{e^{-\frac{1}{x}}dx}{x}$ ne pouvant s'obtenir par la réduction de $e^{-\frac{1}{x}}$ en série que pour le cas où x serait très-grand, je vais montrer comment Euler en a calculé la valeur depuis $x=0$ jusqu'à $x=1$, au moyen de la formule du n° 233.

On peut d'abord changer

$$\int \frac{e^{-\frac{1}{x}}dx}{x} \quad \text{en} \quad \int x\frac{e^{-\frac{1}{x}}dx}{x^2} = e^{-\frac{1}{x}}x - \int e^{-\frac{1}{x}}dx,$$

dont la partie $e^{-\frac{1}{x}}x$ s'évanouit lorsque $x=0$, et devient e^{-1} quand $x=1$.

Il reste à trouver $\int e^{-\frac{1}{x}}dx$, pour laquelle

$$X=e^{-\frac{1}{x}}; \quad \frac{dX}{dx}=e^{-\frac{1}{x}}\frac{1}{x^2}, \quad \frac{d^2X}{dx^2}=e^{-\frac{1}{x}}\left(\frac{1}{x^4}-\frac{2}{x^3}\right),$$

$$\frac{d^3X}{dx^3}=e^{-\frac{1}{x}}\left(\frac{1}{x^6}-\frac{6}{x^5}+\frac{6}{x^4}\right), \quad \text{etc.},$$

expressions qui s'évanouissent quand $x=0$, et d'où il résulte que A, A′, A″, etc., sont nuls (*).

(*) Ceci a besoin d'une explication. Un terme quelconque des expressions précédentes, étant représenté par $ke^{-\frac{1}{x}}x^{-m}$, devient $ke^{-z}z^m = ke^{-z+m\,\mathrm{l}z}$, lorsqu'on fait $\frac{1}{x}=z$; or, à mesure que x diminue, z croît, et de plus en plus rapidement par rapport à $\mathrm{l}z$ (99) : l'exposant $-z+m\,\mathrm{l}z$ tend donc vers l'infini négatif, lorsque m n'est pas comparable à z. Mais le nombre m, qui dépend de celui des différentiations, n'ayant aucune limite, on peut en concevoir des valeurs telles, que $m\,\mathrm{l}z$ égale z puis le surpasse autant qu'on voudra, quel qu'il soit; alors l'exposant $-z+m\,\mathrm{l}z$ passera du négatif au positif, et augmentera sans cesse; ainsi les coefficients différentiels de la fonction $e^{-\frac{1}{x}}$ ne s'évanouis-

Si l'on met ensuite α, 2α, 3α, etc., à la place de x, on obtiendra les valeurs de A_1, A'_1, etc., A_2, A'_2, etc., et, depuis o jusqu'à $x = n\alpha$, on aura

$$\int e^{-\frac{1}{x}}\,\mathrm{d}x = \frac{\alpha}{1}\left[e^{-\frac{1}{\alpha}} + e^{-\frac{1}{2\alpha}} + \ldots + e^{-\frac{1}{(n-1)\alpha}}\right]$$

$$+ \frac{1}{2}\,\frac{\alpha e^{-\frac{1}{n\alpha}}}{1} - \frac{1}{2}\,\frac{\alpha^2 e^{-\frac{1}{n\alpha}}}{1.2}\,\frac{1}{n^2\alpha^2}$$

$$+ \frac{\alpha^3}{1.2.3}\left[e^{-\frac{1}{\alpha}}\left(\frac{1}{\alpha^4} - \frac{2}{\alpha^3}\right) + e^{-\frac{1}{2\alpha}}\left(\frac{1}{16\,\alpha^4} - \frac{2}{8\,\alpha^3}\right) + \ldots\right.$$

$$\left. + e^{-\frac{1}{(n-1)\alpha}}\left(\frac{1}{(n-1)^4\alpha^4} - \frac{2}{(n-1)^3\alpha^3}\right)\right]$$

$$+ \frac{1}{2}\,\frac{\alpha^3 e^{-\frac{1}{n\alpha}}}{1.2.3}\left(\frac{1}{n^4\alpha^4} - \frac{2}{n^3\alpha^3}\right) - \frac{1}{2}\,\frac{\alpha^4 e^{-\frac{1}{n\alpha}}}{1.2.3.4}\left(\frac{1}{n^6\alpha^6} - \frac{6}{n^5\alpha^5} + \frac{6}{n^4\alpha^4}\right)$$

$+$ etc.

Lorsqu'on veut s'arrêter à la limite $x = 1$, il faut faire $\alpha = \frac{1}{n}$, et il vient alors

$$\int e^{-\frac{1}{x}}\,\mathrm{d}x = \frac{1}{n}\left[e^{-\frac{n}{1}} + e^{-\frac{n}{2}} + e^{-\frac{n}{3}} + \ldots + e^{-\frac{n}{n-1}}\right]$$

$$+ \frac{1}{2ne} - \frac{1}{4n^2 e} + \frac{1}{6}\left[\frac{(n-2)}{1}\,e^{-\frac{n}{1}} + \frac{(n-4)}{16}\,e^{-\frac{n}{2}}\right.$$

$$\left. + \frac{(n-6)}{81}\,e^{-\frac{n}{3}} + \ldots + \frac{n-2(n-1)}{(n-1)^4}\,e^{-\frac{n}{n-1}}\right]$$

$$- \frac{1}{12\,n^3 e} - \frac{1}{48 n^4 e} + \text{etc.}$$

En se bornant aux termes qui sont écrits, et faisant $n = 10$, on

---

sent pas tous, lorsque $x = 0$: après avoir été nuls, ils croissent jusqu'à l'infini. Cette circonstance ne nuit pas cependant à l'application indiquée dans le texte, parce que les premiers termes de la formule (III) suffisent seuls pour donner une approximation de plus en plus grande (**236**).

trouvera, suivant Euler, la valeur de $\int e^{-\frac{1}{x}} dx$, à un millionième d'unité près, et on l'aura avec une exactitude vingt fois plus grande encore, si l'on prend $n = 20$.

240. Le théorème de Taylor donne aussi deux développements généraux de l'intégrale $\int X\,dx$. En désignant par C la valeur de cette intégrale, quand $x = 0$, et représentant par A, A′, A″, etc., ce que deviennent alors les quantités X, $\frac{dX}{dx}$, $\frac{d^2X}{dx^2}$, etc., on aura

$$\int X\,dx = C + A\frac{x}{1} + A'\frac{x^2}{1.2} + A''\frac{x^3}{1.2.3} + \text{etc.},$$

série dans laquelle C tient lieu de la constante arbitraire.

En partant de la valeur générale de $\int X\,dx$, que je représenterai par y, pour revenir à celle qui répond à $x = 0$, et que C désigne, il est évident qu'il faut faire $h = -x$, dans la série de Taylor, ce qui donnera

$$C = y - \frac{dy}{dx}\frac{x}{1} + \frac{d^2y}{dx^2}\frac{x^2}{1.2} - \frac{d^3y}{dx^3}\frac{x^3}{1.2.3} + \text{etc.};$$

remettant dans cette équation, au lieu de y, $\frac{dy}{dx}$, $\frac{d^2y}{dx^2}$, etc., leurs valeurs, et prenant celle de $\int X\,dx$, on aura

$$\int X\,dx = C + X\frac{x}{1} - \frac{dX}{dx}\frac{x^2}{1.2} + \frac{d^2X}{dx^2}\frac{x^3}{1.2.3} - \text{etc.}:$$

la quantité C est encore ici la constante arbitraire.

L'intégration par parties conduit aussi à ce développement. En effet, si l'on décompose la différentielle $X\,dx$ dans les deux facteurs X et dx, qu'on intègre le second, on aura

$$\int X\,dx = Xx - \int x\,dX,$$

puis

$$\int x\,dX = \int \frac{dX}{dx}\cdot x\,dx = \frac{1}{2}x^2\frac{dX}{dx} - \frac{1}{2}\int x^2\frac{d^2X}{dx},$$

$$\int x^2\frac{d^2X}{dx} = \int \frac{d^2X}{dx^2}\cdot x^2 dx = \frac{1}{3}x^3\frac{d^2X}{dx^2} - \frac{1}{3}\int x^3\frac{d^3X}{dx^2},$$

$$\int x^3\frac{d^3X}{dx^2} = \int \frac{d^3X}{dx^3}\cdot x^3 dx = \frac{1}{4}x^4\frac{d^3X}{dx^3} - \frac{1}{4}\int x^4\frac{d^4X}{dx^3},$$

etc.;

mettant successivement pour $\int x\,dX$, $\int x^2\frac{d^2X}{dx}$, etc., leurs valeurs, il en résultera

$$\int X\,dx = X\frac{x}{1} - \frac{dX}{dx}\frac{x^2}{1.2} + \frac{d^2X}{dx^2}\frac{x^3}{1.2.3} - \text{etc.},$$

et pour que l'expression de l'intégrale soit complète, il faudra ajouter une constante à ce développement, qui par là deviendra semblable au précédent. Cette série a été donnée pour la première fois par Jean Bernoulli, et elle porte son nom, comme celle du n° 20 porte celui de Taylor.

241. Jusqu'à présent je n'ai considéré que le coefficient différentiel du premier ordre; mais si l'on ne connaissait que celui du second ordre, il faudrait alors deux intégrations successives pour remonter à la fonction primitive dont il tire son origine.

Soit X le coefficient différentiel du second ordre de la fonction y; on aura $\frac{d^2y}{dx^2} = X$, et en multipliant les deux membres par dx, il viendra $\frac{d^2y}{dx} = X\,dx$: or $\frac{d^2y}{dx}$ est la différentielle de $\frac{dy}{dx}$, prise en regardant dx comme constante; on aura donc $\frac{dy}{dx} = \int X\,dx$. Si P représente la fonction primitive de x, égale à $\int X\,dx$, et C la constante arbitraire, il viendra $\frac{dy}{dx} = P + C$; multipliant ensuite les deux membres par dx, on trouvera

$$dy = P\,dx + C\,dx,$$

et, en intégrant, on obtiendra

$$y = \int P\,dx + Cx + C',$$

C' étant une seconde constante arbitraire. Si l'on remet $\int X\,dx$ au lieu de P, il en résultera

$$y = \int dx \int X\,dx + Cx + C',$$

expression où $\int dx \int X\,dx$ indique deux intégrations succes sives.

Je passe maintenant aux différentielles du troisième ordre. Soit X le coefficient différentiel de la fonction y, relatif à cet ordre. On aura

$$\frac{d^3 y}{dx^3} = X, \quad \text{d'où} \quad \frac{d^3 y}{dx^2} = X\,dx:$$

mais $\dfrac{d^3 y}{dx^2} = d\,\dfrac{d^2 y}{dx^2}$; donc $\dfrac{d^2 y}{dx^2} = \int X\,dx + C$, ce qui donne

$$\frac{d^2 y}{dx} = dx \int X\,dx + C\,dx.$$

En intégrant une seconde fois, il viendra

$$\frac{dy}{dx} = \int dx \int X\,dx + Cx + C',$$

d'où l'on conclura

$$dy = dx \int dx \int X\,dx + Cx\,dx + C'\,dx,$$

et, par une troisième intégration, on aura enfin

$$y = \int dx \int dx \int X\,dx + \frac{C}{2} x^2 + C'x + C''.$$

Dans cette expression, on peut d'abord changer $\frac{C}{2}$ en C, puisque la constante C est arbitraire; ensuite, il faut bien observer que chaque signe $\int$ doit être regardé comme appliqué à tous ceux qui le suivent: c'est pourquoi, en faisant abstraction des constantes arbitraires, on indique encore plus simplement les intégrations successives par la notation que voici :

Lorsque X désigne le coefficient différentiel du second ordre, on a

$$d^2 y = X\,dx^2,$$

et, en prenant l'intégrale de chaque membre, on trouve

$$dy = \int X\,dx^2;$$

puis, en intégrant encore une fois, il vient

$$y = \int\int X\,dx^2 = \int^2 X\,dx^2.$$

On a de même, quand X est le coefficient différentiel du troisième ordre,

$$d^3 y = X\,dx^3,$$

puis en intégrant,

$$d^2y = \int X\,dx^3,\quad dy = \int\int X\,dx^3,\quad y = \int\int\int X\,dx^3 = \int^3 X\,dx^3,$$

et ainsi de suite pour les ordres supérieurs.

242. On peut ramener ces expressions à des intégrales simples, au moyen de l'intégration par parties; car, en mettant P au lieu de $\int X\,dx$ dans $\int^2 X\,dx^2 = \int dx \int X\,dx$, il vient

$$\int dx \int X\,dx = \int P\,dx = Px - \int x\,dP = x\int X dx - \int Xx\,dx,$$

d'où

$$\int^2 X\,dx^2 = x\int X\,dx - \int Xx\,dx.$$

Passant ensuite à $\int^3 X\,dx^3 = \int dx \int^2 X\,dx^2$, et mettant pour $\int^2 X dx^2$ la valeur précédente, on obtient

$$\int^3 X\,dx^3 = \int x\,dx \int X\,dx - \int dx \int Xx\,dx;$$

observant alors que

$$\int x\,dx \int X\,dx = \frac{1}{2}x^2 \int X\,dx - \frac{1}{2}\int Xx^2\,dx,$$

$$\int dx \int Xx\,dx = x\int Xx\,dx - \int Xx^2\,dx,$$

on trouve

$$\int^3 X\,dx^3 = \frac{1}{2}\left(x^2\int X\,dx - 2x\int Xx\,dx + \int Xx^2\,dx\right),$$

et continuant ainsi on forme ce tableau :

$$\int X dx = \int X\,dx,$$

$$\int^2 X dx^2 = \frac{1}{1}\left[x\int X\,dx - \int Xx\,dx\right],$$

$$\int^3 X\,dx^3 = \frac{1}{1.2}\left[x^2\int X\,dx - 2x\int Xx\,dx + \int Xx^2 dx\right],$$

$$\int^4 X\,dx^4 = \frac{1}{1.2.3}\left[x^3\int X\,dx - 3x^2\int Xx dx + 3x\int Xx^2 dx - \int Xx^3 dx\right],$$

etc.

Les coefficients numériques de ces expressions sont les mêmes que ceux des puissances du binôme $a - b$; et tandis que l'exposant de x hors du signe $\int$ diminue d'une unité à chaque terme, en allant vers la droite, son exposant sous ce signe augmente de la même quantité.

On restituera les constantes arbitraires que j'ai omises dans ces formules, en écrivant $\int X\,dx + C$ pour $\int X\,dx$, $\int Xx\,dx + C'$ pour $\int Xx\,dx$, $\int Xx^2\,dx + C''$ pour $\int Xx^2\,dx$, et ainsi des autres; car les constantes C, C′, C″, etc., étant affectées de diverses puissances de x, seront irréductibles entre elles.

243. Les différentielles que j'ai traitées jusqu'ici sont prises en regardant dx comme constante, parce que ce sont les seules qui ne renferment qu'un coefficient différentiel; mais lorsqu'on fait varier en même temps dy et dx, on a (131) $d^2y = q\,dx^2 + p\,d^2x$. Si donc on se proposait la différentielle $U\,dx^2 + V\,d^2x$, il faudrait qu'on eût $V = p$ et $U = q$, d'où il résulte $U = \frac{dV}{dx}$; et cette condition étant remplie, on n'aurait plus qu'à intégrer $\int V\,dx$.

Cette condition ne serait pas nécessaire, si l'on particularisait la relation qu'on suppose entre x et t; car par son moyen on chasserait x, dx et d^2x, et l'on aurait d^2y en t et dt seuls.

Application du Calcul intégral à la quadrature des courbes et à leur rectification, à la quadrature des surfaces et à l'évaluation des volumes qu'elles comprennent.

De la quadrature des courbes.

244. La quadrature des courbes se réduit à l'intégration de la différentielle $X\,dx$, en nommant X la fonction de x, qui exprime leur ordonnée (65) : il ne s'agira donc ici que d'appliquer à celles qui sont les plus connues, les méthodes exposées précédemment pour effectuer cette intégration.

Les courbes dont l'équation est la plus simple sont les paraboles des divers ordres, dans lesquelles $y^n = px^m$; on en tire $y = p^{\frac{1}{n}}x^{\frac{m}{n}}$, et par conséquent

$$\int X\,dx = \int p^{\frac{1}{n}}x^{\frac{m}{n}}\,dx = \frac{np^{\frac{1}{n}}}{m+n}x^{\frac{m+n}{n}} + const.$$

Toutes ces courbes, comme on voit, sont *carrables;* c'est-à-dire qu'on a l'expression finie et algébrique de la surface du segment compris entre leur arc, l'axe des abscisses et l'ordonnée. Il est facile, par l'expression de ce segment, de calculer celle de tout autre espace contenu entre une portion de la courbe et des lignes droites formant, avec les abscisses et les ordonnées, des polygones dont la Géométrie élémentaire donne la mesure; on en verra plus bas des exemples (252-255).

Les courbes proposées, passant par l'origine des abscisses, puisqu'on a en même temps $x=0$ et $y=0$, si l'on veut avoir leur aire, à partir de ce point, il faut supprimer la constante arbitraire, parce que l'expression $\frac{np^{\frac{1}{n}}}{m+n}x^{\frac{m+n}{n}}$ s'anéantit d'elle-même quand on y fait $x=0$. Pour avoir ensuite l'aire BCMP (*fig.* 44), comprise entre les ordonnées BC et PM, correspondantes aux abscisses $\mathrm{AB}=a$ et $\mathrm{AP}=x$, il suffira de retrancher de $\frac{np^{\frac{1}{n}}}{m+n}x^{\frac{m+n}{n}}$, qui exprime l'aire ACMP, la quantité $\frac{np^{\frac{1}{n}}}{m+n}a^{\frac{m+n}{n}}$ égale à l'aire ACB, et l'on aura ainsi

$$\mathrm{BCMP}=\frac{np^{\frac{1}{n}}}{m+n}\left(x^{\frac{m+n}{n}}-a^{\frac{m+n}{n}}\right).$$

Quand l'exposant n est pair, l'expression $\frac{np^{\frac{1}{n}}}{m+n}x^{\frac{m+n}{n}}$ est susceptible du double signe $\pm$; et comme alors la même abscisse AP appartient à deux branches ACM et Acm, on a deux segments, ACMP et AcmP : celui qui renferme les ordonnées positives a une valeur positive, et l'autre une valeur négative.

Lorsque les exposants m et n sont impairs l'un et l'autre, la quantité $x^{\frac{m+n}{n}}$ n'a qu'un seul signe et reste toujours positive, quel que soit le signe de x; mais il est aisé de voir que dans ce cas l'une des deux branches de la courbe proposée a ses abscisses et ses ordonnées négatives en même temps : il suit donc de là que les aires correspondantes à des abscisses et à des ordonnées négatives doivent être regardées comme positives.

Si n seule est impaire, alors la quantité $x^{\frac{m+n}{n}}$ devient négative en même temps que x ; mais dans ce cas les deux branches de la courbe proposée sont du même côté de la ligne des abscisses, et les ordonnées demeurent toujours positives.

En rapprochant ces remarques, on en conclura que *l'aire d'une courbe est positive quand l'abscisse et l'ordonnée sont de même signe, et négative lorsque le contraire a lieu.*

Tous les segments paraboliques ont un rapport constant avec le rectangle ADMP, formé sur l'abscisse et sur l'ordonnée; car l'expression

$$\frac{n}{m+n}p^{\frac{1}{n}}x^{\frac{m+n}{n}} = \frac{n}{m+n}\,x\,.\,p^{\frac{1}{n}}x^{\frac{m}{n}}$$

équivaut à $\frac{n}{m+n}\,xy$, en vertu de l'équation $y = p^{\frac{1}{n}}x^{\frac{m}{n}}$.

Lorsque $n = m$, la parabole devient une ligne droite, puisqu'on a $y = p^{\frac{1}{n}}x$; le segment ACMP se change dans le triangle AMP, dont la valeur est, par la formule ci-dessus comme par la Géométrie élémentaire, égale à $\frac{1}{2}xy$.

En faisant $n = 2$ et $m = 1$, on tombe sur le cas de la parabole ordinaire, et l'on trouve $\frac{2}{3}xy$ pour la valeur du segment ACMP.

245. Je vais chercher maintenant la valeur du segment des courbes représentées par l'équation $x^m y^n = p$, qui se tire de $y^n = px^m$, en y changeant $+m$ en $-m$; on a $y = p^{\frac{1}{n}}x^{-\frac{m}{n}}$ et

$$\int X\,dx = \frac{np^{\frac{1}{n}}}{n-m}\,x^{\frac{n-m}{n}} + const.$$

Les courbes proposées sont les hyperboles des divers ordres, rapportées à leurs asymptotes, et sont composées de plusieurs branches, telles que UMV (*fig.* 45), inscrites dans les angles que forment ces droites. En comptant les segments de l'origine des abscisses, ils renferment l'espace infini en longueur, compris entre la partie CV de la courbe et son asymptote AY, et dont l'aire est infinie ou finie, selon que m est plus grande ou moindre que n. En effet, pour avoir l'espace BCMP, pris depuis l'abscisse $AB = a$ jusqu'à l'abscisse $AP = b$, il faut faire (235) successivement $x = a$ et $x = b$ dans l'expression $\frac{np^{\frac{1}{n}}}{n-m} x^{\frac{n-m}{n}}$, et retrancher le premier résultat du second : on aura donc $BCMP = \frac{np^{\frac{1}{n}}}{n-m}\left(b^{\frac{n-m}{n}} - a^{\frac{n-m}{n}}\right)$. Si maintenant on suppose $a = 0$, le point B tombera sur le point A, et l'espace BCMP se changera en YAPMV; or la quantité $a^{\frac{n-m}{n}}$ sera infinie ou nulle, selon qu'on aura $m >$ ou $< n$: dans le premier cas,

$$YAPMV = \frac{np^{\frac{1}{n}}}{m-n}\left(\frac{1}{0} - b^{\frac{n-m}{n}}\right),$$

et dans le second

$$YAPMV = \frac{np^{\frac{1}{n}}}{n-m}\left(b^{\frac{n-m}{n}} - 0\right) = \frac{np^{\frac{1}{n}}}{n-m} b^{\frac{n-m}{n}}.$$

En laissant a d'une grandeur assignable, et faisant b infini, on aura alors l'espace XBCU, qui sera infini si m est moindre que n, et qui sera égal à $\frac{np^{\frac{1}{n}}}{m-n} a^{\frac{n-m}{n}}$, si m surpasse n. Il résulte de là que quand m et n sont inégaux, des deux espaces asymptotiques, l'un est infini et l'autre fini.

La raison de cette différence se trouve dans le plus ou moins de rapidité avec laquelle la courbe s'approche de son asymptote; et puisque $y = \frac{p^{\frac{1}{n}}}{x^{\frac{m}{n}}}$ et $x = \frac{p^{\frac{1}{m}}}{y^{\frac{n}{m}}}$, il est facile de voir que quand $m > n$, y décroît beaucoup plus vite que x, que par conséquent la courbe s'approche beaucoup plus rapidement de l'axe des abscisses que de celui des ordonnées, et *vice versâ*.

En mettant y au lieu de $p^{\frac{1}{n}}x^{-\frac{m}{n}}$ dans l'expression

$$\frac{np^{\frac{1}{n}}}{n-m}x^{\frac{n-m}{n}}=\frac{n}{n-m}x\cdot p^{\frac{1}{n}}x^{-\frac{m}{n}},$$

elle deviendra $\frac{n}{n-m}xy$, et la valeur de l'aire YAPMV sera $\frac{nxy}{n-m}+const.$ Il semblerait que le terme $\frac{nxy}{n-m}$ doit s'évanouir lorsqu'on fait $x=0$; mais ce qui précède prouve la nécessité de ne rien prononcer à cet égard, avant d'avoir substitué pour y sa valeur en x.

246. Quand $n=m$, on a $xy=p^{\frac{1}{n}}$, ou $xy=p$, en changeant $p^{\frac{1}{n}}$ en p, ce qui est indifférent; la courbe dont il s'agit dans ce cas est l'hyperbole ordinaire, et équilatère si l'angle des coordonnées est droit. L'expression générale de l'aire, trouvée au n° précédent, se présente alors sous une forme infinie, quelle que soit x, et la différentielle de cette expression, étant $\frac{p\,dx}{x}$, a pour intégrale $p\,\mathrm{l}x+const.$ Les espaces asymptotiques sont infinis l'un et l'autre, car $\mathrm{l}x$ devient tel par la supposition de $x=0$ et par celle de x infini.

Soit UMV (*fig.* 46) une des branches de l'hyperbole équilatère dont le demi-axe transverse $AC=a$, et la puissance $\overline{BC}\times\overline{AB}=\overline{AB}^2=\frac{1}{2}a^2$ (*Trig.*, 164); on aura $p=\frac{1}{2}a^2$, et comptant les aires à partir de l'ordonnée BC, correspondante au sommet C, on obtiendra $BCMP=\frac{1}{2}a^2\mathrm{l}\,.\,AP-\frac{1}{2}a^2\mathrm{l}\,.\,AB=\frac{1}{2}a^2\mathrm{l}\,.\,\frac{AP}{AB}$. Si l'on prend AB pour l'unité, il viendra, à cause de $\mathrm{l}\,.\,1=0$, $BCMP=\mathrm{l}\,.\,AP$. On aura de même $BCM'P'=\mathrm{l}\,.\,AP'$, $BCM''P''=\mathrm{l}\,.\,AP''$, etc., d'où il suit que si les abscisses AP, AP′, AP″, etc., sont en progression par quotient, les aires correspondantes BCMP, BCM′P′, BCM″P″, etc., seront en progression par différence.

247. L'hyperbole que je viens de considérer étant équilatère, n'a donné que des logarithmes népériens; mais en variant

l'angle des asymptotes et prenant toujours $AB = 1$, on peut obtenir une infinité d'autres systèmes de logarithmes. Soit UMV (*fig.* 47) une hyperbole quelconque; en menant les ordonnées PM, parallèles à l'asymptote AY, on prouvera, par des raisonnements analogues à ceux du n° 65, que le parallélogramme PMRP' est la différentielle de BCMP. Or, si l'on mène P'Q perpendiculaire sur PM, on trouvera

$$P'Q = PP'.\sin P'PQ = PP'.\sin XAY;$$

désignant par ω l'angle des asymptotes, on aura $P'Q = dx \sin\omega$, et par conséquent $PMRP' = y\,dx \sin\omega$. Si l'on met pour y sa valeur $\frac{1}{x}$, il en résultera $\frac{dx}{x}\sin\omega$ pour la différentielle de l'aire BCMP; et par conséquent $BCMP = lx = l.AP$, en prenant $\sin\omega$ pour module (28).

Celui des logarithmes ordinaires étant 0,4342945 (30), on a $\sin\omega = 0{,}4342945$, d'où il suit que les asymptotes de l'hyperbole dont les aires donnent les logarithmes ordinaires, font entre elles un angle de $0^{q},28601$.

248. Considérée analytiquement, la quadrature de l'hyperbole ordinaire présente une singularité qui ne peut être passée sous silence; c'est que les espaces asymptotiques $yApmv$ (*fig.* 46), correspondants aux abscisses négatives, ne sauraient être compris dans la même formule que les espaces YAPMV qui répondent aux abscisses positives. En effet, la fonction lx qui exprime ceux-ci (246), non-seulement devient infinie quand $x = 0$, mais passe à l'imaginaire quand x devient négatif, parce que l'équation $u = lx$, dérivant de $x = e^u$, n'admet point de valeur négative pour x.

Cette difficulté, sur laquelle je ne saurais m'arrêter ici, tient au passage de l'ordonnée y par l'infini, qui paraît rompre quelquefois le lien de la continuité entre les aires (*). Chacune de ces aires s'exprime cependant très-bien en particulier; car si l'on prend, sur le côté négatif de l'axe des abscisses, des

(*) *Voir* le Traité in-4°, tome I, page 134; tome II, page 161; tome III, page 613.

parties $Ab = AB$, $Ap = AP$, on aura

$$bcmp = BCMP = \mathrm{l}.\frac{AP}{AB} = \mathrm{l}.\frac{Ap}{Ab}\ (246).$$

La même chose se conclut aussi du calcul, en observant que si l'on change x en $-x$, la différentielle de l'aire, devenant

$$\frac{-\mathrm{d}x}{-x} = \frac{\mathrm{d}x}{x},$$

a encore pour intégrale $\mathrm{l}x + const.$

249. En faisant $AC = a$, $AP = x$ et $PN = y$ (*fig.* 48), l'équation du cercle ANE sera $y^2 = 2ax - x^2$, et le segment ANP aura pour expression $\int \mathrm{d}x\sqrt{2ax - x^2}$, qui se transforme en $-\int \mathrm{d}u(a^2 - u^2)^{\frac{1}{2}}$, lorsqu'on fait $x = a - u$. Or, la formule (B) (195) donne

$$-\int \mathrm{d}u(a^2 - u^2)^{\frac{1}{2}} = -\frac{1}{2}u(a^2 - u^2)^{\frac{1}{2}} - \frac{1}{2}a^2\int \mathrm{d}u(a^2 - u^2)^{-\frac{1}{2}}$$

$$= -\frac{1}{2}u\sqrt{a^2 - u^2} + \frac{1}{2}a^2\int\frac{-\mathrm{d}u}{\sqrt{a^2 - u^2}};$$

de plus

$$\int\frac{-\mathrm{d}u}{\sqrt{a^2 - u^2}} = \mathrm{arc}\left(\cos = \frac{u}{a}\right)\ (36);$$

avec cette valeur et celle de u, on trouve

$$\int \mathrm{d}x\sqrt{2ax - x^2} =$$
$$-\frac{1}{2}(a - x)\sqrt{2ax - x^2} + \frac{1}{2}a^2\,\mathrm{arc}\left(\cos = \frac{a - x}{a}\right),$$

résultat qui s'évanouit quand $x = 0$.

Il est facile de reconnaître, dans la partie

$$\frac{1}{2}(a - x)\sqrt{2ax - x^2},$$

l'aire du triangle PCN, de voir que

$$\frac{1}{2}a^2\,\mathrm{arc}\left(\cos = \frac{a - x}{a}\right), \quad \text{ou} \quad \frac{1}{2}AC.\,\mathrm{arc}\,AN,$$

est celle du secteur ACN; or $ANP = ACM - PCN$.

Quand on y fait $x = 2a$, l'expression de ANP devient $\frac{1}{2}a^2$ arc $(\cos = -1) = \frac{1}{2}a^2\pi$, π désignant la demi-circonférence du cercle dont le rayon est 1 ; et elle appartient alors au demi-cercle : on aura donc pour le cercle entier $a^2\pi = \frac{1}{2}a.2a\pi$, ainsi qu'on le prouve dans les Eléments de Géométrie.

Le développement de $\int dx\sqrt{2ax - x^2}$, trouvé dans le n° 205, donne des valeurs approchées de l'aire ANP.

Si l'équation du cercle était rapportée au centre, on obtiendrait immédiatement par la formule (B) (195)

$$\int dx\sqrt{a^2 - x^2} = \frac{1}{2}x\sqrt{a^2 - x^2} + \frac{1}{2}a^2 \text{arc}\left(\sin = \frac{x}{a}\right).$$

250. L'ordonnée de l'ellipse étant $\frac{b}{a}\sqrt{2ax - x^2}$, le segment elliptique AMP sera égal à $\frac{b}{a}\int dx\sqrt{2ax - x^2}$, et comme il est nul en même temps que le segment circulaire ANP, on aura ANP:AMP::$a:b$; car il est facile de conclure du n° 236 que, quand deux différentielles sont dans un rapport constant, ce rapport est aussi celui des intégrales, si ces intégrales sont nulles en même temps.

D'après ce qui précède, l'aire du cercle décrit sur le grand axe d'une ellipse, pris pour diamètre, étant à l'aire de cette courbe comme le grand axe est au petit, celle-ci est équivalente au cercle décrit sur un rayon moyen proportionnel entre les moitiés de ces axes. En effet, par le rapport ci-dessus, l'aire de l'ellipse est $\pi a^2 \times \frac{b}{a}$ ou πab, et cette dernière quantité représente évidemment l'aire du cercle dont le rayon serait $\sqrt{ab}$.

251. L'hyperbole rapportée à son axe transverse a pour équation $y^2 = \frac{b^2}{a^2}(2ax + x^2)$, et donne

$$\text{AQR} = \frac{b}{a}\int dx\sqrt{2ax + x^2}.$$

Cette intégrale peut s'obtenir par les logarithmes (183) ou se développer en série; mais, au lieu de m'arrêter à calculer ces résultats, je m'occuperai des secteurs elliptiques et des secteurs hyperboliques, dont les expressions différentielles se présentent souvent.

252. Soit ABab une ellipse dont le demi grand axe $AC = a$, le demi petit axe $BC = b$; en faisant $CP = x$ il vient

$$PM = y = \frac{b}{a}\sqrt{a^2 - x^2}.$$

Il est évident que le secteur

$$ACM = CMP + AMP,$$

et que

$$d.ACM = d.CMP + d.AMP,$$

$$CMP = \frac{1}{2}CP \times PM = \frac{1}{2}\frac{bx}{a}\sqrt{a^2 - x^2},$$

$$d.CMP = \frac{1}{2}\frac{b}{a}\left(dx\sqrt{a^2 - x^2} - \frac{x^2 dx}{\sqrt{a^2 - x^2}}\right),$$

$$d.AMP = -\frac{b}{a}dx\sqrt{a^2 - x^2}.$$

La dernière de ces différentielles est affectée du signe —, parce que l'aire AMP décroît lorsque x augmente; et elles donnent

$$d.ACM = -\frac{1}{2}\frac{b}{a}\frac{a^2 dx}{\sqrt{a^2 - x^2}}.$$

Si l'on fait $\frac{a}{b} = 1$, le secteur elliptique ACM se changera dans le secteur ACN, appartenant au cercle AEae décrit sur le grand axe Aa comme diamètre : on aura donc

$$d.ACN = -\frac{1}{2}\frac{a^2 dx}{\sqrt{a^2 - x^2}} = \frac{1}{2}a \times -\frac{a dx}{\sqrt{a^2 - x^2}}.$$

Mais $-\frac{a dx}{\sqrt{a^2 - x^2}}$ étant la différentielle de l'arc AN, il en résulte, ainsi que de la Géométrie élémentaire,

$$ACN = \frac{1}{2}a \times AN = \frac{1}{2}AC \times AN;$$

et puisque les secteurs ACN et ACM ont leur origine commune au point A, on en conclura (250) que le secteur elliptique

$$\mathrm{ACM} = \frac{b}{a}\,\mathrm{ACN} = \frac{1}{2}\,\mathrm{BC} \times \mathrm{AN}.$$

253. Dans l'hyperbole XAx, décrite sur les mêmes axes que l'ellipse ABab, et dont l'équation est

$$y = \frac{b}{a}\sqrt{x^2 - a^2},$$

le secteur ACR = CQR — AQR, ce qui donne

$$\mathrm{d.ACR} = \mathrm{d.CQR} - \mathrm{d.AQR};$$

et comme

$$\mathrm{CQR} = \frac{1}{2}\,\mathrm{CQ} \times \mathrm{QR} = \frac{1}{2}\,\frac{bx}{a}\sqrt{x^2 - a^2},$$

$$\mathrm{d.AQR} = \frac{b}{a}\,\mathrm{d}x\sqrt{x^2 - a^2},$$

on aura

$$\mathrm{d.ACR} = \frac{1}{2}\,\frac{b}{a}\,\frac{a^2\,\mathrm{d}x}{\sqrt{x^2 - a^2}},$$

d'où l'on voit que la différentielle du secteur hyperbolique est, aux signes près, la même que celle du secteur elliptique.

254. Le secteur hyperbolique ACM (*fig.* 47) est égal à l'espace asymptotique BCMP; car

$$\mathrm{ACM} = \mathrm{BCMP} + \mathrm{ABC} - \mathrm{AMP},$$

et

$$\mathrm{ABC} = \frac{\mathrm{AB} \times \mathrm{BC} \times \sin \mathrm{B}}{2} = \frac{\mathrm{AP} \times \mathrm{PM} \times \sin \mathrm{B}}{2} = \mathrm{AMP}.$$

255. Ce qui précède suffit pour faire voir comment le calcul intégral s'applique à la quadrature des courbes; cependant je ne puis quitter ce sujet sans donner quelques-uns des résultats intéressants auxquels les géomètres sont parvenus par rapport aux courbes transcendantes.

Dans la logarithmique, dont l'équation est $y = \mathrm{l}x$, on a $\int y\,\mathrm{d}x = \int \mathrm{d}x\,\mathrm{l}x = x\,\mathrm{l}x - x + const.$ (207). La partie variable de cette expression devient nulle lorsque $x=0$; car en faisant $x=\frac{1}{m}$, elle prend la forme $-\frac{\mathrm{l}m}{m}-\frac{1}{m}$, sous laquelle elle est nulle quand m est infinie (99) : il est donc inutile, d'après cela, d'y ajouter une constante lorsqu'on veut avoir les segments à partir du point A (*fig.* 49).

En y faisant $x=\mathrm{AE}=1$, elle donne l'expression de l'espace asymptotique $c\mathrm{AE}x$, qui est fini et égal à -1.

Si l'on prend les ordonnées à la place des abscisses, on aura $\int x\,\mathrm{d}y=\int \mathrm{d}x=x$ pour l'espace $c\mathrm{OM}x$, appuyé sur l'axe des ordonnées AC, et dont l'expression est algébrique; je n'y ai point ajouté de constante, parce qu'elle s'évanouit en même temps que x. L'espace $c\mathrm{AE}x$, qui répond à $x=\mathrm{AE}=1$, a, par cette formule, la même valeur que par la précédente, abstraction faite du signe.

J'ai supposé le module égal à l'unité; s'il était désigné par M on aurait

$$\int \mathrm{d}x\,\mathrm{l}x = x\,\mathrm{l}x - \int \mathrm{M}\,\mathrm{d}x = x\,\mathrm{l}x - \mathrm{M}x$$

et

$$\int x\,\mathrm{d}y = \mathrm{M}x.$$

256. En discutant la courbe dont l'équation est

$$y=\frac{a^x}{x},$$

on trouvera sans peine la forme indiquée dans la *fig.* 50. L'axe CC′ des y est asymptote des branches HF, R′F′, et AB′, côté négatif de l'axe des x, l'est de la branche M′K′.

La quadrature de cette courbe dépend de l'intégrale $\int \frac{a^x\,\mathrm{d}x}{x}$, dont le développement en série, obtenu dans le n° 214, semble ne pouvoir convenir à la partie de l'aire correspondante aux abscisses négatives, à cause de son premier terme $\mathrm{l}x$ qui devient imaginaire; cependant si l'on appliquait à cette recherche le procédé du n° 233, on obtiendrait des résultats réels. Cette difficulté, du même genre que celle qui a été indiquée dans le n° 248, se lève en changeant le signe de x avant l'intégration:

car

$$\int \frac{a^{-x} \times - \mathrm{d}x}{-x}$$

$$= \int \frac{a^{-x}\mathrm{d}x}{x} = \mathrm{l}x - \frac{x\,\mathrm{l}a}{1.1} + \frac{x^2(\mathrm{l}a)^2}{1.2.2} - \frac{x^3(\mathrm{l}a)^3}{1.2.3.3} + \text{etc.} + const.,$$

comme si l'on avait changé x en $-x$ dans les seuls termes algébriques du développement cité.

Pour savoir ce que sont les trois espaces asymptotiques de la courbe proposée, il faut chercher les valeurs que prend l'intégrale $\int \frac{a^x \mathrm{d}x}{x}$ entre les limites

$$x = 0 \quad \text{et} \quad x = n,$$

$$x = 0 \quad \text{et} \quad x = -n,$$

$$x = -n \quad \text{et} \quad x = -\text{infini},$$

n désignant une quantité finie quelconque. Dans le premier et dans le second cas, on trouve un résultat infini, puisqu'en faisant $x = 0$, soit dans la série du n° 214, soit dans celle qui vient d'être rapportée, elles se réduisent à $\mathrm{l}.0$; mais on ne saurait rien prononcer sur le troisième cas, parce que les termes du développement de $\int \frac{a^{-x}\mathrm{d}x}{x}$ étant alternativement de signes contraires, il se peut que la différence entre la partie positive et la partie négative demeure finie, quoique chacune de ces parties soit infinie; et c'est ce qui arrive en effet, comme l'a prouvé Mascheroni, en déterminant la constante arbitraire de manière que l'intégrale s'évanouisse lorsqu'on y suppose x infini; en sorte que l'espace asymptotique B'P'M'K', compris entre les limites $x = -n$ et $x = -$ infini, est d'une grandeur finie (*).

La transformée $\int \frac{\mathrm{d}z}{\mathrm{l}z}$ (214), obtenue en faisant $a^x = z$, présente les mêmes circonstances à cause du terme $\mathrm{ll}z$ qui com-

(*) *Voyez* le Traité in-4°, tome III, page 513.

mence son développement, et qui devient imaginaire quand $\mathrm{l}z$ est négatif (*).

257. L'équation de la cycloïde étant

$$\mathrm{d}x = \frac{y\,\mathrm{d}y}{\sqrt{2ay - y^2}} \quad (\mathbf{114}),$$

il vient

$$\int y\,\mathrm{d}x = \int \frac{y^2\,\mathrm{d}y}{\sqrt{2ay - y^2}},$$

expression qu'il serait facile d'intégrer par les arcs de cercle, au moyen de la formule du n° **199** ; mais on peut arriver à un résultat plus simple en prenant la différentielle du segment ACQM (*fig.* 51), dont l'ordonnée $\mathrm{QM} = \mathrm{AC} - \mathrm{PM} = 2a - y$.

Posant, en conséquence, $2a - y = z$, on aura

$$\mathrm{d}.\mathrm{ACQM} = z\,\mathrm{d}x,$$

et l'on obtiendra

$$z\,\mathrm{d}x = \frac{(2a - y)\,y\,\mathrm{d}y}{\sqrt{2ay - y^2}} = \mathrm{d}y\sqrt{2ay - y^2};$$

donc

$$\mathrm{ACQM} = \int \mathrm{d}y\sqrt{2ay - y^2} + \mathit{const.}$$

Or cette intégrale, exprimant l'aire d'un segment du cercle dont le diamètre est $2a$ et l'abscisse y (**249**), représente le segment Imn, qui s'évanouit quand $y = 0$, ainsi que le segment ACMQ; donc ACMQ = Imn. Au point K, où $y = 2a$, le segment ACK devient égal au demi-cercle ImKI. Enfin il est visible que l'espace KMQ = ACK — ACQM = Kmn.

Le rectangle AK, ayant pour hauteur IK et pour base

(*) La courbe qui répond à l'équation transcendante $y = \frac{1}{\mathrm{l}z}$, offre une circonstance remarquable. Ne s'étendant point du côté des z négatifs, puisque leurs logarithmes sont imaginaires (**248**), et passant par l'origine des coordonnées, à cause que l.o est infini, ce qui donne $y = 0$, cette courbe commence brusquement à ce point, ce qui est contraire à la proposition établie par rapport aux courbes algébriques (**105**). Les courbes du genre logarithmique présentent encore d'autres singularités. *Voyez* le Traité in-4°, tome III, page 615, et un Mémoire de M. Vincent, *Annales de Mathématiques*, tomes XV et XVI.

AI $=$ ImK, sera quadruple du demi-cercle ImKI ; retranchant de ce rectangle l'espace ACK $=$ ImKI, il restera AMKI $=$ 3 fois ImKI. Il suit de là que l'espace AKLA, compris entre une branche de la cycloïde et son axe, est triple du cercle générateur.

258. Il me reste à parler des spirales ; je vais m'occuper d'abord de celles que représente l'équation $u = at^n$ (117), dans laquelle t est l'arc ON (*fig.* 52) d'un cercle dont le rayon AO $=$ 1 et $u =$ AM. Les coordonnées étant polaires, la différentielle de l'aire sera $\frac{u^2 dt}{2}$ (120). Mettant pour u sa valeur, et intégrant, il viendra $\frac{a^2 t^{2n+1}}{4n+2} + const.$; et quand n est positive, on doit négliger la constante lorsque l'on compte les aires en partant de la ligne AO, sur laquelle $t = 0$: alors l'aire ACM $= \frac{a^2 t^{2n+1}}{4n+2}$. Après une révolution du rayon vecteur, on aura l'espace

$$ACMB = \frac{a^2 (2\pi)^{2n+1}}{4n+2};$$

π étant la demi-circonférence du cercle ON.

Dans la spirale d'Archimède (117), $a = \frac{1}{2\pi}$, $n = 1$ et ACM $= \frac{t^3}{24\pi^2}$, résultat qui, lorsqu'on y fait $t = 2\pi$, donne ACMB $= \frac{\pi}{3}$, c'est-à-dire le tiers du cercle ON, puisqu'il s'agit d'unités carrées, et que l'aire de ce cercle est $\pi(1)^2$.

Dans la seconde révolution, le rayon vecteur AN repasse sur l'aire tracée dans la première, et ainsi de suite à chaque révolution, en sorte que ces aires s'ajoutent les unes aux autres, et que pour donner seulement celle qui est terminée par la $m^{ième}$ révolution, l'intégrale $\int \frac{u^2 dt}{2}$ doit être prise entre les limites $t = (m-1)2\pi$ et $t = m.2\pi$.

Pour la spirale d'Archimède on trouve ainsi $\frac{m^3 - (m-1)^3}{3}\pi$.

Si l'on calcule l'aire terminée par la révolution suivante, c'est-à-dire la $(m+1)^{ième}$, et qu'on en retranche celle qui la précède, on aura pour l'espace compris entre deux révolutions, ou *spires*,

$$\frac{(m+1)^3-2m^3+(m-1)^3}{3}\pi=2m\pi,$$

ce qui revient à 2π quand $m=1$, et montre que l'espace compris entre la $m^{ième}$ et la $(m+1)^{ième}$ spire est égal à m fois celui qui est renfermé entre la première et la seconde, ainsi que l'a trouvé Archimède.

Dans la spirale hyperbolique, où $n=-1$, on a

$$\int\frac{u^2\,\mathrm{d}t}{2}=-\frac{a^2}{2t}+const.,$$

et l'aire comprise entre les deux rayons vecteurs correspondants à $t=b$ et à $t=c$ sera

$$\frac{a^2}{2}\left(\frac{1}{b}-\frac{1}{c}\right),$$

expression qui devient infinie quand $t=0$, à cause de l'espace compris entre l'axe AB (*fig.* 32) et la branche infinie MK (p. 140).

Dans la spirale logarithmique enfin, $t=\mathrm{l}\,u$ (128),

$$\mathrm{d}t=\frac{\mathrm{d}u}{u},\quad \int\frac{u^2\,\mathrm{d}t}{2}=\int\frac{u\,\mathrm{d}u}{2}=\frac{u^2}{4}+const.$$

De la rectification des courbes.

259. La différentielle de l'arc d'une courbe rapportée à des coordonnées perpendiculaires entre elles est exprimée par $\sqrt{\mathrm{d}x^2+\mathrm{d}y^2}$ (64); en y substituant, au lieu de $\mathrm{d}y^2$, sa valeur tirée de l'équation différentielle de la courbe proposée, elle prendra la forme $X\,\mathrm{d}x$, et son intégrale donnera la longueur de l'arc d'une courbe. Demander la longueur de l'arc d'une courbe, c'est demander sa *rectification*, parce que la solution de ce problème, lorsqu'elle s'obtient exactement, met en état d'assigner une ligne droite qui soit égale à l'arc dont il s'agit.

260. Je prends pour premier exemple les paraboles des di-

vers degrés représentées par l'équation $y = px^n$, n étant un nombre quelconque entier ou fractionnaire; il vient

$$dy = npx^{n-1}dx, \quad \sqrt{dx^2 + dy^2} = dx\sqrt{1 + n^2p^2x^{2n-2}};$$

l'arc parabolique sera donc exprimé par

$$\int dx\,(1 + n^2p^2x^{2n-2})^{\frac{1}{2}}.$$

Cette intégrale s'obtiendra sous une forme finie et algébrique lorsque l'exposant $2n - 2$ sera égal à l'unité ou s'y trouvera contenu un nombre exact de fois (192).

Soit d'abord $2n - 2 = 1$, il en résultera $n = \frac{3}{2}$ et

$$\int dx\,(1 + n^2p^2x^{2n-2})^{\frac{1}{2}} = \frac{8}{27p^2}\left(1 + \frac{9}{4}p^2x\right)^{\frac{3}{2}} + const.;$$

la courbe proposée sera donnée par l'équation $y = px^{\frac{3}{2}}$ ou $y^2 = p^2x^3$, et sera par conséquent la même que la parabole du troisième degré qui est la développée de la parabole ordinaire (81). Si l'on compte les arcs à partir du point où $x = 0$, on aura

$$\frac{8}{27p^2}\left[\left(1 + \frac{9}{4}p^2x\right)^{\frac{3}{2}} - 1\right].$$

En faisant $\frac{1}{2n - 2} = i$, i désignant un nombre entier, on trouvera $n = \frac{2i + 1}{2i}$, et l'équation $y^{2i} = p^{2i}x^{2i+1}$ fournira une infinité de paraboles rectifiables; à l'égard des autres, on ne peut obtenir leurs arcs que par approximation.

Pour la parabole ordinaire, dans laquelle $n = 2$, on a $\int dx(1 + 4p^2x^2)^{\frac{1}{2}}$; par la formule (B) du n° 195, on trouve

$$\int dx\,(1 + 4p^2x^2)^{\frac{1}{2}} = \frac{1}{2}x(1 + 4p^2x^2)^{\frac{1}{2}} + \frac{1}{2}\int \frac{dx}{\sqrt{1 + 4p^2x^2}};$$

et comme

$$\int \frac{dx}{\sqrt{1 + 4p^2x^2}} = \frac{1}{2p}\,l\,(2px + \sqrt{1 + 4p^2x^2}) + const.\ (184),$$

il en résultera

$$\int dx\,(1+4p^2x^2)^{\frac{1}{2}} = \frac{1}{2}x\,(1+4p^2x^2)^{\frac{1}{2}}$$

$$+\frac{1}{4p}\,\mathrm{l}\left(2px+\sqrt{1+4p^2x^2}\right)+const.$$

Telle est la valeur d'un arc quelconque de la parabole ordinaire; on peut y supprimer la constante, en faisant commencer l'intégrale lorsque $x=0$.

L'arc des hyperboles données par l'équation $y=px^{-n}$, a pour expression $\int x^{-n-1}dx\,(x^{2n+2}+n^2p^2)^{\frac{1}{2}}$, et ne peut s'obtenir que par approximation.

261. La différentielle de l'arc de cercle est $\frac{a\,dx}{\sqrt{a^2-x^2}}$, lorsqu'on part de l'équation $y^2=a^2-x^2$ (64), et $\frac{a\,dx}{\sqrt{2ax-x^2}}$, quand on emploie l'équation $y^2=2ax-x^2$; sous l'une et l'autre de ces formes, son intégrale ne peut s'obtenir que par approximation, et j'en ai déjà donné plusieurs développements (205).

262. Je passe à l'ellipse, et je prends pour équation de cette courbe $y^2=\frac{b^2}{a^2}(a^2-x^2)$; la différentielle de son arc sera $\frac{dx\sqrt{a^4-(a^2-b^2)x^2}}{a\sqrt{a^2-x^2}}$. En faisant pour plus de simplicité le grand axe $a=1$, et le carré de l'excentricité $a^2-b^2=1-b^2=e^2$, l'arc deviendra $\int\frac{dx\sqrt{1-e^2x^2}}{\sqrt{1-x^2}}$. Déjà, dans le n° 206, j'ai rapporté une série qui donne la valeur approchée de cette intégrale, lorsque e est très-petit, et qui convient aux ellipses peu aplaties.

En supposant $x=1$ dans cette série, et mettant $\frac{\pi}{2}$ à la place de l'arc A, qui est alors de 1^q, on obtient

$$\frac{1}{2}\pi\left(1-\frac{1.1}{2.2}e^2-\frac{1.1.1.3}{2.2.4.4}e^4-\frac{1.1.1.3.3.5}{2.2.4.4.6.6}e^6-\text{etc.}\right),$$

développement très-convergent lorsque e est une petite fraction.

263. La différentielle de l'arc elliptique s'exprime d'une manière très-simple, au moyen de l'arc qui lui correspond dans le cercle décrit sur le grand axe comme diamètre. Soit $\mathrm{EN} = \varphi$ (*fig.* 48); on aura

$$\mathrm{CP} = x = \sin\varphi, \qquad \frac{dx}{\sqrt{1-x^2}} = d\varphi,$$

et par conséquent

$$d.\mathrm{BM} = d\varphi\sqrt{1 - e^2\sin\varphi^2}.$$

264. L'équation de l'hyperbole étant

$$y^2 = \frac{b^2}{a^2}(x^2 - a^2),$$

on a $\dfrac{dx\sqrt{(a^2+b^2)x^2 - a^4}}{a\sqrt{x^2-a^2}}$ pour la différentielle de son arc. En faisant $a = 1$, $a^2 + b^2 = 1 + b^2 = e^2$, cet arc se trouve exprimé par $\displaystyle\int\frac{dx\sqrt{e^2x^2-1}}{\sqrt{x^2-1}}$, et peut, dans le cas où e est très-près de l'unité, se développer en série par un procédé analogue à celui du n° 206.

265. Il me reste à parler des courbes transcendantes. L'équation de la cycloïde étant

$$dx = \frac{y\,dy}{\sqrt{2ay - y^2}} \quad (114),$$

on en tire

$$\sqrt{dx^2 + dy^2} = \frac{dy\sqrt{2a}}{\sqrt{2a - y}},$$

différentielle dont l'intégrale est

$$= -2\sqrt{2a(2a-y)} + const.$$

Il est évident que $\sqrt{2a(2a-y)}$ est l'expression de la corde $m\mathrm{K}$ (*fig.* 51) du cercle générateur; et comme la partie variable de l'intégrale s'évanouit au point K où $y = 2a$, il s'ensuit qu'elle exprime l'arc MK : on a donc

$$MK = 2\sqrt{2a(2a-y)} = 2mK.$$

Quand $y=0$, cet arc devient $AK = 2IK$, résultat qui s'accorde avec ce qu'on a vu dans le n° **116**, et d'où il suit que l'arc total AKL est quadruple du diamètre du cercle générateur (*).

266. Pour donner un exemple de l'usage de la formule $\sqrt{u^2 dt^2 + du^2}$, qui exprime la différentielle de l'arc d'une courbe rapportée aux coordonnées polaires (**125**), je prendrai les spirales dont l'équation est $u = at^n$, et j'aurai à intégrer la différentielle

$$dt\sqrt{a^2 t^{2n} + n^2 a^2 t^{2n-2}} = at^{n-1} dt\,(t^2+n^2)^{\frac{1}{2}}.$$

Lorsque $n=1$, on a seulement $adt\,(t^2+1)^{\frac{1}{2}}$, différentielle de la même forme que celle de l'arc de la parabole ordinaire (**260**), et d'où il suit que c'est à la rectification de cette courbe que se rapporte celle de la spirale d'Archimède.

Dans la spirale logarithmique on a $t = 1u$, ce qui donne

$$\sqrt{u^2 dt^2 + du^2} = du\sqrt{2}:$$

l'arc de cette courbe a donc pour expression $u\sqrt{2} + const.$, ou seulement $u\sqrt{2}$, en partant de l'origine des rayons vecteurs; et l'on voit que quoiqu'il se trouve, entre cette origine et un point quelconque de la courbe, une infinité de révolutions, elles ne composent cependant qu'une longueur finie, égale à la diagonale du carré fait sur le rayon vecteur.

De la cubature des corps terminés par des surfaces courbes, de la quadrature de leurs aires, et de l'intégration des différentielles partielles.

267. Les surfaces courbes que les géomètres ont considé-

(*) Si l'on représente par s l'arc MK, par y' la ligne $Kn = 2a - y$, et que l'on change $2a$ en a', l'expression de MK, trouvée ci-dessus, donne l'équation

$$s = 2\sqrt{a'y'}, \quad \text{ou} \quad s^2 = 4a'y',$$

dont on se sert dans la Mécanique.

rées les premières, sont celles de révolution, parce que les différentielles de leurs aires et des volumes qu'elles comprennent, ont une expression plus simple que leurs analogues dans les surfaces courbes en général.

Soit u le volume du corps engendré par le segment AMP (*fig.* 53) d'une courbe quelconque AZ, tournant autour de l'axe AB pris dans son plan ; il est évident que ce volume, terminé par le plan circulaire décrit par l'ordonnée MP, est une fonction de l'abscisse $AP = x$. Si l'on prend une autre abscisse AP′, que l'on mène une seconde ordonnée M′P′ et les droites MR et SM′, parallèles à PP′, on verra que le volume u s'accroît de celui que décrit le trapèze curviligne PMM′P′, en tournant autour de PP′, et que ce dernier corps, compris entre les cylindres engendrés par les rectangles MP′ et M′P, diffère d'autant moins de l'un et de l'autre, que les points M et M′ sont plus rapprochés, en sorte que la limite des rapports de ces trois corps est l'unité : on peut donc, lorsqu'il s'agit de limites, prendre le cylindre décrit par MP′, pour le corps engendré par PMM′P′. Ce cylindre ayant pour base le cercle décrit par le rayon $PM = y$, son volume sera $\pi y^2 \times PP'$, en nommant π le rapport de la circonférence au diamètre ; et l'on trouvera, par le raisonnement du nº 65, que $\frac{du}{dx} = \pi y^2$, d'où $u = \pi \int y^2 dx$. Lors donc qu'on aura l'équation de la courbe AMZ, on substituera pour y sa valeur en x, et l'intégration fera connaître le volume d'un segment quelconque du corps engendré par cette courbe.

268. Pour trouver la différentielle de l'aire du même corps, il faut observer que l'accroissement de cette aire étant décrit par l'arc MOM′, qui s'approche sans cesse de la corde MM′, tend à se confondre avec l'aire du tronc de cône droit décrit par cette corde ; et en passant aux limites, on peut prendre l'une pour l'autre (*). Mais l'aire du tronc de cône droit décrit par

(*) On verra aisément qu'il n'en est pas ainsi de celles des cylindres inscrit et circonscrit, engendrés par MR et SM′.

MM′, aura pour expression

$$\frac{1}{2}(2\pi \text{MP} + 2\pi \text{M'P'})\,\text{MM'} = \pi(\text{MP} + \text{M'P'})\,\text{MM'};$$

et en la comparant à l'accroissement de l'abscisse PP′, on obtiendra

$$\pi(\text{MP} + \text{M'P'})\frac{\text{MM'}}{\text{PP'}};$$

or, en passant aux limites, M′P′ se confond avec MP ou y, et $\frac{\text{MM'}}{\text{PP'}} = \sqrt{1 + \frac{dy^2}{dx^2}}$ (64) : donc le coefficient différentiel de l'aire décrite par l'arc AM, est égal à

$$2\pi y\sqrt{1 + \frac{dy^2}{dx^2}},$$

et par conséquent $2\pi y\sqrt{dx^2 + dy^2}$ est la différentielle de cette aire.

On parvient sur-le-champ à cette expression, ainsi qu'à celle du numéro précédent, en regardant la courbe AMZ comme un polygone; car alors l'élément du volume est le cylindre décrit par le rectangle MP′, celui de l'aire est le tronc de cône décrit par le côté MM′.

269. J'insisterai peu sur les applications, qui n'ont par elles-mêmes aucune difficulté. Si l'on prend l'équation à l'ellipse, $y^2 = \frac{b^2}{a^2}(2ax - x^2)$, on trouvera que le volume d'un segment du corps qu'elle engendre, en tournant autour de l'axe désigné par $2a$, est exprimé par

$$\frac{\pi b^2}{a^2}\int(2ax - x^2)\,dx = \frac{\pi b^2}{a^2}\left(ax^2 - \frac{x^3}{3}\right) + const. \text{ (267)};$$

et l'intégrale étant prise depuis $x = 0$ jusqu'à $x = 2a$, donne $\frac{4\pi ab^2}{3}$ pour le corps entier.

Quand $a = b$, ce corps devient une sphère, et son volume est $\frac{4\pi a^3}{3}$, ainsi qu'on le trouve par la Géométrie élémentaire.

Si l'ellipse était rapportée à son centre, ou qu'on employât l'équation $y^2 = \frac{b^2}{a^2}(a^2 - x^2)$, le segment serait

$$\int \frac{\pi b^2}{a^2}(a^2 - x^2)\,dx = \frac{\pi b^2}{3a^2}(3a^2 x - x^3) + const.,$$

intégrale qu'il faudrait prendre depuis $x = -a$ jusqu'à $x = a$ pour obtenir le corps entier, et qui donnerait alors le même résultat que ci-dessus.

L'expression de l'aire serait

$$\int \frac{2\pi b\,dx\sqrt{a^4 - (a^2 - b^2)x^2}}{a^2}.$$

Lorsque $a > b$, cette intégrale se rapporte facilement à l'aire du segment circulaire dont l'abscisse est x et le rayon $\frac{a^2}{\sqrt{a^2 - b^2}}$. Elle est logarithmique quand $a < b$, puisque le radical prend alors la forme $\sqrt{a^4 + (b^2 - a^2)x^2}$. Enfin, si l'on suppose $a = b$, on a seulement

$$\int 2\pi a\,dx = 2\pi a x + const.,$$

intégrale qui donne, en la prenant depuis $x = -a$ jusqu'à $x = a$, $4\pi a^2$ pour l'aire totale de la sphère.

270. Je considère maintenant les surfaces courbes en général, en les rapportant à trois plans perpendiculaires entre eux, au moyen des coordonnées $AP = x$, $PM' = y$, $M'M = z$ (*fig.* 54).

Le segment APGMM'QHD, ayant sa base APM'Q sur le plan des xy, et terminé par les deux plans PM'MG, QM'MH, respectivement parallèles à ceux des yz et des xz, et par la surface courbe proposée, est nécessairement une fonction des deux variables indépendantes x et y; il peut s'étendre successivement dans le sens de chacune, ou varier par rapport à toutes deux simultanément. En effet, si l'on suppose que, y demeurant constant, x se change en $AP + Pp$, ce segment s'accroîtra de la tranche PGMM'$m'mgp$, et de la tranche QHMM'$n'nhq$, si l'on fait varier y seul de Qq; enfin si x et y deviennent simultanément $AP + Pp$, $AQ + Qq$, le même segment, ayant alors pour limites les plans $pN'Ng$, $qN'Nh$, différera de son état primitif par les deux tranches déjà énoncées et par l'espèce de prisme tronqué $M'm'N'n'nMmN$, qui n'est autre que l'accroissement de la première tranche lorsqu'on y fait varier y seul, ou celui de la seconde quand, dans cette dernière, on fait varier x seul.

Si l'on représente par u la fonction de x et de y qui exprime le volume du segment APGMM'QHD, il est évident que, dans l'expression du changement total de cette fonction (41), les termes où x a varié seul donneront l'expression de la première tranche, ceux où y a varié seul, celle de la deuxième tranche, et que les autres appartiendront au prisme tronqué M'N; on aura donc

$$M'N = \frac{d^2u}{dx\,dy}hk + \frac{1}{2}\,\frac{d^3u}{dx^2dy}h^2k + \frac{1}{2}\,\frac{d^3u}{dx\,dy^2}hk^2 + \text{etc.};$$

divisant les deux membres de cette équation par hk, et passant aux limites relatives à l'anéantissement de h et de k, celle du second membre sera $\frac{d^2u}{dx\,dy}$. Or le prisme tronqué M'N tend sans cesse vers le parallélipipède formé sur la base $M'm'N'n'$ et l'ordonnée M'M, et peut en approcher aussi près qu'on voudra. Mais si, en prenant l'un pour l'autre, puisqu'il s'agit de limites, on substitue $\overline{M'm'}\times\overline{M'n'}\times\overline{M'M}$, au prisme M'N, qu'on fasse $M'm'$ ou $Pp = h$, $M'n'$ ou $Qq = k$, le rapport $\frac{M'N}{hk}$ se réduit à $M'M = z$; il résulte donc de là que $\frac{d^2u}{dx\,dy} = z$, et que pour obtenir le segment APGMM'QHD, il faut, par l'intégration, remonter du coefficient différentiel $\frac{d^2u}{dx\,dy}$ à la fonction u.

271. Quoique le coefficient différentiel $\frac{d^2u}{dx\,dy}$ soit relatif à deux variables, on peut néanmoins parvenir à la fonction dont il dérive par les méthodes données pour l'intégration des fonctions d'une seule, parce que chacune de ces variables est regardée comme constante à son tour. En effet, à cause de

$\frac{d^2u}{dx\,dy} = \frac{d\frac{du}{dx}}{dy}$, on aura $\frac{d\frac{du}{dx}}{dy}dy = z\,dy$, et prenant l'intégrale de chaque membre, en ne considérant comme variable que y seul, il viendra $\frac{du}{dx} = \int z\,dy$, d'où l'on tirera

$$\frac{du}{dx}dx = dx\int z\,dy;$$

intégrant de nouveau, mais par rapport à x seulement, on trouvera $u = \int dx \int z\,dy$.

En ne considérant cette recherche que du côté purement analytique, il est évident que la constante qu'il faudra ajouter pour compléter la première intégrale peut renfermer x d'une d'une manière quelconque; que celle qu'on mettra à la suite de la seconde intégrale doit être considérée comme une fonction quelconque de y; et cela parce que toute fonction de x seul doit disparaître comme une constante lorsqu'on ne différentie que par rapport à y, et qu'il en est de même de toute fonction de y lorsqu'on ne différentie que par rapport à x.

L'ordre des intégrations est indifférent (40) (*). En s'occupant d'abord de la variable x, on aurait eu $\frac{d^2u}{dx\,dy} = \frac{d\frac{du}{dy}}{dx}$, et de là on aurait tiré successivement

$$\frac{du}{dy} = \int z\,dx, \qquad u = \int dy \int z\,dx.$$

Ce résultat et le précédent s'écrivent comme il suit :

$$u = \int\int z\,dy\,dx, \qquad u = \int\int z\,dx\,dy,$$

en faisant passer les deux différentielles sous le dernier signe $\int$, ce qui est permis lorsqu'on observe que chaque signe n'est relatif qu'à l'une des variables en particulier.

(*) M. Cauchy a montré que ceci n'était plus généralement vrai, lorsqu'il s'agissait d'intégrales définies; on en trouvera des exemples dans la note E à la fin de cet ouvrage.

Pour éclaircir et confirmer ce qui précède, soit $z=\frac{1}{x^2+y^2}$; il viendra

$$u=\int\int\frac{dx\,dy}{x^2+y^2}=\int dx\int\frac{dy}{x^2+y^2}=\int dy\int\frac{dx}{x^2+y^2}.$$

La première succession d'intégrales donne

$$\int\frac{dy}{x^2+y^2}=\frac{1}{2}\,\text{arc}\left(\text{tang}=\frac{y}{x}\right)+X',$$

résultat dans lequel X′ représente une fonction arbitraire de x, ajoutée pour compléter l'intégrale; en intégrant de nouveau par rapport à x et faisant $\int X'dx=X$, on trouve

$$\begin{aligned}\int dx\int\frac{dy}{x^2+y^2}&=\int dx\left[\frac{1}{x}\,\text{arc}\left(\text{tang}=\frac{y}{x}\right)+X'\right]\\&=\int\frac{dx}{x}\,\text{arc}\left(\text{tang}=\frac{y}{x}\right)+X.\end{aligned}$$

L'intégrale $\int\frac{dx}{x}\,\text{arc}\left(\text{tang}=\frac{y}{x}\right)$ s'obtient en série, en mettant au lieu de arc $\left(\text{tang}=\frac{y}{x}\right)$ son développement

$$\frac{y}{x}-\frac{y^3}{3x^3}+\frac{y^5}{5x^5}-\text{etc.}\quad(202);$$

et comme il faut, après cette intégration, ajouter une fonction arbitraire de y, en la désignant par Y, on aura enfin

$$\int\int\frac{dx\,dy}{x^2+y^2}=X+Y-\frac{y}{x}+\frac{y^3}{9x^3}-\frac{y^5}{25x^5}+\frac{y^7}{49x^7}-\text{etc.}$$

En opérant dans un ordre inverse, d'après la seconde succession d'intégrales on trouvera

$$\int\frac{dx}{x^2+y^2}=\frac{1}{y}\,\text{arc}\left(\text{tang}=\frac{x}{y}\right)+Y',$$

$$\begin{aligned}\int dy\int\frac{dx}{x^2+y^2}&=\int dy\left[\frac{1}{y}\,\text{arc}\left(\text{tang}=\frac{x}{y}\right)+Y'\right]\\&=\int\frac{dy}{y}\,\text{arc}\left(\text{tang}=\frac{x}{y}\right)+Y.\end{aligned}$$

Mais si l'on observe que

$$\text{arc}\left(\text{tang} = \frac{x}{y}\right) = \frac{\pi}{2} - \text{arc}\left(\text{tang} = \frac{y}{x}\right),$$

on aura, après la dernière intégration et l'addition d'une fonction arbitraire de x,

$$\int\int \frac{\mathrm{d}x\,\mathrm{d}y}{x^2+y^2} = \frac{\pi}{2}\,\mathrm{l}y - \int \frac{\mathrm{d}y}{y}\,\text{arc}\left(\text{tang} = \frac{y}{x}\right) + \mathrm{Y} + \mathrm{X};$$

et comme on peut comprendre le terme $\frac{\pi}{2}\,\mathrm{l}y$ dans la fonction arbitraire Y, ce résultat, qui se changera par là en

$$\int\int \frac{\mathrm{d}x\,\mathrm{d}y}{x^2+y^2} = \mathrm{X} + \mathrm{Y} - \int \frac{\mathrm{d}y}{y}\,\text{arc}\left(\text{tang} = \frac{y}{x}\right),$$

sera le même que le précédent, ainsi qu'on peut s'en convaincre en mettant pour arc $\left(\text{tang} = \frac{y}{x}\right)$ son développement.

272. Lorsque l'on regarde $\int\int z\,\mathrm{d}x\,\mathrm{d}y$ comme exprimant le volume d'un corps, il faut avoir égard aux limites entre lesquelles doit être prise chaque intégrale, et qui tiennent à la nature des surfaces par lesquelles le corps proposé est terminé latéralement.

Le cas le plus simple est celui où le corps est fermé par quatre plans, parallèles deux à deux aux plans coordonnés CAD, BAD. En supposant que les premiers répondent aux abscisses $x = a$, $x = a'$, et les seconds aux abscisses $y = b$, $y = b'$, on prendra l'intégrale $\int z\,\mathrm{d}x$ depuis $x = a$ jusqu'à $x = a'$, en y regardant d'ailleurs y comme constant; et nommant P le résultat obtenu, il restera à prendre l'intégrale $\int \mathrm{P}\,\mathrm{d}y$ depuis $y = b$ jusqu'à $y = b'$.

Lorsque le corps proposé est terminé latéralement par des surfaces courbes, les valeurs extrêmes de l'une des variables sont liées avec celles de l'autre, ainsi qu'on va le voir dans l'exemple suivant, où il s'agit de trouver le volume d'une sphère dont le centre est en A et dont le rayon est égal à r.

On a $x^2 + y^2 + z^2 = r^2$, et par conséquent

$$\int\int z\,\mathrm{d}x\,\mathrm{d}y = \int\int \mathrm{d}x\,\mathrm{d}y\sqrt{r^2 - x^2 - y^2};$$

puis, en supposant y constant et $r^2 - y^2 = r'^2$, on trouve

$$\int z\,dx = \int dx\sqrt{r'^2 - x^2} = \frac{1}{2}x\sqrt{r'^2 - x^2} + \frac{1}{2}r'^2 \operatorname{arc}\left(\sin = \frac{x}{r'}\right) \text{ (249)}.$$

Cela posé, l'intégrale $\int z\,dx$, exprimant l'aire de la section faite dans la sphère, parallèlement au plan des xz, et à la distance $AQ = y$, doit être prise entre les limites de cette section, qui sont d'une part le plan CAD, et de l'autre le cercle BFEC, suivant lequel la sphère rencontre le plan BAC. A la première limite, $x = 0$; à la seconde, $x = QF$. Mais cette dernière est liée avec AQ; car en faisant $z = 0$, on trouve $x^2 + y^2 = r^2$ pour l'équation du cercle BFEC, d'où il suit que

$$QF = \sqrt{r^2 - \overline{AQ}^2} = \sqrt{r^2 - y^2} = r'\;;$$

et par conséquent, pour une valeur quelconque de y, les valeurs extrêmes de x sont 0 et r'.

Au moyen de ces valeurs, le résultat obtenu plus haut se réduit à $\frac{\pi}{4}r'^2$, puisque arc $(\sin = 1) = \frac{\pi}{2}$, et l'intégrale $\int dy \int z\,dx$ devient

$$\frac{\pi}{2}\int r'^2 dy = \frac{\pi}{4}\int dy\,(r^2 - y^2) = \frac{\pi}{4}\left(r^2 y - \frac{y^3}{3}\right).$$

Cette dernière doit être prise depuis la plus petite valeur de y, que je supposerai nulle, en fermant de ce côté le corps par le plan BAD, jusqu'à la plus grande, qui, dans le cas actuel, est $AC = r$: le volume du segment ABCD, qui est la huitième partie de la sphère, sera donc $\frac{\pi r^3}{6}$, et par conséquent le volume de la sphère entière sera $\frac{4\pi r^3}{3}$.

Il est à propos de remarquer qu'on peut obtenir immédiatement le volume de tout l'hémisphère supérieur au plan BAC en prenant la première intégrale depuis $x = -\sqrt{r^2 - y^2}$ jusqu'à $x = +\sqrt{r^2 - y^2}$; car dans ce cas les valeurs extrêmes de x se terminent de part et d'autre à la circonférence du cercle BFEC, dont AC est le rayon, et l'on a la valeur complète de

$$\int z\,dx = \frac{\pi}{2}(r^2 - y^2).$$

Prenant ensuite l'intégrale

$$\frac{\pi}{2}\int dy\,(r^2 - y^2) = \frac{\pi}{2}\left(r^2 y - \frac{y^3}{3}\right),$$

dans toute l'étendue de la partie de l'axe des y comprise dans le cercle BFEC, c'est-à-dire depuis l'extrémité de son diamètre, située derrière le plan BAD, où $y = -r$, jusqu'à l'autre extrémité C, où $y = +r$, on trouve $\frac{2\pi r^3}{3}$; et en doublant on a, comme ci-dessus, $\frac{4\pi r^3}{3}$ pour la sphère entière (*).

273. En considérant les différentielles comme les accroissements infiniment petits des variables, on peut négliger la différence du prisme tronqué M'N, au prisme complet ayant pour hauteur M'M, et le regarder alors comme formé de petits parallélipipèdes ayant pour base le rectangle $M'm'N'n'$, pour hauteur dz, et étant par conséquent exprimés par $dx\,dy\,dz$. Pour obtenir la somme des parallélipipèdes contenus dans le prisme entier, il faut intégrer cette expression par rapport à z

(*) On passe bien aisément de ce résultat à l'expression du volume d'un ellipsoïde quelconque. L'équation de sa surface étant

$$\frac{x^2}{a^2} + \frac{y^2}{b^2} + \frac{z^2}{c^2} = 1, \quad \text{donne} \quad z = c\sqrt{1 - \frac{x^2}{a^2} - \frac{y^2}{b^2}};$$

et posant

$$\frac{x}{a} = x', \quad \frac{y}{b} = y', \quad \text{d'où} \quad dx = a\,dx', \quad dy = b\,dy',$$

on obtient

$$\iint z\,dx\,dy = abc\iint dx'\,dy'\sqrt{1 - x'^2 - y'^2}.$$

Or les limites des variables x, y, étant a, b, celles de x', y', seront 1, et par conséquent l'intégrale $\iint dx'\,dy'\sqrt{1 - x'^2 - y'^2}$ exprimera le volume de la sphère dont le rayon $= 1$: le volume de l'ellipsoïde sera donc $abc \cdot \frac{4\pi}{3}$, c'est-à-dire le même que celui d'une sphère dont le rayon est $\sqrt[3]{abc}$, résultat analogue à celui du n° **250**.

seulement, ce qui donnera

$$\int dx\,dy\,dz = z\,dx\,dy,$$

comme on l'a trouvé ci-dessus.

On observera ensuite que la valeur complète de $dy\int z\,dx$ est l'expression de la somme des parallélipipèdes contenus dans la tranche FHQqhf, comprise entre deux plans parallèles au plan **BAD** des xz; mais $\int z\,dx$ étant l'aire de la section FHQ, il s'ensuit que la tranche infiniment mince FHQqhf peut être regardée comme égale à $\overline{\text{FHQ}} \times \overline{\text{Q}q}$, c'est-à-dire à l'aire de la courbe qui lui sert de base, multipliée par l'épaisseur Qq. On voit enfin que $\int dy \int z\,dx$ exprime la somme de toutes les tranches semblables comprises dans le volume cherché.

Il est évident qu'on représente toutes ces opérations, en considérant l'intégrale triple $\int\int\int dx\,dy\,dz$ dont chaque signe se rapporte à l'une des variables x, y et z.

274. En général, s'il faut obtenir la portion du corps proposé, terminée latéralement par le cylindre élevé perpendiculairement au plan BAC (*fig.* 55) sur la courbe donnée E′N′G′, on prendra l'intégrale $\int z\,dx$, depuis $x = \text{AP}$ jusqu'à $x = \text{A}p$, afin que l'expression $dy\int z\,dx$ devienne celle de la tranche MM′N′N$nn'm'm$. Les lignes AP et Ap, respectivement égales à QM′ et QN′, seront données en fonction de $\text{AQ} = y$, par l'équation de la courbe E′N′G′ dont elles sont les abscisses; en les représentant par $\text{F}(y)$ et $f(y)$, on devra prendre $\int z\,dx$, depuis $x = \text{F}(y)$ jusqu'à $x = f(y)$, ce qui, comme l'on voit, introduira de nouvelles fonctions de y que z ne renfermait pas, et pourra augmenter ou diminuer la difficulté de la seconde intégration. Pour obtenir ensuite, dans celle-ci, la valeur totale de l'espace cherché, ou la somme des tranches dont on a déjà l'expression générale, il faudra prendre $\int dy \int z\,dx$, depuis $y = \text{AF}$ jusqu'à $y = \text{AH}$, valeurs qui répondent aux limites E′ et G′ de la courbe E′N′G′, dans le sens des y.

Il pourrait arriver que le contour E′N′G′, au lieu d'être une courbe continue, fût l'assemblage de plusieurs portions de courbes différentes; l'application des principes précédents à ce cas est trop facile pour qu'il soit besoin de s'y arrêter.

275. On parvient à l'expression générale de la différentielle de l'aire d'une surface courbe, en imaginant cette surface partagée en zones, telles que EGge (*fig.* 54), par des plans parallèles à l'un des plans coordonnés, et en concevant que chacune de ces zones soit découpée en portions quadrangulaires MmNn, par des plans parallèles à un autre plan coordonné. A l'inspection de la figure, on voit que l'aire DGMH, que je représenterai par s, s'accroît du quadrilatère curviligne GMmg, quand x augmente de Pp, et que ce quadrilatère s'accroît de MmNn, quand y vient ensuite à augmenter de Qq. Un raisonnement semblable à celui du n° 270 fera voir que la limite du rapport de $\frac{\mathrm{M}m\mathrm{N}n}{\mathrm{P}p \times \mathrm{Q}q}$ est égale au coefficient différentiel $\frac{d^2 s}{dx\,dy}$.

Pour parvenir à cette limite, on observe d'abord que les quatre plans

$$m'\mathrm{M} \text{ et } \mathrm{N}'n, \quad n'\mathrm{M} \text{ et } \mathrm{N}'m,$$

parallèles deux à deux aux plans des xz et des yz, et qui déterminent le quadrilatère courbe MmNn, déterminent aussi, sur le plan tangent au point M (*fig.* 56), un parallélogramme MXZY, sur lequel toutes les lignes tirées du point M seraient tangentes aux diverses sections que feraient, dans le quadrilatère courbe, des plans menés par l'ordonnée M'M, et auraient avec les arcs de ces sections un rapport tendant sans cesse vers l'unité (63) : on peut donc, dans la limite cherchée, substituer au quadrilatère courbe MmNn, le parallélogramme MXZY, dont l'aire est à celle de sa projection M'm'N'n', comme le rayon est au cosinus de l'angle compris entre le plan tangent et celui des xy (*). Or, la normale MG et l'ordonnée M'M étant respectivement perpendiculaires à ces plans, l'angle qu'ils comprennent sera égal à GMM', et aura par conséquent pour cosinus,

$$\frac{\mathrm{M'M}}{\mathrm{MG}} = \frac{1}{\sqrt{1+p^2+q^2}} \quad (150),$$

(*) *Voyez* pour cette proposition le n° 60 du *Complément des Éléments de Géométrie*, et pour ce qui précède, le Traité in-4°, tome II, page 198, note.

ce qui donne

$$\text{MXZY} = \text{M}'m'\,\text{N}'n' . \frac{\text{MG}}{\text{M}'\text{M}} = \text{d}x\,\text{d}y\sqrt{1+p^2+q^2}\ :$$

on a donc

$$s = \int\int \text{d}x\,\text{d}y\sqrt{1+p^2+q^2},$$

où il faut observer que $\text{d}y\int \text{d}x\sqrt{1+p^2+q^2}$ représente l'aire de la zone FHhf (*fig.* 54).

276. Si l'on prend encore la sphère pour exemple, son équation $x^2+y^2+z^2=r^2$, donnera

$$p = -\frac{x}{z},\quad q = -\frac{y}{z},\quad \sqrt{1+p^2+q^2} = \frac{r}{z},$$

et

$$\int \text{d}x\sqrt{1+p^2+q^2} = \int \frac{r\,\text{d}x}{\sqrt{r^2-x^2-y^2}};$$

posant ensuite $r^2-y^2=r'^2$, cette intégrale deviendra

$$r\int \frac{dx}{\sqrt{r'^2-x^2}} = r.\text{arc}\left(\sin = \frac{x}{r'}\right)\ (186),$$

qui, prise depuis $x=0$ jusqu'à $x=r'=\sqrt{r^2-y^2}$, est égale à $\frac{\pi}{2}$, et ne laisse pour la seconde intégration que

$$\frac{\pi r}{2}\int \text{d}y = \frac{\pi r}{2}y.$$

Il est aisé de voir que, comme on n'a pris le radical $\sqrt{r^2-x^2-y^2}$ qu'avec le signe $+$, on n'a dû obtenir que la portion d'aire supérieure au plan des xy, que, de plus, les limites assignées à x n'embrassent qu'une moitié de la partie supérieure de la zone perpendiculaire à l'axe des y, et qu'ainsi la zone entière serait exprimée par $2\pi ry$, c'est-à-dire par la circonférence d'un grand cercle, multipliée par la portion du diamètre comprise entre les plans qui terminent cette zone, résultat conforme à ce qu'on a vu dans la Géométrie élémentaire. Quant aux limites de y, il est évident qu'il faut prendre $-r$ et $+r$, lorsqu'on veut obtenir l'aire totale de la sphère.

277. L'Application de l'Analyse à la Mécanique conduit souvent à des intégrales triples de la forme $\int\int\int V\,dx\,dy\,dz$, dans lesquelles la fonction V peut renfermer les trois variables x, y, z, considérées comme indépendantes les unes des autres, en sorte que chaque signe d'intégration ne tombe que sur une d'elles en particulier (273). Il est aisé de voir que ces intégrales proviennent de la détermination d'une fonction u dépendante de trois variables x, y, z, et dont on ne connaît que le coefficient différentiel $\frac{d^3u}{dx\,dy\,dz}$, donné par l'équation $\frac{d^3u}{dx\,dy\,dz} = V$; car on tire de là, en opérant comme dans le n° 271, 1° en regardant x et y comme constants,

$$\frac{d^3u}{dx\,dy\,dz}dz = d\frac{d^2u}{dx\,dy} = V\,dz, \quad \frac{d^2u}{dx\,dy} = \int V\,dz + T'',$$

T″ étant une fonction arbitraire de x et de y; 2° en regardant x et z comme constants,

$$\frac{d^2u}{dx\,dy}dy = d\frac{du}{dx} = dy\int V\,dz + T''\,dy,$$

$$\frac{du}{dx} = \int dy\int V\,dz + T' + S',$$

T′ désignant la fonction arbitraire de x et de y, résultante de $\int T''\,dy$, et S′ une fonction arbitraire de x et de z; 3° enfin, en regardant y et z comme constants,

$$\frac{du}{dx}dx = dx\int dy\int V\,dz + T'\,dx + S'\,dx,$$

$$u = \int dx\int dy\int V\,dz + T + S + R,$$

T et S représentant des fonctions arbitraires résultantes de $\int T'\,dx$ et de $\int S'\,dx$, et R étant une fonction arbitraire de y et de z : l'intégrale complète renferme donc trois fonctions arbitraires, savoir, une de x et de y, une de x et de z, et une de y et de z. En réunissant les différentielles sous le dernier signe d'intégration, $\int dx\int dy\int V\,dz$ devient $\int\int\int V\,dx\,dy\,dz$, et a, sous cette dernière forme, la même signification que sous la précédente.

Cet exemple suffit pour montrer comment on reviendra du coefficient différentiel d'un ordre quelconque d'une fonction de plusieurs variables à cette fonction elle-même. Les fonctions arbitraires introduites ici n'ont rapport, comme dans le n° 272, qu'au cas où les intégrales sont prises entre des limites pour lesquelles les variables x, y et z sont indépendantes les unes des autres; mais le plus souvent l'intégrale relative à z doit être prise depuis $z = \mathrm{F}(x, y)$ jusqu'à $z = f(x, y)$, F et f étant des fonctions données, l'intégrale relative à y, depuis $y = \mathrm{F}_1(x)$ jusqu'à $y = f_1(x)$, et enfin l'intégrale relative à x, depuis $x = a$ jusqu'à $x = a'$.

De l'intégration des différentielles totales contenant plusieurs variables indépendantes.

278. Les fonctions contenant plusieurs variables indépendantes ont deux sortes de différentielles, savoir, des différentielles partielles et des différentielles totales (46); on a déjà vu dans les n°s 271, 277, comment on pouvait remonter d'une différentielle partielle exprimée par les variables indépendantes, à la fonction primitive, et que ce problème est toujours possible, puisqu'il se rapporte immédiatement à l'intégration d'une différentielle à une seule variable. Il n'en est plus de même quand on prend au hasard une expression de la forme $\mathrm{M}\,\mathrm{d}x + \mathrm{N}\,\mathrm{d}y$, pour la différentielle totale d'une fonction de deux variables, parce que l'équation $\frac{\mathrm{d}^2 u}{\mathrm{d}y\,\mathrm{d}x} = \frac{\mathrm{d}^2 u}{\mathrm{d}x\,\mathrm{d}y}$ (40) établit, entre les quantités M et N, une relation sans laquelle elles ne peuvent dériver d'une même fonction primitive.

En effet, si l'on pose

$$\mathrm{d}u = \mathrm{M}\,\mathrm{d}x + \mathrm{N}\,\mathrm{d}y,$$

il en résulte

$$\frac{\mathrm{d}u}{\mathrm{d}x} = \mathrm{M}, \quad \frac{\mathrm{d}u}{\mathrm{d}y} = \mathrm{N}, \quad \frac{\mathrm{d}^2 u}{\mathrm{d}y\,\mathrm{d}x} = \frac{\mathrm{d}\mathrm{M}}{\mathrm{d}y}, \quad \frac{\mathrm{d}^2 u}{\mathrm{d}x\,\mathrm{d}y} = \frac{\mathrm{d}\mathrm{N}}{\mathrm{d}x},$$

et par conséquent

$$\frac{\mathrm{d}\mathrm{M}}{\mathrm{d}y} = \frac{\mathrm{d}\mathrm{N}}{\mathrm{d}x}.$$

Il faudra donc que toute expression $M\,dx + N\,dy$, quand elle sera la différentielle totale d'une fonction des variables x et y, rende identique l'équation ci-dessus; et alors, pour remonter à son intégrale u, on aura $M = \frac{du}{dx}$, $N = \frac{du}{dy}$, d'où l'on déduira la valeur des différentielles partielles.

En prenant celle de la différentielle relative à x, par exemple, il viendra $\frac{du}{dx}dx = M\,dx$, et par conséquent $u = \int M\,dx + Y$. On ajoute dans ce cas, comme dans celui du n° 271, une fonction arbitraire de y, puisque l'intégration n'a eu lieu que par rapport à la variable x; mais ici cette fonction se détermine parce que la valeur de u doit satisfaire encore à l'équation $N = \frac{du}{dy}$.

L'équation $u = \int M\,dx + Y$ donne

$$\frac{du}{dy} = \frac{d\int M\,dx}{dy} + \frac{dY}{dy}.$$

Représentant $\int M\,dx$ par v, on aura

$$\frac{du}{dy} = \frac{dv}{dy} + \frac{dY}{dy} = N,$$

d'où l'on tirera

$$\frac{dY}{dy} = N - \frac{dv}{dy},$$

et, en intégrant,

$$Y = \int\left(N - \frac{dv}{dy}\right)dy;$$

on trouvera donc

$$u = \int M\,dx + \int\left(N - \frac{dv}{dy}\right)dy:$$

telle est l'intégrale de la fonction proposée.

Ce résultat fait voir que la fonction $N - \frac{dv}{dy}$ ne doit renfermer que la seule variable y, sans quoi il ne serait pas vrai, comme on l'a supposé, que $M\,dx$ et $N\,dy$ fussent les différentielles partielles d'une même fonction u. Il suit de là que la fonction $N - \frac{dv}{dy}$, ne contenant pas x, ne doit pas varier par rapport à cette quantité, et qu'ainsi

$$\frac{dN}{dx} - \frac{d^2v}{dx\,dy} = 0;$$

mais on a

$$\frac{d^2v}{dx\,dy} = \frac{d^2v}{dy\,dx} = \frac{d\frac{dv}{dx}}{dy} \quad \text{et} \quad \frac{dv}{dx} = M:$$

il vient donc

$$\frac{d^2v}{dx\,dy} = \frac{dM}{dy} \quad \text{et} \quad \frac{dN}{dx} - \frac{dM}{dy} = 0.$$

Cette condition, trouvée plus haut, est par conséquent la seule nécessaire pour assurer l'intégrabilité de la différentielle $M\,dx + N\,dy$; et quand elle n'est pas remplie, l'expression proposée, ne pouvant résulter de la différentiation d'une fonction primitive à deux variables, ne saurait être une *différentielle exacte*.

279. La fonction $\frac{y\,dx - x\,dy}{x^2 + y^2}$ étant écrite ainsi,

$$\frac{y}{x^2 + y^2}\,dx - \frac{x}{x^2 + y^2}\,dy,$$

donne successivement

$$M = \frac{y}{x^2 + y^2}, \quad N = -\frac{x}{x^2 + y^2},$$

$$\frac{dM}{dy} = \frac{x^2 - y^2}{(x^2 + y^2)^2} = \frac{dN}{dx},$$

$$\int M\,dx = \int \frac{y\,dx}{x^2 + y^2} = \int \frac{\frac{dx}{y}}{1 + \frac{x^2}{y^2}} = \text{arc}\left(\text{tang} = \frac{x}{y}\right) = v$$

d'où

$$u = \text{arc}\left(\text{tang} = \frac{x}{y}\right) + Y.$$

Différentiant et faisant tout varier, on trouvera

$$du = \frac{y\,dx - x\,dy}{x^2 + y^2} + dY;$$

comparant avec la fonction proposée, on aura

$$dY = 0, \quad \text{d'où} \quad Y = const.,$$

et par conséquent

$$\int \frac{y\,dx - x\,dy}{x^2 + y^2} = \text{arc}\left(\text{tang} = \frac{x}{y}\right) + const. \quad (*).$$

Soit encore la fonction

$$\frac{dx}{x} + \frac{y^2 dx}{x^3} - \frac{y\,dy}{x^2} + \frac{(y\,dx - x\,dy)\sqrt{x^2 + y^2}}{x^3} + \frac{dy}{2y};$$

en la comparant avec la formule $M\,dx + N\,dy$, on a

$$M = \frac{1}{x} + \frac{y^2 + y\sqrt{x^2 + y^2}}{x^3}, \qquad N = \frac{-y - \sqrt{x^2 + y^2}}{x^2} + \frac{1}{2y},$$

d'où l'on déduit

$$\frac{dM}{dy} = \frac{2y + \sqrt{x^2 + y^2}}{x^3} + \frac{y^2}{x^3\sqrt{x^2 + y^2}},$$

$$\frac{dN}{dx} = \frac{2y + 2\sqrt{x^2 + y^2}}{x^3} - \frac{x}{x^2\sqrt{x^2 + y^2}}.$$

Ces valeurs étant réduites, deviennent

$$\frac{dM}{dy} = \frac{2y}{x^3} + \frac{x^2 + 2y^2}{x^3\sqrt{x^2 + y^2}} = \frac{dN}{dx},$$

et par conséquent la fonction proposée peut s'intégrer immédiatement. On obtient d'abord

$$\int M\,dx = lx - \frac{y^2}{2x^2} + y\int \frac{dx}{x^3}\sqrt{x^2 + y^2};$$

(*) Je me suis arrêté sur cette intégration, parce qu'elle sert de base à une démonstration très-élégante du principe de la composition des forces, donnée par Laplace, dans sa *Mécanique céleste*

mais l'intégration par parties donne

$$\int \frac{dx}{x^3}\sqrt{x^2+y^2} = \int \sqrt{x^2+y^2}\cdot\frac{dx}{x^3}$$

$$= -\frac{\sqrt{x^2+y^2}}{2x^2} + \frac{1}{2}\int \frac{dx}{x\sqrt{x^2+y^2}},$$

et faisant $\sqrt{x^2+y^2} = z$, on trouve, en opérant comme dans le n° 198,

$$\int \frac{dx}{x\sqrt{x^2+y^2}} = \frac{1}{y}\,\mathrm{l}\,\frac{(-y+\sqrt{x^2+y^2})}{x}:$$

donc

$$\int \mathrm{M}\,dx = \mathrm{l}x - \frac{y^2}{2x^2} - \frac{y\sqrt{x^2+y^2}}{2x^2} + \frac{1}{2}\,\mathrm{l}\,\frac{(-y+\sqrt{x^2+y^2})}{x} = v.$$

On a ensuite

$$\mathrm{N} - \frac{dv}{dy} = -\frac{\sqrt{x^2+y^2}}{2x^2} + \frac{y^2}{2x^2\sqrt{x^2+y^2}}$$

$$+ \frac{1}{2\sqrt{x^2+y^2}} + \frac{1}{2y} = \frac{1}{2y},$$

d'où il résulte $\mathrm{Y} = \frac{1}{2}\,\mathrm{l}y + const.$, et enfin

$$u = \mathrm{l}x - \frac{y^2}{2x^2} - \frac{y\sqrt{x^2+y^2}}{2x^2}$$

$$+ \frac{1}{2}\,\mathrm{l}\left(\frac{-y^2+y\sqrt{x^2+y^2}}{x}\right) + const.$$

280. Les différentielles contenant un nombre quelconque de variables s'intègrent par une extension de la méthode précédente, qu'il suffira d'appliquer aux fonctions de trois variables. Soit

$$\mathrm{M}\,dx + \mathrm{N}\,dy + \mathrm{P}\,dz$$

une différentielle de ce genre, **M**, **N**, **P** désignant des fonctions de x, y et z; en y supposant alternativement dz, dy, dx nuls, c'est-à-dire en regardant tour à tour z, y et x comme constants, on doit successivement obtenir trois différentielles exactes entre deux variables, savoir,

$$\mathrm{M\,d}x + \mathrm{N\,d}y,\quad \mathrm{M\,d}x + \mathrm{P\,d}z,\quad \mathrm{N\,d}y + \mathrm{P\,d}z,$$

desquelles il résultera nécessairement

$$\frac{\mathrm{dM}}{\mathrm{d}y} = \frac{\mathrm{dN}}{\mathrm{d}x},\quad \frac{\mathrm{dM}}{\mathrm{d}z} = \frac{\mathrm{dP}}{\mathrm{d}x},\quad \frac{\mathrm{dN}}{\mathrm{d}z} = \frac{\mathrm{dP}}{\mathrm{d}y}\ (278).$$

Lorsque ces équations de condition sont vérifiées, la différentielle proposée est exacte et peut s'intégrer en commençant par opérer sur l'une quelconque des différentielles à deux variables qu'on en a déduites. Si, par exemple, on a fait à la première, $\mathrm{M\,d}x + \mathrm{N\,d}y$, l'application du procédé du n° 278, et que le résultat soit représenté par v, on aura

$$\int(\mathrm{M\,d}x + \mathrm{N\,d}y + \mathrm{P\,d}z) = v + \mathrm{Z},$$

Z étant une fonction de z seul, et provenant des termes de la fonction primitive cherchée, qui ne contiennent pas x et y. Cela posé, si l'on différentie l'équation ci-dessus, en y faisant tout varier, il viendra

$$\mathrm{M} = \frac{\mathrm{d}v}{\mathrm{d}x},\quad \mathrm{N} = \frac{\mathrm{d}v}{\mathrm{d}y},\quad \mathrm{P} = \frac{\mathrm{d}v}{\mathrm{d}z} + \frac{\mathrm{dZ}}{\mathrm{d}z}.$$

La dernière de ces équations donne

$$\frac{\mathrm{dZ}}{\mathrm{d}z} = \mathrm{P} - \frac{\mathrm{d}v}{\mathrm{d}z},$$

d'où

$$\mathrm{Z} = \int\left(\mathrm{P} - \frac{\mathrm{d}v}{\mathrm{d}z}\right)\mathrm{d}z + const.,$$

pourvu que $\mathrm{P} - \frac{\mathrm{d}v}{\mathrm{d}z}$ ne contienne ni x, ni y : on doit donc avoir

$$\frac{\mathrm{dP}}{\mathrm{d}x} - \frac{\mathrm{d}^2 v}{\mathrm{d}x\,\mathrm{d}z} = 0,\quad \frac{\mathrm{dP}}{\mathrm{d}y} - \frac{\mathrm{d}^2 v}{\mathrm{d}y\,\mathrm{d}z} = 0,$$

ce qui revient à

$$\frac{\mathrm{dP}}{\mathrm{d}x} - \frac{\mathrm{dM}}{\mathrm{d}z} = 0,\quad \frac{\mathrm{dP}}{\mathrm{d}y} - \frac{\mathrm{dN}}{\mathrm{d}z} = 0,$$

en intervertissant l'ordre des deux différentiations indiquées sur v, et mettant pour $\frac{dv}{dx}$ et $\frac{dv}{dy}$ leurs valeurs M et N. Les deux conditions que je viens de trouver, jointes à

$$\frac{dM}{dy} = \frac{dN}{dx}$$

que suppose l'intégration de la différentielle $M dx + N dy$, étant les mêmes que celles qui se sont présentées au commencement de l'article, font voir que ces dernières sont suffisantes pour constater l'intégrabilité d'une fonction différentielle quelconque à trois variables; et lorsque ces conditions ne sont pas satisfaites, la proposée ne peut dériver d'aucune fonction primitive renfermant le même nombre de variables indépendantes.

En général, il est visible qu'une différentielle exacte comprenant n variables, doit présenter $\frac{n(n-1)}{2}$ différentielles exactes à deux variables, ce qui fournit un pareil nombre d'équations de condition; et de là on peut s'élever aux conditions que doivent remplir les différentielles des ordres supérieurs : mais elles s'offriront presque d'elles-mêmes, dans le *Calcul des variations*, qui entre dans le plan de cet ouvrage, c'est pourquoi je ne m'y arrêterai pas ici (*).

281. Le procédé suivi pour obtenir, dans le n° 278, l'expression de $\frac{dv}{dy}$, équivalente à $\frac{d\int M dx}{dy}$, conduit à une formule très-utile, qui apprend à différentier sous le signe $\int$, par rapport à une autre variable que celle à laquelle il se rapporte.

En effet, l'équation

$$\frac{d^2 v}{dx\, dy} = \frac{dM}{dy},$$

revenant à

$$\frac{d\frac{dv}{dy}}{dx} = \frac{dM}{dy}, \quad \text{donne} \quad \frac{d\frac{dv}{dy}}{dx} dx = \frac{dM}{dy} dx,$$

(*) Voyez d'ailleurs le Traité in-4°, tome II, page 232.

et chacun des membres de cette dernière étant intégré par rapport à x, il vient

$$\frac{\mathrm{d}v}{\mathrm{d}y}=\int\frac{\mathrm{d}M}{\mathrm{d}y}\mathrm{d}x \quad \text{ou} \quad \frac{\mathrm{d}\int M\,\mathrm{d}x}{\mathrm{d}y}=\int\frac{\mathrm{d}M}{\mathrm{d}y}\mathrm{d}x,$$

en remettant pour v sa valeur $\int M\,\mathrm{d}x$ (*).

De l'intégration des équations différentielles à deux variables.

De la séparation des variables dans les équations différentielles du premier ordre.

282. Dans ce qui précède, j'ai supposé que les coefficients différentiels de la fonction cherchée étaient exprimés immédiatement par le moyen de la variable indépendante; mais le plus souvent on n'a qu'une équation différentielle qui renferme aussi cette fonction. Pour le premier ordre, l'équation différentielle, lorsqu'elle est du premier degré par rapport à $\mathrm{d}x$ et à $\mathrm{d}y$, a nécessairement la forme $M\,\mathrm{d}x+N\,\mathrm{d}y=0$, et elle exprime, ainsi qu'on l'a fait voir n° 48, une relation entre la variable x, la fonction y et son coefficient différentiel $\frac{\mathrm{d}y}{\mathrm{d}x}$.

(*) Leibnitz, à qui ce théorème est dû, l'appelait *differentiatio de curvâ in curvam*, parce que, dans la question qu'il se proposait de résoudre, il passait d'une courbe à une autre de même espèce, en faisant varier une constante.

On y parvient aussi en cherchant immédiatement la différentielle de $\int M\,\mathrm{d}x$, par rapport à y; car il est évident que pour obtenir cette différentielle, il faut substituer $y+\mathrm{d}y$ à y dans la fonction $\int M\,\mathrm{d}x$, qui devient alors

$$\int\left(M+\frac{\mathrm{d}M}{\mathrm{d}y}\mathrm{d}y+\text{etc.}\right)\mathrm{d}x=\int M\,\mathrm{d}x+\int\frac{\mathrm{d}M}{\mathrm{d}y}\mathrm{d}x\,\mathrm{d}y+\text{etc.}$$
$$=\int M\,\mathrm{d}x+\mathrm{d}y\int\frac{\mathrm{d}M}{\mathrm{d}y}\mathrm{d}x+\text{etc.},$$

puisque le signe $\int$ n'est relatif qu'à la variable x : on aura donc

$$\frac{\mathrm{d}\int M\,\mathrm{d}x}{\mathrm{d}y}=\int\frac{\mathrm{d}M}{\mathrm{d}y}\mathrm{d}x.$$

Ici les intégrales sont supposées indéfinies, les autres seront considérées dans la note E, à la fin de l'ouvrage

Le moyen qui s'est offert le premier aux analystes, pour découvrir l'équation primitive dont celle-ci tire son origine, a été de chercher à séparer les variables, c'est-à-dire à ramener l'équation $M\,dx + N\,dy = 0$ à la forme $X\,dx + Y\,dy = 0$, X étant une fonction de x seul, et Y une fonction de y seul. En effet, lorsqu'on est parvenu à ce point, les termes $X\,dx$ et $Y\,dy$ s'intègrent par les méthodes enseignées précédemment, et l'on a $\int X\,dx + \int Y\,dy = C$, C désignant une constante arbitraire.

Pour donner un exemple des cas où l'équation différentielle se présente immédiatement sous la forme ci-dessus, soit $x^m\,dx + y^n\,dy = 0$; on trouvera sur-le-champ

$$\frac{x^{m+1}}{m+1} + \frac{y^{n+1}}{n+1} = C.$$

Si l'équation proposée était $y\,dx - x\,dy = 0$, la séparation serait facile à effectuer, car l'on voit qu'en divisant par xy, on trouverait $\frac{dx}{x} - \frac{dy}{y} = 0$; prenant séparément l'intégrale de chaque terme de cette dernière, on aurait $1x - 1y = C$, ou $1\frac{x}{y} = C$; et puisque l'on peut regarder la constante arbitraire comme un logarithme, on en conclurait $1\frac{x}{y} = 1c$. En passant aux nombres, il viendrait $\frac{x}{y} = c$, ou $x = cy$.

Après cet exemple, on reconnaît sans peine que la séparation des variables s'effectuera de la même manière dans les équations $Y\,dx - X\,dy = 0$, $XY_1\,dx - YX_1\,dy = 0$; car la première donne

$$\frac{dx}{X} - \frac{dy}{Y} = 0,$$

et la seconde

$$\frac{X\,dx}{X_1} - \frac{Y\,dy}{Y_1} = 0.$$

En général, si, lorsqu'on prend la valeur de $\frac{dy}{dx}$ dans l'équation proposée, on trouve $\frac{dy}{dx} = XY$, il est facile d'en tirer

$$X\,dx - \frac{dy}{Y} = 0,$$

et par conséquent

$$\int X\,dx - \int \frac{dy}{Y} = C.$$

283. Il y a encore un cas très-étendu où l'on sépare facilement les variables; c'est lorsque M et N sont des fonctions homogènes de x et de y. On s'appuie pour cela sur ce que, *si dans une fonction algébrique des quantités* x, y, z, *etc., où la somme des exposants de chacune de ces lettres est la même pour tous les termes, et égale à* m, *on substitue* Px *à* y, Qx *à* z, *etc., le résultat sera divisible par* x^m. En effet, un terme quelconque de cette fonction étant de la forme $Ax^n y^p z^q \ldots\ldots$, deviendra, par la substitution indiquée, $AP^p Q^q \ldots\ldots x^{n+p+q+\text{etc}}$; mais par l'hypothèse on a, dans tous les termes, $n + p + q + \text{etc} \ldots\ldots = m$: donc x^m sera facteur commun. Il suit de là que si la fonction proposée était égalée à zéro, ou bien qu'elle fût une fraction ayant pour numérateur et pour dénominateur deux polynômes homogènes du même degré, la quantité x disparaîtrait entièrement du résultat.

D'après ce qui précède, il suffit de faire $y = xz$, pour séparer les variables dans l'équation $M\,dx + N\,dy = 0$. En effet, les fonctions M et N prennent la forme Zx^m, $Z_1 x^m$, Z et Z_1 ne renfermant que la nouvelle variable z; divisant alors par x^m, et mettant pour dy sa valeur, $z\,dx + x\,dz$, il vient

$$Z\,dx + Z_1(z\,dx + x\,dz) = 0,$$

résultat qu'on peut changer en

$$\frac{dx}{x} + \frac{Z_1\,dz}{Z + zZ_1} = 0,$$

et d'où l'on tire

$$\int \frac{dx}{x} + \int \frac{Z_1\,dz}{Z + zZ_1} = C.$$

J'appliquerai d'abord cette transformation à l'équation

$$x\,dx + y\,dy = ny\,dx$$

qui devient

$$(x-ny)\,\mathrm{d}x+y\,\mathrm{d}y=0,$$

en passant tous les termes dans un membre; j'aurai

$$Z=1-nz,\quad Z_1=z\quad \text{et}\quad \int\frac{\mathrm{d}x}{x}+\int\frac{z\,\mathrm{d}z}{1-nz+z^2}=C,$$

ou

$$\mathrm{l}\,x+\int\frac{z\,\mathrm{d}z}{1-nz+z^2}=C.$$

L'intégrale $\int\frac{z\,\mathrm{d}z}{1-nz+z^2}$ peut se simplifier en observant que

$$\frac{z\,\mathrm{d}z}{1-nz+z^2}=\frac{1}{2}\,\frac{2z\,\mathrm{d}z-n\,\mathrm{d}z}{1-nz+z^2}+\frac{1}{2}\,\frac{n\,\mathrm{d}z}{1-nz+z^2};$$

car il vient alors

$$\mathrm{l}\,x+\frac{1}{2}\,\mathrm{l}\,(1-nz+z^2)+\frac{1}{2}\int\frac{n\,\mathrm{d}z}{1-nz+z^2}=C.$$

L'intégrale qui reste à obtenir dépendra des logarithmes si $\frac{n}{2}>1$, des arcs de cercle si $\frac{n}{2}<1$, et sera algébrique si $\frac{n}{2}=1$. Je ne rapporterai que le résultat relatif à ce dernier cas: $\int\frac{n\,\mathrm{d}z}{1-nz+z^2}$ devient alors

$$\int\frac{2\,\mathrm{d}z}{(1-z)^2}=\frac{2}{1-z},\qquad \mathrm{l}\,(1-nz+z^2)=\mathrm{l}\,(1-z)^2,$$

et l'on a par conséquent $\mathrm{l}\,x+\mathrm{l}\,(1-z)+\frac{1}{1-z}=C$, ou $\mathrm{l}\,(x-y)+\frac{x}{x-y}=C$, en remettant pour z sa valeur $\frac{y}{x}$.

Le terme $\frac{x}{x-y}$ peut être changé en un logarithme, en observant que, par la définition des logarithmes népériens, une quantité quelconque u est le logarithme du nombre e^u; et d'après cette remarque, on écrira l'équation précédente sous la forme

$$\mathrm{l}\,(x-y)+\mathrm{l}\,e^{\frac{x}{x-y}}=\mathrm{l}\,c,$$

dont on déduit successivement

$$\mathrm{l}.(x-y)e^{\frac{x}{x-y}}=\mathrm{l}\,c, \quad \text{et} \quad (x-y)e^{\frac{x}{x-y}}=c.$$

Il est à propos de faire attention à cette manière de passer des logarithmes aux nombres, parce qu'on l'emploie souvent.

Soit encore à intégrer l'équation

$$x\,\mathrm{d}y-y\,\mathrm{d}x=\mathrm{d}x\sqrt{x^2+y^2}.$$

En faisant $y=xz$, et divisant par x tous ses termes, réunis dans un seul membre, on trouvera

$$\mathrm{d}x\sqrt{1+z^2}-x\,\mathrm{d}z=0,$$

ce qui donnera

$$\frac{\mathrm{d}x}{x}-\frac{\mathrm{d}z}{\sqrt{1+z^2}}=0.$$

On obtiendra ensuite, par l'intégration de chaque terme en particulier,

$$\mathrm{l}x-\mathrm{l}\left(z+\sqrt{1+z^2}\right)=\mathrm{l}\,c, \quad \text{ou} \quad \frac{x}{z+\sqrt{1+z^2}}=c;$$

et remettant pour z sa valeur $\frac{y}{x}$, il viendra

$$\frac{x^2}{y+\sqrt{x^2+y^2}}=c, \quad \text{ou} \quad -y+\sqrt{x^2+y^2}=c,$$

en multipliant les deux termes du premier membre par $y-\sqrt{x^2+y^2}$: faisant disparaître le radical, on aura enfin $x^2=c^2+2cy$.

284. L'équation

$$(a+mx+ny)\,\mathrm{d}x+(b+px+qy)\,\mathrm{d}y=0$$

peut facilement être rendue homogène. En substituant $t+\alpha$ à la place de x, et $u+\beta$ à celle de y, on a $\mathrm{d}x=\mathrm{d}t$, $\mathrm{d}y=\mathrm{d}u$,

$$\begin{aligned}&(a+m\alpha+n\beta+mt+nu)\,\mathrm{d}t\\ &\quad+(b+p\alpha+q\beta+pt+qu)\,\mathrm{d}u=0;\end{aligned}$$

on fait disparaître les termes constants, en posant les équations

$a + m\alpha + n\beta = 0$, $b + p\alpha + q\beta = 0$, au moyen desquelles on détermine les quantités α et β, et il reste alors l'équation différentielle

$$(mt + nu)\,\mathrm{d}t + (pt + qu)\,\mathrm{d}u = 0,$$

homogène par rapport aux nouvelles variables u et t.

La transformation précédente est la même que celle dont on se sert pour changer l'origine des coordonnées sur un plan (*Trig.*, 122) : elle ne donne aucun résultat quand $mq - np = 0$, cas dans lequel les valeurs de α et de β deviennent infinies; mais alors on a $q = \frac{np}{m}$, d'où

$$px + qy = \frac{p}{m}(mx + ny),$$

et l'équation proposée se changeant en

$$a\,\mathrm{d}x + b\,\mathrm{d}y + (mx + ny)\left(\mathrm{d}x + \frac{p}{m}\,\mathrm{d}y\right) = 0,$$

il suffit de faire $mx + ny = z$, pour y séparer les variables.

En substituant cette valeur, ainsi que celle de $\mathrm{d}y$, qui en résulte, et dégageant $\mathrm{d}x$, on trouve

$$\mathrm{d}x + \frac{(bm + pz)\,\mathrm{d}z}{amn - bm^2 + (mn - pm)z} = 0,$$

équation dont l'intégrale renfermera des logarithmes, excepté lorsque $mn - pm = 0$, d'où il résulte

$$x + \frac{2bmz + pz^2}{2(amn - bm^2)} = \mathrm{C}.$$

La substitution de z, au lieu de $mx + ny$, a changé l'équation proposée en une autre où l'une des variables n'entre que par sa différentielle; et il est facile de voir que, quelle que soit l'équation sur laquelle on ait produit cet effet, on pourra lui donner la forme $\mathrm{d}x + \mathrm{Z}\,\mathrm{d}z = 0$, Z étant une fonction de z seul, et qu'on en tirera $x + \int \mathrm{Z}\,\mathrm{d}z = \mathrm{C}$.

285. La séparation des variables s'opère d'une manière très-simple sur l'équation $\mathrm{d}y + \mathrm{P}y\,\mathrm{d}x = \mathrm{Q}\,\mathrm{d}x$, dans laquelle P et Q désignent des fonctions quelconques de x. En y substituant

Xz et $z\,dX + X\,dz$, au lieu de y et de dy, elle devient

$$z\,dX + X\,dz + PXz\,dx = Q\,dx\,;$$

la quantité X étant considérée comme une fonction indéterminée de x, il est permis d'en disposer pour partager l'équation précédente en deux autres où les variables puissent se séparer : or il est facile de voir que cette condition sera remplie si l'on fait $X\,dz + PXz\,dx = o$, ce qui donne $z\,dX = Q\,dx$. En divisant la première de ces équations par X, elle se réduit à $dz + Pz\,dx = o$; on en tire $\frac{dz}{z} + P\,dx = o$, $lz + \int P\,dx = lc$, et en passant aux nombres (283), $z = ce^{-\int P dx}$. Prenant ensuite la valeur de dX dans la seconde équation, après y avoir substitué celle de z que l'on vient de trouver, on aura

$$dX = \frac{1}{c}\,e^{\int P dx} Q\,dx,\quad X = \frac{1}{c}\int e^{\int P dx} Q\,dx + C,$$

et par conséquent

$$y = e^{-\int P dx}\left(\int e^{\int P dx} Q\,dx + C\right),$$

puisqu'on peut changer en C le produit arbitraire Cc, ce qui montre qu'on aurait pu faire $lc = o$.

L'équation $dy + Py\,dx = Q\,dx$, remarquable parce que la variable y et sa différentielle ne s'y trouvent qu'au premier degré, s'appelle, à cause de cette circonstance, *équation linéaire* du premier ordre, dénomination que j'ai cru devoir changer dans celle d'*équation du premier degré et du premier ordre* (*).

286. Les premiers analystes qui se sont occupés du Calcul intégral classaient les équations différentielles par le nombre de leurs termes. Dans celles qui n'en ont que deux, et dont la forme est par conséquent $\beta u^g z^h dz = \alpha u^e z^f du$, les variables se séparent sur-le-champ, puisqu'on en tire $\beta z^{h-f} dz = \alpha u^{e-g} du$;

(*) Le mot *linéaire* est impropre; il est relatif à la Géométrie, et en l'appliquant aux équations, on a eu en vue la ligne droite, dans l'équation de laquelle l'ordonnée et l'abscisse ne se trouvent qu'au premier degré : on ne saurait donc regarder comme linéaires des équations telles que $dy + Py\,dx = Q\,dx$, qui appartiennent le plus souvent à des courbes transcendantes.

mais il n'en est pas de même des équations à trois termes comprises dans la formule

$$\gamma u^i z^k dz + \beta u^g z^h du = \alpha u^e z^f du.$$

On peut lui donner une forme plus simple en divisant tous ses termes par $\gamma u^i z^f$; elle deviendra

$$z^{k-f} dz + \frac{\beta}{\gamma} u^{g-i} z^{h-f} du = \frac{\alpha}{\gamma} u^{e-i} du;$$

supposant ensuite

$$z^{k-f} dz = \frac{dy}{k-f+1}, \quad u^{g-i} du = \frac{dx}{g-i+1},$$

on aura

$$z^{k-f+1} = y, \quad u^{g-i+1} = x,$$

d'où

$$dy + \frac{(k-f+1)\beta}{(g-i+1)\gamma} y^{\frac{h-f}{k-f+1}} dx = \frac{(k-f+1)\alpha}{(g-i+1)\gamma} x^{\frac{e-i}{g-i+1}} dx;$$

et en faisant, pour abréger,

$$\frac{(k-f+1)\beta}{(g-i+1)\gamma} = b, \quad \frac{(k-f+1)\alpha}{(g-i+1)\gamma} = a,$$

$$\frac{h-f}{k-f+1} = n, \quad \frac{e-i}{g-i+1} = m,$$

il en résultera l'équation $dy + by^n dx = ax^m dx$.

287. Le cas le plus simple, après celui qui rentre dans l'équation du premier degré, est celui où $n = 2$; on tombe alors sur l'équation $dy + by^2 dx = ax^m dx$, traitée pour la première fois par Riccati, géomètre italien, dont elle a conservé le nom.

Les variables se séparent immédiatement dans cette équation quand $m = 0$; elle devient $dy + by^2 dx = a dx$, et donne

$$dx = \frac{dy}{a - by^2} = \frac{1}{2\sqrt{a}} \left(\frac{dy}{\sqrt{a} + y\sqrt{b}} + \frac{dy}{\sqrt{a} - y\sqrt{b}} \right).$$

On trouve, en intégrant,

$$x = \frac{1}{2\sqrt{ab}} \, l \left(\frac{\sqrt{a} + y\sqrt{b}}{\sqrt{a} - y\sqrt{b}} \right) + C.$$

Pour chercher à rendre la même équation homogène, on fait $y = z^k$; elle se change en

$$kz^{k-1}\mathrm{d}z + bz^{2k}\mathrm{d}x = ax^m\mathrm{d}x,$$

et prendra la forme demandée si $k - 1 = 2k = m$, ce qui donne $k = -1$, et suppose qu'on ait $m = -2$; il vient alors

$$-\frac{\mathrm{d}z}{z^2} + \frac{b\,\mathrm{d}x}{z^2} = \frac{a\,\mathrm{d}x}{x^2}.$$

Je ne m'arrêterai point à l'intégration de cette dernière équation, mais je passerai à une transformation plus générale, celle qui résulte de $y = \mathrm{A}x^p + x^q z$. On trouve dans cette hypothèse

$$\mathrm{d}y = (p\mathrm{A}x^{p-1} + qx^{q-1}z)\,\mathrm{d}x + x^q\mathrm{d}z,$$
$$y^2\mathrm{d}x = (\mathrm{A}^2x^{2p} + 2\mathrm{A}x^{p+q}z + x^{2q}z^2)\,\mathrm{d}x,$$

et par conséquent

$$x^q\mathrm{d}z + (qx^{q-1} + 2b\mathrm{A}x^{p+q} + bx^{2q}z)\,z\,\mathrm{d}x$$
$$+ (p\mathrm{A}x^{p-1} + b\mathrm{A}^2x^{2p})\,\mathrm{d}x = ax^m\mathrm{d}x.$$

Cette équation se réduira elle-même à trois termes, si l'on a les suivantes :

$$p - 1 = 2p,\quad p\mathrm{A} + b\mathrm{A}^2 = 0,\quad q - 1 = p + q,\quad q + 2b\mathrm{A} = 0.$$

La première et la troisième s'accordent à donner $p = -1$; on tire de la seconde et de la quatrième $\mathrm{A} = \frac{1}{b}$, $q = -2$, valeurs qui conduisent à $y = \frac{1}{bx} + \frac{z}{x^2}$,

$$x^{-2}\mathrm{d}z + bx^{-4}z^2\mathrm{d}x = ax^m\mathrm{d}x \quad \text{ou} \quad \mathrm{d}z + bz^2\frac{\mathrm{d}x}{x^2} = ax^{m+2}\mathrm{d}x.$$

Ce moyen réduira l'équation proposée à l'homogénéité si $m = -2$, et il montre de plus qu'on pourra séparer les variables si $m = -4$, puisqu'on aura dans ce cas

$$\mathrm{d}z + (bz^2 - a)\frac{\mathrm{d}x}{x^2} = 0 \quad \text{ou} \quad \frac{\mathrm{d}z}{bz^2 - a} + \frac{\mathrm{d}x}{x^2} = 0.$$

Si dans l'équation $\mathrm{d}z + bz^2\frac{\mathrm{d}x}{x^2} = ax^{m+2}\mathrm{d}x$, on fait $z = \frac{1}{y'}$, il viendra

$$-\mathrm{d}y'+b\frac{\mathrm{d}x}{x^2}=ay'^2x^{m+2}\mathrm{d}x \quad \text{ou} \quad \mathrm{d}y'+ay'^2x^{m+2}\mathrm{d}x=b\frac{\mathrm{d}x}{x^2}:$$

posant ensuite $x^{m+2}\mathrm{d}x=\frac{\mathrm{d}x'}{m+3}$, on trouvera

$$x^{m+3}=x',\quad \mathrm{d}x=\frac{1}{m+3}x'^{-\frac{m+2}{m+3}}\mathrm{d}x',$$

$$\mathrm{d}y'+\frac{a}{m+3}y'^2\mathrm{d}x'=\frac{b}{m+3}x'^{-\frac{m+4}{m+3}}\mathrm{d}x';$$

puis faisant, pour abréger,

$$\frac{a}{m+3}=b',\quad \frac{b}{m+3}=a' \quad \text{et} \quad -\frac{m+4}{m+3}=m',$$

on tombera sur l'équation

$$\mathrm{d}y'+b'y'^2\mathrm{d}x'=a'x'^{m'}\mathrm{d}x',$$

semblable à la proposée, et par conséquent susceptible des mêmes transformations : la séparation des variables y' et x' sera donc possible, après la substitution de $y'=\frac{1}{b'x'}+\frac{z'}{x'^2}$, si $m'=-4$.

Si cette condition n'avait pas lieu, on ferait encore, dans la transformée en z',

$$z'=\frac{1}{y''},\quad x'^{m'+3}=x'',$$

$$\frac{a'}{m'+3}=b'',\quad \frac{b'}{m'+3}=a'',\quad -\frac{m'+4}{m'+3}=m'';$$

ces expressions, pareilles aux précédentes, conduiraient nécessairement à l'équation

$$\mathrm{d}y''+b''y''^2\mathrm{d}x''=a''x''^{m''}\mathrm{d}x'',$$

encore semblable à la proposée, et susceptible de la séparation des variables, quand $m''=-4$.

En poursuivant de cette manière, on parviendrait à une équation séparable, si dans la suite des exposants

$$m,\quad m'=-\frac{m+4}{m+3},\quad m''=-\frac{m'+4}{m'+3},\quad m'''=-\frac{m''+4}{m''+3},\ \text{etc.},$$

il s'en trouvait un égal à -4. En supposant successivement que ce soit m, m', m'', m''', etc., on obtient pour m les nombres $-\frac{4}{1}$, $-\frac{8}{3}$, $-\frac{12}{5}$, $-\frac{16}{7}$, etc., compris dans la formule

$$m = -\frac{4i}{2i-1},$$

i désignant un nombre entier positif quelconque. Cette formule donne aussi la valeur $m = 0$, remarquée dans le numéro précédent; la valeur $m = -2$ répond à i infini (*).

Ces cas ne renferment pas encore tous ceux que l'on sait déduire des transformations précédentes. Pour en trouver une nouvelle série, il suffit de commencer par faire $y = \frac{1}{y'}$ dans

---

(*) On arrive directement à la forme générale de m, en rapportant à cette quantité les valeurs de m', m'', etc.; car en mettant la valeur de m' dans celle de m'', puis le résultat dans la valeur de m''', et ainsi de suite, on trouve

$$m' = -\frac{m+4}{m+3}, \quad m'' = -\frac{3m+8}{2m+5}, \quad m''' = -\frac{5m+12}{3m+7}, \quad \text{etc.,}$$

et de là on conclut que

$$m^{(i)} = -\frac{(2i-1)m+4i}{im+2i+1}.$$

Cette valeur se vérifie par la relation

$$m^{(i+1)} = -\frac{m^{(i)}+4}{m^{(i)}+3} = -\frac{[2(i+1)-1]m+4(i+1)}{(i+1)m+2(i+1)+1},$$

qui fait voir que la loi, ayant lieu pour un nombre quelconque i, aura lieu pour le suivant $i+1$.

L'équation proposée étant intégrable quand l'exposant de x dans le second membre est nul, si l'on fait $m^{(i)} = 0$, on trouvera

$$m = -\frac{4i}{2i-1}.$$

Quand $m^{(i)} = -4$, on obtient

$$m = -\frac{4i+4}{2i+1} = -\frac{4(i+1)}{2(i+1)-1},$$

ce qui indique une transformée de plus que dans le cas précédent, et revient à poser $m^{(i+1)} = 0$.

la proposée, ce qui donnera

$$dy' + ay'^2 x^m dx = b dx;$$

et posant

$$x^{m+1} = x', \quad \frac{a}{m+1} = b', \quad \frac{b}{m+1} = a', \quad -\frac{m}{m+1} = m',$$

il en résultera

$$dy' + b' y'^2 dx' = a' x'^{m'} dx'.$$

Cette nouvelle équation, étant semblable à la proposée, est aussi susceptible des mêmes opérations ; c'est-à-dire qu'en y faisant

$$y' = \frac{1}{b' x'} + \frac{z'}{x'^2},$$

et continuant comme on l'a indiqué pour les premiers cas, on parviendrait à une transformée séparable, si le nombre m' était quelqu'un de ceux que comprend la formule $-\frac{4i}{2i-1}$, et par conséquent, si l'on avait

$$-\frac{m}{m+1} = -\frac{4i}{2i-1}.$$

On tire de là

$$m = -\frac{4i}{2i+1},$$

et donnant à i les valeurs 1, 2, 3, etc., il vient la suite des nombres

$$-\frac{4}{3}, \quad -\frac{8}{5}, \quad -\frac{12}{7}, \quad -\frac{16}{9}, \text{ etc.}$$

Il suit donc de tout ce qui précède que l'équation de Riccati est séparable quand l'exposant m est de la forme $\frac{-4i}{2i \mp 1}$, comprenant 0 et -2.

On pourrait multiplier davantage les exemples ; mais toutes ces équations particulières, d'une forme bizarre le plus souvent, ne se rencontrant jamais dans les applications, n'offrent aucun intérêt. Je passerai donc à une autre méthode, due à Euler.

Recherche du facteur propre à rendre intégrable une équation différentielle du premier ordre.

288. Il faut se rappeler qu'une équation différentielle n'est pas toujours le produit immédiat de la différentiation d'une équation à deux variables, mais qu'elle résulte en général de l'élimination d'une constante arbitraire entre l'équation primitive, dont elle tire son origine, et la différentielle immédiate de cette équation (53).

L'élimination s'effectue sur-le-champ, lorsque l'équation primitive est sous la forme $u = c$, u désignant une fonction quelconque de x et de y; car, en différentiant, on a $\mathrm{d}u = 0$. Si la fonction $\mathrm{d}u$ n'a aucun facteur par lequel elle puisse être divisée, elle conservera la forme de différentielle exacte à deux variables, et pourra par conséquent s'intégrer par le procédé du n° 278.

289. Lorsque l'équation primitive n'est pas sous la forme $u = c$, ou que la différentielle $\mathrm{d}u = 0$ renferme des facteurs qui disparaissent, l'équation du premier ordre qui en résulte n'est plus immédiatement intégrable. Si l'on avait, par exemple, $u = y - cx = 0$, on trouverait $\mathrm{d}u = \mathrm{d}y - c\,\mathrm{d}x = 0$, et éliminant c, il viendrait $x\,\mathrm{d}y - y\,\mathrm{d}x = 0$, équation qui ne satisfait pas à la condition d'intégrabilité, puisqu'elle donne

$$M = -y, \quad N = x, \quad \frac{\mathrm{d}M}{\mathrm{d}y} = -1, \quad \frac{\mathrm{d}N}{\mathrm{d}x} = 1.$$

Mais si l'on dégage la constante c, on aura $\frac{y}{x} = c$, et en différentiant, $\frac{x\,\mathrm{d}y - y\,\mathrm{d}x}{x^2} = 0$; sous cette forme

$$M = -\frac{y}{x^2}, \quad N = \frac{1}{x}, \quad \frac{\mathrm{d}M}{\mathrm{d}y} = -\frac{1}{x^2} = \frac{\mathrm{d}N}{\mathrm{d}x}:$$

on voit donc que l'intégrabilité de l'équation $x\,\mathrm{d}y - y\,\mathrm{d}x = 0$ tient à la restitution du facteur $\frac{1}{x^2}$, qui a disparu dans l'élimination de la constante arbitraire.

En général, toute équation différentielle à deux variables,

dans laquelle les différentielles ne passent pas le premier degré, est susceptible de devenir une différentielle exacte, par le moyen d'un facteur, si elle répond à une équation primitive. En effet, soient

$$M\,dx + N\,dy = 0 \quad \text{et} \quad u = c,$$

l'équation différentielle proposée et son équation primitive; la première doit donner pour $\frac{dy}{dx}$ la même valeur que

$$\frac{du}{dx}dx + \frac{du}{dy}dy = 0,$$

différentielle immédiate de la seconde : il faut donc qu'on ait

$$-\frac{M}{N} = -\frac{\frac{du}{dx}}{\frac{du}{dy}}, \quad \text{d'où} \quad \frac{\frac{du}{dy}}{N} = \frac{\frac{du}{dx}}{M};$$

et nommant z ces derniers quotients, on en conclura

$$\frac{du}{dx} = Mz, \quad \frac{du}{dy} = Nz, \quad du = Mz\,dx + Nz\,dy.$$

On déterminerait ainsi le facteur z, si l'intégrale de l'équation proposée était connue, puisqu'il suffirait de résoudre cette intégrale par rapport à la constante arbitraire, afin de lui donner la forme $u = c$; et comme on verra bientôt que toutes les équations différentielles à deux variables admettent nécessairement une intégrale complète, au moins sous la forme d'une série, il s'ensuit qu'il existe, au moins sous cette forme, un facteur propre à rendre différentielle exacte l'une quelconque de ces équations.

290. Quand l'intégrale n'est pas connue, on n'a pour déterminer le facteur z que la condition

$$\frac{d.Mz}{dy} = \frac{d.Nz}{dx},$$

à laquelle doit satisfaire $Mz\,dx + Nz\,dy = du$, comme différentielle exacte; et en développant cette condition, on trouve

$$M\frac{dz}{dy} + z\frac{dM}{dy} = N\frac{dz}{dx} + z\frac{dN}{dx},$$

ou

$$(A) \qquad M\frac{dz}{dy} - N\frac{dz}{dx} + \left(\frac{dM}{dy} - \frac{dN}{dx}\right)z = 0.$$

Si l'on pouvait, en général, tirer de l'équation (A) une valeur de z, l'intégration des équations différentielles quelconques du premier ordre s'effectuerait par le procédé du n° **278**; mais cette équation est presque toujours plus difficile à traiter que la proposée, puisque la fonction z qu'elle renferme, dépendant de deux variables, a deux coefficients différentiels, et qu'elle est par conséquent de l'espèce de celles dont la formation a été indiquée n° **140**. Je ne saurais, pour le moment, entreprendre sa résolution, qui, comme on le verra dans la suite, ramène au point d'où l'on est parti; mais je vais montrer encore quelques-unes des propriétés du facteur z.

Il est à remarquer que lorsqu'on connaît une valeur de z, on en déduit une infinité d'autres, en observant que si l'on multiplie les deux membres de l'équation $zM\,dx + zN\,dy = du$, par une fonction quelconque de u, que je désignerai par $\varphi(u)$, les deux membres du résultat

$$z\varphi(u)M\,dx + z\varphi(u)N\,dy = \varphi(u)\,du,$$

seront aussi des différentielles exactes; ainsi z étant un facteur propre à rendre intégrable l'équation $M\,dx + N\,dy = 0$, le produit $z\varphi(u)$ jouira de la même propriété.

Il suit de là que si l'on parvenait à découvrir deux facteurs distincts, propres à rendre intégrable l'équation différentielle proposée, on aurait sur-le-champ son intégrale; car l'un de ces facteurs étant pris pour z, l'autre serait de la forme $z\varphi(u)$, et en posant $\frac{z\varphi(u)}{z} = c$, on en conclurait $\varphi(u) = c$, ce qui revient à $u = const.$

291. Il y a des cas où le facteur z ne doit renfermer que l'une des variables x ou y, et alors il est aisé d'en obtenir l'expression au moyen de l'équation (A). Supposant en effet dans cette équation, $\frac{dz}{dy} = 0$, elle deviendra

$$-N\frac{dz}{dx} + z\left(\frac{dM}{dy} - \frac{dN}{dx}\right) = 0,$$

et l'on en tirera

$$\frac{dz}{z} = \frac{1}{N}\left(\frac{dM}{dy} - \frac{dN}{dx}\right) dx,$$

équation qui aura lieu si la quantité

$$\frac{1}{N}\left(\frac{dM}{dy} - \frac{dN}{dx}\right)$$

se réduit à une fonction de x. En représentant cette fonction par X, et en intégrant, on trouvera

$$lz = \int X dx, \quad \text{ou} \quad z = e^{\int X dx} \qquad (283).$$

Cette formule s'applique à l'équation

$$dy + Py dx = Q dx,$$

puisqu'il vient

$$M = Py - Q, \quad N = 1, \quad \frac{1}{N}\left(\frac{dM}{dy} - \frac{dN}{dx}\right) = P,$$

et par conséquent $z = e^{\int P dx}$. Multipliant ensuite l'équation $dy + Py dx - Q dx = 0$ par $e^{\int P dx}$, on trouve

$$e^{\int P dx} dy + (Py - Q) e^{\int P dx} dx = 0;$$

intégrant le terme $e^{P dx} dy$, par rapport à y, on obtient $u = y e^{\int P dx} + X$, X étant une fonction de x, déterminée par l'équation

$$\frac{d . y e^{\int P dx}}{dx} + \frac{dX}{dx} = (Py - Q) e^{\int P dx},$$

de laquelle on tire

$$\frac{dX}{dx} = - e^{\int P dx} Q, \quad X = - \int e^{\int P dx} Q dx,$$

et par conséquent

$$y e^{\int P dx} - \int e^{\int P dx} Q dx = C,$$

ou, comme dans le n° 285,

$$y = e^{-\int P dx} \left(\int e^{\int P dx} Q dx + C\right).$$

Je ne m'arrêterai point au cas où le facteur z ne devrait renfermer que la variable y; on voit aisément que son expression serait alors $z = e^{\int Y dy}$, en faisant

$$Y = \frac{1}{M}\left(\frac{dN}{dx} - \frac{dM}{dy}\right),$$

et que ce cas n'aurait lieu qu'autant que Y serait indépendant de x.

292. Il existe, entre une fonction homogène et ses coefficients différentiels, des relations particulières qui facilitent beaucoup l'intégration.

Si V désigne une fonction homogène de x, y, etc., et qu'on y substitue tx, ty, etc., au lieu de x, y, etc., elle prendra nécessairement la forme $t^m V$, m étant la somme des exposants des variables dans chaque terme (283). Supposant ensuite que $t = 1 + g$, on aura $(1+g)^m V$ au lieu de V; dans la même hypothèse x, y, etc. se changeront respectivement en

$$x + gx, \quad y + gy, \text{ etc.},$$

et mettant gx pour h, gy pour k, dans la formule du n° 41, on parviendra à cette équation

$$\left.\begin{array}{l} V + \dfrac{dV}{dx} gx + \dfrac{dV}{dy} gy + \text{etc.} \\ + \dfrac{1}{2}\left(\dfrac{d^2V}{dx^2} g^2x^2 + 2\dfrac{d^2V}{dx\,dy} g^2xy + \dfrac{d^2V}{dy^2} g^2y^2 + \text{etc.}\right) \\ + \text{etc.} \end{array}\right\} = (1+g)^m V$$

En développant le second membre, et comparant ensemble les termes affectés de la même puissance de l'indéterminée g, on aura

$$\frac{dV}{dx} x + \frac{dV}{dy} y + \text{etc.} = mV,$$

$$\frac{d^2V}{dx^2} x^2 + 2\frac{d^2V}{dx\,dy} xy + \frac{d^2V}{dy^2} y^2 + \text{etc.} = m(m-1)V,$$

etc.

293. Au moyen de ces relations, le facteur z se détermine

assez facilement dans les équations différentielles homogènes. Voici comment M. Poisson y est parvenu, par un procédé plus exact que celui dont Euler avait fait d'abord usage.

Si $M\,dx + N\,dy = 0$ est une équation homogène, et que la somme des exposants de x et de y dans M et dans N soit égale à m, en supposant que z soit aussi une fonction homogène du degré n, et faisant $Mz\,dx + Nz\,dy = du$, il résulte des théorèmes du numéro précédent que

$$\frac{d(Mz)}{dx}x + \frac{d(Mz)}{dy}y = (m+n)Mz;$$

mais il faut, pour que la différentielle proposée soit exacte, que

$$\frac{d(Mz)}{dy} = \frac{d(Nz)}{dx},$$

équation qui fournit le moyen de chasser $\frac{d(Mz)}{dy}$ de la précédente, qu'elle change en

$$\frac{d(Mz)}{dx}x + \frac{d(Nz)}{dx}y = (m+n)Mz.$$

Cela posé, il est visible que

$$\frac{d(Mzx)}{dx} = \frac{d(Mz)}{dx}x + Mz, \qquad \frac{d(Nzy)}{dx} = \frac{d(Nz)}{dx}y;$$

l'équation trouvée plus haut peut donc s'écrire ainsi :

$$\frac{d(Mzx)}{dx} + \frac{d(Nzy)}{dx} = (m+n+1)Mz;$$

or, l'exposant n étant indéterminé, si l'on fait

$$m+n+1 = 0,$$

il en résultera

$$\frac{d(Mzx)}{dx} + \frac{d(Nzy)}{dx} = 0,$$

d'où

$$Mzx + Nzy = c \quad \text{et} \quad z = \frac{c}{Mx+Ny}:$$

il est d'ailleurs évident qu'on peut faire $c = 1$, ainsi $\frac{1}{Mx+Ny}$

sera un des facteurs propres à rendre intégrable l'équation $M\,dx + N\,dy = 0$ (*).

Des équations du premier ordre, dans lesquelles les différentielles passent le premier degré.

294. Par la génération des équations différentielles, dont j'ai donné plusieurs exemples, nº 53, on voit qu'il peut s'en présenter dans lesquelles les différentielles passent le premier degré. La formule générale de ces équations est

$$dy^n + P\,dy^{n-1}\,dx + Q\,dy^{n-2}\,dx^2 \ldots + T\,dy\,dx^{n-1} + U\,dx^n = 0;$$

si on la divise par la plus haute puissance de dx, elle deviendra

$$\left(\frac{dy}{dx}\right)^n + P\left(\frac{dy}{dx}\right)^{n-1} + Q\left(\frac{dy}{dx}\right)^{n-2} \ldots + T\frac{dy}{dx} + U = 0;$$

en la résolvant par rapport au coefficient différentiel $\frac{dy}{dx}$, et désignant par p, p', p'', etc., ses racines, on aura

$$\frac{dy}{dx} - p = 0, \quad \frac{dy}{dx} - p' = 0, \quad \frac{dy}{dx} - p'' = 0, \text{ etc.},$$

résultats qui pourront tous se traiter par les méthodes précédentes, puisque les différentielles ne s'y trouvent qu'au premier degré. L'intégrale de chacun d'eux sera aussi l'intégrale de l'équation proposée, qui sera encore satisfaite par les valeurs tirées de l'équation formée du produit de toutes ces intégrales.

En effet, la proposée étant équivalente à

$$\left(\frac{dy}{dx} - p\right)\left(\frac{dy}{dx} - p'\right)\left(\frac{dy}{dx} - p''\right) \ldots = 0,$$

sera vérifiée par toutes les équations qui annuleront un de ces

---

(*) On a supposé ici que le facteur z était une fonction homogène, mais on justifie cette hypothèse, en montrant que la différentielle $\frac{M\,dx + N\,dy}{Mx + Ny}$ est exacte toutes les fois que M et N sont des fonctions homogènes. (*Voyez* le Traité in-4º, tome II, page 266.) On trouve, à la page suivante du même volume, la détermination *à posteriori* du facteur z, d'après la séparation des variables.

facteurs. De plus, si l'on considère qu'une équation primitive de la forme

$$\mathrm{MNP}\ldots = 0,$$

n'a lieu que par l'anéantissement successif de chacun de ses facteurs, on en conclura que la différentielle immédiate de son premier membre, savoir,

$$d\mathrm{M}.\mathrm{NP}\ldots + d\mathrm{N}.\mathrm{MP}\ldots + \text{etc.} = 0,$$

se réduit toujours à un seul terme; car si l'on prend, par exemple, $\mathrm{M} = 0$, il ne restera que $d\mathrm{M}.\mathrm{NP}\ldots = 0$, ou seulement $d\mathrm{M} = 0$: l'équation $\mathrm{MNP}\ldots = 0$ vérifiera donc l'équation différentielle à laquelle satisferait l'équation $\mathrm{M} = 0$.

Les deux exemples suivants, quoique très-simples, éclairciront toutes les difficultés que pourrait renfermer l'énoncé ci-dessus.

295. 1°. Soit $dy^2 - a^2 dx^2 = 0$; cette équation se décompose en $dy + a\,dx = 0$, $dy - a\,dx = 0$, dont les intégrales sont $y + ax = c$, $y - ax = c'$; et il est facile de voir que chacun de ces résultats satisfait à la proposée. L'équation

$$(y + ax - c)(y - ax - c') = 0$$

y satisfait aussi; car elle donne

$$(y + ax - c)(dy - a\,dx) + (y - ax - c')(dy + a\,dx) = 0,$$

d'où

$$dy = \frac{[(y + ax - c) - (y - ax - c')]\,a\,dx}{2y - (c + c')};$$

et mettant successivement, au lieu de y, ses valeurs $c - ax$, $c' + ax$, on trouve

$$dy = -a\,dx, \quad dy = +a\,dx.$$

L'intégrale $(y + ax - c)(y - ax - c') = 0$, renfermant deux constantes arbitraires et irréductibles, paraîtrait plus générale que celle des autres équations du premier ordre qui ne comportent qu'une constante; mais il faut bien faire attention que chacun de ses facteurs doit être considéré isolément, et qu'on n'en tire pas d'autres lignes que celles qui résulteraient d'une intégrale renfermant une seule constante, dont cette équation est aussi susceptible. Cette dernière intégrale s'obtient en faisant $dy = m\,dx$ dans l'équation différentielle $dy^2 - a^2\,dx^2 = 0$, qui se change en $m^2 - a^2 = 0$, ce qui détermine la quantité m, dont il faudrait ensuite substituer la valeur dans l'intégrale de $dy = m\,dx$, qui est $y = mx + c$. Il suit de là que l'intégrale de la proposée est le résultat de l'élimination de m, entre les équations

$$y = mx + c, \quad m^2 - a^2 = 0,$$

desquelles on tire

$$m = \frac{y - c}{x} \quad \text{et} \quad \left(\frac{y - c}{x}\right)^2 - a^2 = 0.$$

La dernière étant du second degré, donne, pour chaque valeur particulière de la constante c, deux lignes droites, inclinées dans des sens différents, par rapport à l'axe des x; c'est aussi tout ce que fournit l'autre intégrale,

$$(y + ax - c)(y - ax - c') = 0,$$

excepté que chaque facteur ne représente que les lignes inclinées dans le même sens; mais comme en donnant séparément à c et à c' toutes les valeurs possibles, ces quantités passeront nécessairement par les mêmes degrés de grandeur, si l'on assemble les droites correspondantes aux mêmes valeurs des constantes c et c', on retombera sur les solutions comprises dans l'intégrale $\left(\frac{y - c}{x}\right) - a^2 = 0$, qui ne contient que la seule constante c.

Il est bon d'observer que toute équation ne renfermant que dy, dx et des quantités constantes, peut être intégrée en y faisant, comme ci-dessus, $dy = m\,dx$.

2°. Soit encore l'équation $dy^2 - ax\,dx^2 = 0$; on en tire $dy + dx\sqrt{ax} = 0$, $dy - dx\sqrt{ax} = 0$, et en intégrant, on aura

$$y + \frac{2}{3}a^{\frac{1}{2}}\,x^{\frac{3}{2}} - c = 0, \quad y - \frac{2}{3}a^{\frac{1}{2}}\,x^{\frac{3}{2}} - c' = 0.$$

Ces équations, ainsi que leur produit, pourront être considérées séparément comme des intégrales de la proposée; mais ce cas diffère du précédent, en ce que les radicaux que contiennent les deux intégrales obtenues forment entre elles un lien qui permet de les comprendre toutes deux dans une même équation, avec une seule constante; car, si l'on fait disparaître le radical dans l'équation

$$y+\frac{2}{3}\sqrt{ax^3}-c=0,$$

on obtient $(y-c)^2=\frac{4}{9}ax^3$. Ce résultat est encore l'intégrale de l'équation proposée, à laquelle il conduira immédiatement par l'élimination de c. Il appartient à une espèce de paraboles dont chacune des équations irrationnelles ne présente qu'une branche; et le produit de ces équations ne répondrait qu'à des groupes de branches appartenantes à des courbes différentes, mais qui, étant rassemblées deux à deux pour les mêmes valeurs des constantes, ne donneraient rien de plus que l'intégrale rationnelle.

296. Ce qui précède faisant dépendre l'intégration des équations où les différentielles passent le premier degré, de la résolution des équations algébriques, pour laquelle on est bientôt arrêté, voici quelques procédés qui, dans certains cas, peuvent éluder, au moins en partie, les difficultés que présente la résolution de l'équation différentielle proposée, par rapport à $\frac{dy}{dx}$.

Quand cette équation ne contient avec $\frac{dy}{dx}$ que l'une des deux variables, x par exemple, et qu'il est plus facile de la résoudre par rapport à x que par rapport au coefficient $\frac{dy}{dx}$, que je représenterai, pour abréger, par p, on en tire d'abord $x=\mathrm{P}$, P désignant une fonction quelconque de p; et comme l'équation $\frac{dy}{dx}=p$ donne $dy=p\,dx$, d'où $y=px-\int x\,dp+\mathrm{C}$, si l'on met pour x sa valeur P, il viendra

$$y=\mathrm{P}p-\int \mathrm{P}\,dp+\mathrm{C}.$$

Alors l'élimination de p, entre les deux équations

$$x = \mathrm{P}, \quad y = \mathrm{P}p - \int \mathrm{P}\,\mathrm{d}p + \mathrm{C},$$

conduisant à une équation primitive entre x, y et la constante arbitraire C, donnera l'intégrale demandée.

Soit, par exemple,

$$x\,\mathrm{d}x + a\,\mathrm{d}y = b\sqrt{\mathrm{d}x^2 + \mathrm{d}y^2}, \quad \text{ou} \quad x + ap = b\sqrt{1+p^2},$$

en écrivant p au lieu de $\frac{\mathrm{d}y}{\mathrm{d}x}$; cette dernière équation donne immédiatement

$$x = -ap + b\sqrt{1+p^2}, \quad \mathrm{P} = -ap + b\sqrt{1+p^2},$$

et par conséquent

$$y = bp\sqrt{1+p^2} - \frac{1}{2}ap^2 - b\int \mathrm{d}p\sqrt{1+p^2} + \mathrm{C}.$$

297. Quand les deux variables entrent en même temps dans l'équation proposée, mais que l'une d'elles, y par exemple, n'y monte qu'au premier degré, si l'on prend alors la valeur de y en x et p, on en tirera

$$\mathrm{d}y = \mathrm{R}\,\mathrm{d}x + \mathrm{S}\,\mathrm{d}p,$$

d'où il suit

$$p\,\mathrm{d}x = \mathrm{R}\,\mathrm{d}x + \mathrm{S}\,\mathrm{d}p \quad \text{ou} \quad (\mathrm{R}-p)\,\mathrm{d}x + \mathrm{S}\,\mathrm{d}p = 0;$$

et si l'on parvenait à intégrer cette dernière équation, on aurait, entre p, x et une constante arbitraire, une relation au moyen de laquelle, chassant p de l'équation proposée, on obtiendrait une équation primitive qui serait l'intégrale cherchée.

Quand la variable x ne s'élève pas non plus au delà du premier degré, l'équation proposée, étant alors de la forme

$$y = \mathrm{N}x + \mathrm{P},$$

où N et P désignent des fonctions de p, conduit à une différentielle analogue à l'équation traitée dans le n° 285; mais, pour plus de simplicité, bornons-nous au cas particulier

$$y = px + \mathrm{P}.$$

On a $dy = p\,dx + \left(x + \frac{dP}{dp}\right)dp$; et puisque $dy = p\,dx$, il reste l'équation $\left(x + \frac{dP}{dp}\right)dp = 0$, qui se décompose en deux facteurs $x + \frac{dP}{dp} = 0$, $dp = 0$. Le premier n'est, au fond, qu'une équation primitive entre x et p; il n'y a lieu à intégrer que le second, qui donne $p = c$, ou

$$dy = c\,dx \quad \text{et} \quad y = cx + c'.$$

Les constantes c et c' ne sont pas arbitraires toutes deux ; car en faisant dans l'équation proposée $p = c$, on a $y = cx + C$, C étant ce que devient P dans la même circonstance, et l'on tire de là $c' = C$: l'intégrale demandée est donc $y = cx + C$, et s'obtient en changeant p en c.

Le facteur $x + \frac{dP}{dp} = 0$ n'est point étranger à la question. Si on le combine avec l'équation proposée, pour éliminer p, on obtient entre x et y une équation primitive qui satisfait aussi à cette proposée ; car la relation qu'il établit entre x et p réduit encore à $p\,dx$ la valeur de dy, déduite de l'équation proposée elle-même ; mais cette dernière solution, ne renfermant pas de nouvelle constante, n'est que particulière.

Soit, pour exemple, l'équation

$$y\,dx - x\,dy = n\sqrt{dx^2 + dy^2},$$

qui se met d'abord sous la forme

$$y = px + n\sqrt{1 + p^2};$$

en la différentiant, on trouve

$$dy = p\,dx + x\,dp + \frac{np\,dp}{\sqrt{1 + p^2}},$$

et à cause que $dy = p\,dx$, il reste

$$x\,dp + \frac{np\,dp}{\sqrt{1 + p^2}} = 0.$$

Cette équation se décompose en deux facteurs

$$x + \frac{np}{\sqrt{1 + p^2}} = 0 \quad \text{et} \quad dp = 0;$$

le second conduit à $p = c$, et l'intégrale demandée est

$$y = cx + n\sqrt{1 + c^2}.$$

Le premier facteur donne

$$p = \pm \frac{x}{\sqrt{n^2 - x^2}}, \quad \sqrt{1 + p^2} = -\frac{np}{x} = \mp \frac{n}{\sqrt{n^2 - x^2}};$$

substituant dans l'équation proposée, on a $y^2 + x^2 = n^2$, équation qui ne renferme point de constante arbitraire, qui n'est point comprise dans l'intégrale

$$y = cx + n\sqrt{1 + c^2},$$

et telle néanmoins, que les valeurs de y et de dy qui s'en déduisent, satisfont à l'équation différentielle proposée, dont elle offre par conséquent une *solution particulière.* Je reviendrai dans la suite sur ce genre de solutions.

De l'intégration des équations différentielles des ordres supérieurs en général, et de celles du second en particulier.

298. La difficulté d'intégrer les équations devient d'autant plus grande, qu'elles sont d'un ordre plus élevé : on n'y réussit que par rapport à un petit nombre d'équations très-particulières ; et cependant toute équation différentielle à deux variables, dans quelque ordre que ce soit, n'exprime point une relation absurde, lorsqu'elle ne donne pas une valeur imaginaire pour le coefficient différentiel de l'ordre le plus élevé. Cette proposition, déjà annoncée dans le n° 289, se prouve aisément par le théorème de Taylor.

En effet, une équation différentielle quelconque de l'ordre n, étant résolue par rapport au coefficient différentiel de cet ordre, en donnera l'expression par ceux des ordres inférieurs, et l'on aura en général

$$\frac{d^n y}{dx^n} = f\left(x, y, \frac{dy}{dx}, \frac{d^2 y}{dx^2}, \ldots, \frac{d^{n-1} y}{dx^{n-1}}\right),$$

d'où, par des différentiations successives, on tirera les expressions de

$$\frac{d^{n+1} y}{dx^{n+1}}, \quad \frac{d^{n+2} y}{dx^{n+2}}, \text{ etc.},$$

en ayant soin, après chaque différentiation, de mettre pour $\frac{d^n y}{dx^n}$ la valeur qu'a fournie l'équation proposée. Par ce moyen on obtiendra tous les coefficients différentiels, depuis l'ordre n inclusivement, en fonction des variables primitives et des $n-1$ premiers coefficients différentiels.

Si dans ces fonctions on peut supposer $x=0$ sans qu'elles cessent d'être réelles et finies, il faudra encore, pour achever de déterminer les coefficients différentiels qu'elles expriment, prendre arbitrairement les valeurs correspondantes des quantités

$$y,\quad \frac{dy}{dx},\quad \frac{d^2y}{dx^2},\ldots,\quad \frac{d^{n-1}y}{dx^{n-1}},$$

que l'équation proposée ne fait pas connaître; et en les représentant par

$$A,\quad A_1,\quad A_2,\ldots,\quad A_{n-1},$$

on aura, pour une valeur quelconque de x,

$$y=A+A_1\frac{x}{1}+A_2\frac{x^2}{1.2}\cdots+A_{n-1}\frac{x^{n-1}}{1.2\ldots(n-1)}$$
$$+f(A, A_1, A_2,\ldots, A_{n-1})\frac{x^n}{1.2\ldots n}+\text{etc.}\quad (22),$$

série où les coefficients de n premiers termes sont des constantes arbitraires.

S'il arrivait que la supposition de $x=0$ rendît imaginaire ou infinie l'expression du coefficient différentiel de l'ordre n ou des suivants, on ferait alors $x=a$, a désignant une quelconque des valeurs qui ne produisent pas cet effet, et l'on aurait

$$y=A+A_1\frac{x-a}{1}+A_2\frac{(x-a)^2}{1.2}\cdots+A_{n-1}\frac{(x-a)^{n-1}}{1.2\ldots(n-1)}$$
$$+f(a, A, A_1, A_2,\ldots A_{n-1})\frac{(x-a)^n}{1.2\ldots n}+\text{etc.},$$

série où les quantités arbitraires A, A_1, $A_2,\ldots A_{n-1}$ sont les valeurs de y et de ses coefficients différentiels, correspondantes à $x=a$.

De cette manière comme de l'autre, on voit que si la fonction désignée par f n'est pas constamment imaginaire pour toutes les valeurs de x, l'équation différentielle proposée donnera toujours un nombre infini de valeurs consécutives de y par une série qui sera d'autant plus convergente, que les valeurs de x différeront moins de la quantité a : l'équation proposée ne tombera donc point dans le cas d'une impossibilité absolue, quoiqu'on manque de moyens pour l'intégrer. Cette propriété, qui est particulière aux équations différentielles à deux variables, se reconnaît aussi par des considérations géométriques, comme on le verra plus bas.

299. On conclut aussi de ce qui précède que l'expression générale de y en x doit renfermer n constantes arbitraires.

La quantité a, qu'introduit ici la variable indépendante x, ne doit pas compter dans le nombre des constantes arbitraires amenées par l'intégration, comme on peut s'en assurer sur les intégrales complètes des équations du premier ordre considérées dans leur forme générale $F(x, y, C) = o$. On ne peut dans ce cas déterminer la constante arbitraire C qu'en assignant en même temps une valeur à x aussi bien qu'à y; et si on les représente par a et b, on aura l'équation $F(a, b, C) = o$, de laquelle on tirera la valeur C en a et b; mais ce qu'il faut bien observer, c'est que la fonction de ces quantités par laquelle on remplace ainsi la constante arbitraire peut également être éliminée par la différentiation; car si l'on met l'intégrale proposée sous la forme

$$F_1(x, y) = C, \quad \text{il vient} \quad C = F_1(a, b),$$

et ensuite l'équation

$$F_1(x, y) = F_1(a, b),$$

dont le second membre disparaît par la différentiation.

On détermine semblablement deux constantes C et C_1 dans une équation primitive de la forme $F(x, y, C, C_1) = o$ lorsque, pour une valeur donnée de x, on assigne celles de y et de $\frac{dy}{dx}$; car en joignant à l'équation ci-dessus sa différentielle première, que je représenterai par

$$F_1\left(x, y, \frac{dy}{dx}, C, C_1\right) = o,$$

et supposant qu'à $x = a$ réponde

$$y = b, \quad \frac{dy}{dx} = c,$$

on a les deux équations

$$F(a, b, C, C_1) = o, \quad F_1(a, b, c, C, C_1) = o,$$

au moyen desquelles on détermine C et C_1 en a, b, c, par des expressions qui se comportent dans les différentiations et les éliminations comme les simples lettres C et C_1.

300. Ces considérations nous ramènent à la formation des équations différentielles par l'élimination des constantes, dont on a déjà vu, dans le n° 54, un exemple conduisant jusqu'au second ordre.

En partant de l'équation

$$(U) \qquad y^2 = m(a^2 - x^2),$$

une première différentiation conduit à

$$(V) \qquad y\,dy = -mx\,dx,$$

résultat qui ne contient plus a; puis une seconde différentiation, suivie de l'élimination de m, donne l'équation du second ordre

$$(Z) \qquad y\frac{dy}{dx} - x\frac{dy^2}{dx^2} - xy\frac{d^2y}{dx^2} = o,$$

qui ne renferme plus les constantes m et a.

Cette même équation peut encore s'obtenir en commençant par éliminer m entre l'équation primitive et sa différentielle première, ce qui donnera

$$(V') \qquad xy\,dx + (a^2 - x^2)\,dy = o,$$

puis différentiant celle-ci pour éliminer en dernier lieu la constante a. Enfin si la constante a ne disparaissait pas d'elle-même à la première différentiation, on pourrait commencer par différentier deux fois de suite l'équation (U), puis éliminer entre cette équation et ses différentielles première et seconde les constantes m et a.

Quel que soit celui de ces trois procédés qu'on ait suivi, on arrive toujours à l'équation (Z); mais ce qu'il faut remarquer, c'est que chacune des équations (V) et (V′), y menant en particulier par la différentiation et l'élimination d'une constante, en est une intégrale. On les appelle, en conséquence, *intégrales premières*, pour les distinguer de l'équation (U), qui est l'*intégrale seconde* ou l'*intégrale primitive*, à cause que (Z) n'est que du second ordre.

On voit par là qu'une équation différentielle du second ordre peut avoir deux intégrales premières, et qu'en éliminant de celles-ci le coefficient différentiel $\frac{dy}{dx}$, on obtiendrait, entre x, y et deux constantes arbitraires, une équation primitive qui devrait rentrer dans l'équation (U); d'où il suit qu'il suffit de connaître les deux intégrales premières pour trouver l'intégrale seconde.

Ces remarques s'étendent aux équations de tous les ordres. Pour le troisième, par exemple, l'équation primitive doit contenir trois constantes arbitraires (299); car on a les quatre équations

$$U = 0, \quad dU = 0, \quad d^2U = 0, \quad d^3U = 0;$$

mais si l'on élimine d'abord deux des constantes arbitraires entre les équations $U = 0$, $dU = 0$, $d^2U = 0$, on aura trois équations différentielles du second ordre, puisqu'on pourra conserver chacune des trois constantes à son tour. Les équations qu'on obtient ainsi sont des *intégrales premières* de l'équation différentielle du troisième ordre, qui résultera nécessairement de l'élimination de la constante qu'elles renferment. Les *intégrales secondes* sont ici les équations du premier ordre que donne l'élimination de chacune des constantes entre les équations $U = 0$ et $dU = 0$, et l'équation primitive $U = 0$ est l'*intégrale troisième*. Sans pousser plus loin ces considérations, on doit en conclure qu'*une équation différentielle de l'ordre* n *a un nombre* n *d'intégrales premières;* et comme ces intégrales sont de l'ordre $n-1$, elles ne renferment que les $n-1$ coefficients

$$\frac{dy}{dx}, \quad \frac{d^2y}{dx^2}, \dots, \quad \frac{d^{n-1}y}{dx^{n-1}};$$

si donc on peut les éliminer, on aura l'intégrale $n^{\text{ième}}$, ou l'équation primitive qui répond à l'équation différentielle proposée.

301. Pour généraliser la théorie précédente, Lagrange, par l'application de la série de Taylor, a déduit de l'équation différentielle même cette multiplicité de leurs intégrales premières qui vient d'être établie en partant de l'équation primitive.

Si l'on pose d'abord, comme dans le n° 240, $h = -x$, et que l'on désigne par A la valeur de y lorsque $x = 0$, on trouve

$$(a) \qquad A = y - \frac{dy}{dx}\frac{x}{1} + \frac{d^2y}{dx^2}\frac{x^2}{1.2} - \frac{d^3y}{dx^3}\frac{x^3}{1.2.3} + \text{etc.},$$

équation où l'on peut faire disparaître tous les coefficients différentiels des ordres supérieurs à celui de l'équation proposée. Supposons, par exemple, celle-ci du second ordre et mise sous la forme

$$(Z) \qquad \frac{d^2y}{dx^2} = f\left(x, y, \frac{dy}{dx}\right);$$

on en déduira les valeurs des coefficients différentiels des ordres plus élevés, et par ce moyen l'équation (a) devenant

$$(1)\quad A = y - \frac{dy}{dx}\frac{x}{1} + f\left(x, y, \frac{dy}{dx}\right)\frac{x^2}{1.2} - f_1\left(x, y, \frac{dy}{dx}\right)\frac{x^3}{1.2.3} + \text{etc.},$$

est ramenée au premier ordre, et est une intégrale première de l'équation (Z), A désignant alors la constante arbitraire.

Cela posé, on peut écrire dans le second membre de l'équation (a) $\frac{dy}{dx}$ au lieu de y; il donnera la valeur de $\frac{dy}{dx}$, correspondante à $x = 0$. En désignant cette valeur par A_1, on aura

$$A_1 = \frac{dy}{dx} - \frac{d^2y}{dx^2}\frac{x}{1} + \frac{d^3y}{dx^3}\frac{x^2}{1.2} - \text{etc.},$$

et remplaçant $\frac{d^2y}{dx^2}$, $\frac{d^3y}{dx^3}$, etc., par leurs valeurs tirées de l'équation (Z), on obtiendra

$$(2)\quad A_1 = \frac{dy}{dx} - f\left(x, y, \frac{dy}{dx}\right)\frac{x}{1} + f_1\left(x, y, \frac{dy}{dx}\right)\frac{x^2}{1.2} - \text{etc.},$$

qui sera encore une intégrale première de l'équation proposée.

On ne pourra pas aller plus loin, puisqu'il n'y a d'arbitraire que les premières valeurs de y et de $\frac{dy}{dx}$.

Sans qu'il soit besoin d'entrer dans de nouveaux détails, on voit que si l'équation proposée était de l'ordre n, on déduirait de l'équation (a) des expressions de

$$y, \quad \frac{dy}{dx}, \quad \frac{d^2y}{dx^2}, \ldots, \quad \frac{d^{n-1}y}{dx^{n-1}},$$

correspondantes à $x = 0$, qui seraient toutes arbitraires, et en y remplaçant les coefficients différentiels de l'ordre n et des ordres supérieurs par leurs valeurs tirées de l'équation proposée, on formerait n équations de l'ordre $n-1$, qui en seraient les intégrales premières.

302. Nous commencerons l'intégration des équations différentielles des ordres supérieurs par celles qui ne renferment point les variables primitives.

Dans le second ordre, ces équations ne contiennent que $\frac{dy}{dx}$ et $\frac{d^2y}{dx^2}$; et lorsque, pour abréger, on y fait $\frac{dy}{dx} = p$, ce qui donne $\frac{d^2y}{dx^2} = \frac{dp}{dx}$, elles conduisent à $\frac{dp}{dx} = P$, P étant une fonction de p. On tire de là $dx = \frac{dp}{P}$, et par conséquent $x = \int \frac{dp}{P} + C$; mettant pour dx sa valeur dans l'équation $dy = p\,dx$, on trouve aussi $y = \int \frac{p\,dp}{P} + C'$: il ne s'agit plus que d'éliminer p entre les deux équations $x = \int \frac{dp}{P} + C$ et $y = \int \frac{p\,dp}{P} + C'$, pour avoir l'intégrale en x et y, qui sera complète, car elle renfermera deux constantes arbitraires (299). L'élimination de p ne pourra se faire que lorsqu'on aura effectué les intégrations indiquées; mais par les quadratures on construira la courbe cherchée.

Soit pour exemple l'équation $\frac{(dx^2 + dy^2)^{\frac{3}{2}}}{dx\,d^2y} = a$; en mettant $p\,dx$ pour dy, et $dp\,dx$ pour d^2y, on changera cette équation en $\frac{(1+p^2)^{\frac{3}{2}}dx}{dp}=a$, et l'on en tirera

$$dx=\frac{a\,dp}{(1+p^2)^{\frac{3}{2}}},\quad dy=p\,dx=\frac{ap\,dp}{(1+p^2)^{\frac{3}{2}}}.$$

L'intégration donnera

$$x=C+\frac{ap}{\sqrt{1+p^2}},\quad y=C'-\frac{a}{\sqrt{1+p^2}};$$

éliminant p, il viendra

$$(x-C)^2+(y-C')^2=a^2,$$

résultat facile à prévoir, car l'équation différentielle proposée n'étant autre chose que l'expression générale du rayon de courbure, égalée à une constante a (81), exprime la propriété fondamentale du cercle.

303. On ramène de même à l'intégration des fonctions d'une seule variable les équations d'un ordre quelconque, dans lesquelles un coefficient différentiel est exprimé par celui de l'ordre immédiatement inférieur.

Si l'on avait, par exemple, $\frac{d^3y}{dx^3}$ en fonction de $\frac{d^2y}{dx^2}$, on ferait $\frac{d^2y}{dx^2}=q$, d'où il résulterait $\frac{d^3y}{dx^3}=\frac{dq}{dx}$; et par conséquent l'équation proposée serait transformée en $\frac{dq}{dx}=Q$, Q représentant une fonction donnée de q. On conclurait de cette dernière équation,

$$dx=\frac{dq}{Q},\quad x=\int\frac{dq}{Q}+C;$$

puis de $\frac{d^2y}{dx^2}=q$, on tirerait successivement

$$\frac{dy}{dx}=\int q\,dx=\int\frac{q\,dq}{Q}+C',$$

$$y=\int dx\int q\,dx=\int\frac{dq}{Q}\left(\int\frac{q\,dq}{Q}+C'\right)+C'':$$

l'intégrale demandée serait donc le résultat de l'élimination de q entre les deux équations

$$x = \int \frac{dq}{Q} + C, \quad y = \int \frac{dq}{Q}\left(\int \frac{q\,dq}{Q} + C'\right) + C'',$$

et il y aurait trois constantes arbitraires dans le résultat. On étendrait facilement ce procédé à un ordre quelconque.

304. On réduit encore très-aisément à l'intégration des fonctions d'une seule variable les équations d'un ordre quelconque, dans lesquelles un coefficient différentiel est donné par celui de l'ordre inférieur de deux unités. Si l'on avait, par exemple, $\frac{d^4 y}{dx^4}$ en fonction de $\frac{d^2 y}{dx^2}$, on représenterait $\frac{d^2 y}{dx^2}$ par q, d'où il suivrait

$$\frac{d^3 y}{dx^3} = \frac{dq}{dx}, \quad \frac{d^4 y}{dx^4} = \frac{d^2 q}{dx^2},$$

et la proposée serait transformée en

$$\frac{d^2 q}{dx^2} = Q,$$

Q désignant une fonction donnée de q. En multipliant alors les deux membres par dq, il viendrait.

$$\frac{dq}{dx} \cdot \frac{d^2 q}{dx} = Q\,dq;$$

et, comme $\frac{d^2 q}{dx} = d\,\frac{dq}{dx}$, on tirerait de là

$$\frac{dq^2}{dx^2} = 2\int Q\,dq + C \quad \text{et} \quad \frac{dq}{dx} = \sqrt{2\int Q\,dq + C},$$

$$dx = \frac{dq}{\sqrt{2\int Q\,dq + C}}, \quad x = \int \frac{dq}{\sqrt{2\int Q\,dq + C}} + C';$$

mais de $\frac{d^2 y}{dx^2} = q$, on déduit successivement

$$\frac{dy}{dx} = \int q\,dx = \int \frac{q\,dq}{\sqrt{2\int Q\,dq + C}} + C'',$$

$$y = \int dx \int q\,dx = \int \frac{dq}{\sqrt{2\int Q\,dq + C}}\left(\int \frac{q\,dq}{\sqrt{2\int Q\,dq + C}} + C''\right) + C''';$$

l'intégrale serait par conséquent le résultat de l'élimination de q, entre les équations

$$x = \int \frac{dq}{\sqrt{2\int Q\,dq + C}} + C',$$

$$y = \int \frac{dq}{\sqrt{2\int Q\,dq + C}} \left(\int \frac{q\,dq}{\sqrt{2\int Q\,dq + C}} + C'' \right) + C''',$$

contenant quatre constantes arbitraires. On traiterait de même les équations analogues, dans les ordres plus élevés.

305. L'équation $\frac{d^2 y}{dx^2} = Y$, où Y désigne une fonction quelconque de y, est le cas le plus simple de la classe d'équations qui nous occupe; il vient alors

$$\frac{dy}{dx} \cdot \frac{d^2 y}{dx} = Y\,dy,$$

$$\frac{dy^2}{dx^2} = 2\int Y\,dy + C \quad \text{et} \quad \frac{dy}{dx} = \sqrt{2\int Y\,dy + C}.$$

Si l'on applique ce procédé à l'équation particulière

$$d^2 y \sqrt{ay} = dx^2,$$

on aura

$$\frac{d^2 y}{dx^2} = \frac{1}{\sqrt{ay}}, \quad \frac{dy}{dx} \cdot \frac{d^2 y}{dx} = \frac{dy}{\sqrt{ay}}$$

et

$$\frac{dy^2}{dx^2} = \frac{4}{a}\sqrt{ay} + C,$$

en intégrant. Changeant C en $\frac{4c}{\sqrt{a}}$, on tirerait de là

$$\frac{dy^2}{dx^2} = \frac{4}{\sqrt{a}}(\sqrt{y} + c), \quad \frac{2\,dx}{\sqrt[4]{a}} = \frac{dy}{\sqrt{c + \sqrt{y}}};$$

faisant ensuite $c + \sqrt{y} = z$, il viendrait

$$\frac{dx}{\sqrt[4]{a}} = \frac{(z - c)\,dz}{\sqrt{z}} = \left(z^{\frac{1}{2}} - c z^{-\frac{1}{2}} \right) dz$$

et enfin

$$\frac{x}{\sqrt[4]{a}} = \frac{2}{3} z^{\frac{3}{2}} - 2 c z^{\frac{1}{2}} + c' = \frac{2}{3}(\sqrt{y} - c)\sqrt{c + \sqrt{y}} + c'.$$

306. Les équations différentielles qui ne contiennent qu'une seule des variables primitives, s'abaissent au moins d'un ordre.

Cela est d'abord visible pour celles qui sont de la forme

$$f\left(x, \frac{dy}{dx}, \frac{d^2y}{dx^2}, \ldots, \frac{d^ny}{dx^n}\right) = 0,$$

x désignant la variable indépendante ; car si l'on fait $\frac{dy}{dx} = p$, il vient

$$f\left(x, p, \frac{dp}{dx}, \ldots, \frac{d^{n-1}p}{dx^{n-1}}\right) = 0,$$

équation qui n'est plus que de l'ordre $n-1$, par rapport aux variables x et p. Quand on pourra l'intégrer et en tirer p en x, ou bien x en p, on aura y par les formules

$$y = \int p\,dx + C, \quad \text{ou} \quad y = px - \int x\,dp + C.$$

Soit, par exemple, l'équation différentielle

$$\frac{(dx^2 + dy^2)^{\frac{3}{2}}}{dx\,d^2y} = X,$$

X désignant une fonction donnée, de x seul ; cette équation se transforme en

$$\frac{(1+p^2)^{\frac{3}{2}}\,dx}{dp} = X,$$

d'où

$$\frac{dx}{X} = \frac{dp}{(1+p^2)^{\frac{3}{2}}}.$$

En intégrant il vient

$$\int \frac{dx}{X} + C = \frac{p}{\sqrt{1+p^2}};$$

je représente $\int \frac{dx}{X} + C$ par V, et il en résulte

$$p = \frac{V}{\sqrt{1-V^2}}, \quad y = \int p\,dx + C' = \int \frac{V\,dx}{\sqrt{1-V^2}} + C'.$$

307. Si la fonction y entrait dans l'équation proposée, au

lieu de la variable indépendante x, on ramènerait ce cas au précédent, en prenant dy constant, au lieu de dx (130).

On pourrait encore, si l'équation proposée n'était que du second ordre, chasser dx au moyen de sa valeur $\frac{dy}{p}$, tirée de l'équation $dy = p\,dx$, et l'on aurait ainsi

$$\frac{d^2y}{dx^2} = \frac{dp}{dx} = \frac{p\,dp}{dy}:$$

la transformée ne renfermerait alors que p, dp, y et dy. Si elle pouvait s'intégrer, et qu'elle donnât p en y, on trouverait x par la formule $x = \int \frac{dy}{p}$, et par la formule $x = \frac{y}{p} + \int \frac{y\,dp}{p^2}$, lorsqu'on aurait y en p.

L'équation $\frac{d^2y}{dx^2} = Y$, déjà traitée dans le n° 305, devient, par le procédé ci-dessus,

$$\frac{p\,dp}{dy} = Y, \quad \text{d'où} \quad p^2 = 2\int Y\,dy + C,$$

$$p = \frac{dy}{dx} = \sqrt{2\int Y\,dy + C} \quad \text{et} \quad x = \int \frac{dy}{\sqrt{2\int Y\,dy + C}} + C'.$$

308. Parmi les équations différentielles qui contiennent en même temps les deux variables primitives, il faut remarquer celles qui sont homogènes entre la fonction y et ses différentielles, considérées comme des facteurs algébriques : une transformation très-simple, faisant disparaître la fonction primitive y, les ramène au cas précédent.

Il suffit de poser $y = e^u$, d'où il résulte

$$dy = e^u\,du, \quad d^2y = e^u\,(d^2u + du^2),$$
$$d^3y = e^u\,(d^3u + 3\,du\,d^2u + du^3), \text{ etc.};$$

le facteur e^u devenant alors commun à tous les termes de l'équation, disparaît, et il ne reste plus que les différentielles de u, avec x et dx.

Le cas le plus simple de ces équations est celui où y et ses différentielles ne passent pas le premier degré ; il est représenté par la formule générale

$$d^n y + P d^{n-1} y dx + Q d^{n-2} y dx^2 + \ldots + U y dx^n = 0.$$

Prenons pour exemple celle du troisième ordre

$$d^3 y + P d^2 y dx + Q dy dx^2 + U y dx^3 = 0;$$

les valeurs de y et de ses différentielles la réduiront à

$$\left.\begin{array}{r} d^3 u + 3 du\, d^2 u + du^3 + P(d^2 u + du^2) dx \\ + Q du\, dx^2 + U dx^3 \end{array}\right\} = 0,$$

qui s'abaisse au second ordre en posant $du = t dx$, d'où il résulte

$$d^2 t + (3t + P) dt\, dx + (t^3 + P t^2 + Q t + U) dx^2 = 0.$$

La forme de cette équation donne lieu à une remarque importante, savoir, que si les quantités P, Q et U étaient constantes, on pourrait supposer t constant; car en faisant $d^2 t = 0$, $dt = 0$, il ne resterait pour déterminer t que l'équation

$$t^3 + P t^2 + Q t + U = 0$$

dont les coefficients seraient des constantes.

Désignant donc par m_1, m_2, m_3 les trois racines de cette équation, on pourrait prendre successivement

$$t = m_1, \quad t = m_2, \quad t = m_3;$$

et comme

$$du = t dx \quad \text{donne} \quad u = \int t dx + c, \quad y = e^{\int t dx + c},$$

on aurait pour y les trois valeurs

$$y_1 = e^{m_1 x + c_1}, \quad y_2 = e^{m_2 x + c_2}, \quad y_3 = e^{m_3 x + c_3},$$

qui reviennent à

$$y_1 = C_1 e^{m_1 x}, \quad y_2 = C_2 e^{m_2 x}, \quad y_3 = C_3 e^{m_3 x},$$

en prenant pour constantes arbitraires les quantités

$$e^{c_1}, \quad e^{c_2}, \quad e^{c_3}.$$

309. Ce ne sont encore là que des valeurs particulières de la fonction y, puisqu'elles ne renferment qu'une constante; mais en les ajoutant, on forme l'intégrale primitive complète

$$y = C_1 e^{m_1 x} + C_2 e^{m_2 x} + C_3 e^{m_3 x}.$$

Non-seulement il est facile de s'assurer que cette expression de y satisfait à l'équation différentielle proposée; mais on peut établir à ce sujet une proposition générale, quels que soient les coefficients P, Q et U, savoir : que si y_1, y_2, y_3 sont trois valeurs de y qui satisfassent chacune en particulier à cette équation, leur somme $y_1+y_2+y_3$, étant prise pour l'expression de y, satisfera également, et que si les fonctions y_1, y_2, y_3 ne contenaient pas des constantes arbitraires comme ci-dessus, on pourrait prendre

$$y = C_1 y_1 + C_2 y_2 + C_3 y_3;$$

car en différentiant trois fois cette expression, substituant dans l'équation proposée les valeurs de y, dy, d^2y, d^3y, et rassemblant tous les termes où entre la même constante, il vient

$$\left.\begin{array}{r} C_1\,(d^3y_1 + P\,d^2y_1\,dx + Q\,dy_1\,dx^2 + U y_1\,dx^3) \\ + C_2\,(d^3y_2 + P\,d^2y_2\,dx + Q\,dy_2\,dx^2 + U y_2\,dx^3) \\ + C_3\,(d^3y_3 + P\,d^2y_3\,dx + Q\,dy_3\,dx^2 + U y_3\,dx^3) \end{array}\right\} = 0,$$

résultat dans lequel la fonction qui multiplie chaque constante est nulle par elle-même, puisqu'on a supposé que les fonctions y_1, y_2, y_3 satisfaisaient séparément à l'équation

$$d^3y + P\,d^2y\,dx + Q\,dy\,dx^2 + U y\,dx^3 = 0.$$

On voit aisément que cette démonstration peut s'appliquer à l'équation d'un ordre quelconque

$$d^ny + P\,d^{n-1}y\,dx + Q\,d^{n-2}y\,dx^2 + \ldots + U y\,dx^n = 0,$$

et que par conséquent si l'on trouve n valeurs particulières,

$$y_1,\quad y_2,\quad y_3\ldots,\quad y_n,$$

qui y satisfassent, on pourra poser

$$y = C_1 y_1 + C_2 y_2 + C_3 y_3 + \ldots + C_n y_n,$$

C_1, C_2, $C_3\ldots$, C_n désignant des constantes arbitraires.

Il est également visible que si les coefficients P, Q..., U sont constants, les valeurs de y s'obtiendront par la supposition de $y = e^{mx}$, m étant une constante, ce qui donne

$$dy = e^{mx} m\,dx,\quad d^2y = e^{mx} m^2\,dx^2,\ \ldots,\quad d^ny = e^{mx} m^n\,dx^n,$$

et, rendant divisible par $e^{mx}\,dx^n$ l'équation proposée, la réduit alors à

$$m^n + Pm^{n-1} + Qm^{n-2} + \ldots + U = 0.$$

Si l'on représente par $m_1, m_2, \ldots, m_n$ les racines de celle-ci, on aura

$$y_1 = e^{m_1 x}, \quad y_2 = e^{m_2 x}, \ldots, \quad y_n = e^{m_n x},$$

et par conséquent

$$y = C_1 e^{m_1 x} + C_2 e^{m_2 x} + \ldots + C_n e^{m_n x}.$$

310. Lorsque parmi les valeurs de m il s'en trouve d'imaginaires, l'expression ci-dessus, qui ne cesse pas pour cela de vérifier l'équation différentielle proposée, a besoin d'être transformée en une autre, où il n'y ait que des quantités réelles, ce qui s'effectue au moyen des formules du nº 187.

Si m_1 et m_2, par exemple, désignent un groupe de racines imaginaires, elles seront de la forme

$$m_1 = \alpha + \beta\sqrt{-1}, \quad m_2 = \alpha - \beta\sqrt{-1},$$

et fourniront dans l'expression générale de y une partie

$$C_1 e^{\alpha x + \beta x\sqrt{-1}} + C_2 e^{\alpha x - \beta x\sqrt{-1}} = e^{\alpha x}\left(C_1 e^{\beta x\sqrt{-1}} + C_2 e^{-\beta x\sqrt{-1}}\right);$$

mais, par l'article cité, on a

$$e^{\beta x\sqrt{-1}} = \cos\beta x + \sqrt{-1}\sin\beta x,$$
$$e^{-\beta x\sqrt{-1}} = \cos\beta x - \sqrt{-1}\sin\beta x;$$

ces valeurs, substituées dans l'expression précédente, la changent en

$$e^{\alpha x}\left\{(C_1 + C_2)\cos\beta x + (C_1 - C_2)\sqrt{-1}\sin\beta x\right\};$$

et comme les constantes C_1 et C_2 disparaissent de l'équation différentielle, sans qu'il soit besoin de leur assigner aucune valeur, on peut leur en supposer une telle, que les quantités $C_1 + C_2$ et $(C_1 - C_2)\sqrt{-1}$ soient réelles, et faire en conséquence

$$C_1 + C_2 = E_1, \quad (C_1 - C_2)\sqrt{-1} = E_2,$$

d'où il résultera, pour l'expression cherchée,

$$e^{\alpha x}\left\{E_1 \cos\beta x + E_2 \sin\beta x\right\},$$

valeur entièrement réelle.

On peut changer cette dernière de forme, en y posant

$$E_1 = p \sin q, \quad E_2 = p \cos q,$$

p et q étant de nouvelles quantités arbitraires; elle deviendra

$$e^{\alpha x}\{p \sin q \cos \beta x + p \cos q \sin \beta x\} = pe^{\alpha x} \sin (q + \beta x).$$

On traiterait de la même manière les autres groupes de termes imaginaires que pourrait renfermer l'expression générale de y.

311. Si quelques-unes des racines m_1, m_2, etc., deviennent égales, cette expression perd de sa généralité; quand, par exemple, $m_1 = m_2$, les deux premiers termes, prenant la forme

$$C_1 e^{m_1 x} + C_2 e^{m_1 x} = (C_1 + C_2)\, e^{m_1 x},$$

se réunissent en un seul dont le coefficient $C_1 + C_2$ ne compte plus que pour une seule constante.

Des divers procédés qu'on a donnés pour parer à cet inconvénient, celui qu'a proposé d'Alembert me paraît encore le plus ingénieux et le plus simple : voici en quoi il consiste (*).

Au lieu de supposer que les racines m_1 et m_2 soient égales, on fait d'abord

$$m_2 = m_1 + h,$$

ce qui donne

$$C_1 e^{m_1 x} + C_2 e^{m_2 x} = e^{m_1 x}(C_1 + C_2 e^{hx})$$

$$= e^{m_1 x}\left[C_1 + C_2\left(1 + \frac{hx}{1} + \frac{h^2 x^2}{1.2} + \text{etc.}\right)\right],$$

en développant l'exponentielle e^{hx} (27); alors si l'on pose

$$C_1 + C_2 = E_1, \quad C_2 h = E_2,$$

il vient

$$e^{m_1 x}\left[E_1 + E_2 x + E_2 \frac{hx^2}{2} + \text{etc.}\right].$$

Or, C_1 et C_2 étant arbitraires, E_1 et E_2 le sont pareillement, et l'expression $C_1 e^{m_1 x} + C_2 e^{m_2 x}$ satisfaisant à l'équation différentielle proposée, indépendamment d'aucune valeur de C_1 et de C_2 (309),

(*) *Voyez* d'ailleurs le Traité in 4°, tome III, page 695.

il en sera de même du développement ci-dessus, et des constantes E_1 et E_2, et cela, quelque petite que soit la quantité h. Si donc on suppose $h = 0$, l'expression ci-dessus, réduite à

$$e^{m_1 x}(E_1 + E_2 x)$$

et contenant deux constantes arbitraires irréductibles, satisfera encore à la proposée; mais ce cas répond précisément à $m_1 = m_2$.

De là, on passe aisément au cas où $m_1 = m_2 = m_3$; car en ne supposant d'abord que l'équation $m_1 = m_2$, on aura

$$y = e^{m_1 x}(E_1 + E_2 x) + C_3 e^{m_3 x} + \ldots + C_n e^{m_n x},$$

et faisant en conséquence $m_3 = m_1 + h$, il viendra

$$e^{m_1 x}(E_1 + E_2 x) + C_3 e^{m_3 x} = e^{m_1 x}(E_1 + E_2 x + C_3 e^{hx}),$$

que le développement de e^{hx} changera en

$$e^{m_1 x}\left(E_1 + C_3 + (E_2 + C_3 h)x + C_3 \frac{h^2 x^2}{2} + C_3 \frac{h^3 x^3}{2 \cdot 3} + \text{etc.}\right),$$

et faisant

$$E_1 + C_3 = F_1, \quad E_2 + C_3 h = F_2, \quad \frac{1}{2} C_3 h^2 = F_3,$$

on aura l'expression

$$e^{m_1 x}\left(F_1 + F_2 x + F_3 x^2 + F_3 \frac{hx^3}{3} + \text{etc.}\right),$$

satisfaisant encore à l'équation différentielle proposée, quelles que soient les constantes F_1, F_2, F_3, et quelque petite que soit h : en posant donc $h = 0$, il en résultera, pour le cas où $m_1 = m_2 = m_3$, l'expression

$$e^{m_1 x}(F_1 + F_2 x + F_3 x^2),$$

qui remplacera complétement la partie $C_1 e^{m_1 x} + C_2 e^{m_2 x} + C_3 e^{m_3 x}$, et ainsi de suite, en quelque nombre que soient les valeurs égales de m.

312. L'équation différentielle proposée peut rarement s'intégrer lorsque les coefficients sont variables; le cas suivant

$$\left.\begin{array}{l}(a + bx)^n d^n y + P(a + bx)^{n-1} d^{n-1} y\, dx \\ + Q(a + bx)^{n-2} d^{n-2} y\, dx^2 + \ldots + Uy\, dx^n\end{array}\right\} = 0,$$

où P, Q..., U, désignent des constantes, est un des plus remarquables. Si l'on fait $a+bx=t$, d'où il suit $dx=\frac{dt}{b}$, l'équation ci-dessus se change en

$$t^n d^n y+\frac{P}{b}t^{n-1}d^{n-1}y\,dt\,\frac{Q}{b^2}t^{n-2}d^{n-2}y\,dt^2+\ldots+\frac{U}{b^n}y\,dt^n=0,$$

à laquelle on satisfait en posant $y=t^m$, m étant un exposant indéterminé; car dt étant constant ainsi que dx, la substitution de y et de ses différentielles rend l'équation ci-dessus divisible par $t^m dt^n$, et l'on a seulement

$$\left.\begin{array}{l} m(m-1)\ldots(m-n+1)+\frac{P}{b}m(m-1)\ldots(m-n+2) \\ +\frac{Q}{b^2}m(m-1)\ldots(m-n+3)+\ldots+\frac{U}{b^n} \end{array}\right\}=0,$$

qui détermine m, au moyen des constantes n, b, P, Q..., U.

313. Il est facile d'appliquer ce qui précède à l'équation du second ordre

$$d^2y+P\,dy\,dx+U\,y\,dx^2=0,$$

et d'en tirer les résultats suivants, qu'il est utile de connaître.

1°. Si y_1 et y_2 sont deux valeurs qui satisfassent à cette équation, son intégrale complète est

$$y=C_1y_1+C_2y_2 \quad (309).$$

2°. Quand P et U sont constants, on a

$$y=C_1e^{m_1x}+C^2e^{m_2x},$$

m_1 et m_2 étant les racines de l'équation

$$m^2+Pm+U=0.$$

3°. Si ces racines sont imaginaires, il vient

$$y=pe^{\alpha x}\sin(q+\beta x) \quad (310).$$

4°. Si elles sont égales

$$y=e^{m_1x}(E_1+E_2x) \quad (311).$$

5°. Enfin l'équation

$$(a+bx)^2d^2y+(a+bx)P\,dy\,dx+U\,y\,dx^2=0$$

se change en

$$t^2 d^2y + \frac{P}{b} t\, dy\, dt + \frac{U}{b^2} y\, dt^2 = 0,$$

lorsqu'on fait $a + bx = t$, et dépend de

$$m(m-1) + \frac{P}{b} m + \frac{U}{b^2} = 0 \quad (312),$$

ce qui revient à

$$m^2 + \left(\frac{P}{b} - 1\right) m + \frac{U}{b^2} = 0;$$

ainsi son intégrale est

$$y = C_1 t^{m_1} + C_2 t^{m_2} = C_1 (a + bx)^{m_1} + C_2 (a + bx)^{m_2},$$

m_1 et m_2 étant les deux valeurs de m.

314. L'équation

$$(1) \qquad d^n y + P d^{n-1} y\, dx + Q d^{n-2} y\, dx^2 + \ldots + U y\, dx^n = 0,$$

n'est qu'un cas particulier de l'équation différentielle de l'ordre n et du premier degré; car celle-ci, pour être générale, doit contenir un terme indépendant de y, et avoir par conséquent la forme

$$(2) \quad d^n y + P d^{n-1} y\, dx + Q d^{n-2} y\, dx^2 + \ldots + U y\, dx^n = V dx^n;$$

mais l'intégration de cette dernière se ramène facilement à celle de la première : on l'a déjà vu pour le premier ordre, dans le n° 285; et dans un ordre quelconque, *il suffit de connaître un nombre* n *de valeurs particulières de* y, *satisfaisant à l'équation* (1), *pour parvenir à l'intégrale complète de l'équation* (2).

Lagrange, qui a découvert cet important théorème, l'a prouvé en étendant à l'équation (2), par la variation des quantités $C_1, C_2, \ldots, C_n$, l'expression générale de y relative à l'équation (1).

Pour fixer les idées, je prends l'équation proposée du troisième ordre seulement; il vient $y = C_1 y_1 + C_2 y_2 + C_3 y_3$, expression dans laquelle il faut déterminer C_1, C_2, C_3, de manière qu'elle satisfasse à

$$d^3 y + P d^2 y\, dx + Q dy\, dx^2 + U y\, dx^3 = V dx^3.$$

Si l'on forme successivement les valeurs de dy, d^2y et d^3y, en traitant C_1, C_2, C_3 comme variables, on trouvera d'abord

$$dy = C_1 dy_1 + C_2 dy_2 + C_3 dy_3 + y_1 dC_1 + y_2 dC_2 + y_3 dC_3;$$

mais comme on a trois quantités à déterminer, et que la question proposée n'offre qu'une condition, on en peut choisir deux autres à volonté, et faire en conséquence

$$y_1 dC_1 + y_2 dC_2 + y_3 dC_3 = 0,$$

ce qui donnera

$$dy = C_1 dy_1 + C_2 dy_2 + C_3 dy_3,$$

comme si les quantités C_1, C_2 et C_3 n'avaient pas varié. En différentiant cette valeur, il viendra

$$d^2y = C_1 d^2y_1 + C_2 d^2y_2 + C_3 d^2y_3 + dy_1 dC_1 + dy_2 dC_2 + dy_3 dC_3;$$

posant encore

$$dy_1 dC_1 + dy_2 dC_2 + dy_3 dC_3 = 0,$$

il restera

$$d^2y = C_1 d^2y_1 + C_2 d^2y_2 + C_3 d^2y_3,$$

d'où l'on tirera

$$d^3y = C_1 d^3y_1 + C_2 d^3y_2 + C_3 d^3y_3 + d^2y_1 dC_1 + d^2y_2 dC_2 + d^2y_3 dC_3.$$

par la substitution des valeurs de y, dy, d^2y et d^3y, l'équation proposée deviendra

$$\left.\begin{array}{l} C_1 (d^3y_1 + P d^2y_1 dx + Q dy_1 dx^2 + U y_1 dx^3) \\ + C_2 (d^3y_2 + P d^2y_2 dx + Q dy_2 dx^2 + U y_2 dx^3) \\ + C_3 (d^3y_3 + P d^2y_3 dx + Q dy_3 dx^2 + U y_3 dx^3) \\ + d^2y_1 dC_1 + d^2y_2 dC_2 + d^2y_3 dC_3 \end{array}\right\} = V dx^3$$

ce qui se réduit à

$$d^2y_1 dC_1 + d^2y_2 dC_2 + d^2y_3 dC_3 = V dx^3,$$

quand les fonctions y_1, y_2, y_3 satisfont à l'équation

$$d^3y + P d^2y dx + Q dy dx^2 + U y dx^3 = 0:$$

il existera donc entre les différentielles dC_1, dC_2 et dC_3, les trois équations

$$y_1 dC_1 + y_2 dC_2 + y_3 dC_3 = 0,$$
$$dy_1 dC_1 + dy_2 dC_2 + dy_3 dC_3 = 0,$$
$$d^2y_1 dC_1 + d^2y_2 dC_2 + d^2y_3 dC_3 = V dx^3,$$

d'où l'on tirera les valeurs de chacune de ces différentielles, exprimées en x et en dx, lorsque les fonctions y_1, y_2, y_3 seront connues. Les résultats ayant la forme

$$dC_1 = X_1 dx, \quad dC_2 = X_2 dx, \quad dC_3 = X_3 dx,$$

on en déduira

$$C_1 = \int X_1 dx + c_1, \quad C_2 = \int X_2 dx + c_2, \quad C_3 = \int X_3 dx + c_3,$$

et par conséquent

$$y = y_1 \left(\int X_1 dx + c_1\right) + y_2 \left(\int X_2 dx + c_2\right) + y_3 \left(\int X_3 dx + c_3\right)$$

sera l'intégrale complète de l'équation proposée.

Si l'on ne connaissait que deux valeurs particulières de y, la proposée ne pourrait s'intégrer qu'avec le secours d'une équation du second ordre, réductible au premier. En effet, on aurait alors

$$y = C_1 y_1 + C_2 y_2, \quad dy = C_1 dy_1 + C_2 dy_2,$$

en faisant

$$y_1 dC_1 + y_2 dC_2 = 0\ ;$$

mais puisqu'on ne pourrait disposer que d'une seule des quantités C_1 et C_2, il faudrait employer le développement complet de d^2y, qui serait

$$d^2y = C_1 d^2y_1 + C_2 d^2y_2 + dy_1 dC_1 + dy_2 dC_2,$$

et qui donnerait

$$d^3y = C_1 d^3y_1 + C_2 d^3y_2 + 2d^2y_1 dC_1 + 2d^2y_2 dC_2 + dy_1 d^2C_1 + dy_2 d^2C_2.$$

Substituant dans la proposée, et réduisant de la même manière que ci-dessus, on obtiendrait

$$\left.\begin{array}{l} dy_1 d^2C_1 + dy_2 d^2C_2 + 2\,d^2y_1 dC_1 + 2\,d^2y_2 dC_2 \\ \quad + P dy_1 dC_1 dx + P dy_2 dC_2 dx \end{array}\right\} = V dx^3,$$

équation de laquelle on chassera dC_2 et d^2C_2, en tirant leurs valeurs de l'équation $y_1 dC_1 + y_2 dC_2 = 0$ et de sa différentielle; la résultante ne contenant que d^2C_1, dC_1 et des fonctions de x, se ramènera au premier ordre (306).

Enfin, lorsqu'on n'aura qu'une seule valeur de y, on tombera sur une équation auxiliaire du troisième ordre, réductible au second; c'est ce dont il est facile de se convaincre, en mettant dans la proposée

$$C_1 y_1, \quad C_1 dy_1 + y_1 dC_1, \quad C_1 d^2 y_1 + 2 dy_1 dC_1 + y_1 d^2 C_1,$$
$$C_1 d^3 y_1 + 3 d^2 y_1 dC_1 + 3 dy_1 d^2 C_1 + y_1 d^3 C_1,$$

au lieu de

$$y, \quad dy, \quad d^2 y, \quad \text{et} \quad d^3 y:$$

l'équation formée par ces substitutions sera réduite à

$$\left.\begin{array}{l} y_1 d^3 C_1 + 3 dy_1 d^2 C_1 + 3 d^2 y_1 dC_1 + P y_1 d^2 C_1 dx \\ + 2 P dy_1 dC_1 dx + Q y_1 dC_1 dx^2 \end{array}\right\} = V dx^3.$$

Si dans les calculs précédents l'on suppose $V = 0$, ils montreront comment, avec deux, ou seulement une valeur particulière de la fonction y, on peut parvenir à son expression générale, dans l'équation

$$d^3 y + P d^2 y dx + Q dy dx^2 + U y dx^3 = 0;$$

et de là résulte, pour toutes les équations différentielles du premier degré, le théorème suivant :

Si l'on a n *valeurs particulières de* y, *pour l'équation* (1), *on en déduira immédiatement l'expression générale de cette fonction pour les équations* (1) et (2); *et dans le cas où l'on ne connaîtrait que* n — 1 *valeurs particulières, on parviendrait encore à la même expression, en intégrant une équation du premier degré et du premier ordre.*

315. Je prendrai pour exemple l'équation du second ordre

$$d^2 y + P dy dx + U y dx^2 = V dx^2.$$

En désignant d'abord par y_1, y_2, les valeurs particulières de y qui satisfont à l'équation

$$d^2 y + P dy dx + U y dx^2 = 0,$$

l'intégrale complète de la proposée sera

$$y = C_1 y_1 + C_2 y_2,$$

C_1 et C_2 étant déterminés par les équations

$$y_1 dC_1 + y_2 dC_2 = 0,$$
$$dy_1 dC_1 + dy_2 dC_2 = V dx^2 \quad (\text{n}^\circ \text{ précédent}).$$

Maintenant si l'on suppose que les coefficients P et U soient constants, V demeurant une fonction quelconque de x, on aura

$$y_1 = e^{m_1 x}, \quad y_2 = e^{m_2 x} \quad (313),$$

et par conséquent

$$e^{m_1 x} \mathrm{d} C_1 + e^{m_2 x} \mathrm{d} C_2 = 0,$$
$$e^{m_1 x} m_1 \mathrm{d} C_1 + e^{m_2 x} m_2 \mathrm{d} C_2 = \mathrm{V} \mathrm{d} x,$$

d'où l'on déduira

$$\mathrm{d} C_1 = \frac{\mathrm{V} e^{-m_1 x} \mathrm{d} x}{m_1 - m_2}, \quad \mathrm{d} C_2 = \frac{\mathrm{V} e^{-m_2 x} \mathrm{d} x}{m_2 - m_1},$$

puis

$$C_1 = E_1 + \frac{\int \mathrm{V} e^{-m_1 x} \mathrm{d} x}{m_1 - m_2}, \quad C_2 = E_2 + \frac{\int \mathrm{V} e^{-m_2 x} \mathrm{d} x}{m_2 - m_1},$$

et

$$y = \frac{e^{m_1 x}(E_1 + \int \mathrm{V} e^{-m_1 x} \mathrm{d} x) - e^{m_2 x}(E_2 + \int \mathrm{V} e^{-m_2 x} \mathrm{d} x)}{m_1 - m_2},$$

en donnant aux constantes arbitraires E_1, E_2, le diviseur commun $m_1 - m_2$, ou seulement

$$y = \frac{e^{m_1 x} \int \mathrm{V} e^{-m_1 x} \mathrm{d} x - e^{m_2 x} \int \mathrm{V} e^{-m_2 x} \mathrm{d} x}{m_1 - m_2},$$

en concevant que chaque intégrale comprenne implicitement sa constante arbitraire.

316. Cette formule est soumise aux circonstances qui naissent de la nature des valeurs de m_1 et m_2 (310, 311).

On pourrait en restreindre l'emploi au cas où les quantités m_1, m_2 sont réelles et inégales, et former immédiatement des expressions de y, pour chacun des deux autres, en employant les valeurs de y_1 et y_2 particulières à ce cas. Par exemple, lorsque m_1 et m_2 sont imaginaires, on tirera de la valeur complète

$$y = e^{\alpha x}(E_1 \cos \beta x + E_2 \sin \beta x),$$

trouvée dans le n° 310, les valeurs particulières

$$y_1 = e^{\alpha x} \cos \beta x, \quad y_2 = e^{\alpha x} \sin \beta x,$$

avec lesquelles il serait facile d'obtenir l'intégrale complète de l'équation proposée; mais il est peut-être plus simple d'opérer immédiatement sur la formule du numéro précédent, la transformation propre à en faire disparaître les imaginaires, c'est-à-dire d'y changer

$$m_1 \text{ en } \alpha+\beta\sqrt{-1},\quad m_2 \text{ en } \alpha-\beta\sqrt{-1},$$

et de remplacer ensuite les exponentielles imaginaires par leur expression en sinus et cosinus. Par ces substitutions, on a d'abord

$$\begin{aligned} y=\frac{1}{2\beta\sqrt{-1}}\Big\{&e^{\alpha x+\beta x\sqrt{-1}}\int \mathrm{V}e^{-\alpha x-\beta x\sqrt{-1}}\,dx \\ &-e^{\alpha x-\beta x\sqrt{-1}}\int \mathrm{V}e^{-\alpha x+\beta x\sqrt{-1}}\,dx\Big\} \\ =\frac{e^{\alpha x}}{2\beta\sqrt{-1}}\Big\{&(\cos\beta x+\sqrt{-1}\sin\beta x)\int \mathrm{V}e^{-\alpha x}(\cos\beta x-\sqrt{-1}\sin\beta x)\,dx \\ -&(\cos\beta x-\sqrt{-1}\sin\beta x)\int \mathrm{V}e^{-\alpha x}(\cos\beta+\sqrt{-1}\sin\beta x)\,dx\Big\}, \end{aligned}$$

puis en effectuant les multiplications indiquées, séparant les intégrales en monômes, et réduisant, le facteur $2\sqrt{-1}$ devient commun aux deux termes de la fraction, et l'on arrive à l'expression réelle

$$y=\frac{e^{\alpha x}}{\beta}\Big\{\sin\beta x\int \mathrm{V}e^{-\alpha x}\,dx\cos\beta x-\cos\beta x\int \mathrm{V}e^{-\alpha x}dx\sin\beta x\Big\}.$$

Si V était nul, il faudrait mettre une constante arbitraire à la place de chaque intégrale, et l'on aurait seulement

$$y=\frac{e^{\alpha x}}{\beta}\Big\{\mathrm{E}_1\sin\beta x-\mathrm{E}_2\cos\beta x\Big\},$$

ce qui rentre dans le résultat du n° 310.

On rencontre fréquemment, dans les applications de l'Analyse à la Physique céleste, l'équation

$$\frac{d^2y}{dx^2}+a^2y=\mathrm{V},$$

pour laquelle

$$m=\pm a\sqrt{-1}\quad (313),$$

d'où

$$\alpha=0,\quad \beta=a,$$

et

$$y = p \sin ax + q \cos ax + \frac{\sin ax \int V\,dx \cos ax - \cos ax \int V\,dx \sin ax}{a},$$

en restituant les constantes arbitraires. La fonction V a ordinairement la forme

$$A + B \cos \beta x + C \cos \gamma x + \text{etc.},$$

A, B, C, etc., β, γ, etc., désignant des coefficients constants, et les intégrations indiquées s'effectuent par le procédé du n° **218**.

317. L'égalité des racines m_1 et m_2 réduisant à $\frac{0}{0}$ l'expression

$$y = \frac{e^{m_1 x} \int V e^{-m_1 x} dx - e^{m_2 x} \int V e^{-m_2 x} dx}{m_1 - m_2},$$

il suffit, pour en obtenir la vraie valeur, de différentier par rapport à m_1 son numérateur et son dénominateur, en observant pour les intégrales la règle du n° **281**, et il vient

$$y = e^{m_1 x} \left(x \int V e^{-m_1 x} dx - \int V e^{-m_1 x} x\,dx \right).$$

Cette dernière expression comprend celle du n° **311**; car lorsque $V = 0$, les intégrales se réduisant à leur constante arbitraire, il vient seulement

$$y = e^{m_1 x} (E_1 x - E_2) \quad (*).$$

318. Si l'on a un nombre m d'équations différentielles renfermant un nombre $m + 1$ de variables, une seule de ces variables sera indépendante, et les m autres en seront des fonctions. Supposons d'abord que ces fonctions et leurs coefficients différentiels ne s'élèvent pas au delà de la première puissance, dans les équations proposées, qui sont alors du premier degré; la méthode indiquée au n° **133** conduirait, dans ce cas, à une équation différentielle du premier degré entre l'une des fonctions à déterminer et la variable que l'on regarde

(*) M. Libri, dans le recueil de ses Mémoires (imprimés à Berlin en 1835), a repris d'une manière très-élégante et très-féconde la théorie des équations différentielles linéaires (ou du premier degré). (*Voyez* aussi le premier cahier du *Journal de Mathématiques*, de M. Liouville.)

comme indépendante; mais on peut quelquefois éviter les calculs de l'élimination, en intégrant conjointement les équations proposées.

Lorsqu'elles ne sont que du premier ordre et qu'elles ne renferment que trois variables, ces équations peuvent être représentées par

$$\mathrm{M}\,\mathrm{d}u + \mathrm{N}\,\mathrm{d}x + (\mathrm{P}u + \mathrm{Q}x)\,\mathrm{d}t = \mathrm{R}\,\mathrm{d}t,$$
$$\mathrm{M}'\,\mathrm{d}u + \mathrm{N}'\,\mathrm{d}x + (\mathrm{P}'u + \mathrm{Q}'x)\,\mathrm{d}t = \mathrm{R}'\,\mathrm{d}t;$$

mais si l'on en chasse alternativement $\mathrm{d}u$ et $\mathrm{d}x$, et qu'on dégage de son coefficient celle de ces différentielles que l'on conserve, les équations résultantes prendront la forme

$$\mathrm{d}u + (\mathrm{P}u + \mathrm{Q}x)\,\mathrm{d}t = \mathrm{T}\,\mathrm{d}t,$$
$$\mathrm{d}x + (\mathrm{P}'u + \mathrm{Q}'x)\,\mathrm{d}t = \mathrm{T}'\,\mathrm{d}t,$$

P, Q, T, P', etc., représentant de nouvelles fonctions de t, dérivées des premières par la suite des opérations indiquées. C'est sous cette dernière forme que d'Alembert a traité les équations différentielles simultanées, par une méthode très-ingénieuse, que je vais exposer comme l'a présentée M. Ampère.

En multipliant la seconde équation par un facteur θ, et ajoutant le produit à la première, il vient

$$\mathrm{d}u + \theta\,\mathrm{d}x + [(\mathrm{P} + \mathrm{P}'\theta)u + (\mathrm{Q} + \mathrm{Q}'\theta)x]\,\mathrm{d}t = (\mathrm{T} + \mathrm{T}'\theta)\,\mathrm{d}t;$$

faisant ensuite $u + \theta x = z$, on aura

$$\mathrm{d}u + \theta\,\mathrm{d}x = \mathrm{d}z - x\,\mathrm{d}\theta, \quad u = z - \theta x,$$

et par ces valeurs, la transformée ci-dessus deviendrait

$$\left.\begin{array}{r} \mathrm{d}z + (\mathrm{P} + \mathrm{P}'\theta)z\,\mathrm{d}t \\ -x\left\{\mathrm{d}\theta + [(\mathrm{P} + \mathrm{P}'\theta)\theta - (\mathrm{Q} + \mathrm{Q}'\theta)]\,\mathrm{d}t\right\} \end{array}\right\} = (\mathrm{T} + \mathrm{T}'\theta)\,\mathrm{d}t;$$

enfin égalant à zéro le multiplicateur de x, on partagera l'équation ci-dessus en deux autres,

$$(a) \qquad \mathrm{d}z + (\mathrm{P} + \mathrm{P}'\theta)z\,\mathrm{d}t = (\mathrm{T} + \mathrm{T}'\theta)\,\mathrm{d}t,$$
$$(b) \qquad \mathrm{d}\theta + [(\mathrm{P} + \mathrm{P}'\theta)\theta - (\mathrm{Q} + \mathrm{Q}'\theta)]\,\mathrm{d}t = 0,$$

dont la dernière ne renferme plus que les deux variables θ et t.

Lorsqu'on pourra trouver une valeur de θ satisfaisant à celle-ci, on réduira, par son moyen, la première à ne contenir que les deux variables z et t; et n'étant d'ailleurs que du premier degré, elle s'intégrera complétement par la formule du n° 285.

Quand les coefficients P, P', Q et Q' sont constants, on peut faire

$$d\theta = 0, \quad (P + P'\theta)\theta - (Q + Q'\theta) = 0;$$

θ est alors déterminé par une équation du second degré, dont je désignerai les racines par θ_1 et θ_2.

Dans la même hypothèse, l'équation (a), en y faisant, pour abréger,

$$P + P'\theta = m, \quad T + T'\theta = V,$$

a pour intégrale l'équation

$$z = e^{-mt}\left(\int e^{mt} V\,dt + C\right),$$

d'où l'on tire les deux suivantes,

$$u + \theta_1 x = e^{-m_1 t}\left(\int e^{m_1 t} V_1\,dt + C_1\right),$$
$$u + \theta_2 x = e^{-m_2 t}\left(\int e^{m_2 t} V_2\,dt + C_2\right),$$

lorsqu'on y met successivement les deux valeurs de θ : le problème est donc complétement résolu, puisqu'on a entre les variables u, x et t deux équations primitives renfermant chacune une constante arbitraire.

319. Passons au système d'équations a quatre variables, auquel on peut toujours donner la forme

$$du + (Pu + Qx + Ry)\,dt = T\,dt,$$
$$dx + (P'u + Q'x + R'y)\,dt = T'\,dt,$$
$$dy + (P''u + Q''x + R''y)\,dt = T''\,dt.$$

Si l'on multiplie la seconde par θ, la troisième par θ', qu'on ajoute les produits à la première, que l'on fasse

$$u + \theta x + \theta' y = z,$$

d'où il suit

$$du + \theta\,dx + \theta'\,dy = dz - x\,d\theta - y\,d\theta',$$
$$u = z - \theta x - \theta' y,$$

et qu'après la substitution de ces valeurs on rassemble, pour les égaler à zéro, les termes affectés de x et de y, l'équation ci-dessus se partagera dans les trois suivantes,

$$(a)\quad dz + (P + P'\theta + P''\theta')\,z\,dt = (T + T'\theta + T''\theta')\,dt,$$

$$(b)\quad d\theta + [(P + P'\theta + P''\theta')\,\theta - (Q + Q'\theta + Q''\theta')]\,dt = 0,$$

$$(b')\quad d\theta' + [(P + P'\theta + P''\theta')\,\theta' - (R + R'\theta + R''\theta')]\,dt = 0,$$

et lorsqu'on pourra trouver les valeurs de θ et de θ' qui satisfont aux équations (b) et (b'), l'équation (a), réduite aux variables z et t, s'intégrera encore comme dans le n° précédent.

En se bornant au cas où les coefficients des fonctions u, x et y sont des constantes, on peut supposer $d\theta = 0$, $d\theta' = 0$; il en résultera

$$(P + P'\theta + P''\theta')\,\theta - (Q + Q'\theta + Q''\theta') = 0,$$
$$(P + P'\theta + P''\theta')\,\theta' - (R + R'\theta + R''\theta') = 0,$$

et si l'on fait $P + P'\theta + P''\theta' = m$, les équations ci-dessus, devenant

$$(m - Q')\,\theta - Q''\theta' = Q,$$
$$(m - R'')\,\theta' - R'\theta = R,$$

donneront pour θ et θ' des valeurs qui, substituées dans l'expression de m, conduiront à une équation finale, où cette inconnue montera au troisième degré. Chacune de ces valeurs en fournissant une pour les facteurs θ, θ', si l'on distingue celles-ci par des indices inférieurs, et qu'on fasse $T + T'\theta + T''\theta' = V$, on aura les trois systèmes de quantités

$$\theta_1,\ \theta'_1,\ m_1,\ V_1;\quad \theta_2,\ \theta'_2,\ m_2,\ V_2;\quad \theta_3,\ \theta'_3,\ m_3,\ V_3;$$

dont la substitution dans $z = e^{-mt}\left\{\int e^{mt}V\,dt + C\right\}$, intégrale de l'équation (a), donnera les trois équations primitives :

$$u + \theta_1 x + \theta'_1 y = e^{-m_1 t}\left(\int e^{m_1 t}V_1\,dt + C_1\right),$$
$$u + \theta_2 x + \theta'_2 y = e^{-m_2 t}\left(\int e^{m_2 t}V_2\,dt + C_2\right),$$
$$u + \theta_3 x + \theta'_3 y = e^{-m_3 t}\left(\int e^{m_3 t}V_3\,dt + C_3\right).$$

On peut maintenant étendre ce procédé à tel nombre d'équations que l'on voudra. Pour en compléter l'exposition, il faudrait examiner les cas où les valeurs de θ, θ' deviennent imaginaires ou bien égales entre elles; mais ces détails, qui tiendraient trop de place, sont faciles à suppléer, par ce qu'on a vu dans les nos 310, 311.

320. D'Alembert applique aussi son procédé aux équations du premier degré d'un ordre quelconque, et pour cela, il les ramène au premier ordre, de la manière suivante.

Ayant, par exemple, deux équations de la forme

$$d^2u + (A\,du + B\,dx)\,dt + (Cu + Dx)\,dt^2 = T\,dt^2,$$
$$d^2x + (A'du + B'dx)\,dt + (C'u + D'x)\,dt^2 = T'dt^2,$$

il fait $du = p\,dt$, $dx = q\,dt$; et il a par conséquent, entre les cinq variables p, q, t, u et x, les quatre équations du premier ordre

$$dp + (Ap + Bq + Cu + Dx)\,dt = T\,dt,$$
$$dq + (A'p + B'q + C'u + D'x)\,dt = T'dt,$$
$$du - p\,dt = o,$$
$$dx - p\,dt = o,$$

qui peuvent se traiter par la méthode du numéro précédent.

Il s'est servi du même artifice pour les équations qui ne contiennent que deux variables; mais le procédé du n° 314 est plus simple et plus élégant.

321. Considérons maintenant les équations du premier ordre,

$$dy - \alpha\,dx = o, \quad dz - \beta\,dx = o,$$

dans lesquelles α et β sont des fonctions quelconques des trois variables x, y, z : voici comment on peut y appliquer le procédé du n° **133**.

On différentie la première, et il vient

$$d^2y - \frac{d\alpha}{dx}dx^2 - \frac{d\alpha}{dy}dx\,dy - \frac{d\alpha}{dz}dx\,dz = o;$$

mettant pour dz sa valeur βdx, on obtient

$$d^2y - \left(\frac{d\alpha}{dx} + \beta\frac{d\alpha}{dz}\right)dx^2 - \frac{d\alpha}{dy}dx\,dy = o;$$

éliminant ensuite z, au moyen de l'équation

$$dy - \alpha\,dx = o,$$

on parvient à une résultante en x et y, du second ordre, et qui a nécessairement une intégrale primitive avec deux constantes arbitraires a et b (298).

Soient

$$\psi(x, y, a, b) = 0 \quad \text{et} \quad dy = m\,dx$$

cette intégrale et la valeur de dy qu'on en tirera; en substituant celle-ci dans $dy - \alpha dx = 0$, on aura une seconde équation primitive $m - \alpha = 0$, entre x, y et z, en sorte que les équations différentielles proposées seront vérifiées par le système des équations primitives

$$\psi(x, y, a, b) = 0, \quad m - \alpha = 0,$$

et par toutes celles qui seront équivalentes à ces dernières.

Cela posé, on va voir qu'il existe toujours au moins deux systèmes de facteurs, au moyen desquels on déduit des équations proposées deux différentielles exactes. En effet, si des équations primitives indiquées ci-dessus, on élimine alternativement les constantes a et b, et que les résultats soient mis sous la forme

$$M = a, \quad N = b,$$

leurs différentielles

$$\frac{dM}{dx}dx + \frac{dM}{dy}dy + \frac{dM}{dz}dz = 0,$$

$$\frac{dN}{dx}dx + \frac{dN}{dy}dy + \frac{dN}{dz}dz = 0,$$

devant être vérifiées par les valeurs

$$dy = \alpha\,dx, \quad dz = \beta\,dx,$$

tirées des proposées, il s'ensuit que

$$\frac{dM}{dx} + \frac{dM}{dy}\alpha + \frac{dM}{dz}\beta = 0,$$

$$\frac{dN}{dx} + \frac{dN}{dy}\alpha + \frac{dN}{dz}\beta = 0,$$

sont des quantités identiquement nulles : on a donc

$$\frac{dM}{dx} = -\frac{dM}{dy}\alpha - \frac{dM}{dz}\beta,$$

$$\frac{dN}{dx} = -\frac{dN}{dy}\alpha - \frac{dN}{dz}\beta,$$

et mettant ces valeurs dans les différentielles de M et de N, ce qui ne les change point, on obtient les différentielles exactes

$$\frac{dM}{dy}(dy-\alpha dx)+\frac{dM}{dz}(dz-\beta dx)=0,$$

$$\frac{dN}{dy}(dy-\alpha dx)+\frac{dN}{dz}(dz-\beta dx)=0,$$

comprenant les produits des équations proposées multipliées respectivement par les facteurs

$$\frac{dM}{dy} \text{ et } \frac{dM}{dz}, \quad \frac{dN}{dy} \text{ et } \frac{dN}{dz}.$$

On conçoit aisément qu'il y a des théorèmes analogues, pour les équations dans lesquelles le nombre des variables surpasse trois.

Des solutions particulières des équations différentielles du premier ordre.

322. Dans le n° 297 il s'est présenté, pour une équation différentielle, une *solution particulière* qui ne dérivait pas de l'intégrale complète, et l'on peut quelquefois tomber sur des équations primitives, sans constantes arbitraires, et vérifiant une équation différentielle dont on ne connaît pas l'intégrale complète. Ces deux circonstances font naître les questions suivantes : *d'où viennent les solutions particulières?* et *comment distinguer si une équation primitive qui satisfait à une équation différentielle proposée, dérive ou non de son intégrale?* C'est ce dont je vais m'occuper.

La relation qui existe entre une équation différentielle et son intégrale est telle, que cette dernière équivaut à un nombre infini d'équations primitives, qu'on obtiendrait en donnant successivement à la constante arbitraire toutes les valeurs possibles, et dont chacune satisferait à l'équation différentielle (53). On désigne ces diverses équations primitives sous le nom d'*intégrales particulières*, puisque ce sont des cas particuliers de l'intégrale complète. Les *solutions particulières*, dont le nombre est toujours limité, sont des équations primitives essentiellement différentes des intégrales particulières : ces solutions sont de deux sortes. Les unes ne sont autre chose que des facteurs de l'équation différentielle proposée, dans lesquels dx et dy n'entrent point, qui par conséquent étant égales à zéro, donnent des équations primitives établissant, entre x et y, des relations qui rendent la proposée identique. En cherchant les diviseurs communs des fonctions M et N, on trouvera les solutions de cette espèce, dont est susceptible l'équation

$$M\,dx + N\,dy = 0.$$

La seconde espèce de solutions particulières, dont l'équation $y\,dx - x\,dy = n\sqrt{dx^2 + dy^2}$ (297) a fourni un exemple, est liée intimement à l'équation différentielle dont elle dérive, quoiqu'elle ne puisse rentrer dans aucun des cas de l'intégrale complète, quelque valeur que l'on donne à la constante arbitraire, ainsi qu'il est facile de le voir, en comparant les équations $y = cx + n\sqrt{1 + c^2}$ et $x^2 + y^2 = n^2$.

Voici la théorie que Lagrange, en 1774, donna de ces dernières solutions, regardées avant lui comme formant un paradoxe dans le Calcul intégral (*).

323. Les solutions particulières, sans être comprises implicitement dans l'intégrale complète, peuvent néanmoins s'en déduire, en cessant de regarder la constante arbitraire comme invariable. En effet, soit $U = 0$ une équation primitive renfermant les variables x, y, et une constante c ; l'équation différentielle correspondante, que je désignerai par $V = 0$, sera le résultat de l'élimination de cette constante, entre les équations $U = 0$, $\frac{dU}{dx}\,dx + \frac{dU}{dy}\,dy = 0$ (53) ; mais si l'on suppose que c soit une fonction quelconque de x, on donnera à l'é-

(*) Il les appela *intégrales particulières*, et donna le nom de *solutions particulières* aux différents cas de l'intégrale complète. Laplace, qui s'est occupé avec succès du même sujet avant Lagrange, emploie ces dénominations dans un sens inverse, et je l'ai suivi. Il m'a semblé que les équations primitives, qui résolvent les équations différentielles sans être comprises dans leur intégrale complète, ne s'obtenant point par les procédés de l'intégration, ne devaient pas porter un nom qui rappelle ces procédés.

quation $U=o$ une extension telle, qu'elle pourra représenter une équation quelconque à deux variables, et par conséquent aussi toutes les solutions particulières de l'équation $V=o$. Cela posé, la valeur que l'équation $U=o$ donne pour y et sa différentielle que je représenterai par $dy=p\,dx$, vérifiant indépendamment de c l'équation $V=o$, on pourrait supposer c variable, pourvu que la loi de sa variation fût telle, qu'on eût toujours $dy=p\,dx$. Or, quoiqu'en regardant c comme variable aussi bien que x, il vienne en général $dy=p\,dx+q\,dc$, p et q étant des fonctions de x et de c, on aura néanmoins $dy=p\,dx$ seulement, si $q=o$: déterminant donc c par cette dernière équation, et substituant dans $U=o$ la valeur qu'on trouvera, le résultat satisfera encore à l'équation différentielle $V=o$.

Dans ce qui précède, y a été regardé comme une fonction de x et de c; en considérant à son tour x comme une fonction de y et de c, on aura $dx=m\,dy$, et raisonnant comme ci-dessus, on trouvera que, si la valeur de dx, prise en faisant varier c, est $dx=m\,dy+n\,dc$, l'équation résultante de l'élimination de c, entre $n=o$ et $U=o$, satisfera aussi à l'équation différentielle $V=o$.

On peut comprendre ces deux procédés dans un seul, en faisant évanouir les dénominateurs dans l'équation

$$\frac{dU}{dx}dx+\frac{dU}{dy}dy+\frac{dU}{dc}dc=o,$$

différentielle de $U=o$, prise en supposant c variable avec x et y. Elle aura alors la forme

$$M\,dx+N\,dy+P\,dc=o:$$

on en tirera

$$dy=-\frac{M}{N}dx-\frac{P}{N}dc,\quad dx=-\frac{N}{M}dy-\frac{P}{M}dc;$$

et si les fonctions entières M, N sont algébriques, ou, quoique transcendantes, ne peuvent pas devenir infinies par quelque valeur de c, le coefficient de dc ne disparaîtra que par la supposition de $P=o$, qui donnera ainsi tout ce qu'on peut tirer des opérations indiquées ci-dessus.

Les équations auxquelles ces procédés conduisent ne sont

pas nécessairement des solutions particulières de l'équation $V = o$; mais pour ne pas se tromper sur cela, il faut examiner les diverses circonstances que peut offrir l'équation $P = o$.

Il est d'abord évident que si cette équation donne à c une valeur constante, elle ne conduira qu'à une intégrale particulière; mais si cette valeur est variable, on ne devra pas en conclure tout de suite que le résultat de l'élimination de c entre $P = o$ et $U = o$ sera nécessairement une solution particulière; car il pourra encore arriver que l'équation résultante ne soit qu'un cas particulier de $U = o$. Pour le reconnaître, il faut éliminer une des variables entre cette nouvelle équation et $U = o$. Si l'on peut faire disparaître l'autre variable, en déterminant c par des constantes seulement, on n'a obtenu qu'une intégrale particulière.

Quand c n'est qu'au premier degré dans U, il n'entre point dans P, qui ne contient alors que les variables x et y; l'équation $P = o$ satisfait elle-même à $V = o$, parce que $U = o$ étant de la forme $Q + cP = o$, $V = o$ revient à $P dQ - Q dP = o$; mais il est aisé de voir que $P = o$ n'est qu'une intégrale particulière correspondante à $c =$ infini.

Si P était facteur de Q, l'équation $Q + cP = o$, prenant la forme $PR + cP = o$, donnerait $c = -\frac{PR}{P} = \frac{o}{o}$, quand $P = o$. Dans ce cas, P n'est point une solution particulière, et n'est pas non plus une intégrale : en voici un exemple. Soit

$$U = xy^2 + cx^2 - y^3 - cxy = o, \quad \text{d'où} \quad c = \frac{y^3 - xy^2}{x^2 - xy},$$

$$\frac{dU}{dc} = x^2 - xy = x(x - y) = o;$$

si l'on emploie la relation $y = x$, donnée par le facteur $x - y = o$, l'expression de c devient $\frac{o}{o}$; mais l'équation proposée équivaut à $(x - y)(y^2 + cx) = o$.

324. J'appliquerai d'abord cette théorie à l'équation $y dx - x dy = n\sqrt{dx^2 + dy^2}$, ayant pour intégrale complète $y - cx = n\sqrt{1 + c^2}$ (297). En faisant varier c en même temps

que x et y, et réduisant tous les termes au même dénominateur, on a

$$c\,\mathrm{d}x\sqrt{1+c^2}-\mathrm{d}y\sqrt{1+c^2}+\left(x\sqrt{1+c^2}+nc\right)\mathrm{d}c=0;$$

égalant à zéro le coefficient de $\mathrm{d}c$, il vient

$$x\sqrt{1+c^2}+nc=0,$$

d'où l'on tire $c=\frac{x}{\sqrt{n^2-x^2}}$, valeur qui change l'équation $y-cx=n\sqrt{1+c^2}$ en $x^2+y^2=n^2$, et donne la solution particulière obtenue dans le numéro cité.

Toutes les équations de la forme $y=px+\mathrm{P}$ (297), dans laquelle se trouve comprise la précédente, ont aussi une solution particulière analogue. Leur intégrale complète, représentée par $y=cx+\mathrm{C}$, C étant composé en c, comme P l'est en p, donne

$$c\,\mathrm{d}x-\mathrm{d}y+\left(x+\frac{\mathrm{dC}}{\mathrm{d}c}\right)\mathrm{d}c=0;$$

et posant $x+\frac{\mathrm{dC}}{\mathrm{d}c}=0$, on en tire la valeur de c d'où dépend la solution particulière. Cette solution particulière s'est montrée lorsqu'on a intégré l'équation $y=px+\mathrm{P}$; car en la différentiant on est parvenu à une équation composée des deux facteurs

$$x+\frac{\mathrm{dP}}{\mathrm{d}p}=0,\quad \mathrm{d}p=0,$$

et le résultat de l'élimination de p, entre

$$y=px+\mathrm{P}\quad \text{et}\quad x+\frac{\mathrm{dP}}{\mathrm{d}p}=0,$$

est le même que celui de l'élimination de c, entre

$$y=cx+\mathrm{C}\quad \text{et}\quad x+\frac{\mathrm{dC}}{\mathrm{d}c}=0.$$

Les équations $y=px+\mathrm{P}$ ont été remarquées d'abord par Clairaut, tant à cause de la propriété qu'elles ont de s'intégrer facilement, après une nouvelle différentiation, que par rapport à la solution particulière que cette différentiation manifeste sur-le-champ.

Soit encore l'équation

$$x\,dx + y\,dy = dy\sqrt{x^2+y^2-a^2},$$

dont l'intégrale est

$$\sqrt{x^2+y^2-a^2} = y + c, \quad \text{ou} \quad x^2 - 2cy - c^2 - a^2 = 0,$$

en faisant disparaître le radical. On trouve

$$x\,dx - c\,dy - (y+c)\,dc = 0,$$

d'où il suit

$$y + c = 0,$$

et par conséquent

$$\sqrt{x^2+y^2-a^2} = 0, \quad \text{ou} \quad x^2+y^2-a^2 = 0,$$

équation qui ne peut résulter de la proposée, par aucune valeur constante de c, et qui est donc une solution particulière.

Soit enfin l'équation primitive

$$(x^2+y^2-a^2)(y^2-2cy) + (x^2-a^2)c^2 = 0.$$

En la traitant comme les précédentes, on trouve

$$c = \frac{(x^2+y^2-a^2)y}{x^2-a^2},$$

valeur qui, bien que variable, ne conduit pas à une solution particulière ; car si on la substitue dans l'équation proposée, celle-ci, devenant

$$\frac{y^4(x^2+y^2-a^2)}{x^2-a^2} = 0,$$

donne

$$y = 0, \quad \text{ou} \quad x^2+y^2-a^2 = 0,$$

équations qu'on tire immédiatement de la proposée, en y faisant $c = 0$: ce ne sont donc point des solutions mais des intégrales particulières de l'équation différentielle produite par l'élimination de la constante arbitraire c.

325. Une propriété des solutions particulières qui se présente facilement sur le second exemple, et qui est générale, c'est que l'*équation différentielle peut être préparée de sorte que la solution particulière en devienne un facteur*. En effet, si l'on pose

$$\sqrt{x^2+y^2-a^2}=u,$$

on aura

$$x\,dx+y\,dy=u\,du,$$

et l'équation proposée deviendra

$$u\,du-u\,dy=0.$$

Si l'on prenait $u=x^2+y^2-a^2$, le radical resterait en évidence dans la transformée, qui deviendrait

$$du-2\,dy\sqrt{u}=0;$$

en la différentiant, on arriverait à

$$d^2u-2\,d^2y\sqrt{u}-\frac{dy\,du}{\sqrt{u}}=0,$$

et faisant disparaître le diviseur, il en résulterait

$$d^2u\sqrt{u}-2u\,d^2y-dy\,du=0,$$

équation qui serait encore vérifiée par la supposition de $u=0$. Ces transformations pouvant être continuées autant qu'on veut, il s'ensuit qu'il y a des manières de préparer toutes les différentielles de la proposée, pour que la solution particulière y satisfasse aussi, ce qui n'aurait pas lieu sans cela; car si, quand on fait varier la constante c et qu'on pose $\frac{dy}{dc}=0$, on a, pour la solution particulière, comme pour l'intégrale complète, $dy=p\,dx$, la valeur de d^2y devient pour la première

$$\left(\frac{dp}{dx}\,dx+\frac{dp}{dc}\,\frac{dc}{dx}\,dx\right)dx,$$

tandis qu'elle est seulement $\frac{dp}{dx}\,dx^2$ pour la seconde; ce n'est pas non plus au même facteur que ces deux valeurs satisfont en général : on voit même que l'équation

$$d^2u\sqrt{u}-2u\,d^2y-dy\,du=0,$$

serait vérifiée par la solution particulière, indépendamment des différentielles du second ordre.

Le développement et les démonstrations des circonstances que je viens d'indiquer me mèneraient trop loin; on les trouvera dans un Mémoire où M. Poisson a éclairci avec succès plusieurs difficultés qui restaient encore sur la théorie des solutions particulières des divers genres d'équations différentielles (*).

326. Pour reconnaître, par ce qui précède, si une équation primitive qui ne contient pas de constante arbitraire, et qui satisfait à une équation différentielle donnée, en est une intégrale particulière, ou seulement une solution particulière, il faut en avoir l'intégrale complète; cette circonstance, qui n'a pas toujours lieu, conduit naturellement à la question suivante:

Étant donnée une valeur $y = X$, *qui satisfait à une équation différentielle, déterminer si elle est ou non comprise dans l'intégrale complète, et en déduire, s'il est possible, celle-ci.*

En supposant qu'on tire de cette dernière $y = V$, et qu'elle comprenne $y = X$, la fonction V sera nécessairement composée avec la variable x et la constante arbitraire C, de manière à se changer en X, par une détermination convenable de C. Si l'on désigne par C' cette valeur de C, et qu'on observe que la supposition de $C = C'$ donne $V = X$, ou que la différence $V - X$ s'évanouit quand $C - C' = 0$, on en conclura que, du moins par son développement, l'expression de $V - X$ doit pouvoir être mise sous la forme

$$V - X = V'(C - C')^{\mu} + V''(C - C')^{\nu} + \text{etc.},$$

les exposants μ, ν, etc. étant tous positifs, et les quantités V', V'', etc. indépendantes de $C - C'$. On peut prendre $(C - C')^{\mu} = h$; la quantité h demeurera arbitraire aussi bien que la quantité C; et changeant aussi $\frac{\nu}{\mu}$ en μ, μ étant alors > 1, il viendra

$$V - X = V'h + V''h^{\mu} + \text{etc.},$$

d'où

$$V = X + V'h + V''h^{\mu} + \text{etc.},$$

expression qu'on pourra regarder comme le développement de la valeur complète de y.

(*) *Journal de l'École Polytechnique*, 13e cahier; *voyez* aussi le Traité in-4°, tome II, page 388.

Cela posé, si l'on représente par $dy = p\,dx$, l'équation différentielle proposée, résolue par rapport à dy, cette nouvelle équation, à laquelle satisfait, par hypothèse, l'équation $y = X$, devra être vérifiée indépendamment de h, par la valeur complète de y. En désignant d'abord celle-ci par $X + k$, il faudra, pour la substituer dans $dy = p\,dx$, chercher ce que devient p, lorsqu'on y change y en $X + k$. Soit

$$P + P' k^m + P'' k^n + \text{etc.}$$

le développement de cette valeur de p, les exposants m, n, etc., que je suppose rangés dans l'ordre de leur grandeur, seront nécessairement positifs; car p ne devient pas infini quand $k = 0$, puisque l'équation $y = X$, qui ne donne pas dy infini, rend identique l'équation $dy = p\,dx$, en sorte que $dX = P\,dx$.

Lorsqu'on fait $y = X + k$, on a pour résultat

$$dX + dk = (P + P' k^m + P'' k^n + \text{etc.})\,dx,$$

que l'équation $dX = P\,dx$ réduit à

$$dk = (P' k^m + P'' k^n + \text{etc.})\,dx;$$

et remettant pour k le développement

$$V' h + V'' h^\mu + \text{etc.},$$

il vient

$$h\,dV' + h^\mu\,dV'' + \text{etc.} = \left\{\begin{array}{l} P' h^m dx\,(V' + V'' h^{\mu-1} + \text{etc.})^m \\ + P'' h^n dx\,(V' + V'' h^{\mu-1} + \text{etc.})^n \\ + \text{etc.} \end{array}\right\} \text{(A)},$$

équation d'après laquelle il faut déterminer V', V'', etc., indépendamment de h. En ne prenant d'abord que les termes où cette quantité a le plus petit exposant, on forme l'équation

$$h\,dV' = P' V'^m h^m dx,$$

qui ne peut avoir lieu, quelle que soit h, que quand $m = 1$; dans ce cas h disparaît et il vient

$$dV' = P' V' dx, \quad V' = e^{\int P' dx}.$$

Quand $m > 1$, on ne peut plus comparer le premier terme $P' V'^m h^m dx$ du second membre au terme $h\,dV'$ du premier; mais on fait disparaître celui-ci en posant $dV' = 0$, ce qui donne $V' = const.$, ou plus simplement, $V' = 1$; puis on suppose $\mu = m$, et l'on a $dV'' = P'dx$, d'où il résulte $V'' = \int P'dx$; et en poursuivant de cette manière on trouve tous les autres termes de la série.

Quand $m < 1$, il n'est plus possible de satisfaire à l'équation (A) en aucune manière, puisqu'on ne saurait comparer le terme $P'V'^m h^m dx$ ni au terme $h dV'$, ni à aucun de ceux qui le suivent, et dont les exposants surpassent tous l'unité ; l'équation $y = X$ ne pouvant alors admettre une constante arbitraire, n'est pas une intégrale particulière, mais une solution particulière.

327. Ceci fournit un procédé pour découvrir immédiatement les solutions particulières des équations différentielles du premier ordre, sans connaître leur intégrale complète. En effet, le développement de p, quand on y change y en $y + k$, serait en général, par le théorème de Taylor,

$$p + \frac{dp}{dy}\frac{k}{1} + \frac{d^2p}{dy^2}\frac{k^2}{1 \cdot 2} + \text{etc.},$$

et lorsqu'il prend la forme

$$P + P'k^m + \text{etc.},$$

m étant < 1, le coefficient différentiel $\frac{dp}{dy}$ devient infini (89) : il faut donc que la différentiation par laquelle on passe de p à ce coefficient, amène un diviseur qui s'évanouisse. Il résulte de là que si l'on représente $\frac{dp}{dy}$ par $\frac{K}{L}$, toute solution particulière donnera $L = 0$, et sera par conséquent un facteur de L, et réciproquement, tout facteur de L qui ne le sera pas en même temps de K, et qui, étant égalé à zéro, vérifiera l'équation différentielle proposée, en sera une solution particulière.

On évite la résolution, par rapport à dy, de l'équation différentielle proposée, en remarquant que si $Z = 0$ désigne cette équation, Z étant fonction de x, y et p, lorsqu'on écrit $p\,dx$ au lieu de dy, on a

$$\frac{dZ}{dx}dx + \frac{dZ}{dy}dy + \frac{dZ}{dp}dp = 0,$$

d'où

$$\frac{dp}{dy} = -\frac{\frac{dZ}{dy}}{\frac{dZ}{dp}},$$

et que si l'on a préparé l'équation $Z = o$ de manière qu'elle ne contienne ni fractions ni radicaux, il suffira, pour rendre $\frac{dp}{dy}$ infini, d'égaler à zéro un facteur de $\frac{dZ}{dp}$.

On n'obtiendrait ainsi que les solutions particulières dans lesquelles entre y; mais on parviendrait à celles qui ne renferment que x, et qui sont de la forme $x = const.$, en considérant, dans la proposée, x comme fonction de y.

328. Je vais chercher par cette méthode, d'abord les solutions particulières de l'équation

$$x\,dx + y\,dy = dy\sqrt{x^2 + y^2 - a^2}$$

du n° 324. Cette équation devient, après l'évanouissement du radical,

$$x^2 dx^2 + 2xy\,dx\,dy + (a^2 - x^2)\,dy^2 = o,$$

ou

$$x^2 + 2xyp + (a^2 - x^2)p^2 = o,$$

et la différentiation donne

$$\frac{dZ}{dp} = 2xy + 2(a^2 - x^2)p:$$

la solution particulière cherchée doit donc être telle, qu'à l'aide de la valeur que sa différentielle fournit pour p, elle vérifie en même temps les deux équations

$$x^2 + 2xyp + (a^2 - x^2)p^2 = o,$$
$$xy + (a^2 - x^2)p = o.$$

Il suit de là que, sans le secours de sa différentielle, elle vérifiera l'équation résultante de l'élimination de p entre les deux précédentes. Cela posé, l'équation

$$xy + (a^2 - x^2)p = o,$$

multipliée par p et retranchée de la proposée, conduit à

$$x^2 + xyp = 0, \quad \text{d'où} \quad p = -\frac{x}{y};$$

et substituant cette valeur de p dans la première, on trouve l'équation

$$x^2 + y^2 - a^2 = 0,$$

qu'on sait être une solution particulière de la proposée.

L'équation plus générale $y = px + P$, étant traitée de la même manière, conduit à $\frac{dZ}{dp} = x + \frac{dP}{dp}$; c'est donc à l'équation

$$x + \frac{dP}{dp} = 0,$$

que doivent satisfaire les solutions particulières; et elles résulteront de l'élimination de p entre celle-ci et l'équation différentielle proposée.

Enfin, pour donner un exemple des solutions particulières de la forme $y = const.$, je prendrai l'équation

$$\frac{dy}{dx} = b(y - a)^m,$$

de laquelle on tire immédiatement

$$\frac{dp}{dy} = mb(y - a)^{m-1}.$$

Cette expression ne peut devenir infinie que quand l'exposant $m - 1$ est négatif, et qu'on a en même temps $y = a$, valeur qui ne satisfait à la proposée que lorsque m est positive : il faut donc que l'exposant m soit une fraction positive. Dans ce cas $y = a$ est une solution particulière, tandis que l'intégrale complète est

$$\frac{(y - a)^{1-m}}{1 - m} - bx = const.$$

329. En général, parmi les fonctions algébriques, il n'y a que les radicaux qui acquièrent un dénominateur par la différentiation, et qui puissent par conséquent donner $\frac{dp}{dy} = \frac{1}{0}$, lorsque p a une valeur finie : c'est donc dans les radicaux qu'il faut chercher les solutions particulières, en égalant à zéro les fonctions qu'ils affectent, et en s'assurant que les équations résultantes satisfont à la proposée. Par ce procédé, l'équation

$$x\,dx + y\,dy = dy\sqrt{x^2+y^2-a^2}$$

donne immédiatement $x^2+y^2-a^2=0$; et l'équation

$$y\,dx - x\,dy = n\sqrt{dx^2+dy^2},$$

de laquelle on tire

$$\frac{dy}{dx} = \frac{-xy}{n^2-x^2} \pm \frac{n\sqrt{x^2+y^2-n^2}}{n^2-x^2},$$

conduit à $x^2+y^2-n^2=0$, comme on l'a déjà trouvé de plusieurs manières.

Des méthodes pour résoudre par approximation les équations différentielles.

330. Quand une équation différentielle ne peut s'intégrer par aucun des procédés connus, il faut chercher à la résoudre par approximation, c'est-à-dire à en tirer la valeur de y en x, au moyen d'une série. On a déjà vu dans le n° 298 comment celle de Taylor pouvait s'appliquer à cet usage; on peut aussi prendre pour y une série à coefficients indéterminés, ordonnée suivant les puissances de x; mais il faut le plus souvent des artifices particuliers pour déterminer les exposants, lorsqu'ils ne suivent pas la progression des nombres entiers. Quand la forme de cette série est connue, on parvient à trouver ses coefficients, en la substituant, ainsi que ses différentielles, au lieu de y, dy, d^2y, etc., dans l'équation proposée.

Si l'on avait, par exemple, l'équation

$$dy + y\,dx = mx^n\,dx,$$

on supposerait

$$y = Ax^{\alpha} + Bx^{\alpha+1} + Cx^{\alpha+2} + \text{etc.};$$

mettant cette valeur et sa différentielle dans l'équation proposée, en observant d'assembler les termes de manière qu'on puisse former un nombre suffisant d'équations pour déterminer les exposants et les coefficients, sans tomber dans des contradictions, on aurait

$$\left.\begin{array}{l}\alpha A x^{\alpha-1}+(\alpha+1) B x^{\alpha}+(\alpha+2) C x^{\alpha+1}+(\alpha+3) D x^{\alpha+2}+\text{etc.} \\ -m x^{n}+\qquad A x^{\alpha}+\qquad B x^{\alpha+1}+\qquad C x^{\alpha+2}+\text{etc.}\end{array}\right\}=0,$$

équation qu'on rendrait identique en faisant $n=\alpha-1$, ou

$$\alpha=n+1, \quad \text{et} \quad A=\frac{m}{\alpha},\ B=\frac{-m}{\alpha(\alpha+1)},\ C=\frac{m}{\alpha(\alpha+1)(\alpha+2)},$$

$$D=\frac{-m}{\alpha(\alpha+1)(\alpha+2)(\alpha+3)},\ \text{etc.},$$

ce qui donnerait

$$y=m\left[\frac{x^{n+1}}{n+1}-\frac{x^{n+2}}{(n+1)(n+2)}\right.$$
$$\left.+\frac{x^{n+3}}{(n+1)(n+2)(n+3)}-\text{etc.}\right].$$

Cette valeur de y est incomplète, puisqu'elle ne renferme point de constante arbitraire; il en sera de même pour tous les cas où la constante ne peut être isolée de la variable x, dans le développement de l'intégrale; mais, d'après ce qu'on a vu dans le nº **299**, on arriverait à un résultat aussi général que l'intégrale complète, si l'on pouvait lui donner une forme telle, qu'en y faisant $x=a$, il vînt $y=b$; or c'est ce qui s'effectue en posant $x=a+t$, $y=b+u$, et prenant pour représenter u une série dont tous les termes s'évanouissent quand $t=0$.

L'équation $dy+y dx=mx^n dx$ devient par cette transformation, $du+(b+u)dt=m(a+t)^n dt$; et faisant

$$u=At^{\alpha}+Bt^{\alpha+1}+Ct^{\alpha+2}+\text{etc.},$$

on trouvera

$$\left.\begin{array}{l}\alpha A t^{\alpha-1}+(\alpha+1) B t^{\alpha}+(\alpha+2) C t^{\alpha+1}+\text{etc.} \\ +b \qquad + \qquad A t^{\alpha}+\qquad B t^{\alpha+1}+\text{etc.} \\ -m a^{n}-m \frac{n}{1} a^{n-1} t-m \frac{n(n-1)}{1.2} a^{n-2} t^{2}-\text{etc.}\end{array}\right\}=0;$$

il faudra supposer dans cette équation $\alpha-1=0$, ou $\alpha=1$, et il viendra

$$A=ma^n-b,\quad B=\frac{mna^{n-1}-ma^n+b}{2},$$

$$C=\frac{mn(n-1)a^{n-2}-mna^{n-1}+ma^n-b}{2.3},\ \text{etc.}$$

331. L'emploi des séries à coefficients indéterminés, dans les équations du premier degré et du second ordre, présente quelquefois des circonstances qu'il est à propos de connaître, et dont l'équation très-simple

$$d^2y + ax^n y\,dx^2 = 0$$

offre un exemple remarquable.

Si l'on suppose

$$y = Ax^\alpha + Bx^{\alpha+\delta} + Cx^{\alpha+2\delta} + \text{etc.},$$

on aura

$$\begin{aligned} d^2y = \{ & \alpha(\alpha-1)Ax^{\alpha-2} \\ & + (\alpha+\delta)(\alpha+\delta-1)Bx^{\alpha+\delta-2} \\ & + (\alpha+2\delta)(\alpha+2\delta-1)Cx^{\alpha+2\delta-2} + \text{etc.}\}\,dx^2, \end{aligned}$$

$$\begin{aligned} ax^n y\,dx^2 = \{ & aAx^{\alpha+n} \\ & + aBx^{\alpha+\delta+n} \\ & + aCx^{\alpha+2\delta+n} + \text{etc.}\}\,dx^2. \end{aligned}$$

On voit d'abord qu'il ne sera possible de faire correspondre les termes

$$\alpha(\alpha-1)Ax^{\alpha-2}, \quad aAx^{\alpha+n},$$

par lesquels commencent respectivement les expressions précédentes, que dans le cas particulier où $n = -2$; mais il suffira de poser

$$\alpha = 0, \quad \text{ou} \quad \alpha = 1,$$

pour faire disparaître le premier terme de la valeur de d^2y; et le second, dont l'exposant est $\alpha + \delta - 2$, pourra être comparé avec $aA^{\alpha+n}$: il résultera de là

$$\delta - 2 = n, \quad \text{d'où} \quad \delta = n + 2.$$

A partir de ces termes, les deux séries se correspondront exactement, et pour déterminer les coefficients, on aura les équations

$$\begin{aligned} &(\alpha+\delta)(\alpha+\delta-1)B + aA = 0, \\ &(\alpha+2\delta)(\alpha+2\delta-1)C + aB = 0, \\ &\text{etc.} \end{aligned}$$

dans lesquelles A demeure arbitraire.

Si l'on y met successivement les deux valeurs de α avec celle de δ, on obtiendra pour y les deux développements

$$A - \frac{aAx^{n+2}}{(n+1)(n+2)} + \frac{a^2Ax^{2n+4}}{(n+1)(n+2)(2n+3)(2n+4)}$$
$$- \frac{a^3Ax^{3n+6}}{(n+1)(n+2)(2n+3)(2n+4)(3n+5)(3n+6)} + \text{etc.},$$

$$Ax - \frac{aAx^{n+3}}{(n+2)(n+3)} + \frac{a^2Ax^{2n+5}}{(n+2)(n+3)(2n+4)(2n+5)}$$
$$- \frac{a^3Ax^{3n+7}}{(n+2)(n+3)(2n+4)(2n+5)(3n+6)(3n+7)} + \text{etc.}$$

Ils ne sont encore que particuliers, puisqu'ils ne contiennent que la constante arbitraire A; mais en écrivant dans le dernier A_1 à la place de A, et prenant ensuite leur somme, on aura, à cause de la forme particulière de l'exemple proposé (309), l'expression générale de y.

332. En terminant ici ce qui regarde l'intégration approchée des équations différentielles, je dois dire que les méthodes exposées ci-dessus, ne donnant que bien rarement des séries convergentes, et seulement pour des valeurs très-limitées de la variable indépendante, ne sont guère en usage. Dans les problèmes physico-mathématiques auxquels s'appliquent les approximations du Calcul intégral, il ne s'agit le plus souvent que de déterminer les petites corrections qu'il faut faire à une première valeur approchée, connue d'ailleurs et considérée comme un état moyen. La vraie valeur cherchée ne s'en écartant que par des fonctions dont on peut négliger d'abord le carré et les puissances supérieures, on réduit au premier degré les équations différentielles qui déterminent ces fonctions, et l'on y applique ensuite des procédés qui sont encore trop variés pour pouvoir entrer dans les éléments; aussi les trouve-t-on toujours développés dans les divers traités spéciaux où l'on s'en est servi.

Résolution de quelques problèmes géométriques, dépendants des équations différentielles.

333. La mise en équation des problèmes géométriques dépendants des équations différentielles, ne reposant que sur les propriétés des tangentes, des normales, des rayons de courbure, ne présente pas plus de difficultés que les autres traductions analytiques, lorsqu'on connaît les expressions des lignes qu'il faut considérer; aussi n'en donnerai-je que quelques exemples.

J'observerai d'abord que l'intégration des équations différentielles du premier ordre s'appelle aussi *Méthode inverse des tangentes*, parce que toute équation différentielle de cet ordre, donnant l'expression de $\frac{dy}{dx}$ en x et en y, fait connaître la relation qui existe entre les coordonnées et la sous-tangente, ou la tangente, ou la normale, etc., dans la courbe qu'elle représente. En effet, si de l'équation proposée, on tire $\frac{dy}{dx} = p$, la sous-tangente aura pour expression $\frac{y}{p}$, la tangente $\frac{y\sqrt{1+p^2}}{p}$, etc. (66). On inventa le Calcul différentiel pour mener des tangentes aux courbes, c'est-à-dire pour résoudre le *Problème direct des tangentes:* on s'occupa ensuite du Calcul intégral, pour parvenir aux équations primitives des courbes par les propriétés de leurs tangentes; mais les progrès et les nombreuses applications de ce calcul ont fait abandonner la dénomination de *Méthode inverse des tangentes*, qui ne convenait qu'à un seul de ses usages.

Dans les premiers temps on chercha à déterminer par les aires, ou même par les arcs de quelques courbes connues, l'ordonnée de la courbe demandée; depuis, on a laissé ces constructions de côté, parce que, quelque élégantes qu'elles fussent dans la théorie, elles étaient toujours moins commodes et surtout moins exactes, dans la pratique, que les formules approximatives qui ont pris leur place.

Une équation différentielle ne peut se construire en général que lorsqu'on en a séparé les variables, parce que l'expression de l'une d'elles ne dépend plus que de la quadrature d'une courbe dont l'équation primitive est connue.

334. Je prends, pour exemple, la construction des courbes dans lesquelles la sous-tangente est égale à une fonction donnée de l'abscisse x; l'équation différentielle de cette courbe sera $\frac{y\,\mathrm{d}x}{\mathrm{d}y}=\mathrm{X}$, X désignant la fonction donnée. Les variables se séparent sur-le-champ, dans cette équation, et il vient $\frac{\mathrm{d}y}{y}=\frac{\mathrm{d}x}{\mathrm{X}}$. Multipliant alors les deux membres par une quantité constante m, on a $\frac{m\,\mathrm{d}y}{y}=\frac{m\,\mathrm{d}x}{\mathrm{X}}$; et désignant par $\mathrm{L}y$ le logarithme de y, pris dans le système dont le module est m, l'intégration donne

$$\mathrm{L}y=\int\frac{m\,\mathrm{d}x}{\mathrm{X}}=\frac{1}{m}\int\frac{m^2\mathrm{d}x}{\mathrm{X}}.$$

En construisant d'abord la courbe DN, *fig.* 57, telle que l'ordonnée correspondante à l'abscisse AP, soit $\mathrm{PN}=\frac{m^2}{\mathrm{X}}$, l'aire ADNP donnera la valeur de $\int\frac{m^2\mathrm{d}x}{\mathrm{X}}$. On réduira cette aire à un rectangle FQ, dont le côté AF soit m; l'autre côté, AQ, exprimera $\frac{1}{m}\int\frac{m^2\mathrm{d}x}{\mathrm{X}}$; décrivant ensuite, sur le module m, la logarithmique ER, dont les ordonnées soient perpendiculaires à l'axe AC, et élevant par le point Q la perpendiculaire RQ, on aura $\mathrm{L.RQ}=\mathrm{AQ}$ (112), ou $\mathrm{L.RQ}=\frac{1}{m}\int\frac{m^2\mathrm{d}x}{\mathrm{X}}$: RQ sera donc égale à l'ordonnée PM de la courbe cherchée.

Il faut bien remarquer que cette construction n'exige pas que l'on ait l'expression analytique de la fonction X; on pourrait prendre à sa place l'ordonnée d'une courbe quelconque rapportée à l'axe AB, et effectuer sur cette ordonnée et sur la ligne arbitraire m, les opérations graphiques indiquées par les formules ci-dessus. On voit aussi que la ligne m n'a été introduite que pour rendre ces formules homogènes, et peut être supposée égale à l'unité.

335. Je vais encore rapporter la solution d'un problème célèbre dans les premiers temps où l'on s'est occupé du Calcul intégral, du *problème des trajectoires*. Il a pour objet de *déterminer la courbe qui coupe, sous un angle donné, toutes celles d'une espèce donnée*. On entend ici par courbes d'une espèce donnée, les diverses courbes particulières qu'on obtient en assignant successivement à l'une des constantes d'une équation primitive toutes les valeurs possibles. Si, par exemple, on fait varier le paramètre d'une parabole, il en résultera une suite de paraboles rapportées au même axe, ayant même sommet, et dont les extrêmes seront d'une part l'axe, et de l'autre la ligne qui lui est perpendiculaire et qui passe par le sommet: la courbe qui coupera toutes celles-ci, sous un angle donné, en sera la trajectoire (*).

Soient $D_{,}N_{,}$, DN, D'N', etc., (*fig.* 58), les courbes coupées et MZ la courbe coupante, ou la trajectoire cherchée; si par l'un quelconque M de ses points on lui mène une tangente Mt, et qu'on tire aussi celle de la courbe coupée qui passe par ce point, l'angle TMt, d'après l'énoncé de la question, doit être égal à l'angle donné. Je désigne par x', y' les coordonnées des courbes coupées, par x, y celles de la courbe coupante, et par a la tangente trigonométrique de l'angle constant TMt, qui est égal à la différence des angles MTP, MtP, dont les tangentes respectives ont pour expression $\frac{dy'}{dx'}$ et $\frac{dy}{dx}$ (66); la relation

$$\tang \mathrm{TM}t = \tang(\mathrm{M}t\mathrm{P} - \mathrm{MTP})$$

donne ensuite
$$a = \frac{\frac{dy}{dx} - \frac{dy'}{dx'}}{1 + \frac{dy}{dx}\frac{dy'}{dx'}} \quad (\textit{Trig.}, 26).$$

Je supposerai ici que l'on connaisse l'équation primitive des

(*) On donne aussi en Mécanique le nom de *trajectoire* à la courbe que décrit un corps sollicité par des forces quelconques; mais il ne saurait être question de cette espèce de trajectoire dans un ouvrage consacré uniquement à l'Analyse et à la Géométrie.

courbes coupées; on en tirera par la différentiation, $dy' = p\,dx'$, et l'équation ci-dessus deviendra

$$(\mathrm{A}) \qquad a\left(1 + p\frac{dy}{dx}\right) + p - \frac{dy}{dx} = 0.$$

Il faudra écrire partout x et y, au lieu de x' et de y', parce qu'au point M, la courbe coupée et la courbe coupante ont les mêmes coordonnées. Cela fait, si l'on élimine, entre l'équation (A) et l'équation primitive des courbes coupées, la constante dont les différentes valeurs particularisent chacune de ces courbes, on aura un résultat qui embrassera toutes leurs intersections successives avec la trajectoire, et en sera par conséquent l'équation.

Soient, pour exemple, les paraboles ayant même axe et même sommet, et dont l'équation est $y'^n = \alpha x'^m$; il viendra $p = \frac{m\alpha x'^{m-1}}{ny'^{n-1}}$. On pourra chasser immédiatement de cette expression, au moyen de l'équation proposée, le paramètre α qui particularise chaque parabole d'un même degré; substituant le résultat dans l'équation (A), après avoir changé x' et y' en x et en y, et divisant ensuite par $x^{m-1}y^{n-1}$, on trouvera

$$a(nx\,dx + my\,dy) + my\,dx - nx\,dy = 0.$$

Cette équation étant homogène, peut se traiter par le procédé du n° 283. Lorsqu'on a $m = n = 1$, elle devient intégrable en la divisant par $x^2 + y^2$, puisque

$$\frac{x\,dx + y\,dy}{x^2 + y^2} = d.\,l\sqrt{x^2 + y^2},$$

et que

$$\frac{y\,dx - x\,dy}{x^2 + y^2} = d.\mathrm{arc}\left(\mathrm{tang} = \frac{x}{y}\right) \ (279);$$

on a donc

$$a\,l\sqrt{x^2 + y^2} + \mathrm{arc}\left(\mathrm{tang} = \frac{x}{y}\right) = \mathrm{C},$$

ou

$$a\,l\,\frac{\sqrt{x^2 + y^2}}{c} = \mathrm{arc}\left(\mathrm{tang} = \frac{y}{x}\right),$$

en changeant la constante arbitraire. Si l'on fait

$$\sqrt{x^2+y^2}=u,\quad \text{arc}\left(\text{tang}=\frac{y}{x}\right)=t,$$

on retombera sur l'équation des spirales logarithmiques, qui ont la propriété de couper leur rayon vecteur sous un angle constant (128). En effet, dans le cas actuel, les courbes coupées ne sont autre chose que toutes les lignes droites menées par l'origine des coordonnées, et dont l'équation est $y'=\alpha x'$.

Si l'on voulait que l'angle TMt fût droit, il faudrait supposer a infini, et par conséquent ne tenir compte que des termes qu'il multiplie; l'équation ci-dessus se réduirait à $nx\,dx+my\,dy=0$, dont l'intégrale $nx^2+my^2=c$ montre que la courbe qui coupe à angles droits toutes les paraboles proposées, est une ellipse décrite sur le même axe que ces courbes et ayant pour centre leur sommet commun. Les trajectoires où l'angle TMt est droit, s'appellent *trajectoires orthogonales*, et la supposition de a infini, dans l'équation (A), donne $1+p\frac{dy}{dx}=0$ pour leur équation différentielle.

336. Les considérations géométriques, comme on l'a annoncé dans le n° 298, établissent aussi la possibilité des équations différentielles à deux variables. En effet, quand il s'agit d'une équation du premier ordre, on n'en tire que la valeur de $\frac{dy}{dx}$ qui exprime la tangente trigonométrique de l'angle que fait avec la ligne des abscisses la tangente de la courbe relative à cette équation. Prenant donc arbitrairement les coordonnées AP$=a$, PM$=b$, d'un premier point M (*fig.* 59), on mènera la ligne MT faisant avec MQ, parallèle à AB, un angle M'MQ dont la tangente soit égale à la valeur correspondante de $\frac{dy}{dx}$: cette droite touchera au point M la courbe cherchée. En regardant la courbe et sa tangente, comme confondues ensemble, dans les environs du point de contact, la droite MT déterminera, pour un point P', infiniment proche de P, l'ordonnée P'M' avec laquelle on calculera, par l'équation différentielle proposée, la tangente de l'angle M″M′Q′ relatif à la tangente M′T′ consécutive à MT. La continuation de ce procédé donnera un polygone qui, à mesure qu'on en multipliera les côtés, différera d'autant moins de la courbe à laquelle appartient l'équation proposée. Il résulte aussi de cette construction, qu'une équation différentielle du premier ordre représente une infinité de courbes, puisqu'on peut prendre le premier point M où l'on voudra.

Dans les équations du second ordre, qui ne donnent que la valeur de $\frac{d^2y}{dx^2}$, on substitue les paraboles osculatrices aux tangentes. Ayant pris arbitrairement un premier point dont l'abscisse et l'ordonnée soient $x = a$ et $y = b$, on forme l'équation

$$y - b = A(x - a) + B(x - a)^2,$$

qui appartient à une parabole passant par ce point. En la différentiant deux fois de suite et faisant $x = a$, on en tire

$$\frac{dy}{dx} = A, \quad \frac{d^2y}{dx^2} = 2B;$$

le coefficient A demeure arbitraire, mais B est déterminé en mettant dans l'équation proposée, a, b, A, au lieu de x, y, $\frac{dy}{dx}$: on construit donc en premier lieu une parabole MN (*fig.* 60), qui passe par le point M, et dont la tangente à ce point fasse, avec l'abscisse, un angle ayant A pour tangente trigonométrique. On calcule la valeur de l'ordonnée P′M′ de cette courbe et celle de $\frac{dy}{dx}$ correspondantes à un point P′, très-près du point P, sur l'axe des abscisses ; puis mettant ces valeurs dans l'équation différentielle proposée, on en déduit une nouvelle valeur de $\frac{d^2y}{dx^2}$. En représentant celle-ci par $2B_1$, et par a_1, b_1 et A_1 celles de AP′, P′M′ et $\frac{dy}{dx}$, on forme l'équation

$$y - b_1 = A_1(x - a_1) + B_1(x - a_1)^2,$$

de la seconde parabole osculatrice M′N′ avec laquelle on en déterminerait une troisième, et ainsi de suite.

On modifierait aisément ce procédé pour y remplacer la parabole osculatrice par le cercle osculateur, ou pour l'étendre à tous les ordres.

337. Le problème suivant va montrer comment les considérations géométriques conduisent à la théorie des solutions particulières, que j'ai exposée dans le n° 323. *Trouver une courbe telle, que toutes les perpendiculaires abaissées d'un point donné sur les tangentes de cette courbe soient égales?* Pour parvenir à l'équation différentielle, il faut se rappeler qu'en nommant x et y les coordonnées d'une courbe, x' et y' celles de sa tangente, l'équation de cette droite est

$$y'-y=\frac{\mathrm{d}y}{\mathrm{d}x}(x'-x)\ (68);$$

prenant pour origine des coordonnées le point connu, duquel doivent être abaissées toutes les perpendiculaires, chacune d'elles aura pour équation $y'=-\frac{\mathrm{d}x}{\mathrm{d}y}x'$ (*Trig.*, 90), et sa longueur sera exprimée par $\sqrt{x'^2+y'^2}$. En mettant pour x' et pour y' les coordonnées du point où elle rencontre la tangente qui lui correspond, et dont les valeurs s'obtiennent par les deux équations ci-dessus (*Trig.*, 92), on aura, en vertu de ces équations,

$$x'=\frac{(x\mathrm{d}y-x\mathrm{d}x)\mathrm{d}y}{\mathrm{d}x^2+\mathrm{d}y^2},\qquad y'=-\frac{(x\mathrm{d}y-y\mathrm{d}x)\mathrm{d}x}{\mathrm{d}x^2+\mathrm{d}y^2}$$

et

$$\sqrt{x'^2+y'^2}=\frac{x\mathrm{d}y-y\mathrm{d}x}{\sqrt{\mathrm{d}x^2+\mathrm{d}y^2}}=n:$$

l'équation différentielle de la courbe cherchée sera donc

$$x\mathrm{d}y-y\mathrm{d}x=n\sqrt{\mathrm{d}x^2+\mathrm{d}y^2}.$$

Cela posé, il est facile de voir que le cercle dont le rayon $=n$, et dont le centre est à l'origine des coordonnées, satisfait à la question. Ce cercle ayant pour équation $y^2+x^2=n^2$, est précisément la solution particulière trouvée n° 297; mais toute ligne droite située, par rapport à l'origine des coordonnées, de manière que sa plus courte distance à ce point soit égale à n, résout également le problème proposé; et comme il y a une infinité de lignes droites qui peuvent remplir cette condition, c'est dans l'équation qui les comprend toutes que réside l'intégrale complète de l'équation différentielle trouvée ci-dessus, et qui est en effet

$$y - cx = n\sqrt{1 + c^2} \quad (297).$$

Une circonstance digne de remarque et qui s'aperçoit sur-le-champ, c'est que toutes les lignes droites dont on vient de parler seront nécessairement touchées par le cercle représentant la solution particulière, puisqu'il a pour rayon la perpendiculaire abaissée sur chacune d'elles.

La même relation a lieu entre les diverses courbes que représente l'intégrale complète d'une équation différentielle du premier ordre, et celle qui résulte d'une solution particulière de cette équation : la dernière touche toutes les autres. En effet, l'équation différentielle, ne déterminant que la direction de la tangente, doit être satisfaite par toute courbe qui, dans un point quelconque, aura la même tangente que l'une des courbes déduites de l'intégrale complète ; or, c'est ce qui arrive à la courbe qui touche toutes celles-ci.

Il suit de là que la développée d'une courbe n'est autre chose que la solution particulière de l'équation différentielle qui représente toutes les normales de cette courbe (80), et que celle-ci, c'est-à-dire la développante, est pareillement la solution particulière de l'équation différentielle commune à tous ses cercles osculateurs, mais avec la différence que les contacts sont du second ordre.

La liaison établie dans le n° 323, entre les intégrales complètes et les solutions particulières, se déduit aussi des considérations géométriques; car chaque point du cercle de l'exemple précédent peut être regardé comme l'intersection de deux tangentes consécutives, c'est-à-dire comme l'intersection de deux droites fournies par deux valeurs consécutives données à la constante c; l'abscisse et l'ordonnée de cette intersection dépendent des valeurs de c, qui par conséquent est à son tour fonction de ces quantités, ou de x et de y. Il est évident que pour former l'équation d'une ligne consécutive à celle que représente l'équation

$$y - cx = n\sqrt{1 + c^2},$$

il faut différentier celle-ci en faisant varier c; et puisqu'on ne cherche que l'intersection de ces deux lignes, point où leurs coordonnées sont communes, on doit regarder x et y comme constants : cette intersection sera donc déterminée par les deux équations

$$y - cx = n\sqrt{1 + c^2},$$

$$-x = \frac{nc}{\sqrt{1 + c^2}},$$

si l'on assigne à c une valeur particulière. Mais si l'on élimine c, le résultat, ne désignant plus aucune intersection en particulier, embrassera tous les points résultants des rencontres des droites fournies par toutes les valeurs de c, et combinées deux à deux consécutivement, c'est-à-dire, le cercle qui est la solution particulière, et qui se déduit encore ici de la variation attribuée à la constante arbitraire de l'intégrale complète. Les mêmes remarques se vérifient sur les développées, lorsque l'on considère ces courbes comme produites par les intersections des normales consécutives de la développante (80).

De l'intégration des équations différentielles contenant trois ou un plus grand nombre de variables.

Des équations différentielles totales.

338. Les fonctions qui dépendent de deux ou d'un plus grand nombre de variables, diffèrent de celles d'une seule, en ce qu'elles ont pour chaque ordre plusieurs coefficients différentiels. Si z, par exemple, est une fonction de deux variables, il aura, pour le premier ordre, deux coefficients différentiels, savoir, $\frac{dz}{dx}$, $\frac{dz}{dy}$, l'un pris en faisant varier x seul, et l'autre en faisant varier y seul. Dans le second ordre, le nombre de coefficients différentiels s'élève à trois, et s'accroît ainsi successivement d'ordre en ordre (44). Pour remonter des coefficients différentiels d'une fonction de deux ou d'un plus grand nombre de variables, à cette fonction, il se présente plusieurs cas : 1° on peut avoir tous ses coefficients différentiels d'un même ordre, exprimés par les variables indépendantes, ce qui donne explicitement les différentielles totales de la fonction cherchée, à laquelle on parvient par les procédés exposés dans les nos 278-280 ; 2° la fonction elle-même peut entrer avec les variables indépendantes, dans les expressions des coefficients différentiels, ce qui fournit une équation différentielle totale ; 3° enfin, on peut n'avoir qu'une relation entre ces coefficients, la fonction dont ils dérivent et les variables indépendantes.

339. Je m'occuperai d'abord du second cas, en considérant l'équation

$$P\,dx + Q\,dy + R\,dz = 0.$$

Elle s'intégrerait par le procédé du n° 280, si le premier membre était une différentielle exacte à trois variables ; mais s'il ne l'est pas, il est susceptible de le devenir, par le moyen d'un facteur convenable, quand cette équation dérive d'une équation primitive $u = c$; cela se voit comme pour le cas de deux variables (289). En effet, l'équation différentielle proposée doit alors s'accorder avec

$$\frac{du}{dx}\,dx + \frac{du}{dy}\,dy + \frac{du}{dz}\,dz = 0,$$

c'est-à-dire que les valeurs de dz, tirées de l'une et de l'autre, doivent être identiques, indépendamment de dx et de dy (136) ; or ces valeurs étant respectivement

$$dz = -\frac{P}{R}\,dx - \frac{Q}{R}\,dy, \quad dz = -\frac{\frac{du}{dx}}{\frac{du}{dz}}\,dx - \frac{\frac{du}{dy}}{\frac{du}{dz}}\,dy,$$

il s'ensuit que

$$\frac{\frac{du}{dx}}{\frac{du}{dz}} = \frac{P}{R}, \quad \frac{\frac{du}{dy}}{\frac{du}{dz}} = \frac{Q}{R}, \quad \text{d'où} \quad \frac{\frac{du}{dx}}{P} = \frac{\frac{du}{dy}}{Q} = \frac{\frac{du}{dz}}{R};$$

et nommant μ les quotients indiqués, il viendra

$$du = \mu P\,dx + \mu Q\,dy + \mu R\,dz.$$

Cela posé, pour que cette différentielle soit exacte, il faut encore qu'elle vérifie les conditions

$$\frac{d.\mu P}{dy} = \frac{d.\mu Q}{dx}, \quad \frac{d.\mu R}{dx} = \frac{d.\mu P}{dz}, \quad \frac{d.\mu Q}{dz} = \frac{d.\mu R}{dy},$$

dont le développement fournit les équations

$$(A) \qquad \left\{ \begin{aligned} &\mu\left(\frac{dP}{dy} - \frac{dQ}{dx}\right) + P\frac{d\mu}{dy} - Q\frac{d\mu}{dx} = 0, \\ &\mu\left(\frac{dR}{dx} - \frac{dP}{dz}\right) + R\frac{d\mu}{dx} - P\frac{d\mu}{dz} = 0, \\ &\mu\left(\frac{dQ}{dz} - \frac{dR}{dy}\right) + Q\frac{d\mu}{dz} - R\frac{d\mu}{dy} = 0. \end{aligned} \right.$$

On aperçoit bientôt que la fonction μ disparaît quand on multiplie la première de ces équations par R, la seconde par Q, la troisième par P, et qu'on ajoute les produits ; car la somme, étant divisible par μ, se réduit à

$$(B) \quad R\left(\frac{dP}{dy} - \frac{dQ}{dx}\right) + Q\left(\frac{dR}{dx} - \frac{dP}{dz}\right) + P\left(\frac{dQ}{dz} - \frac{dR}{dy}\right) = 0,$$

équation de condition qui doit d'abord être satisfaite par la proposée, pour que celle-ci puisse devenir différentielle exacte, au moyen d'un facteur, et qu'elle puisse par conséquent dériver d'une équation primitive à trois variables, ou, ce qui est la même chose, être vérifiée par une fonction de deux.

Cette dernière considération mène aussi à l'équation (B), par l'application immédiate du théorème du n° 278; car si l'on avait l'expression primitive de z en x et en y, et qu'on la substituât dans celle de dz tirée de l'équation

$$P\,dx + Q\,dy + R\,dz = 0,$$

il en résulterait nécessairement une différentielle exacte à deux variables, et de la forme

$$dz = p\,dx + q\,dy, \quad \text{où} \quad \frac{dp}{dy} = \frac{dq}{dx}.$$

Mais dans le cas actuel, où

$$p = -\frac{P}{R}, \quad q = -\frac{Q}{R},$$

P, Q, R renfermant z, il faut, dans les différentiations indiquées, le faire varier aussi, et mettre en conséquence p et q à la place de $\frac{dz}{dx}$ et de $\frac{dz}{dy}$; alors, au lieu de $\frac{dp}{dy}=\frac{dq}{dx}$, il viendra,

$$\frac{dp}{dy}+q\frac{dp}{dz}=\frac{dq}{dx}+p\frac{dq}{dz},$$

ou

$$\text{(C)}\qquad \frac{dp}{dy}-\frac{dq}{dx}+q\frac{dp}{dz}-p\frac{dq}{dz}=0.$$

Si l'on substitue $-\frac{P}{R}$, $-\frac{Q}{R}$, à la place de p et de q, on aura, après les réductions,

$$P\frac{dR}{dy}-R\frac{dP}{dy}+R\frac{dQ}{dx}-Q\frac{dR}{dx}+Q\frac{dP}{dz}-P\frac{dQ}{dz}=0,$$

c'est-à-dire l'équation (B) du numéro précédent.

Pendant longtemps on a appelé *équations absurdes*, et l'on regardait comme insignifiantes, celles qui ne satisfaisaient pas à l'équation (B); mais Monge a fait voir que toutes les équations différentielles à trois variables avaient une signification réelle, et que tandis que celles dont l'intégrale était exprimée par une seule équation entre les trois variables, appartenaient à des surfaces courbes, chacune des autres représentait une infinité de courbes à double courbure, jouissant d'une propriété commune. Je m'occuperai d'abord des premières.

340. Quand l'équation (B) est satisfaite, deux quelconques des équations (A) suffisent pour déterminer le facteur μ, et l'on va voir que l'intégration de la proposée se ramène à celle des équations à deux variables.

Pour cela, soit μ le facteur qui rend intégrable la différentielle

$$P\,dx+Q\,dy,$$

lorsque l'on y regarde z comme constant; en posant

$$\int(\mu P\,dx+\mu Q\,dy)=U,$$

on aura pour l'intégrale cherchée

$$U+Z=0,$$

où Z désigne une fonction de z seul. Si maintenant on différentie cette intégrale, en y faisant tout varier, et en observant que

$$\frac{dU}{dx}=\mu P, \quad \frac{dU}{dy}=\mu Q,$$

on aura l'équation

$$\mu P dx+\mu Q dy+\left(\frac{dU}{dz}+\frac{dZ}{dz}\right)dz=0,$$

dont la comparaison avec la proposée donnera

$$\mu R=\frac{dU}{dz}+\frac{dZ}{dz},$$

ou

$$\frac{dZ}{dz}=\mu R-\frac{dU}{dz};$$

mais, pour que la détermination de Z puisse avoir lieu suivant l'hypothèse établie, il faudra que le second membre de cette dernière équation se réduise à une fonction de z et de Z, au moins après qu'on en aura chassé y, par sa valeur prise dans l'équation $U+Z=0$: considérant donc alors y comme une fonction de x, de z et de Z, on aura l'équation de condition

$$\frac{d\left(\mu R-\frac{dU}{dz}\right)}{dx}+\frac{d\left(\mu R-\frac{dU}{dz}\right)}{dy}\frac{dy}{dx}=0,$$

ou, en développant,

$$\mu\frac{dR}{dx}+R\frac{d\mu}{dx}-\frac{d^2U}{dxdz}+\left(\mu\frac{dR}{dy}+R\frac{d\mu}{dy}-\frac{d^2U}{dydz}\right)\frac{dy}{dx}=0.$$

Or, l'équation différentielle proposée, étant mise sous la forme

$$dy=-\frac{P}{Q}dx-\frac{R}{Q}dz,$$

donne

$$\frac{dy}{dx}=-\frac{P}{Q};$$

on a aussi

$$\frac{d^2U}{dxdz}=\frac{d.\mu P}{dz}=\mu\frac{dP}{dz}+P\frac{d\mu}{dz},$$

$$\frac{d^2U}{dydz}=\frac{d.\mu Q}{dz}=\mu\frac{dQ}{dz}+Q\frac{d\mu}{dz};$$

de plus, le facteur μ, rendant exacte la différentielle $\mu P dx + \mu Q dy$, satisfait à l'équation

$$P\frac{d\mu}{dy} - Q\frac{d\mu}{dx} + \mu\left(\frac{dP}{dy} - \frac{dQ}{dx}\right) = 0 \quad (290);$$

et si l'on tire de cette dernière la valeur de $\frac{d\mu}{dx}$, pour la substituer, avec celles de

$$\frac{d^2U}{dx\,dz},\quad \frac{d^2U}{dy\,dz},\quad \frac{dy}{dx},$$

dans l'équation de condition trouvée plus haut, le résultat étant réduit avec soin, sera précisément l'équation (B) : ainsi quand elle est vérifiée, l'intégration de l'équation différentielle proposée à trois variables ne dépend que de celle des équations à deux variables.

341. Lorsque les différentielles dx, dy et dz montent au delà du premier degré dans l'équation proposée, elle ne peut s'intégrer par ce qui précède que quand elle satisfait à une nouvelle condition que je vais faire connaître sur l'équation

$$P dx^2 + Q dy^2 + R dz^2 + 2S dx\,dy + 2T dx\,dz + 2V dy\,dz = 0.$$

Pour qu'elle puisse résulter d'une équation primitive $u = c$, il faut, avant tout, qu'elle se ramène à la forme

$$P' dx + Q' dy + R' dz = 0 \quad (339),$$

ou, ce qui est la même chose, qu'en la résolvant par rapport à l'une des différentielles dx, dy, dz, les deux autres sortent des radicaux : or, c'est ce qui n'arrive pas toujours ; car on a

$$dz = \frac{1}{R}\Big\{ - T dx - V dy \\ \pm \sqrt{(T^2 - PR)\,dx^2 + 2(TV - RS)\,dx\,dy + (V^2 - QR)\,dy^2}\Big\},$$

et si la quantité qui est sous le radical n'est pas un carré parfait, ou du moins si l'on n'a pas

$$(TV - RS)^2 = (T^2 - PR)(V^2 - QR),$$

les différentielles dx et dy resteront engagées sous ce radical.

En général, quel que soit le degré de l'équation proposée, par rapport à dz, dx, dy, il faut qu'étant ordonnée suivant les puissances de dz, elle puisse se décomposer en facteurs de la forme

$$dz - p\,dx - q\,dy = 0.$$

Des équations différentielles totales qui ne satisfont pas aux conditions d'intégrabilité.

342. J'ai fait voir, dans le n° 339, qu'une équation différentielle du premier ordre à trois variables, de la forme $P\,dx + Q\,dy + R\,dz = 0$, ne pouvait être satisfaite par une fonction de deux variables, qu'autant que l'équation

$$P\frac{dR}{dy} - R\frac{dP}{dy} + R\frac{dQ}{dx} - Q\frac{dR}{dx} + Q\frac{dP}{dz} - P\frac{dQ}{dz} = 0$$

était identique par elle-même ; mais en établissant une dépendance quelconque entre x, y, z, on changera l'équation proposée, dans une autre qui ne contiendra plus que deux de ces variables, et déterminera par conséquent l'une de celles-ci en fonction de l'autre.

Si l'on avait, par exemple, l'équation

$$\frac{dz}{z-c} = \frac{x\,dx + y\,dy}{x(x-a) + y(y-b)},$$

qui ne peut remplir la condition énoncée ci-dessus, tant que a et b ne sont pas nuls, et qu'on y fît $y = \varphi(x)$, φ désignant une fonction quelconque, elle se changerait en

$$\frac{dz}{z-c} = \frac{[x + \varphi(x)\varphi'(x)]\,dx}{x(x-a) + \varphi(x)[\varphi(x) - b]},$$

et donnerait autant de relations différentes entre z et x, que l'on assignerait de formes particulières à la fonction φ.

En prenant $\varphi(x) = x$, on aurait

$$\frac{dz}{z-c} = \frac{2x\,dx}{x(x-a) + x(x-b)} = \frac{2\,dx}{2x-a-b},$$

d'où l'on tirerait $z - c = C(2x - a - b)$, C étant une constante arbitraire : et la proposée serait satisfaite par le système des équations

$$\left.\begin{array}{r} y = x \\ z - c = C(2x - a - b) \end{array}\right\}.$$

Newton, dans son *Traité des Fluxions* (*), avait déjà indiqué cette manière de résoudre les équations différentielles qui contenaient plus de deux variables ; mais elle a l'inconvénient d'exiger une intégration pour chaque résultat qu'on veut obtenir, et Monge a remarqué, en 1784, qu'on pouvait, par l'introduction d'une fonction arbitraire, parvenir à un système général d'équations qui en donnât une infinité de particuliers, satisfaisant tous à la proposée.

343. Le procédé que l'on doit suivre pour intégrer l'équation

$$P\,dx + Q\,dy + R\,dz = 0,$$

par une seule équation primitive, lorsque la chose est possible (**340**), conduit aussi à la solution la plus générale que l'on puisse obtenir pour cette équation, dans le cas contraire. En effet, si on l'intègre d'abord, en regardant une des variables qu'elle renferme comme constante, z par exemple, que l'on représente par $U = C$ l'équation primitive qui répond à $P\,dx + Q\,dy = 0$, que l'on différentie cette équation primitive, en faisant varier à la fois x, y, z et C, et que l'on compare le résultat à la proposée, on arrivera à l'équation

$$\frac{dC}{dz} = \frac{dU}{dz} - \mu R,$$

μ étant le facteur qui rend $P\,dx + Q\,dy$ une différentielle exacte. A la vérité le second membre ne se réduira plus à une fonction de z seul, comme cela arrive dans le cas où la condition d'intégrabilité est remplie, et ne pourra donner C, comme l'exige cette condition; mais il est évident qu'en supposant toujours que C soit une fonction de z, l'équation proposée sera satisfaite par l'équation primitive $U = C$, si l'on a en même temps

$$\frac{dC}{dz} = \frac{dU}{dz} - \mu R:$$

(*) *Newtoni Opuscula*, tome I, page 83, édition de 1774.

faisant donc $C = \varphi(z)$, le système des équations

$$\left.\begin{aligned} U &= \varphi(z) \\ \frac{dU}{dz} - \mu R &= \varphi'(z) \end{aligned}\right\}$$

satisfera à la proposée, quelle que soit la forme de la fonction φ, et pourra se particulariser d'une infinité de manières, en prenant φ arbitrairement.

En appliquant ceci à l'équation

$$\frac{dz}{z-c} = \frac{x\,dx + y\,dy}{x(x-a) + y(y-b)},$$

que j'ai prise pour exemple dans le numéro précédent, on aura

$$P\,dx + Q\,dy = \frac{x\,dx + y\,dy}{x(x-a) + y(y-b)}, \quad R = -\frac{1}{z-c};$$

et faisant

$$\mu = 2[x(x-a) + y(y-b)],$$

on trouvera $U = x^2 + y^2$: on obtiendra par conséquent les équations

$$\left.\begin{aligned} x^2 + y^2 &= \varphi(z) \\ 2\,\frac{x(x-a) + y(y-b)}{z-c} &= \varphi'(z) \end{aligned}\right\}.$$

Intégration des équations différentielles partielles du premier ordre.

344. Je vais passer au troisième cas de la recherche des fonctions de deux ou d'un plus grand nombre de variables. Dans ce cas on n'a pour déterminer la fonction inconnue que quelques-uns de ses coefficients différentiels d'un certain ordre, ou une seule équation entre eux. Il constitue ce que l'on appelle *calcul intégral aux différences partielles*, et qu'on devrait nommer, d'après les remarques du n° 43, *calcul intégral aux différentielles partielles ;* car les coefficients différentiels considérés isolément ne font connaître que les différentielles partielles, et non pas les différences qui sont l'objet d'un calcul à part, qu'on trouvera dans l'*Appendice* qui termine cet ouvrage. Le coefficient différentiel $\frac{d^{m+n} z}{dx^m\,dy^n}$, étant multiplié par

$dx^m dy^n$, devient $\frac{d^{m+n} z}{dx^m dy^n} dx^m dy^n$, et exprime alors la différentielle $m^{ième}$, par rapport à x, de la différentielle $n^{ième}$ de z, par rapport à y, et *vice versâ*.

345. Les équations différentielles partielles les plus simples sont celles qui ne renferment qu'un seul coefficient différentiel exprimé par les variables indépendantes : telles sont celles du 2ᵉ et du 3ᵉ ordre qui ont été traitées dans les nᵒˢ **271, 277.** Au premier ordre, si l'on a $\frac{dz}{dx} = R$, R ne contenant point z, on multipliera par dx, pour obtenir $\frac{dz}{dx} dx = R dx$, ou $dz = R dx$; et en intégrant par rapport à x seulement, il viendra

$$z = \int R dx + C.$$

Dans ce résultat, C n'indique pas une simple constante arbitraire, mais une fonction absolument indéterminée de toutes les variables autres que x, que pourrait contenir la fonction z. Si, par exemple, z dépendait en même temps de x et de y, on aurait $z = \int R dx + \varphi(y)$, en désignant par φ une fonction arbitraire composée d'une manière quelconque de la variable y mêlée avec des constantes. En général, pour un nombre quelconque de variables indépendantes s, t, u, x, y, etc., l'intégrale de $\frac{dz}{dx} = R$ sera $z = \int R dx + \varphi(s, t, u, y, \text{etc.})$, parce qu'il est évident que la fonction $\varphi(s, t, u, y, \text{etc.})$ quelle qu'elle soit, ne variant point quand x varie, on a toujours $\frac{dz}{dx} = R$.

Lorsque z entre dans R, l'équation

$$\frac{dz}{dx} - R = 0, \quad \text{ou} \quad \frac{dz}{dx} dx - R dx = 0,$$

tombe alors dans le cas général des équations différentielles à deux variables z et x; si on peut l'intégrer par quelqu'une des méthodes précédentes, et que l'on désigne son intégrale par $V = const.$, on aura

$$V = \varphi(s, t, u, y, \text{etc.})$$

pour l'équation primitive de laquelle dépend la fonction z. En effet, si l'on différentie cette équation en ne faisant varier que x et z, le résultat sera de la forme

$$P\,dz + Q\,dx = 0,$$

et tel que $-\frac{Q}{P} = R$, ce qui donne $\frac{dz}{dx} = R$.

346. Si, pour abréger, on pose

$$(1) \qquad dz = p\,dx + q\,dy,$$

l'équation

$$(2) \qquad Pp + Qq = R,$$

dans laquelle P, Q, R contiennent à la fois x, y et z, est la plus générale qu'il soit possible d'avoir entre les coefficients différentiels du premier ordre p et q, lorsqu'ils ne passent pas le premier degré. En prenant la valeur de p dans cette équation, pour la substituer dans (1), la question sera ramenée à intégrer l'équation

$$(3) \qquad P\,dz - R\,dx = q(P\,dy - Q\,dx),$$

où le coefficient q est encore indéterminé. Il se présente ici deux cas : 1° la composition de P, Q et R peut être telle, que la fonction $P\,dz - R\,dx$ ne renferme que les variables z et x dont elle contient les différentielles, tandis que la fonction $P\,dy - Q\,dx$ ne renferme que x et y ; 2° l'une ou l'autre de ces fonctions, ou même toutes deux, peuvent renfermer les trois variables x, y et z.

Dans le premier cas, il existe un facteur μ qui rend $P\,dy - Q\,dx$ différentielle exacte (289), et un facteur μ' qui opère la même chose sur $P\,dz - R\,dx$; en désignant ces différentielles par dM et dN, on a

$$P\,dy - Q\,dx = \frac{1}{\mu}\,dM, \quad P\,dz - R\,dx = \frac{1}{\mu'}\,dN,$$

et l'équation (3) devient $dN = \frac{q\mu'}{\mu}\,dM$, qui ne peut être intégrable à moins que $\frac{q\mu'}{\mu}$ ne soit une fonction quelconque de M.

On posera donc $\frac{q\mu'}{\mu} = \varphi'(\mathrm{M})$, d'où $d\mathrm{N} = \varphi'(\mathrm{M})\,d\mathrm{M}$, et en intégrant il viendra $\mathrm{N} = \varphi(\mathrm{M})$, résultat dans lequel φ désigne toujours une fonction arbitraire, ce qui s'accorde avec ce qu'on a vu sur la formation des équations différentielles partielles (**140**).

Pour donner un exemple de ce cas, je prends l'équation

$$px + qy = nz\,;$$

on en tire

$$\mathrm{P} = x, \quad \mathrm{Q} = y, \quad \mathrm{R} = nz,$$
$$\mathrm{P}dy - \mathrm{Q}dx = x\,dy - y\,dx,$$
$$\mathrm{P}dz - \mathrm{R}dx = x\,dz - nz\,dx\,;$$

on trouve par l'intégration des équations

$$x\,dy - y\,dx = 0, \quad x\,dz - nz\,dx = 0,$$

que les facteurs μ et μ' sont respectivement $\frac{1}{x^2}$, $\frac{1}{x^{n+1}}$, et que par conséquent $\mathrm{M} = \frac{y}{z}$, $\mathrm{N} = \frac{z}{x^n}$: il s'ensuit donc

$$\frac{z}{x^n} = \varphi\left(\frac{y}{x}\right), \quad \text{ou} \quad z = x^n\varphi\left(\frac{y}{x}\right),$$

c'est-à-dire que z est une fonction homogène en x et y, du degré n. En effet, l'équation $px + qy = nz$ n'est autre chose que le théorème des fonctions homogènes donné n° 292, et dont ce qui précède fournit encore une démonstration pour le cas de deux variables.

347. Quand les variables x, y et z sont mêlées indistinctement dans les fonctions $\mathrm{P}dy - \mathrm{Q}dx$, $\mathrm{P}dz - \mathrm{R}dx$, il n'est plus possible de rendre ces fonctions intégrables, chacune en particulier, par le moyen de facteurs, parce qu'on ne saurait intégrer isolément les équations

$$\mathrm{P}dy - \mathrm{Q}dx = 0, \quad \mathrm{P}dz - \mathrm{R}dx = 0\,;$$

car il faut bien remarquer que z ne doit pas être supposé constant dans la première, ni y dans la seconde; mais on peut encore transformer l'équation (3) en une autre qui soit une différentielle exacte de la forme $dN = \varphi'(M)dM$, pourvu qu'on regarde les fonctions M et N comme contenant à la fois les trois variables x, y, z.

Dans cet état de choses, l'équation

$$dN = \varphi'(M)dM$$

se développe en

$$\frac{dN}{dx}dx + \frac{dN}{dy}dy + \frac{dN}{dz}dz = \varphi'(M)\left(\frac{dM}{dx}dx + \frac{dM}{dy}dy + \frac{dM}{dz}dz\right)$$

qui doit s'accorder avec l'équation (3). Tirant de l'une et de l'autre la valeur de dz, et égalant les coefficients des différentielles dy et dx (339), on trouve

$$-q = \frac{\dfrac{dN}{dy} - \varphi'(M)\dfrac{dM}{dy}}{\dfrac{dN}{dz} - \varphi'(M)\dfrac{dM}{dz}}, \qquad \frac{qQ - R}{P} = \frac{\dfrac{dN}{dx} - \varphi'(M)\dfrac{dM}{dx}}{\dfrac{dN}{dz} - \varphi'(M)\dfrac{dM}{dz}}.$$

La première de ces équations laisse arbitraire la fonction $\varphi'(M)$, puisque q est indéterminé; mais en le chassant de la seconde équation, on change celle-ci en

$$-\frac{Q}{P}\left(\frac{dN}{dy} - \varphi'(M)\frac{dM}{dy}\right) - \frac{R}{P}\left(\frac{dN}{dz} - \varphi'(M)\frac{dM}{dz}\right)$$
$$= \left(\frac{dN}{dx} - \varphi'(M)\frac{dM}{dx}\right);$$

et comme il y a deux fonctions inconnues M et N, on pourra partager cette dernière équation en deux autres, en égalant séparément à zéro la partie qui est multipliée par $\varphi'(M)$. On aura de cette manière

$$\frac{dM}{dx} + \frac{Q}{P}\frac{dM}{dy} + \frac{R}{P}\frac{dM}{dz} = 0,$$

$$\frac{dN}{dx} + \frac{Q}{P}\frac{dN}{dy} + \frac{R}{P}\frac{dN}{dz} = 0;$$

or, d'après ce qu'on a vu dans le n° 321, les équations ci-dessus établissent que $M = a$, $N = b$ sont les intégrales du système d'équations différentielles

$$\mathrm{d}y - \frac{Q}{P}\mathrm{d}x = 0, \quad \mathrm{d}z - \frac{R}{P}\mathrm{d}x = 0,$$

qui revient à

$$(4) \qquad P\,\mathrm{d}y - Q\,\mathrm{d}x = 0, \quad P\,\mathrm{d}z - R\,\mathrm{d}x = 0:$$

c'est donc à l'intégration de ce système que se réduit ici la détermination des fonctions M et N.

Prenons pour exemple l'équation

$$xp + zq = -y;$$

on en tire d'abord

$$(4') \qquad x\,\mathrm{d}y - z\,\mathrm{d}x = 0, \quad x\,\mathrm{d}z + y\,\mathrm{d}x = 0,$$

équations dont aucune n'est intégrable en particulier; mais, comme l'a remarqué Monge, il n'est pas nécessaire de descendre jusqu'au second ordre pour en déduire des différentielles exactes : il suffit d'éliminer $\mathrm{d}x$, ce qui donne

$$y\,\mathrm{d}y + z\,\mathrm{d}z = 0 \quad \text{et} \quad y^2 + z^2 = a.$$

Prenant dans cette dernière la valeur de y, on change la deuxième des équations (4′) en

$$x\,\mathrm{d}z + \mathrm{d}x\sqrt{a - z^2} = 0, \quad \text{ou} \quad \frac{\mathrm{d}z}{\sqrt{a - z^2}} + \frac{\mathrm{d}x}{x} = 0,$$

dont l'intégrale est

$$\text{arc}\left(\sin = \frac{z}{\sqrt{a}}\right) + \mathrm{l}x = \mathrm{l}b;$$

remettant pour a sa valeur, et passant aux nombres, on obtient

$$e^{\text{arc}\left(\sin = \frac{z}{\sqrt{y^2 + z^2}}\right)} x = b,$$

d'où l'on conclut

$$e^{\text{arc}\left(\sin = \frac{z}{\sqrt{y^2 + z^2}}\right)} x = \varphi(y^2 + z^2),$$

pour l'intégrale de l'équation différentielle partielle proposée.

348. On facilite beaucoup, dans un grand nombre de cas,

l'intégration des équations différentielles partielles du premier ordre, à trois variables, en les partageant en deux autres, par l'introduction d'une quantité indéterminée, ainsi qu'on va le voir dans l'exemple suivant.

Soit l'équation $f(p, x) = F(q, y)$; si l'on fait $f(p, x) = \omega$, on aura en même temps $F(q, y) = \omega$, et l'on en tirera les équations

$$p = f_{,}(\omega, x), \quad q = F_{,}(\omega, y),$$

$f_{,}$ et $F_{,}$ étant des fonctions déduites de celles que désignent f et F. L'équation $dz = p\,dx + q\,dy$ deviendra

$$dz = dx\,f_{,}(\omega, x) + dy\,F_{,}(\omega, y);$$

mais si l'on représente les intégrales

$$\int dx\,f_{,}(\omega, x), \quad \int dy\,F_{,}(\omega, y),$$

prises en n'ayant égard qu'aux variables x et y, par P et Q, ces dernières quantités étant aussi des fonctions de ω, il viendra

$$dx\,f_{,}(\omega, x) = \frac{dP}{dx}dx = dP - \frac{dP}{d\omega}d\omega,$$

$$dy\,F_{,}(\omega, y) = \frac{dQ}{dy}dy = dQ - \frac{dQ}{d\omega}d\omega,$$

et par conséquent

$$dz = dP + dQ - \left(\frac{dP}{d\omega} + \frac{dQ}{d\omega}\right)d\omega.$$

Cette dernière équation ne peut devenir différentielle exacte que par la supposition de

$$\frac{dP}{d\omega} + \frac{dQ}{d\omega} = \varphi'(\omega),$$

d'où il suit

$$\int\left(\frac{dP}{d\omega} + \frac{dQ}{d\omega}\right)d\omega = \varphi(\omega):$$

on aura donc

$$z + \varphi(\omega) = P + Q, \quad \varphi'(\omega) = \frac{dP}{d\omega} + \frac{dQ}{d\omega},$$

équations entre lesquelles il faudra éliminer ω, lorsque la fonction arbitraire $\varphi(\omega)$ sera déterminée.

Il suffit souvent de substituer dans l'équation

$$dz = p\,dx + q\,dy,$$

la valeur de p ou de q, tirée immédiatement de la proposée, et d'intégrer ensuite par parties. Lorsqu'on a, par exemple, $p = f(q)$ (**161**), il vient

$$dz = dx\,f(q) + q\,dy\,;$$

on trouve

$$z = x\,f(q) + qy - \int [x\,f'(q) + y]\,dq\,;$$

et comme l'intégration indiquée ne peut s'effectuer qu'en posant $xf'(q) + y = \varphi'(q)$, il en résulte

$$z + \varphi(q) = x\,f(q) + qy, \quad \varphi'(q) = x\,f'(q) + y \text{ (*)}.$$

De l'intégration des équations différentielles partielles des ordres supérieurs au premier.

349. Au second ordre, les coefficients différentiels sont au nombre de trois pour une fonction de deux variables, et une équation différentielle partielle du même ordre exprime en

---

(*) Monge a lié, par des considérations très-ingénieuses, l'intégration des équations différentielles partielles avec la génération des surfaces. (*Voyez* sa *Géométrie analytique*.) L'analogie des deux sujets se montre aussi par les formes d'intégrales sur lesquelles nous sommes tombés dans ce qui précède. L'équation $N = \varphi(M)$ (**347**) se rapporte au mode de génération indiqué dans le n° **141**; $M = a$, $N = \varphi(a) = b$, sont les équations des lignes dont se composent les surfaces correspondantes à l'équation différentielle partielle proposée, et qui se succèdent suivant la loi exprimée par la forme de la fonction φ.

La seconde forme d'intégrale obtenue dans le numéro précédent, répond au mode assigné dans le n° **162**, pour la génération des surfaces développables, auxquelles se rapporte le second exemple $p = f(q)$. L'intégrale étant alors exprimée par deux équations de la forme

$$V = 0, \quad \frac{dV}{d\omega} = 0,$$

représente les intersections successives d'une suite de surfaces tirées de l'équation $V = 0$, par la variation de la quantité ω, et appartient par conséquent à la limite de toutes ces intersections : cette limite est donc formée de lignes dont la nature est donnée par les deux équations qui composent l'intégrale, lorsqu'on a particularisé la fonction arbitraire. Monge nomme ces lignes *caractéristiques*, et appelle *surfaces enveloppes* celles qui résultent du système d'équations considéré en dernier lieu.

général une relation entre les variables indépendantes, la fonction cherchée et ses coefficients différentiels, tant du second ordre que du premier. Dans un ordre quelconque, cette relation peut embrasser, avec les variables, tous les coefficients différentiels depuis le premier ordre jusqu'à celui de l'équation inclusivement. J'en rapporterai d'abord quelques-uns qui s'abaissent à des ordres inférieurs.

1°. Toute équation à trois variables qui est de la forme

$$f\left\{x, y, \frac{d^n z}{dy^n}, \frac{d^{n+1} z}{dx\,dy^n}, \frac{d^{n+2} z}{dx^2 dy^n}, \ldots, \frac{d^{n+m} z}{dx^m dy^n}\right\} = 0,$$

s'abaisse sur-le-champ, de l'ordre $m+n$ à l'ordre m, en faisant $\frac{d^n z}{dy^n} = v$, parce qu'elle se change en

$$f\left\{x, y, v, \frac{dv}{dx}, \frac{d^2 v}{dx^2}, \ldots, \frac{d^m v}{dx^m}\right\} = 0.$$

On y doit supposer alors y constant, puisque tous les coefficients différentiels de v qui s'y trouvent sont relatifs à x, et elle peut par conséquent se traiter comme n'étant qu'entre les deux variables x et v; mais il est évident que pour donner à l'expression de v toute la généralité dont elle est susceptible, il sera nécessaire de remplacer les m constantes arbitraires qu'elle doit renfermer, par autant de fonctions arbitraires de la variable y, prise d'abord pour constante. Ayant obtenu v, on remonte à z, par le moyen de l'équation $\frac{d^n z}{dy^n} = v$, dans laquelle on doit alors regarder x comme constant, et qui, devenant par là une équation de l'ordre n entre deux variables seulement, pourra se traiter ainsi que les équations de ce genre, en observant néanmoins de changer en fonctions arbitraires de x, les n constantes arbitraires introduites par cette nouvelle intégration.

2°. Les équations de la forme

$$f\left(x, y, z, \frac{dz}{dx}, \frac{d^2 z}{dx^2}, \ldots, \frac{d^n z}{dx^n}\right) = 0,$$

$$f\left(x, y, z, \frac{dz}{dy}, \frac{d^2 z}{dy^2}, \ldots, \frac{d^n z}{dy^n}\right) = 0,$$

peuvent toujours être traitées immédiatement, comme s'il n'y entrait que deux variables, savoir, x et z dans la première, y et z dans la seconde ; et après l'intégration, on substituera aux constantes, dans l'une, des fonctions de y, et dans l'autre, des fonctions de x.

Les équations du second ordre,

$$\frac{d^2 z}{dx\,dy} + P\frac{dz}{dx} = Q, \quad \frac{d^2 z}{dx\,dy} + P\frac{dz}{dy} = Q,$$

dans lesquelles P et Q ne contiennent que x et y, se rapportent à la première forme. En y faisant $\frac{dz}{dx} = v$, la première devient $\frac{dv}{dy} + Pv = Q$, équation du premier degré et du premier ordre, par rapport aux variables v et y, et dont l'intégrale est

$$v = e^{-\int P dy}\left(\int e^{\int P dy} Q\,dy + C\right) \quad (285).$$

Si l'on met pour v sa valeur $\frac{dz}{dx}$, et qu'on change C en $\varphi(x)$, on aura

$$\frac{dz}{dx} = e^{-\int P dy}\left[\int e^{\int P dy} Q\,dy + \varphi(x)\right];$$

en intégrant cette fois, par rapport à z et à x seuls, on trouvera

$$z = \int dx\, e^{-\int P dy}\left[\int e^{\int P dy} Q\,dy + \varphi(x)\right] + \psi(y):$$

en traitant de même la seconde équation, on arriverait à

$$z = \int dy\, e^{-\int P dx}\left[\int e^{\int P dx} Q\,dx + \varphi(y)\right] + \psi(x).$$

Lorsqu'on aura $P = 0$, les résultats ci-dessus se réduiront à

$$z = \int dx \int Q\,dy + \int dx\,\varphi(x) + \psi(y),$$

dans un cas, et dans l'autre à

$$z = \int dy \int Q\,dx + \int dy\,\varphi(y) + \psi(x);$$

mais comme la fonction φ est arbitraire, on écrira simplement

$$z = \int dx \int Q\,dy + \varphi(x) + \psi(y),$$
$$z = \int dy \int Q\,dx + \varphi(y) + \psi(x).$$

J'observerai que ces derniers cas ne dépendent que de l'intégration des fonctions d'une seule variable, et ont été traitées sous ce point de vue, dans le n° **271**.

On a des exemples de la seconde forme générale dans les deux équations

$$\frac{d^2 z}{dx^2} + P\frac{dz}{dx} = Q, \quad \frac{d^2 z}{dy^2} + P\frac{dz}{dy} = Q;$$

la première doit être traitée comme une équation du second ordre, entre les variables x et z; les constantes arbitraires dues à son intégration seront des fonctions de y : on opérera de la même manière sur la deuxième, par rapport aux variables y et z, et on changera les constantes arbitraires en fonctions de x. Pour ne donner que le cas le plus simple, je réduirai les équations proposées à

$$\frac{d^2 z}{dx^2} = Q, \quad \frac{d^2 z}{dy^2} = Q,$$

et je supposerai que Q ne contienne que x et y; les formules du n° **241** donneront immédiatement

$$z = \int dx \int Q\,dx + Cx + C', \quad z = \int dy \int Q\,dy + Cy + C',$$

d'où l'on conclura

$$z = \int dx \int Q dx + x\varphi(y) + \psi(y), \quad z = \int dy \int Q dy + y\varphi(x) + \psi(x).$$

350. Dans le second ordre, je considérerai seulement les équations où tous les coefficients différentiels de cet ordre ne sont qu'au premier degré; et pour simplifier les calculs, je ferai usage des dénominations suivantes :

$$dz = p\,dx + q\,dy,$$
$$dp = r\,dx + s\,dy,$$
$$dq = s\,dx + t\,dy,$$
$$d^2 z = dp\,dx + dq\,dy = r\,dx^2 + 2s\,dx\,dy + t\,dy^2,$$

déjà employées dans le n° **144**.

L'équation différentielle partielle du second ordre et à trois variables, considérée dans le cas général, ne peut donner que l'expression de l'un des coefficients r, s, t, en fonction des deux autres et des quantités p, q, x, y, z, ce qui ne suffit pas pour déterminer les différentielles $\mathrm{d}p$ et $\mathrm{d}q$. On peut aussi, au moyen de ces différentielles, éliminer de l'équation proposée deux des trois coefficients r, s, t, et le résultat sera la relation que cette équation suppose entre $\mathrm{d}p$ et $\mathrm{d}q$: c'est ce procédé que Monge a suivi.

Je l'appliquerai à l'équation

$$Rr + Ss + Tt = V,$$

où je supposerai que les quantités R, S, T et V renferment, d'une manière quelconque x, y, z, p et q. En y substituant les valeurs de r et de t, tirées des équations

$$\mathrm{d}p = r\,\mathrm{d}x + s\,\mathrm{d}y, \quad \mathrm{d}q = s\,\mathrm{d}x + t\,\mathrm{d}y,$$

et qui sont

$$r = \frac{\mathrm{d}p - s\,\mathrm{d}y}{\mathrm{d}x}, \quad t = \frac{\mathrm{d}q - s\,\mathrm{d}x}{\mathrm{d}y},$$

on trouve

$$R\,\mathrm{d}p\,\mathrm{d}y + T\,\mathrm{d}q\,\mathrm{d}x - V\,\mathrm{d}x\,\mathrm{d}y = s(R\,\mathrm{d}y^2 - S\,\mathrm{d}x\,\mathrm{d}y + T\,\mathrm{d}x^2),$$

équation dont il semble qu'il faudrait intégrer séparément les deux membres, à cause du coefficient différentiel indéterminé s, qui multiplie le second ; mais ici, comme dans le n° 347, il suffit de parvenir à deux équations primitives $M = a$, $N = b$, qui satisfassent en même temps aux équations

$$R\,\mathrm{d}p\,\mathrm{d}y + T\,\mathrm{d}q\,\mathrm{d}x - V\,\mathrm{d}x\,\mathrm{d}y = 0,$$
$$R\,\mathrm{d}y^2 - S\,\mathrm{d}x\,\mathrm{d}y + T\,\mathrm{d}x^2 = 0;$$

l'intégrale de la proposée sera encore $N = \varphi(M)$.

Pour le démontrer, je transforme d'abord les équations précédentes en d'autres où les différentielles ne montent qu'au premier degré, et pour cela je fais $\mathrm{d}y = m\,\mathrm{d}x$. La seconde de ces équations, devenant, après la substitution,

$$\text{(A)} \qquad Rm^2 - Sm + T = 0,$$

détermine la quantité m; mettant ensuite pour $\mathrm{d}y$ sa valeur dans $R\,\mathrm{d}p\,\mathrm{d}y + T\,\mathrm{d}q\,\mathrm{d}x - V\,\mathrm{d}x\,\mathrm{d}y = 0$, on aura pour chacune des valeurs dont m est susceptible, un système d'équations de la forme

$$(1)\qquad \left\{\begin{aligned} dy - m\,dx &= 0,\\ Rm\,dp + T\,dq - Vm\,dx &= 0,\end{aligned}\right.$$

auquel il faudra joindre l'équation

$$dz = p\,dx + q\,dy,$$

qui exprime la relation qu'ont avec la fonction z les coefficients p et q.

Cela posé, si les équations $M = a$, $N = b$ satisfont aux équations (1), et que dans leurs différentielles

$$\frac{dM}{dx}dx + \frac{dM}{dy}dy + \frac{dM}{dz}dz + \frac{dM}{dp}dp + \frac{dM}{dq}dq = 0,$$

$$\frac{dN}{dx}dx + \frac{dN}{dy}dy + \frac{dN}{dz}dz + \frac{dN}{dp}dp + \frac{dN}{dq}dq = 0,$$

on mette au lieu de dz sa valeur $p\,dx + q\,dy$, et au lieu de dy et de dq celles que donnent les équations (1), les résultantes

$$\left(\frac{dM}{dx} + m\frac{dM}{dy} + (p+qm)\frac{dM}{dz} + \frac{Vm}{T}\frac{dM}{dq}\right)dx + \left(\frac{dM}{dp} - \frac{Rm}{T}\frac{dM}{dq}\right)dp = 0,$$

$$\left(\frac{dN}{dx} + m\frac{dN}{dy} + (p+qm)\frac{dN}{dz} + \frac{Vm}{T}\frac{dN}{dq}\right)dx + \left(\frac{dN}{dp} - \frac{Rm}{T}\frac{dN}{dq}\right)dp = 0,$$

devront être identiques, chacune en particulier, et se partager par conséquent dans les suivantes :

$$\frac{dM}{dx} + m\frac{dM}{dy} + (p+qm)\frac{dM}{dz} + \frac{Vm}{T}\frac{dM}{dq} = 0,$$

$$\frac{dM}{dp} - \frac{Rm}{T}\frac{dM}{dq} = 0,$$

$$\frac{dN}{dx} + m\frac{dN}{dy} + (p+qm)\frac{dN}{dz} + \frac{Vm}{T}\frac{dN}{dq} = 0,$$

$$\frac{dN}{dp} - \frac{Rm}{T}\frac{dN}{dq} = 0.$$

L'équation $N = \varphi(M)$ étant différentiée, donne

$$dN = \varphi'(M)\,dM,$$

ou

$$\frac{dN}{dx}dx + \frac{dN}{dy}dy + \frac{dN}{dz}dz + \frac{dN}{dp}dp + \frac{dN}{dq}dq$$
$$= \varphi'(M)\left\{\frac{dM}{dx}dx + \frac{dM}{dy}dy + \frac{dM}{dz}dz + \frac{dM}{dp}dp + \frac{dM}{dq}dq\right\};$$

si l'on substitue, dans cette dernière, les valeurs de

$$\frac{dM}{dx}, \quad \frac{dM}{dp}, \quad \frac{dN}{dx}, \quad \frac{dN}{dp},$$

prises dans les quatre précédentes, et qu'on change dz en $p\,dx + q\,dy$, on obtiendra

$$\left(\frac{dN}{dy} + q\frac{dN}{dz}\right)(dy - m\,dx)$$
$$+ \frac{1}{T}\frac{dN}{dq}(Rm\,dp + T\,dq - Vm\,dx)$$
$$= \varphi'(M)\left\{\left(\frac{dM}{dy} + q\frac{dM}{dz}\right)(dy - m\,dx)\right.$$
$$\left. + \frac{1}{T}\frac{dM}{dq}(Rm\,dp + T\,dq - Vm\,dx)\right\},$$

ce qui revient à

$$Rm\,dp + T\,dq - Vm\,dx = \omega(dy - m\,dx),$$

en faisant

$$\omega = -\frac{\frac{dN}{dy} + q\frac{dN}{dz} - \varphi'(M)\left(\frac{dM}{dy} + q\frac{dM}{dz}\right)}{\frac{1}{T}\left(\frac{dN}{dq} - \varphi'(M)\frac{dM}{dq}\right)}.$$

Si l'on remet $r\,dx + s\,dy$ et $s\,dx + t\,dy$, pour dp et dq, et que l'on égale à zéro ce qui multiplie chacune des différentielles indépendantes dx et dy, on obtiendra

$$Rmr + Ts - Vm = -\omega m, \quad Rms + Tt = \omega;$$

puis en tirant de ces équations les valeurs des coefficients différentiels r et t, pour les substituer dans la proposée, elle deviendra, après les réductions,

$$s(\mathrm{R}\,m^2 - \mathrm{S}\,m + \mathrm{T}) = 0,$$

et, en vertu de l'équation (A), elle sera satisfaite indépendamment des quantités ω et s.

Le théorème démontré ci-dessus, ainsi que ses analogues dans les ordres supérieurs, n'a pas la même généralité que celui du n° 347; car il faut bien remarquer que les équations (1) peuvent renfermer à la fois les cinq variables x, y, z, p et q, et qu'en y joignant même l'équation $\mathrm{d}z = p\,\mathrm{d}x + q\,\mathrm{d}y$, on ne saurait parvenir, par l'élimination, qu'à une résultante contenant trois variables, laquelle par conséquent ne pourrait dériver d'une seule équation primitive, que sous certaines conditions (339). On se tromperait néanmoins si l'on concluait de là que quand les conditions dont on vient de parler ne sont pas remplies, l'équation différentielle partielle proposée ne peut elle-même dériver d'une seule équation primitive; mais pour parvenir à son intégrale, il faut avoir recours à d'autres procédés, et le plus souvent on n'arrive qu'à un développement en série, comme on le verra plus loin (352, 353).

351. Soit, pour exemple, l'équation

$$\mathrm{A}r + \mathrm{B}s + \mathrm{C}t = \mathrm{V},$$

dans laquelle A, B et C sont constants, et V est une fonction de x et de y. L'équation (A) devient pour ce cas $\mathrm{A}m^2 - \mathrm{B}m + \mathrm{C} = 0$; ses racines, que je désignerai par m' et m'', étant constantes, fournissent deux systèmes d'équations (1) qui donnent, par l'intégration,

$$\left\{\begin{aligned} y - m'x &= a, \\ \mathrm{A}m'p + \mathrm{C}q - m'\int \mathrm{V}\,\mathrm{d}x &= b, \end{aligned}\right.$$

$$\left\{\begin{aligned} y - m''x &= a', \\ \mathrm{A}m''p + \mathrm{C}q - m''\int \mathrm{V}\,\mathrm{d}x &= b', \end{aligned}\right.$$

et où l'intégrale $\int \mathrm{V}\,\mathrm{d}x$ ne dépend que d'une seule variable, parce qu'on peut chasser y de V, au moyen de sa valeur prise dans la première équation de chaque système : on a donc en même temps les deux intégrales premières de la proposée,

$$A\,m'p + Cq - m'\int V\,dx = \varphi(y - m'x),$$
$$A\,m''p + Cq - m''\int V\,dx = \psi(y - m''x),$$

et en intégrant l'une quelconque de ces équations, on arrive à l'intégrale seconde.

Si l'on prend la première, par exemple, elle donne

$$p = -\frac{C}{A\,m'}\,q + \frac{1}{A}\int V\,dx + \varphi(y - m'x);$$

on peut, pour simplifier, mettre m'' au lieu de $\frac{C}{A\,m'}$, puisqu'en vertu de l'équation (A), $m'm'' = \frac{C}{A}$; et en substituant dans $dz = p\,dx + q\,dy$, on trouvera

$$dz - \frac{dx}{A}\int V\,dx - dx\,\varphi(y - m'x) = q\,(dy - m''dx):$$

les équations à intégrer (347) seront donc

$$dy - m''\,dx = 0, \quad dz - \frac{dx}{A}\int V\,dx - dx\,\varphi(y - m'x) = 0.$$

On tire de l'une, $y - m''x = a'$, ce qui change l'autre en

$$dz - \frac{dx}{A}\int V\,dx - dx\,\varphi[a' + (m'' - m')\,x] = 0;$$

mais le dernier terme de cette équation peut être mis sous la forme

$$(m'' - m')\,dx\,\varphi'[a' + (m'' - m')\,x],$$

parce que la fonction φ est arbitraire; et l'on voit alors que l'intégrale de ce terme est $\varphi[a' + (m'' - m')\,x]$, φ désignant une nouvelle fonction arbitraire dépendante de φ'. Par ce moyen, l'équation précédente s'intègre et donne

$$z - \frac{1}{A}\int dx\int V\,dx - \varphi(y - m'x) = b',$$

lorsqu'on remet pour a' sa valeur. Il faut bien remarquer que pour obtenir $\int dx\int V\,dx$, on doit intégrer une première fois par rapport à x, en substituant au lieu de y sa valeur, tirée de l'équation $y - m'x = a$, comme il a été dit plus haut; mais lorsqu'on sera parvenu au résultat, on remettra au lieu de a sa valeur $y - m'x$, et avant d'effectuer la seconde intégration, on changera y en $a' + m''x$, ainsi que l'exige l'équation $y - m''x = a'$, trouvée en dernier lieu. En général, quand on aura plusieurs de ces intégrations successives à effectuer, on ne pourra jamais employer à leur simplification que les équations qui doivent avoir lieu en même temps. Avec ces attentions, l'intégrale seconde de l'équation proposée $\mathrm{A}r + \mathrm{B}s + \mathrm{C}t = \mathrm{V}$, sera

$$z - \frac{1}{\mathrm{A}} \int \mathrm{d}x \int \mathrm{V} \mathrm{d}x = \varphi(y - m'x) + \psi(y - m''x).$$

Si l'on avait $\mathrm{A} = 1$, $\mathrm{B} = 0$, $\mathrm{C} = -c^2$ et $\mathrm{V} = 0$, ce qui changerait l'équation proposée en

$$r - c^2 t = 0, \quad \text{ou} \quad \frac{\mathrm{d}^2 z}{\mathrm{d}x^2} = c^2 \frac{\mathrm{d}^2 z}{\mathrm{d}y^2} \ (*),$$

l'intégrale deviendrait

$$z = \varphi(y - cx) + \psi(y + cx).$$

352. Non-seulement la méthode précédente n'embrasse pas tous les cas de l'équation du premier degré et du second ordre

$$\mathrm{A}r + \mathrm{B}s + \mathrm{C}t + \mathrm{D}p + \mathrm{E}q + \mathrm{F}z = \mathrm{U},$$

lors même qu'on y suppose constants les coefficients du premier membre, mais elle échoue sur l'équation très-simple

$$r = q, \quad \text{ou} \quad \frac{\mathrm{d}^2 z}{\mathrm{d}x^2} = \frac{\mathrm{d}z}{\mathrm{d}y},$$

qu'elle fait dépendre de l'intégration des équations simultanées

$$\mathrm{d}y = 0, \quad \mathrm{d}p - q\,\mathrm{d}x = 0 \quad (350);$$

car la seconde, qui renferme trois variables, p, q et x, ne saurait devenir une différentielle exacte (339).

Il ne faut pourtant pas conclure de là que l'équation différen-

(*) Cette équation est celle des cordes vibrantes.

tielle partielle proposée ne puisse pas être intégrée, et même d'une manière très-générale. Si d'abord l'on y fait $z = \mathrm{A}e^{mx+ny}$, les lettres A, m et n désignant des constantes indéterminées, le coefficient A et l'exponentielle disparaîtront, et il ne restera que l'équation à deux inconnues

$$m^2 = n,$$

à laquelle on pourra satisfaire d'une infinité de manières. Si l'on se donne m, on en déduira l'expression

$$z = \mathrm{A}e^{mx+m^2y},$$

qui vérifie l'équation proposée, quelles que soient les valeurs de A et de m : si donc on prend pour ces quantités une suite infinie de valeurs

$$\mathrm{A}_1,\ m_1,\quad \mathrm{A}_2,\ m_2,\ \mathrm{A}_3,\ m_3,\ \text{etc.},$$

on trouvera autant d'expressions, dont la somme satisfera encore à la proposée (309), en sorte qu'on aura

$$z = \mathrm{A}e^{mx+^2my} + \mathrm{A}_1e^{m_1x+m_1^2y} + \mathrm{A}_2e^{m_2x+m_2^2y} + \text{etc.},$$

série à laquelle on pourra donner autant de termes qu'on voudra.

Si l'on avait pris m pour inconnue, il en serait résulté

$$m = \pm\sqrt{n} \quad \text{et} \quad z = \mathrm{A}e^{\pm x\sqrt{n}+ny},$$

d'où l'on aurait pu déduire pour z deux séries différentes en apparence, savoir,

$$z = \mathrm{A}e^{x\sqrt{n}+ny} + \mathrm{A}_1e^{x\sqrt{n_1}+n_1y} + \text{etc.},$$
$$z = \mathrm{A}e^{-x\sqrt{n}+ny} + \mathrm{A}_1e^{-x\sqrt{n_1}+n_1y} + \text{etc.};$$

mais ces résultats ne sont pas plus généraux que le premier, puisqu'on peut donner à m des valeurs négatives aussi bien que des valeurs positives.

353. Laplace avait cru d'abord que l'équation proposée ne pouvait admettre de fonctions arbitraires dans son intégrale; M. Paoli a le premier reconnu le contraire, lorsque cette intégrale était développée en série, suivant les puissances de y.

En effet, si l'on pose

$$z = P + Qy + Ry^2 + Sy^3 + \text{etc.},$$

P, Q, R, S, etc., désignant des fonctions de x, on aura

$$\frac{d^2 z}{dx^2} = \frac{d^2 P}{dx^2} + \frac{d^2 Q}{dx^2} y + \frac{d^2 R}{dx^2} y^2 + \text{etc.},$$

$$\frac{dz}{dy} = Q \quad + 2Ry \quad + 3Sy^2 \quad + \text{etc.},$$

d'où l'on conclura

$$Q = \frac{d^2 P}{dx^2}, \quad R = \frac{1}{2}\frac{d^2 Q}{dx^2} = \frac{1}{2}\frac{d^4 P}{dx^4}, \quad \text{etc.};$$

et comme rien ne détermine P, on peut le supposer égal à une fonction arbitraire de x : on aura ainsi

$$z = \varphi(x) + \varphi''(x)\frac{y}{1} + \varphi^{\text{IV}}(x)\frac{y^2}{1.2} + \text{etc.},$$

où

$$\varphi''(x) = \frac{d^2\varphi(x)}{dx^2}, \quad \varphi^{\text{IV}}(x) = \frac{d^4\varphi(x)}{dx^4}, \quad \text{etc.}$$

Si l'on développait l'intégrale suivant les puissances de x, en posant

$$z = P + Qx + Rx^2 + Sx^3 + \text{etc.},$$

P, Q, R, S, etc., désignant alors des fonctions de y, les deux premiers coefficients P, Q, resteraient indéterminés, et l'on pourrait par conséquent introduire dans l'expression de z deux fonctions arbitraires; mais M. Poisson a montré que ce second résultat n'était pas plus général que le premier, et que la même circonstance s'offrait dans toute équation qui ne contenait pas en même temps les deux coefficients différentiels de son ordre, pris par rapport à x seul et à y seul (*).

354. Ce qui précède suffit pour prouver qu'on ne doit pas établir une analogie complète entre les fonctions arbitraires qui entrent dans les intégrales des équations différentielles

---

(*) *Voyez* le Traité in-4°, tome II, page 639.

partielles, et les constantes des intégrales des équations différentielles ordinaires (298). Le nombre des premières n'est pas toujours égal à l'exposant de l'ordre de l'équation différentielle partielle proposée.

Cette remarque peut se faire directement sur l'élimination des fonctions arbitraires, entre les équations primitives et leurs différentielles partielles (140); car soit $u = o$, une équation contenant, avec les variables x, y, z, deux fonctions arbitraires $\varphi(s)$, $\psi(t)$ des quantités s et t données en x, y, z; si l'on passe aux différentielles premières et secondes, suivant ce qui a été prescrit dans le n° 137, on trouvera cinq nouvelles équations, savoir,

$$\frac{du}{dx} = o, \qquad \frac{du}{dy} = o,$$

$$\frac{d^2u}{dx^2} = o, \quad \frac{d^2u}{dx\,dy} = o, \quad \frac{d^2u}{dy^2} = o,$$

et l'on aura introduit les quatre fonctions

$$\frac{d\varphi(s)}{ds} = \varphi'(s), \qquad \frac{d\psi(t)}{dt} = \psi'(t),$$

$$\frac{d^2\varphi(s)}{ds^2} = \varphi''(s), \qquad \frac{d^2\psi(t)}{dt^2} = \psi''(t):$$

on aura donc à éliminer six fonctions inconnues, c'est-à-dire autant qu'on a d'équations, ce qui ne pourra se faire que dans le cas où, par la forme particulière de l'équation $u = o$, deux de ces fonctions disparaîtront en même temps.

355. Les fonctions arbitraires qui entrent dans les intégrales des équations différentielles partielles se determinent, en supposant que la fonction z prenne des formes particulières, lorsqu'on assigne des relations entre les variables y et x. Voici deux exemples de cette détermination, dans les cas les plus simples.

1°. Si l'on a $1 = M\varphi(V)$, M et V désignant des fonctions données en x, y et z, et qu'on veuille déterminer la fonction représentée par la caractéristique φ, de manière qu'en posant $F(x, y, z) = o$, on ait en même temps $f(x, y, z) = o$, les caractéristiques F et f désignant des fonctions connues, on fera $V = t$, et l'on combinera les trois équations

$$V = t, \quad F(x, y, z) = 0, \quad f(x, y, z) = 0,$$

pour en tirer des valeurs de x, y et z en t; substituant ces valeurs dans M, qui deviendra une fonction de t, que je désigne par T, on aura

$$1 = T\varphi(t), \quad \text{ou} \quad \varphi(t) = \frac{1}{T},$$

et la fonction φ sera par conséquent déterminée, si l'on remet dans cette dernière équation pour t et T, leur valeur en x, y et z.

2°. Soit

$$1 = M\varphi(V) + N\psi(V);$$

comme il y a deux fonctions à déterminer, il faut qu'il y ait deux conditions : on doit supposer que

$$F(x, y, z) = 0 \quad \text{donne} \quad f(x, y, z) = 0,$$

et que

$$F'(x, y, z) = 0 \quad \text{donne} \quad f'(x, y, z) = 0.$$

Faisant toujours $V = t$, et tirant des trois équations

$$V = t, \quad F(x, y, z) = 0, \quad f(x, y, z) = 0,$$

les valeurs de x, y, z en t, on changera M, N en fonctions de t; et désignant par T et θ ces fonctions, on aura

$$(1) \qquad 1 = T\varphi(t) + \theta\psi(t).$$

On combinera ensuite les équations

$$V = t, \quad F'(x, y, z) = 0, \quad f'(x, y, z) = 0,$$

pour en déduire des valeurs de x, y, z en t, afin de transformer encore M et N en fonctions de cette seule variable; et si les résultats sont représentés par T′ et θ', il viendra

$$(2) \qquad 1 = T'\varphi(t) + \theta'\psi(t).$$

Au moyen des équations (1) et (2) on déterminera les fonctions φ et ψ en t, puis on remettra à la place de t sa valeur V (*).

(*) La détermination des fonctions arbitraires revient à faire passer par des courbes données les surfaces qui représentent les équations proposées; et ces courbes peuvent être continues ou discontinues, ainsi que les fonctions elles-mêmes. Si les fonctions φ et ψ dépendaient de quantités différentes, on ne pourrait plus procéder comme ci-dessus. (*Voyez* le Traité in-4°, tome III, page 228.)

De la méthode des variations.

Recherche de la variation d'une fonction quelconque.

356. Toutes les applications du calcul différentiel présentées précédemment supposent que la dépendance des variables demeure constamment la même dans le cours de la question ; mais il y a divers genres de problèmes pour lesquels il faut concevoir que cette dépendance change : en voici un exemple. Quand V désigne une fonction contenant x, y et les coefficients différentiels de y, l'intégrale $\int V\,dx$ est susceptible, entre les mêmes valeurs de x, d'une infinité de valeurs qui dépendent de la relation établie entre x et y; en sorte qu'on peut demander quelle est, parmi toutes les relations possibles, celle qui fait prendre à l'intégrale $\int V\,dx$, entre les limites données, la plus grande ou la plus petite valeur. L'intégrale $\int V\,dx$, lorsqu'on ne particularise pas la relation de y à x, exprimant la mesure d'une propriété commune à toutes les courbes, on demande alors pour quelle courbe cette propriété est un *maximum* ou un *minimum*. Il est visible que si CE (*fig.* 61) représente cette courbe, il faudra que pour toute autre, $\gamma\varepsilon$, l'intégrale $\int V dx$ ait une valeur plus petite dans le premier cas, et plus grande dans le second. Pour satisfaire à cette condition, la première chose à chercher est la différence qu'un changement quelconque dans la relation de y à x, ou dans la nature de la courbe qui représente cette relation, produit sur l'intégrale $\int V\,dx$. Ce changement s'exprime en faisant varier y indépendamment de x ; car lorsque l'on considère deux courbes CE et $\gamma\varepsilon$, la même abscisse AP répond à deux ordonnées PM et Pμ, et leur différence Mμ doit être distinguée des différences M'R et $\mu'\rho$, qui ont lieu entre deux ordonnées consécutives prises sur la même courbe.

Lagrange, qui marqua le commencement de sa carrière par la découverte du Calcul des Variations, en a fait aussi à la mécanique une application de la plus haute importance, dont on saisira facilement le but, si l'on observe qu'on peut considérer les coordonnées des différents points d'un corps qui se meut, soit pour comparer au même instant deux points de ce corps, soit pour comparer deux positions consécutives du même point. Dans l'un de ces cas, il n'y a entre les coordonnées, de dépendance que celle qui résulte des surfaces qui terminent le corps; dans l'autre, les coordonnées changent suivant les conditions du mouvement établi, et avec une variable nouvelle qui est la mesure du temps : voilà donc encore deux manières de faire varier les mêmes quantités, qu'il est à propos de marquer par des signes distincts. Celle de ces manières qui succède à l'autre constitue le *Calcul des Variations*, dont on ne peut embrasser les divers usages qu'en le regardant comme *ayant pour but de différentier sous un nouveau point de vue, des quantités qui ont déjà été différentiées sous un autre :* on établit ensuite dans le second mode de différentiation l'hypothèse convenable à la nature des questions qu'on se propose de résoudre (*).

357. C'est par la caractéristique δ que Lagrange désigne la nouvelle différentiation, et cet usage a été adopté. Pour ne pas sortir des limites de mon sujet, je me bornerai à développer les principes de l'application du calcul des variations aux questions géométriques.

Dans ces questions, la caractéristique d s'emploie pour le passage d'un point à un autre sur la même courbe, et la caractéristique δ est appliquée au changement de courbe : ainsi M'R étant représenté par dy (*fig.* 61), $M\mu$ sera δy; et il suit de là que

$$P'M' = y + dy, \quad P\mu = y + \delta y.$$

En passant du point M' au point μ', puis tirant μr parallèle à MM', on verra que

$$\mu' r = \mu' \rho - M'R = d.P\mu - d.PM$$

est le changement de dy, d'une courbe à l'autre, et l'on aura

$$\begin{aligned} P'\mu' &= P\mu + \rho r + \mu' r = y + \delta y + dy + \delta dy \\ &= y + dy + \delta(y + dy); \end{aligned}$$

mais le point μ' étant consécutif au point μ, sur la courbe $\gamma\varepsilon$, on

(*) Voyez la *Mécanique analytique*, 2e édition, page 80 du tome I.

aura aussi

$$P'\mu' = y + \delta y + \mathrm{d}(y + \delta y) = y + \delta y + \mathrm{d}y + \mathrm{d}\delta y,$$

et la comparaison de ces deux expressions donnera

$$\delta \mathrm{d}y = \mathrm{d}\delta y.$$

La même chose peut aussi se prouver sans la considération des courbes, en représentant par $\varphi(x)$ l'état primitif de y, et par une autre fonction $\psi(x)$ son état après la variation (*). Alors $\delta y = \psi(x) - \varphi(x)$ sera une certaine fonction de x, et par conséquent une fonction de y, à cause de la liaison primitive de ces variables : désignant donc par π cette dernière fonction, on aura

$$\delta y = \pi(y).$$

D'après cette loi, et faisant, pour abréger, $y + \mathrm{d}y = y'$, on aura pareillement

$$\delta y' = \pi(y'),$$

d'où l'on conclura

$$\delta y' - \delta y = \pi(y') - \pi(y) = \mathrm{d}.\pi(y) = \mathrm{d}\delta y;$$

mais comme

$$\mathrm{d}y = y' - y,$$

(*) Afin de donner une origine commune aux fonctions φ et ψ, Euler, qui s'empressa d'adopter et d'éclaircir le calcul des variations, regardait la valeur primitive de y, ou $\varphi(x)$, comme déduite d'une autre fonction, contenant, avec la variable x, une nouvelle variable t, et se changeant en $\varphi(x)$ lorsque $t = 0$. (*Novi Comm. Acad. Petrop.*, tome XVI, page 35.) Par ce moyen, $y + \delta y$ devient $y + \frac{\mathrm{d}y}{\mathrm{d}t}\mathrm{d}t$, et $\frac{\mathrm{d}y}{\mathrm{d}t}$ étant pris dans l'hypothèse de $t = 0$, représente, tant qu'on ne particularise point la composition de y en t, une fonction arbitraire de x. La valeur générale de y serait exprimée par la série

$$y + \frac{\mathrm{d}y}{\mathrm{d}t}\frac{\mathrm{d}t}{1} + \frac{\mathrm{d}^2y}{\mathrm{d}t^2}\frac{\mathrm{d}t^2}{1.2} + \text{etc.},$$

la variable t étant supposée égale à zéro dans y et ses coefficients différentiels; et en prenant les coefficients différentiels de cette série par rapport à x, on formerait toutes les quantités qu'il faut substituer pour obtenir l'état varié de l'intégrale $\int V\mathrm{d}x$, ordonné suivant les puissances de $\mathrm{d}t$. C'est sous cette forme que Lagrange, dans la dernière édition de ses *Leçons sur le Calcul des Fonctions*, présente celui des variations, à l'égard duquel il entre dans beaucoup de détails très-intéressants. (*Voyez* le Traité in 4°, tome II, page 723.)

il viendra, en prenant les variations,

$$\delta \mathrm{d}y = \delta y' - \delta y = \pi(y') - \pi(y),$$

ce qui donne encore

$$\delta \mathrm{d}y = \mathrm{d}\delta y.$$

Il suit de là que $\delta \mathrm{d}^2 y = \mathrm{d}\delta \mathrm{d}y = \mathrm{d}^2\delta y$; et en continuant ainsi, on obtiendra le théorème fondamental

$$\delta \mathrm{d}^n y = \mathrm{d}^n \delta y,$$

en vertu duquel *on peut transporter la caractéristique* δ *après la caractéristique* d.

Pour donner plus de symétrie au calcul, ainsi que pour embrasser des circonstances relatives aux limites des intégrales, et dont on verra plus loin quelques exemples, on fait varier x aussi bien que y ; mais le théorème ci-dessus ne cesse pas d'avoir lieu pour cela, parce que la loi de la variation étant constante, quoique arbitraire, δx est une fonction de x, de laquelle se tire $\delta x'$, en y changeant x en x' : il en résulte $\delta \mathrm{d}x = \mathrm{d}\delta x$, et pareillement $\delta \mathrm{d}V = \mathrm{d}\delta V$, pour toute fonction V dépendante de x, de y et de leurs différentielles.

358. Il existe un théorème analogue par rapport au signe $\int$. En effet, si l'on représeute $\int U$ par U_1, il viendra

$$\mathrm{d}U_1 = U, \quad \text{puis} \quad \delta \mathrm{d}U_1 = \delta U;$$

transposant la caractéristique δ après la caractéristique d, et passant ensuite aux intégrales, on trouvera successivement

$$\mathrm{d}\delta U_1 = \delta U, \quad \delta U_1 = \int \delta U;$$

puis remettant pour U_1 sa valeur, on aura enfin

$$\delta \int U = \int \delta U.$$

359. Cela posé, on voit que pour obtenir la variation d'une fonction quelconque U contenant x, y et leurs différentielles des ordres quelconques, il faut supposer que x et y se changent respectivement en $x + \delta x$, $y + \delta y$, et regarder δx et δy comme des fonctions arbitraires l'une de x, l'autre de y. En se bornant aux termes où les variations ne passent pas le premier degré, l'opération revient à différentier par le procédé ordinaire la fonction U, tant par rapport à x et à y, que par rapport à leurs différentielles considérées comme des variables distinctes, mais en marquant par la caractéristique δ la dernière différentiation. Il est visible en effet que, dans cette hypothèse, les différentielles de

$$x, \quad y, \quad dx, \quad dy, \quad \text{etc.},$$

sont

$$\delta x, \quad \delta y, \quad \delta dx, \quad \delta dy, \quad \text{etc.}$$

Si donc la différentielle ordinaire de U est

$$\begin{aligned} dU = & M dx + N d^2x + P d^3x + Q d^4x + \text{etc.} \\ & + m dy + m d^2y + p d^3y + q d^4y + \text{etc.}, \end{aligned}$$

il suffira d'y changer le dernier d en δ, et il viendra

$$\begin{aligned} \delta U = & M\delta x + N\delta dx + P\delta d^2x + Q\delta d^3x + \text{etc.} \\ & + m\delta y + n\delta dy + p\delta d^2y + q\delta d^3y + \text{etc.} \end{aligned}$$

Quand la fonction U sera sous la forme $V dx$, V ne contenant alors que

$$x, \quad y, \quad \frac{dy}{dx} = p, \quad \frac{dp}{dx} = q, \text{ etc.},$$

on aura

$$dV = M dx + N dy + P dp + Q dq + R dr + \text{etc.},$$

et la variation de V sera

$$\delta V = M\delta x + N\delta y + P\delta p + Q\delta q + R\delta r + \text{etc.},$$

en observant que les quantités p, q, r, etc. doivent y être regardées comme renfermant deux variables indépendantes, x et y (numéro précédent), et que par conséquent on peut prendre leur variation dans deux hypothèses différentes, savoir, en ne faisant varier qu'une de ces quantités, ou en les faisant varier toutes les deux. J'opérerai ici sous ce dernier point de vue, parce que, comme je l'ai déjà dit, il est plus général, et que d'ailleurs on en tire les résultats qui conviennent au premier, en supprimant les termes relatifs à celle des variables que l'on veut traiter comme constante. En différentiant par la caractéristique δ, les fractions

$$\left.\begin{array}{l} p=\frac{\mathrm{d}y}{\mathrm{d}x} \\ q=\frac{\mathrm{d}p}{\mathrm{d}x} \\ r=\frac{\mathrm{d}q}{\mathrm{d}x} \\ \text{etc.} \end{array}\right\}\text{ on trouve }\left\{\begin{array}{l} \delta p=\frac{\mathrm{d}x\delta\mathrm{d}y-\mathrm{d}y\delta\mathrm{d}x}{\mathrm{d}x^2}=\frac{\mathrm{d}\delta y-p\mathrm{d}\delta x}{\mathrm{d}x}, \\ \delta q=\frac{\mathrm{d}x\delta\mathrm{d}p-\mathrm{d}p\delta\mathrm{d}x}{\mathrm{d}x^2}=\frac{\mathrm{d}\delta p-q\mathrm{d}\delta x}{\mathrm{d}x}, \\ \delta r=\frac{\mathrm{d}x\delta\mathrm{d}q-\mathrm{d}q\delta\mathrm{d}x}{\mathrm{d}x^2}=\frac{\mathrm{d}\delta q-r\mathrm{d}\delta x}{\mathrm{d}x}, \\ \text{etc.,} \end{array}\right.$$

et à l'aide de ces formules on obtient la variation d'une expression quelconque, renfermant x, y et leurs différentielles de quelque ordre que ce soit.

360. Lorsqu'il s'agit d'une formule intégrale $\int U$, dans laquelle U est, comme ci-dessus, une fonction de x, y et de leurs différentielles, on a $\delta\int U=\int\delta U$ (358), et par le numéro précédent

$$\begin{aligned}\int\delta U=&\int(M\delta x+N\delta\mathrm{d}x+P\delta\mathrm{d}^2x+Q\delta\mathrm{d}^3x+\text{etc.})\\&+\int(m\delta y+n\delta\mathrm{d}y+p\delta\mathrm{d}^2y+q\delta\mathrm{d}^3y+\text{etc.})\end{aligned}$$

Cette expression n'est pas réduite à la forme la plus simple qu'elle puisse avoir : il faut faire en sorte qu'il ne reste sous le signe $\int$ aucun terme contenant à la fois les caractéristiques d et δ appliquées l'une sur l'autre; et c'est à quoi l'on parvient, en transposant d'abord la caractéristique δ après la caractéristique d, et en intégrant ensuite par parties, comme on le voit ci-dessous,

$$\begin{aligned}
\int M\delta x &=\int M\delta x,\\
\int N\delta\mathrm{d}x&=\int N\mathrm{d}\delta x=N\delta x-\int\mathrm{d}N\delta x,\\
\int P\delta\mathrm{d}^2x&=\int P\mathrm{d}^2\delta x=P\mathrm{d}\delta x-\int\mathrm{d}P\mathrm{d}\delta x\\
&=P\mathrm{d}\delta x-\mathrm{d}P\delta x+\int\mathrm{d}^2P\delta x,\\
\int Q\delta\mathrm{d}^3x&=\int Q\mathrm{d}^3\delta x=Q\mathrm{d}^2\delta x-\int\mathrm{d}Q\mathrm{d}^2\delta x\\
&=Q\mathrm{d}^2\delta x-\mathrm{d}Q\mathrm{d}\delta x+\int\mathrm{d}^2Q\mathrm{d}\delta x\\
&=Q\mathrm{d}^2\delta x-\mathrm{d}Q\mathrm{d}\delta x+\mathrm{d}^2Q\delta x-\int\mathrm{d}^3Q\delta x,\\
\text{etc.}\qquad&\qquad\text{etc.}
\end{aligned}$$

On aura pareillement

$$\begin{aligned}
&\int m\delta y \;=\int m\delta y,\\
&\int n\delta \mathrm{d}y=\int n\mathrm{d}\delta y= n\delta y \quad -\int \mathrm{d}n\delta y,\\
&\int p\delta \mathrm{d}^2y=\int p\mathrm{d}^2\delta y=p\mathrm{d}\delta y-\mathrm{d}p\delta y \quad +\int \mathrm{d}^2p\delta y,\\
&\int q\delta \mathrm{d}^3y=\int q\mathrm{d}^3\delta y=q\mathrm{d}^2\delta y-\mathrm{d}q\mathrm{d}\delta y+\mathrm{d}^2q\delta y-\int \mathrm{d}^3q\delta y,
\end{aligned}$$

etc.,

et en substituant, il viendra

$$\begin{aligned}
\int\delta \mathrm{U} = &(\mathrm{N}-\mathrm{dP}+\mathrm{d}^2\mathrm{Q}-\text{etc.})\delta x+(\mathrm{P}-\mathrm{dQ}+\text{etc.})\mathrm{d}\delta x\\
&\qquad +(\mathrm{Q}-\text{etc.})\mathrm{d}^2\delta x+\text{etc.}\\
&+(n-\mathrm{d}p+\mathrm{d}^2q-\text{etc.})\delta y+(p-\mathrm{d}q+\text{etc.})\mathrm{d}\delta y\\
&\qquad +(q-\text{etc.})\mathrm{d}^2\delta y+\text{etc.}\\
&+\int(\mathrm{M}-\mathrm{dN}+\mathrm{d}^2\mathrm{P}-\mathrm{d}^3\mathrm{Q}+\text{etc.})\delta x\\
&+\int(m-\mathrm{d}n+\mathrm{d}^2p-\mathrm{d}^3q+\text{etc.})\delta y.
\end{aligned}$$

Ce résultat est composé de deux parties semblables, l'une produite par la variation de x, et l'autre par celle de y; et il est aisé de voir qu'on l'étendrait à une fonction d'un nombre quelconque de variables, en y ajoutant, pour chacune, des termes pareils à ceux qu'a fournis la variable x ou la variable y.

361. Lorsque l'expression $\int \mathrm{U}$ est mise sous la forme $\int \mathrm{V}\mathrm{d}x$, c'est-à-dire qu'il n'entre dans V que les variables x, y et les coefficients différentiels de y, le calcul du développement de la variation paraît un peu plus compliqué, mais il mène à des conséquences remarquables. Il faut d'abord observer que

$$\delta\int \mathrm{V}\mathrm{d}x=\int\delta(\mathrm{V}\mathrm{d}x)=\int \mathrm{V}\mathrm{d}\delta x+\int \mathrm{d}x\delta \mathrm{V},$$
$$\int \mathrm{V}\mathrm{d}\delta x=\mathrm{V}\delta x-\int \mathrm{dV}\delta x,$$

et que par conséquent

$$\delta\int \mathrm{V}\mathrm{d}x=\mathrm{V}\delta x+\int(\mathrm{d}x\delta \mathrm{V}-\mathrm{dV}\delta x).$$

La quantité $\mathrm{d}x\delta\mathrm{V}-\mathrm{dV}\delta x$ se forme en écrivant pour $\delta\mathrm{V}$ et dV les valeurs rapportées dans le nº 359, et il vient

$$\begin{aligned}
\mathrm{d}x\delta\mathrm{V}-\mathrm{dV}\delta x=\mathrm{N}(\mathrm{d}x\delta y-\mathrm{d}y\delta x)+\mathrm{P}(\mathrm{d}x\delta p-\mathrm{d}p\delta x)\\
+\mathrm{Q}(\mathrm{d}x\delta q-\mathrm{d}q\delta x)+\text{etc.};
\end{aligned}$$

puis mettant $p\,\mathrm{d}x$ pour $\mathrm{d}y$, dans ce qui multiplie N, et la valeur de δp (359), dans ce qui multiplie P, on trouvera

$$\mathrm{d}x\,\delta y - \mathrm{d}y\,\delta x = \mathrm{d}x(\delta y - p\,\delta x),$$
$$\mathrm{d}x\,\delta p - \mathrm{d}p\,\delta x = \mathrm{d}\,\delta y - p\,\mathrm{d}\,\delta x - \mathrm{d}p\,\delta x = \mathrm{d}(\delta y - p\,\delta x),$$

d'où il suit

$$\mathrm{d}x\,\delta p - \mathrm{d}p\,\delta x = \mathrm{d}\left(\frac{\mathrm{d}x\,\delta y - \mathrm{d}y\,\delta x}{\mathrm{d}x}\right).$$

Si l'on change y en p et p en q, on obtiendra de même

$$\mathrm{d}x\,\delta q - \mathrm{d}q\,\delta x = \mathrm{d}\left(\frac{\mathrm{d}x\,\delta p - \mathrm{d}p\,\delta x}{\mathrm{d}x}\right),$$

et ainsi de suite : faisant donc

$$\delta y - p\,\delta x = \omega,$$

il en résultera

$$\mathrm{d}x\,\delta y - \mathrm{d}y\,\delta x = \omega\,\mathrm{d}x, \quad \mathrm{d}x\,\delta p - \mathrm{d}p\,\delta x = \mathrm{d}\omega,$$
$$\mathrm{d}x\,\delta q - \mathrm{d}q\,\delta x = \mathrm{d}\frac{\mathrm{d}\omega}{\mathrm{d}x}, \quad \text{etc.},$$

et par conséquent

$$\int(\mathrm{d}x\,\delta \mathrm{V} - \mathrm{d}\mathrm{V}\,\delta x) = \int \mathrm{N}\,\omega\,\mathrm{d}x + \int \mathrm{P}\,\mathrm{d}\omega + \int \mathrm{Q}\,\mathrm{d}\frac{\mathrm{d}\omega}{\mathrm{d}x} + \text{etc. } (^*).$$

En intégrant par parties, dans le second membre de cette équation, chacun des termes où il y a des différentiations indiquées sur la quantité ω, on aura

$$\int \mathrm{P}\,\mathrm{d}\omega = \mathrm{P}\,\omega - \int \frac{\mathrm{d}\mathrm{P}}{\mathrm{d}x}\cdot\omega\,\mathrm{d}x,$$
$$\int \mathrm{Q}\,\mathrm{d}\frac{\mathrm{d}\omega}{\mathrm{d}x} = \mathrm{Q}\frac{\mathrm{d}\omega}{\mathrm{d}x} - \int \frac{\mathrm{d}\mathrm{Q}}{\mathrm{d}x}\,\mathrm{d}\omega$$
$$= \mathrm{Q}\frac{\mathrm{d}\omega}{\mathrm{d}x} - \frac{\mathrm{d}\mathrm{Q}}{\mathrm{d}x}\,\omega + \int \frac{1}{\mathrm{d}x}\,\mathrm{d}\frac{\mathrm{d}\mathrm{Q}}{\mathrm{d}x}\cdot\omega\,\mathrm{d}x,$$

etc. ;

(*) L'interprétation géométrique de la quantité ω est facile à faire. Si au lieu de passer du point M, à la courbe $\gamma\varepsilon$, suivant l'ordonnée primitive PM, on passe obliquement de M en μ (*fig.* 62), la variation $r\mu = \delta y$ se composera de deux parties mr et $m\mu$; et l'équation différentielle de la courbe CE étant $\mathrm{d}y = p\,\mathrm{d}x$, si l'on fait $\mathrm{P}\pi = \delta x$, il viendra $mr = p\,\delta x$, puis

$$m\mu = r\mu - mr = \delta y - p\,\delta x = \omega.$$

et, avec ces expressions, on obtiendra

$$\begin{aligned}\delta\int \mathrm{V}\,\mathrm{d}x = \mathrm{V}\,\delta x &+ \left\{ \mathrm{P} - \frac{\mathrm{dQ}}{\mathrm{d}x} + \text{etc.} \right\}\omega \\ &+ \left\{ \mathrm{Q} - \text{etc.} \right\} \frac{\mathrm{d}\omega}{\mathrm{d}x} \\ &+ \text{etc.} \\ &+ \int \left\{ \mathrm{N} - \frac{\mathrm{dP}}{\mathrm{d}x} + \frac{1}{\mathrm{d}x}\,\mathrm{d}\frac{\mathrm{dQ}}{\mathrm{d}x} - \text{etc.} \right\} \omega\,\mathrm{d}x.\end{aligned}$$

On étendrait sans peine ce résultat à un plus grand nombre de variables dépendantes de x, en ajoutant pour chacune, des termes pareils à ceux qu'on a trouvés en ne considérant que y; mais ce qu'il importe d'observer, c'est que si l'on remet pour ω sa valeur $\delta y - p\delta x$, la partie affectée du signe $\int$ prend la forme

$$\begin{aligned}&\int \left\{ \mathrm{N} - \frac{\mathrm{dP}}{\mathrm{d}x} + \frac{1}{\mathrm{d}x}\,\mathrm{d}\frac{\mathrm{dQ}}{\mathrm{d}x} - \text{etc.} \right\} \mathrm{d}x\,\delta y \\ -&\int \left\{ \mathrm{N} - \frac{\mathrm{dP}}{\mathrm{d}x} + \frac{1}{\mathrm{d}x}\,\mathrm{d}\frac{\mathrm{dQ}}{\mathrm{d}x} - \text{etc.} \right\} p\,\mathrm{d}x\,\delta x\,;\end{aligned}$$

et l'on voit que dans ce cas, le coefficient de δy et celui de δx ont une relation qu'on n'aperçoit point dans le numéro précédent : en désignant le premier de ces coefficients par ψ, le second sera $-\psi p$.

362. Une remarque non moins digne d'attention, c'est que si, dans le développement de $\delta\int \mathrm{U}$ (360), on avait

$$\mathrm{M} - \mathrm{dN} + \mathrm{d}^2\mathrm{P} - \mathrm{d}^3\mathrm{Q} + \text{etc.} = 0,$$
$$m - \mathrm{d}n + \mathrm{d}^2 p - \mathrm{d}^3 q + \text{etc.} = 0,$$

la variation $\int\delta\mathrm{U}$ serait entièrement délivrée du signe $\int$; mais ces équations sont précisément celles qui doivent avoir lieu pour que la fonction U soit intégrable par elle-même. Cette proposition, annoncée dans le n° 280, se prouve *à priori*, en appliquant à la recherche de ces conditions la méthode même des variations.

En effet, soit U la différentielle d'une fonction U_1; on aura $\mathrm{U} = \mathrm{dU}_1$; et par conséquent

$$\delta\mathrm{U} = \delta\mathrm{dU}_1 = \mathrm{d}\delta\mathrm{U}_1,$$

d'où il suit que si U est une différentielle exacte, δU en doit être pareillement une ; et par conséquent lorsqu'on a fait sortir du signe $\int$, dans l'expression de $\int \delta U$, tous les termes qui peuvent s'intégrer, il faut que l'ensemble de ceux qui restent soit nul par lui-même, sans qu'on ait besoin de supposer aucune relation entre x, y, δx, δy.

Le développement de $\delta \int V dx$, ne fournissant que la seule condition

$$N - \frac{dP}{dx} + \frac{1}{dx} d \frac{dQ}{dx} - \text{etc.} = 0,$$

montre que celle qui se rapporte à la variable x devient inutile quand la fonction U est ramenée à la forme $V dx$, V ne contenant que x, y et des coefficients différentiels de y (*).

363. Ces remarques ne se bornent pas à l'expression de $\int U$: elles s'étendent également à celles de $\int\int U$, $\int\int\int U$, etc., quel que soit le nombre des signes d'intégration ; et en cherchant aussi la variation de ces dernières formules, on trouve les équations de condition, qui doivent avoir lieu pour que la quantité U soit la différentielle exacte d'une fonction U_1 d'un ordre immédiatement inférieur, d'une fonction U_2 d'un ordre inférieur de deux unités, et ainsi de suite.

En effet, puisque

$$U_2 = \int U_1, \quad U_1 = \int U,$$

il viendra

$$\delta U_2 = \delta \int U_1 = \int \delta U_1 = \int \delta \int U ;$$

et l'on obtiendra δU_2 en intégrant de nouveau $\delta \int U$. Or, par le

(*) Cette transformation n'est pas toujours possible. Soient, par exemple, les deux fonctions

$$\frac{dx d^2y + dy d^2x}{dx^2} \quad \text{et} \quad \frac{dx d^2y - dy d^2x}{dx^2} ;$$

si l'on y change

$$dy \text{ en } p dx, \quad d^2y \text{ en } q dx^2 + p d^2x \ (131),$$

d^2x ne disparaît que dans la seconde : on ne peut donc pas, dans la première, regarder y comme dépendant immédiatement de x. (*Voyez* le Traité in-4°, tome I, page 217.)

n° 360,

$$\begin{aligned}\delta\int U = (N - dP + d^2Q - \text{etc.})\,\delta x + (P - dQ + \text{etc.})\,d\delta x \\ + (Q - \text{etc.})\,d^2\delta x + \text{etc.} \\ + (n - dp + d^2q - \text{etc.})\,\delta y + (p - dq + \text{etc.})\,d\delta y \\ + (q - \text{etc.})\,d^2\delta y + \text{etc.} \\ + \int (M - dN + d^2P - d^3Q + \text{etc.})\,\delta x \\ + \int (m - dn + d^2p - d^3q + \text{etc.})\,\delta y :\end{aligned}$$

on aura donc

$$\begin{aligned}\delta U_2 = \int (N - dP + d^2Q - \text{etc.})\,\delta x + \int (P - dQ + \text{etc.})\,d\delta x \\ + \int (Q - \text{etc.})\,d^2\delta x + \text{etc.} \\ + \int (n - dp + d^2q - \text{etc.})\,\delta y + \int (p - dq + \text{etc.})\,d\delta y \\ + \int (q - \text{etc.})\,d^2\delta y + \text{etc.} \\ + \int\int (M - dN + d^2P - d^3Q + \text{etc.})\,\delta x \\ + \int\int (m - dn + d^2p - d^3q + \text{etc.})\,\delta y ;\end{aligned}$$

et intégrant par parties les termes qui contiennent encore des différentielles de δx ou de δy, on trouvera

$$\begin{aligned}\delta U_2 = (P - 2dQ + 3d^2R - \text{etc.})\,\delta x + (Q - 2dR + \text{etc.})\,d\delta x \\ + (R - \text{etc.})\,d^2\delta x + \text{etc.} \\ + (p - 2dq + 3d^2r - \text{etc.})\,\delta y + (q - 2dr + \text{etc.})\,d\delta y \\ + (r - \text{etc.})\,d^2\delta y + \text{etc.} \\ + \int (N - 2dP + 3d^2Q - 4d^3R + \text{etc.})\,\delta x \\ + \int (n - 2dp + 3d^2q - 4d^3r + \text{etc.})\,\delta y \\ + \int\int (M - dN + d^2P - d^3Q + d^4R - \text{etc.})\,\delta x \\ + \int\int (m - dn + d^2p - d^3q + d^4r - \text{etc.})\,\delta y.\end{aligned}$$

Telle est la variation demandée, qui ne sera délivrée des deux signes $\int$ que quand les équations

$$\begin{aligned}N - 2dP + 3d^2Q - 4d^3R + \text{etc.} = 0, \\ n - 2dp + 3d^2q - 4d^3r + \text{etc.} = 0, \\ M - dN + d^2P - d^3Q + d^4R - \text{etc.} = 0, \\ m - dn + d^2p - d^3q + d^4r - \text{etc.} = 0,\end{aligned}$$

seront identiques; alors δU_2, étant intégré une seule fois, par rapport aux variations, donnera U_2, ou l'intégrale seconde de la proposée.

Soit, pour exemple,

$$U = x\,d^2y + 2\,dx\,dy + y\,d^2x;$$

on a

$$\delta U = d^2y\,\delta x + 2\,dy\,d\,\delta x + y\,d^2\delta x + d^2x\,\delta y + 2\,dx\,d\,\delta y + x\,d^2\delta y,$$

$$M = d^2y, \quad N = 2\,dy, \quad P = y,$$

$$m = d^2x, \quad n = 2\,dx, \quad p = x,$$

et les équations de condition ci-dessus deviennent

$$2\,dy - 2\,dy = 0,$$

$$2\,dx - 2\,dx = 0,$$

$$d^2y - 2\,d^2y + d^2y = 0,$$

$$d^2x - 2\,d^2x + d^2x = 0:$$

la fonction proposée est donc immédiatement intégrable. La partie $y\,\delta x + x\,\delta y$, délivrée du signe $\int$, donne, en l'intégrant par rapport aux variations, $U_2 = xy + const.$

La marche des calculs précédents montre que la première intégration d'une fonction différentielle de m variables exige m conditions, quand ces variables sont considérées comme indépendantes, et que pour un nombre n d'intégrations successives il y aurait mn équations de condition. Il y en aurait seulement $m-1$ pour la première intégration, et $n(m-1)$ pour toutes ensemble, si la fonction proposée était sous la forme $\int^n V\,dx^n$, V ne contenant que des coefficients différentiels.

Des maximums et des minimums des formules intégrales indéterminées.

364. On peut appeler *intégrales indéterminées* les expressions telles que $\int y\,dx$, $\int\sqrt{dx^2 + dy^2}$, lorsqu'on n'assigne aucune forme à la fonction y; mais pour être susceptibles de *maximum* ou de *minimum*, ces intégrales doivent être *définies* (229), puisque ce n'est qu'entre des limites données qu'elles auront une valeur fixe, quand y sera déterminé en x.

Les principes exposés dans le n° 155, à l'égard des fonctions dont la forme est donnée, s'appliquent aussi, avec le secours du calcul des variations, aux intégrales indéterminées. En effet, d'après la marche tracée dans le n° 45, le résultat de la substitution de

$$x+\delta x,\quad y+\delta y,\quad \mathrm{d}x+\delta \mathrm{d}x,\quad \mathrm{d}y+\delta \mathrm{d}y,\quad \text{etc.},$$

à la place des quantités

$$x,\quad y,\quad \mathrm{d}x,\quad \mathrm{d}y,\quad \text{etc.},$$

dans une fonction quelconque u de ces quantités, pourra s'ordonner suivant les puissances de

$$\delta x,\quad \delta y,\quad \delta \mathrm{d}x,\quad \delta \mathrm{d}y,\quad \text{etc.},$$

et δu contiendra tous les termes de ce développement, dans lesquels les variations ne montent qu'au premier degré. Ces termes, changeant de signe en même temps que les variations, doivent, suivant la théorie rappelée ci-dessus, s'anéantir lors du *maximum* et du *minimum*, quels que soient δx et δy : il faut donc que $\delta u = 0$. Lorsque $u = \int U$, il vient $\delta u = \int \delta U$ (358): au *maximum* et au *minimum* de $\int U$, on a donc $\int \delta U = 0$, en observant que c'est entre les limites assignées à $\int U$ que $\int \delta U$ doit s'évanouir.

Il résulte aussi de la même théorie, que la condition $\delta u = 0$ n'entraîne pas nécessairement l'existence du *maximum* ou du *minimum*, parce qu'il faut en outre que les termes où les variations s'élèvent au second degré, conservent toujours le même signe; la discussion de ces dernières conditions est trop compliquée et trop délicate pour trouver place ici.

365. Le développement de $\int \delta U$ est composé de deux parties bien distinctes (360), puisque l'une est délivrée du signe $\int$ et l'autre y demeure soumise ; on peut représenter la première par

$$\alpha \delta x + \beta \delta y + \alpha_1 \mathrm{d}\delta x + \beta_1 \mathrm{d}\delta y + \text{etc.},$$

et la seconde par

$$\int \{\chi \delta x + \psi \delta y\}.$$

Ces parties ne sauraient être comparées entre elles, puisque la dernière n'est point intégrable, tant que δx et δy conservent l'indépendance qu'exige la nature du problème; et dans cet état on ne peut la faire évanouir qu'en posant séparément les équations

$$\chi = 0, \quad \psi = 0,$$

dont le nombre est généralement égal à celui des variations indépendantes ; mais lorsqu'il n'y a que deux variables, et que U peut prendre la forme $V dx$, le développement de la variation de $\int V dx$, dans le n° 361, fait voir que $\chi = -\psi p$, et que par conséquent $\chi dx + \psi dy = 0$, condition d'ailleurs facile à vérifier en particulier sur chaque exemple. Il en résulte que l'une des équations $\chi = 0$, $\psi = 0$ ayant lieu, l'autre s'ensuit, et qu'il n'y a, entre x et y, qu'une seule relation qu'on aurait également obtenue en posant $\delta x = 0$, c'est-à-dire en ne faisant point varier x ; mais cette hypothèse restreindrait beaucoup, comme on va le voir, les propriétés de la partie délivrée du signe $\int$ dans la variation.

Il suit de ce qui précède, que les équations indiquées dans le n° 362 comme exprimant les conditions qui rendent intégrables les formules $\int U$ et $\int V dx$, et qui sont alors identiques, déterminent, quand elles cessent de l'être, la relation de y à x, par laquelle les intégrales proposées deviennent un *maximum* ou un *minimum*. On reconnaît aisément que ces équations peuvent s'élever jusqu'à l'ordre dont l'exposant est double de celui de la plus haute différentielle contenue, soit dans U, soit dans V.

366. Après l'évanouissement de la partie affectée du signe $\int$, il reste

$$\alpha \delta x + \beta \delta y + \alpha_1 d \delta x + \beta_1 d \delta y + \text{etc.},$$

expression que, pour abréger, je représenterai par φ : on aura donc $\int \delta U = \varphi + \textit{const.}$, et la valeur complète de cette intégrale s'obtiendra en prenant la différence de celles que reçoit la quantité φ, à chacune des deux limites (229) ; en sorte que si φ' désigne cette valeur pour la première limite, et φ'' pour la dernière, on aura $\int \delta U = \varphi'' - \varphi'$, d'où il résultera encore, pour le *maximum* et le *minimum* de l'intégrale $\int U$, la condition

$$\varphi'' - \varphi' = 0 ;$$

mais il faut bien remarquer que cette équation ne contient plus que des quantités qui se rapportent aux limites de l'intégrale $\int U$, et qu'alors les variations δx, δy, δdx, δdy, etc., peuvent être nulles, ou seulement liées entre elles par des relations données, selon que ces limites seront fixes ou variables. L'explication géométrique de ces diverses circonstances les éclaircira suffisamment.

La première a lieu lorsque la courbe qui rend *maximum* ou *minimum* l'intégrale proposée doit être prise entre toutes les courbes assujetties à passer par deux points dont les coordonnées sont déterminées, ainsi que tout ce qui s'y rapporte, et que l'intégrale doit commencer à l'un de ces points et finir à l'autre. Si x' et y' désignent les coordonnées du premier, x'' et y'' celles du second, ces quantités, appartenant à toutes les courbes qu'on pourra considérer dans la question dont il s'agit, n'éprouveront aucune variation : quand donc on changera x et y en x' et en y', puis en x'' et en y'', il faudra faire

$$\delta x' = 0, \quad \delta y' = 0, \quad \delta x'' = 0, \quad \delta y'' = 0.$$

Alors les termes affectés de ces variations disparaîtront d'eux-mêmes de l'équation $\varphi'' - \varphi' = 0$, qui sera par conséquent vérifiée si elle ne contient que ces termes ; et la courbe déduite de l'équation $\chi = 0$, résoudra complétement le problème, pourvu qu'on l'assujettisse à passer par les deux points donnés; ce qui s'effectuera, en général, par la détermination des constantes arbitraires comprises dans l'intégrale de l'équation citée, qui sera alors du second ordre.

Si l'équation $\varphi'' - \varphi' = 0$ contenait de plus les termes affectés de $\delta dx'$, $\delta dy'$, $\delta dx''$, $\delta dy''$, et qu'outre la condition précédente, les tangentes de la courbe cherchée dussent avoir, aux limites de l'intégrale, une inclinaison donnée, ces termes disparaîtraient aussi d'eux-mêmes, parce que les différentielles dx et dy n'éprouvant aucun changement aux limites, les variations $\delta dx'$, $\delta dy'$, $\delta dx''$, $\delta dy''$ seraient zéro, et feraient évanouir les produits où elles entrent : mais pour assujettir la courbe cherchée à cette condition, par rapport aux tangentes de ses points extrêmes, il faudrait que son équation contînt deux constantes arbitraires de plus que dans le cas précédemment examiné, et que par conséquent l'équation différentielle $\chi = 0$ fût du quatrième ordre. En voilà assez pour montrer comment doit se vérifier l'équation $\varphi'' - \varphi' = o$, lorsque les coordonnées des limites et leurs coefficients différentiels ont des valeurs fixes : je passe aux cas où les limites doivent être regardées comme variables.

367. On peut demander que la courbe douée du *maximum* ou du *minimum* de la propriété proposée soit prise, non parmi toutes les courbes qui passent par deux points donnés, mais parmi toutes celles qui seraient menées entre deux courbes données AA′ et BB′ (*fig.* 63), sans déterminer les points où ces dernières sont coupées par celle qu'on cherche. Il est visible qu'en passant alors de la courbe AB à une autre A′B′, les extrémités A et B se meuvent; les abscisses qui répondent au commencement et à la fin de l'intégrale, après qu'elle a varié, ne sont plus celles qui convenaient à son état primitif, et les ordonnées qui s'y rapportent ont changé suivant la loi établie par les courbes AA′ et BB′. Dans cette circonstance, les variations des ordonnées et celles de leurs abscisses doivent avoir les mêmes relations que les différentielles dans les courbes AA′, BB′, relations exprimées par les équations de ces courbes, qui sont données : il est donc nécessaire de les introduire dans l'équation $\varphi'' - \varphi' = o$; et pour la vérifier ensuite, il faudra égaler séparément à zéro les coefficients des variations qui resteront indépendantes.

A mesure que la fonction $\int U$ contiendra des différentielles d'un ordre plus élevé, le nombre de termes de l'équation $\varphi'' - \varphi' = o$ augmentant, on pourra ajouter de nouvelles conditions aux limites; supposer, par exemple, que la courbe AB doit être prise parmi toutes celles qui touchent à la fois les deux courbes AA′ et BB′. Par cette dernière condition, non-seulement les coordonnées x et y doivent avoir, aux limites de l'intégrale, les relations exprimées par les équations de ces courbes, mais il en doit être de même de leurs différentielles: ainsi les variations $\delta dx'$, $\delta dy'$, $\delta dx''$, $\delta dy''$ ne sont plus indépendantes, et doivent coïncider avec les différentielles secondes relatives aux courbes proposées. On pourra, par ces relations, éliminer quelques-unes des variations $\delta dx'$, $\delta dy'$, $\delta dx''$, $\delta dy''$, de l'équation $\varphi'' - \varphi' = o$; et ensuite on la vérifiera en égalant séparément à zéro les coefficients des variations restantes, lesquelles seront entièrement arbitraires.

Les équations qu'on se procurera par ce moyen, établissant des relations entre les coordonnées des points extrêmes de la courbe proposée, porteront nécessairement sur les constantes introduites par l'intégration de l'équation $\chi=0$, et serviront à les déterminer.

368. On doit ensuite remarquer que puisqu'il y a des circonstances où il faut avoir égard aux variations des limites des intégrales, si les coordonnées x', y', x'', y'' de ces limites entraient dans l'expression de U, il serait nécessaire de les y faire varier, aussi bien que x et y, et d'augmenter par conséquent δU des termes

$$\begin{aligned} &A'\delta x' \quad + B'\delta y' \quad + A''\delta x'' \quad + B''\delta y'' \\ &+ A'_1\, d\delta x' + B'_1\, d\delta y' + A''_1\, d\delta x'' + B''_1\, d\delta y'' + \text{etc.} \end{aligned}$$

Or comme les variations $\delta x'$, $\delta y'$, $\delta x''$, $\delta y''$ sont indépendantes des coordonnées indéterminées x et y, elles passeraient hors du signe $\int$, tandis que les fonctions A′, A″, etc., A'_1, A''_1, etc., y resteraient soumises : il faudrait donc introduire dans la première partie de la variation $\int\delta$U, les termes

$$\begin{aligned} &\delta x'\int A' \quad + \delta y'\int B' \quad + \delta x''\int A'' \quad + \delta y''\int B'' \\ &+ d\delta x'\int A'_1 + d\delta y'\int B'_1 + d\delta x''\int A''_1 + d\delta y''\int B''_1 + \text{etc.}, \end{aligned}$$

en ayant soin de prendre ces intégrales entre les mêmes limites que la proposée.

On ne voit pas tout de suite ce que deviendraient les termes précédents, si l'une des limites était en même temps l'origine des coordonnées. On évite cette difficulté, en faisant d'abord

$$x = X - x', \quad y = Y - y',$$

et en concevant que l'origine des coordonnées X, Y soit fixe, mais que les quantités x' et y' soient variables ; il vient alors

$$\delta x = \delta X - \delta x', \quad \delta y = \delta Y - \delta y'.$$

Quant aux différentielles dx, dy, etc., elles ne dépendent point des quantités x' et y', et ne prennent par conséquent aucune variation : l'expression de δU devient donc seulement

$$M(\delta X - \delta x') + N\delta dX + \text{etc.}$$
$$+ m(\delta Y - \delta y') + n\delta dY + \text{etc.}$$

Il est permis de faire ensuite x', y' égaux à zéro, pourvu qu'on laisse subsister les variations $\delta x'$, $\delta y'$, qui peuvent être considérées comme le premier degré de grandeur de ces quantités ; alors X et Y redeviennent x et y, et le changement de l'expression de $\int \delta U$ se réduit aux termes $-\delta x' \int M - \delta y' \int m$, dont il faut prendre les intégrales dans les limites primitives.

369. Soit proposé de déterminer y en x, pour que l'intégrale $\int \sqrt{dx^2 + dy^2}$, prise entre deux limites données, devienne un *minimum*, ou, ce qui est la même chose, *trouver la plus courte ligne qu'on puisse mener entre deux points, sur un plan.* On a

$$\delta U = \delta \sqrt{dx^2 + dy^2} = \frac{dx\delta dx + dy\delta dy}{\sqrt{dx^2 + dy^2}},$$

et

$$\int \delta U = \int \frac{dx}{ds} d\delta x + \int \frac{dy}{ds} d\delta y;$$

en faisant $\sqrt{dx^2 + dy^2} = ds$, et en transposant la caractéristique δ. Intégrant ensuite par parties, on trouve

$$\int \delta U = \frac{dx}{ds}\delta x + \frac{dy}{ds}\delta y - \int \left(d\frac{dx}{ds}\delta x + d\frac{dy}{ds}\delta y \right),$$

et la partie affectée du signe $\int$ donne (365)

$$d\frac{dx}{ds} = 0,$$

d'où

$$\frac{dx}{ds} = C, \quad \frac{dy}{dx} = C', \quad y = C'x + C''.$$

Ce résultat, ainsi qu'on devait s'y attendre, désigne la ligne droite, et les constantes qu'il renferme serviront à remplir les conditions relatives aux points entre lesquels elle doit être menée.

La partie qui est délivrée du signe $\int$, ou φ(366), ne contenant que les variations des coordonnées des points extrêmes, s'évanouit quand ils sont fixes, et les constantes C′ et C″ se déterminent alors en assujettissant la droite proposée à passer par ces points.

Quand ils ne sont pas fixes, mais qu'ils doivent seulement se trouver sur des courbes données, il faut que les quantités x' et y', x'' et y'', qui sont inconnues, satisfassent, ainsi que leurs variations, à l'équation $\varphi''-\varphi'=0$, qui devient

$$\frac{dx''}{ds''}\delta x''+\frac{dy''}{ds''}\delta y''-\frac{dx'}{ds'}\delta x'-\frac{dy'}{ds'}\delta y'=0,$$

et aux équations des courbes données, dont je représenterai les différentielles par

$$dy=m\,dx,\quad dy=n\,dx;$$

on aura donc (367),

$$\delta y'=m'\delta x',\quad \delta y''=n''\delta x'',$$

$$\left(\frac{dx''}{ds''}+n''\frac{dy''}{ds''}\right)\delta x''-\left(\frac{dx'}{ds'}+m'\frac{dy'}{ds'}\right)\delta x'=0.$$

A cause de l'indépendance des variations $\delta x''$ et $\delta x'$, cette équation se partage dans les suivantes :

$$dx''+n''dy''=0,\quad \text{ou}\quad \frac{dy''}{dx''}=-\frac{1}{n''},$$

$$dx'+m'dy'=0,\quad \text{ou}\quad \frac{dy'}{dx'}=-\frac{1}{m'},$$

qui expriment que la droite proposée doit être normale à chacune des courbes données.

D'après l'équation $y=C'x+C''$, on a $dy=C'dx$ pour tous les points de la droite, et les équations précédentes deviennent en conséquence

$$1+C'n''=0,\quad 1+C'm'=0;$$

mais la constante C′ dépend des coordonnées des points extrêmes, puisque l'équation de la droite menée par ces points, étant

$$y-y'=\frac{y'-y''}{x'-x''}(x-x'),$$

donne

$$C' = \frac{y' - y''}{x' - x''};$$

et substituant cette valeur de C', il en résulte les équations

$$x' - x'' + n''(y' - y'') = 0, \quad x' - x'' + m'(y' - y'') = 0,$$

dont la combinaison avec celles des courbes données détermine les points par où passe la plus courte distance de ces courbes, et complète la solution du problème proposé.

On arriverait aux mêmes équations, en supposant d'abord que les points extrêmes soient fixes, circonstance dans laquelle on a, entre x et y, l'équation

$$y - y' = \frac{y' - y''}{x' - x''}(x - x').$$

En effet, par cette relation, l'intégrale $\int \sqrt{dx^2 + dy^2}$ devient, entre les abscisses x' et x'',

$$(x' - x'')\sqrt{1 + \left(\frac{y' - y''}{x' - x''}\right)^2} = \sqrt{(x' - x'')^2 + (y' - y'')^2};$$

et la seule application du calcul différentiel suffit pour déterminer le *minimum* de cette expression, en ayant égard à la dépendance qu'établissent entre x' et y', x'' et y'', les équations des courbes données.

C'est ainsi qu'on pouvait achever, sans le secours de l'équation $\varphi'' - \varphi' = 0$, que les méthodes de Bernoulli et d'Euler ne donnaient pas, la solution des problèmes semblables au précédent, toutes les fois que l'on savait obtenir l'intégrale proposée ; mais en considérant que cette intégrale est une fonction implicite des quantités qui se rapportent à ses limites, M. Poisson, au moyen de la différentiation sous le signe $\int$ (281), a cherché immédiatement, par rapport à ces quantités, les conditions du *maximum* absolu de l'intégrale proposée, et est parvenu à l'équation $\varphi'' - \varphi' = 0$, telle qu'elle résulte de la méthode des variations (*).

(*) *Voyez* le Traité in-4°, tome II, page 742.

370. Le problème du n° précédent étant transporté dans l'espace, conduit à déterminer z et y en fonctions de x, dans l'expression $\int\sqrt{\mathrm{d}x^2+\mathrm{d}y^2+\mathrm{d}z^2}$. En faisant $\sqrt{\mathrm{d}x^2+\mathrm{d}y^2+\mathrm{d}z^2}=\mathrm{d}s$, il vient

$$\int\delta\sqrt{\mathrm{d}x^2+\mathrm{d}y^2+\mathrm{d}z^2}=\int\frac{\mathrm{d}x}{\mathrm{d}s}\mathrm{d}\delta x+\int\frac{\mathrm{d}y}{\mathrm{d}s}\mathrm{d}\delta y+\int\frac{\mathrm{d}z}{\mathrm{d}s}\mathrm{d}\delta z$$

$$=\frac{\mathrm{d}x}{\mathrm{d}s}\delta x+\frac{\mathrm{d}y}{\mathrm{d}s}\delta y+\frac{\mathrm{d}z}{\mathrm{d}s}\delta z-\int\left(\mathrm{d}\frac{\mathrm{d}x}{\mathrm{d}s}\delta x+\mathrm{d}\frac{\mathrm{d}y}{\mathrm{d}s}\delta y+\mathrm{d}\frac{\mathrm{d}z}{\mathrm{d}s}\delta z\right).$$

La partie affectée du signe $\int$ fournit les trois équations

$$\mathrm{d}\frac{\mathrm{d}x}{\mathrm{d}s}=0,\quad \mathrm{d}\frac{\mathrm{d}y}{\mathrm{d}s}=0,\quad \mathrm{d}\frac{\mathrm{d}z}{\mathrm{d}s}=0,$$

dont toutes les combinaisons deux à deux s'accordent à donner

$$\frac{\mathrm{d}z}{\mathrm{d}x}=const.,\quad \frac{\mathrm{d}z}{\mathrm{d}y}=const.,$$

et montrent que la ligne cherchée est droite.

Si cette droite doit être menée entre un point donné dans l'espace et une surface courbe dont l'équation différentielle soit

$$\mathrm{d}z=p\,\mathrm{d}x+q\,\mathrm{d}y,$$

il faudra qu'à la dernière limite, $\delta z''=p''\delta x''+q''\delta y''$. La première étant fixe, rendra $\varphi'=0$, et la valeur de $\delta z''$ changera $\varphi''=0$ en

$$(\mathrm{d}x''+p''\mathrm{d}z'')\delta x''+(\mathrm{d}y''+q''\mathrm{d}z'')\delta y''=0;$$

égalant à zéro les coefficients des variations indépendantes, il viendra

$$\mathrm{d}x''+p''\mathrm{d}z''=0,\quad \mathrm{d}y''+q''\mathrm{d}z''=0,$$

d'où l'on verra, par le n° 150, que la droite cherchée est normale à la surface donnée.

Si cette plus courte ligne doit être tout entière sur une surface courbe donnée, il faudra que les variations δx, δy, δz sous le signe $\int$, satisfassent à l'équation différentielle de cette surface, que je représenterai par $\mathrm{d}z=p\,\mathrm{d}x+q\,\mathrm{d}y$: on fera donc

$$\delta z=p\,\delta x+q\,\delta y$$

dans $\int \delta U$, qui deviendra, par cette substitution,

$$\left(\frac{dx}{ds}+p\frac{dz}{ds}\right)\delta x+\left(\frac{dy}{ds}+q\frac{dz}{ds}\right)\delta y$$
$$-\int\left\{\left(d\frac{dx}{ds}+p\,d\frac{dz}{ds}\right)\delta x+\left(d\frac{dy}{ds}+q\,d\frac{dz}{ds}\right)\delta y\right\}.$$

De la partie affectée du signe $\int$, on tire les équations

$$d\frac{dx}{ds}+p\,d\frac{dz}{ds}=0,\quad d\frac{dy}{ds}+q\,d\frac{dz}{ds}=0,$$

dont une seule suffit (361), conjointement avec celle de la surface donnée, pour déterminer la nature de la ligne la plus courte qu'on puisse mener sur cette surface entre deux de ses points.

En supposant que cette ligne doive être menée entre un point fixe et une courbe prise sur la même surface, on aura d'abord $\varphi'=0$; et désignant par $dy=n\,dx$ l'équation différentielle de la projection sur le plan des xy, de la courbe donnée, il viendra $\delta y''=n''\delta x''$; puis l'équation $\varphi''=0$, se changeant en

$$dx''+p''dz''+(dy''+q''dz'')n''=0,$$

exprimera que les deux courbes dont il s'agit se coupent à angle droit.

371. Je vais encore chercher la relation de x à y, propre à rendre *minimum* l'expression $\int\frac{\sqrt{dx^2+dy^2}}{\sqrt{2(y-Y)}}$, dans laquelle je considérerai Y comme une fonction des coordonnées x' et y', x'' et y'', relatives aux limites (*).

Pour résoudre la question dans toute sa généralité, il faut faire varier Y, aussi bien que y (368). Soient

$$\sqrt{2(y-Y)}=u,\quad \sqrt{dx^2+dy^2}=ds;$$

il viendra

$$\delta u=\frac{\delta y-\delta Y}{u},\quad \delta ds=\frac{dx}{ds}d\delta x+\frac{dy}{ds}d\delta y$$

(*) Ce problème est celui de la brachistochrone, courbe le long de laquelle un corps descend dans le moins de temps possible, d'un point à un autre.

et

$$\int \delta \frac{\mathrm{d}s}{u} = -\int \frac{\mathrm{d}s}{u^3}(\delta y - \delta \mathrm{Y}) + \int \frac{\mathrm{d}x}{u\,\mathrm{d}s}\,\mathrm{d}\delta x + \int \frac{\mathrm{d}y}{u\,\mathrm{d}s}\,\mathrm{d}\delta y$$

$$= \delta \mathrm{Y} \int \frac{\mathrm{d}s}{u^3} + \frac{\mathrm{d}x}{u\,\mathrm{d}s}\delta x + \frac{\mathrm{d}y}{u\,\mathrm{d}s}\delta y$$

$$- \int \left\{ \mathrm{d}\frac{\mathrm{d}x}{u\,\mathrm{d}s}\delta x + \left(\frac{\mathrm{d}s}{u^3} + \mathrm{d}\frac{\mathrm{d}y}{u\,\mathrm{d}s}\right)\delta y \right\}.$$

On tire des termes où δx et δy sont affectés du signe $\int$, les équations

$$\mathrm{d}\frac{\mathrm{d}x}{u\,\mathrm{d}s} = 0, \quad \frac{\mathrm{d}s}{u^3} + \mathrm{d}\frac{\mathrm{d}y}{u\,\mathrm{d}s} = 0;$$

la première, qui est la plus simple, donne

$$\frac{\mathrm{d}x}{u\,\mathrm{d}s} = \mathrm{C}, \quad \text{d'où} \quad \frac{\mathrm{d}x}{\sqrt{\mathrm{d}x^2 + \mathrm{d}y^2}} = \mathrm{C}\sqrt{2(y - \mathrm{Y})}.$$

Ce résultat indique une cycloïde (**114**); car si l'on y fait $y - \mathrm{Y} = z$, on en déduira

$$\mathrm{d}x = \frac{\mathrm{d}z\sqrt{2\mathrm{C}^2}\cdot\sqrt{z}}{\sqrt{1 - 2\mathrm{C}^2 z}} = \frac{z\,\mathrm{d}z}{\sqrt{\frac{1}{2\mathrm{C}^2}z - z^2}}.$$

Lorsque $\delta \mathrm{Y} = 0$, la quantité φ donne, pour les limites, les équations

$$\mathrm{d}x''\delta x'' + \mathrm{d}y''\delta y'' = 0, \quad \mathrm{d}x'\delta x' + \mathrm{d}y'\delta y' = 0,$$

d'après lesquelles on reconnaîtra, comme dans le n° **369**, que, si la courbe cherchée est menée entre deux autres, elle doit les rencontrer à angle droit.

Quand $\delta \mathrm{Y}$ n'est pas nul, il faut calculer la valeur de $\int \frac{\mathrm{d}s}{u^3}$, entre les limites de l'intégrale proposée; or, l'équation

$$\frac{\mathrm{d}s}{u^3} + \mathrm{d}\frac{\mathrm{d}y}{u\,\mathrm{d}s} = 0,$$

fournie par le coefficient de δy sous le signe $\int$, donne

$$\int \frac{\mathrm{d}s}{u^3} = -\frac{\mathrm{d}y}{u\,\mathrm{d}s} + \mathit{const.};$$

et en observant que $\delta \mathrm{Y}$, ne dépendant point des variables indéterminées x et y, ne doit pas changer d'une limite à l'autre, l'équation $\varphi'' - \varphi' = 0$, devient

$$\left.\begin{aligned} &-\frac{dy''}{u''ds''}\delta Y + \frac{dx''}{u''ds''}\delta x'' + \frac{dy''}{u''ds''}\delta y'' \\ &+\frac{dy'}{u'ds'}\delta Y - \frac{dx'}{u'ds'}\delta x' - \frac{dy'}{u'ds'}\delta y' \end{aligned}\right\} = 0.$$

Si l'on prend seulement $Y = y'$, d'où il suit $\delta Y = \delta y'$, on aura, en réduisant et séparant les variations relatives à chaque limite,

$$\frac{dx''}{u''ds''}\delta x'' + \frac{dy''}{u''ds''}\delta y'' = 0, \qquad \frac{dx'}{u'ds'}\delta x' + \frac{dy''}{u''ds''}\delta y' = 0:$$

puis faisant, comme dans le nº 369,

$$\delta y'' = n''\delta x'', \quad \delta y' = m'\delta x',$$

et se rappelant que $\frac{dx}{uds} = C$, les équations ci-dessus prendront la forme

$$C + \frac{dy''}{u''ds''}n'' = 0, \quad C + \frac{dy''}{u''ds''}m' = 0,$$

d'après laquelle $n'' = m'$. Ce résultat fait voir qu'aux points où la courbe cherchée rencontre les courbes données, celles-ci doivent avoir leurs tangentes parallèles. De plus, l'équation relative à la dernière limite, revenant à

$$dx''\delta x'' + dy''\delta y'' = 0,$$

montre encore que la courbe cherchée doit couper à angle droit la seconde courbe donnée.

372. Les problèmes précédents se rapportent à des *maximums* ou à des *minimums* absolus; en voici un où il s'agit de *maximums* et de *minimums* relatifs : *Parmi toutes les relations que peuvent avoir entre elles les variables* x, y *et qui donnent une même valeur à l'intégrale indéterminée* $\int U_1$, *prise depuis* $x = x'$ *jusqu'à* $x = x''$, *trouver celle qui rend la formule* $\int U$ *un* maximum *ou un* minimum, *dans les mêmes circonstances*. Ce problème se résout en égalant à zéro la variation de la fonction $\int U + a\int U_1$, a étant un coefficient constant indéterminé. Ce n'est pas ici le lieu de démontrer en détail cette règle; on conçoit d'ailleurs que si la fonction ci-dessus est un *maximum* ou un *minimum*, et que l'on fasse $\int U_1 = A$, l'intégrale $\int U$ aura toujours la plus grande ou la plus petite des valeurs qu'elle pourrait prendre dans cette hypothèse (*). Le coefficient indéterminé a sert à remplir la condition $\int U_1 = A$.

Si, par exemple, on demandait *la courbe qui, sous un périmètre donné, renferme le plus grand ou le plus petit espace*, on aurait

$$\int U + a \int U_1 = \int \left\{ y\,dx + a\sqrt{dx^2 + dy^2} \right\};$$

en faisant $\sqrt{dx^2 + dy^2} = ds$, la partie de la variation affectée du signe $\int$ serait

$$-\int \left\{ \left(dy + a\,d\frac{dx}{ds}\right)\delta x - \left(dx - a\,d\frac{dy}{ds}\right)\delta y \right\},$$

et donnerait les équations

$$dy + a\,d\frac{dx}{ds} = 0, \quad dx - a\,d\frac{dy}{ds} = 0,$$

dont une seule suffit pour déterminer la courbe cherchée (365); mais le calcul est plus simple lorsqu'on les emploie toutes deux. Leurs intégrales

$$y + a\frac{dx}{ds} = C', \quad x - a\frac{dy}{ds} = C,$$

étant mises sous la forme

$$y - C' = a\frac{dx}{ds}, \quad x - C = -a\frac{dy}{ds},$$

ensuite élevées au carré, puis ajoutées membre à membre, conduisent à

$$(y - C')^2 + (x - C)^2 = a^2,$$

ce qui désigne un cercle dont le rayon est a.

Ce rayon se détermine d'après la valeur assignée au périmètre $\int\sqrt{dx^2 + dy^2}$; les constantes C et C′ peuvent servir à faire passer le cercle par des limites fixes et données. Il est doué du *maximum* d'aire, lorsqu'il tourne sa concavité vers l'axe des abscisses, et du *minimum*, si le contraire a lieu. Tel est le cas le plus simple du *problème des isopérimètres*, ainsi nommé parce que l'on n'y considéra d'abord que des courbes de même périmètre.

(*) *Voyez* le Traité in-4°, tome II, page 803.

FIN DU PREMIER VOLUME.

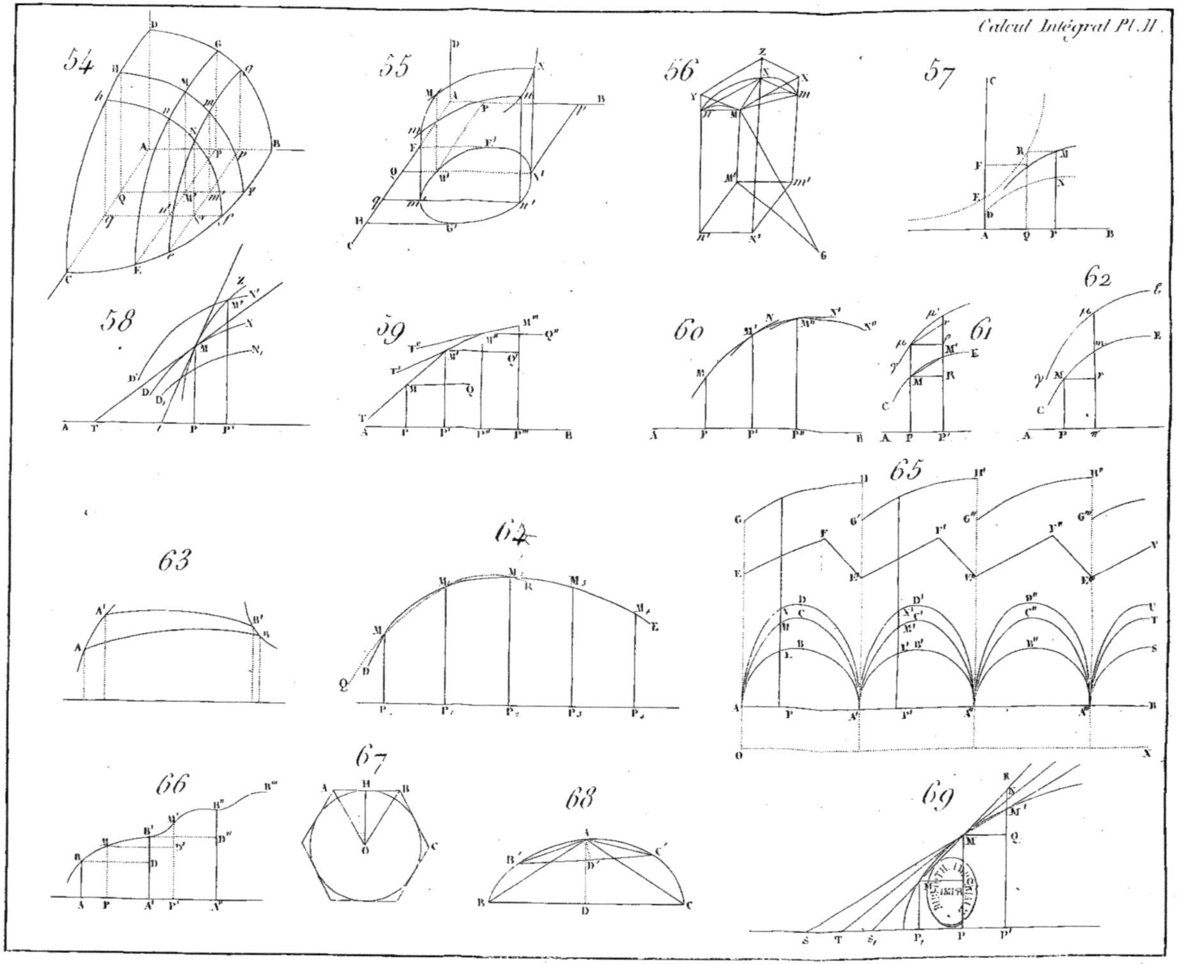

Calcul Intégral Pl. II.

54

55

56

57

58

59

60

61

62

63

64

65

66

67

68

69

Calcul différentiel Pl. I.

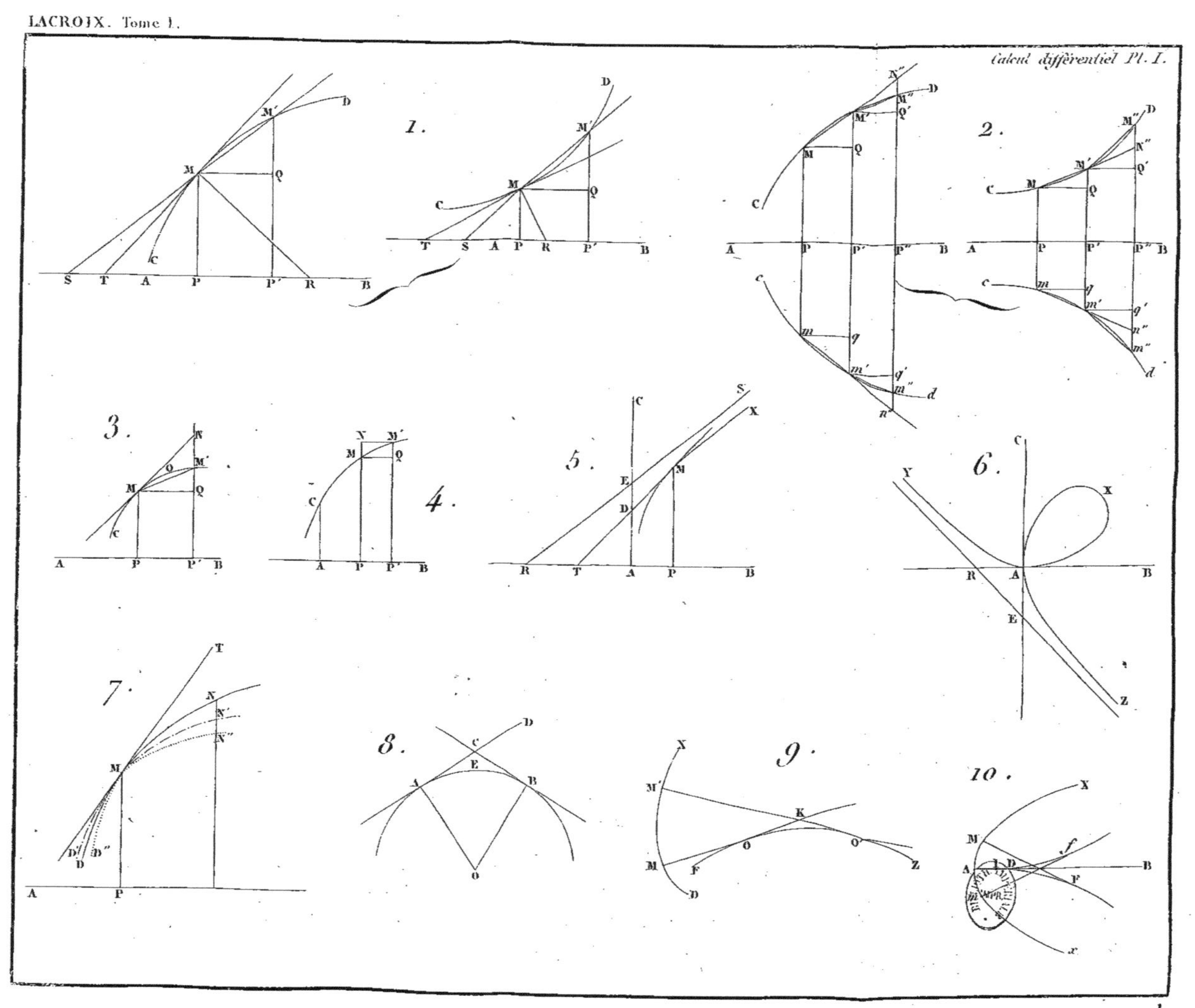

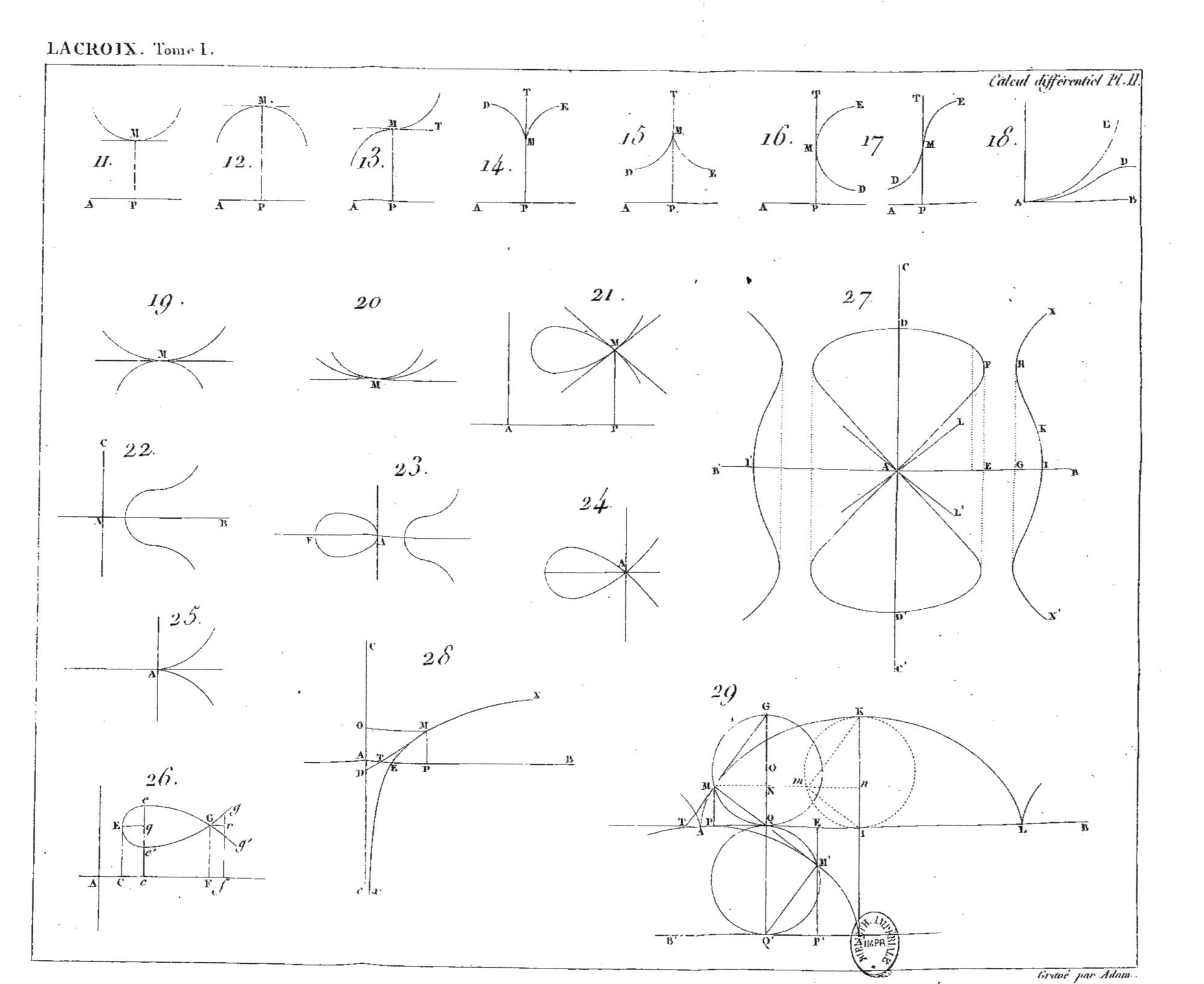

Gravé par Adam.

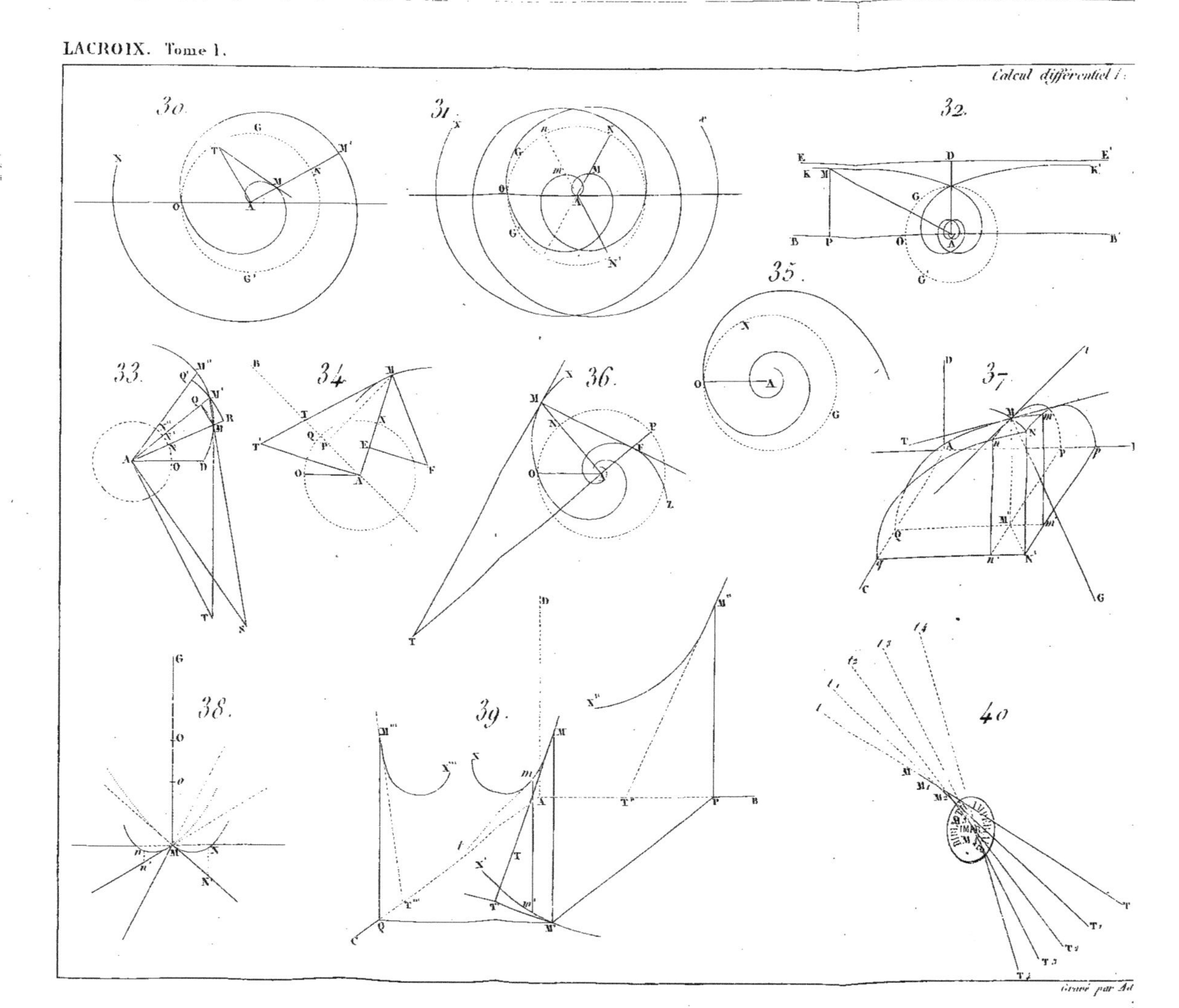

Gravé par Ad

www.ingramcontent.com/pod-product-compliance
Ingram Content Group UK Ltd.
Pitfield, Milton Keynes, MK11 3LW, UK
UKHW020311200726
13857UKWH00001B/139

9 782012 932142